盐渍化区域土壤系统培肥研究

牛灵安　编著

中国农业大学出版社
·北京·

内容简介

本书以盐碱土改良后的新兴土壤类型为研究对象，经过长达35年的培肥研究，得出了创新性的试验结论。以系统理论和地统计学为基础，将小区试验的结论在县域和市域土壤肥力演变中得以验证和应用。以灰预测理论为依据，对市域土壤生态系统物质流动进行了预测。梳理了土壤系统培肥的历史演变及展望了未来研究趋势。对家庭联产承包责任制进行了历史回顾，对土地适度规模经营的现状和发展趋势进行了分析，进而对区域农业发展中有关土壤质量的改善提出了建设性意见。

图书在版编目(CIP)数据

盐渍化区域土壤系统培肥研究 / 牛灵安编著. —北京：中国农业大学出版社，2018.9
ISBN 978-7-5655-2101-0

Ⅰ.①盐…　Ⅱ.①牛…　Ⅲ.①盐化-土壤肥力-研究　Ⅳ.①S158

中国版本图书馆 CIP 数据核字(2018)第 203477 号

书　　名　盐渍化区域土壤系统培肥研究
作　　者　牛灵安　编著

策　　划　孙　勇　　**责任编辑**　冯雪梅
封面设计　郑　川
出版发行　中国农业大学出版社
社　　址　北京市海淀区圆明园西路2号　　**邮政编码**　100193
电　　话　发行部 010-62818525，8625　　**读者服务部** 010-62732336
编辑部 010-62732617，2618　　**出　版　部** 010-62733440
网　　址　http://www.caupress.cn　　**E-mail**　cbsszs@cau.edu.cn
经　　销　新华书店
印　　刷　涿州市星河印刷有限公司
版　　次　2018年10月第1版　2018年10月第1次印刷
规　　格　787×1 092　16开本　19印张　474千字
定　　价　69.00元

序 一

通读《盐渍化区域土壤系统培肥研究》一书后，我觉得该书有很多创新之处，值得一读。

在前辈采用工程的、生物的、农业的等措施对盐碱地进行改良的基础上，作者将此土壤作为一个新型的土壤类型，对其进行了长达35年的培肥研究，并保存了6000多份土壤样品，积累了3万多个化验数据，为后人继续研究该类型土壤演化规律积累了经验和资料。

以保留的自然生态系统为对照，以系统理论全面阐述了盐渍化土壤的演化过程及各主要肥力指标的消长规律，进而突破了土壤磷素几乎不移动的陈旧观念，明确了秸秆还田和施用钾肥是保持和提高土壤钾素的基本途径。

在对试验地小区研究的基础上，开展了县域和市域土壤肥力时空变异性的系统研究，并应用灰预测模型对未来土壤生态系统中物质的输入和输出进行了预测，为区域农业生产发展提供了第一手资料。

系统梳理了不同历史时期土壤培肥的措施、方法以及对现代土壤培肥取得的成就进行了总结，进而对未来土壤质量研究进行了展望。

在长期的小区和区域土壤培肥试验研究的基础上，本书对区域内大面积均衡增产的土壤肥力状况进行了分析，特别是对土地适度规模经营的趋势和区域农业发展提出了合理化建议。

邸洪杰

新西兰皇家科学院院士

英国女王高官荣誉勋衔

国家“千人计划”特聘教授

序　二

土壤培肥是一个古老的话题，也是一个热门的话题，当然也就成了一个永恒的话题。不同历史阶段人们对土壤肥力的认识不同，土壤培肥的具体内容也不尽相同。

在我们学过的教科书上，土壤肥力是这样描述的：土壤肥力是土壤的基本属性和本质特征，是土壤为植物生长供应和协调养分、水分、空气和热量的能力，是土壤物理、化学和生物学性质的综合反映。水、肥、气、热是土壤肥力的四大要素。土壤肥力按成因可分为自然肥力和人为肥力。前者指在五大成土因素（气候、生物、母质、地形和时间）影响下形成的肥力，主要存在于未开垦的自然土壤；后者指长期在人为的耕作、施肥、灌溉和其他各种农事活动影响下表现出的肥力。

土壤肥力是与作物（植物）生产相关联的概念，土壤培肥则是通过一系列的人工措施，如耕作、施肥和灌溉等措施，使土壤充分发挥自然肥力的潜力，补充其不足，为作物生产提供有效的水、肥、气、热。人们在不同的历史阶段，不同的地域条件下，因为作物不同、产量不同、生产目的和方式不同，培肥内容、培肥手段也不尽相同。

在原始的刀耕火种的年代，人类还不懂施肥，只能在自然肥力下降后，“弃耕”“游耕”；之后学会了施肥，才形成了稳定的耕地和相应的耕作制度，但这些土壤的培肥措施都是建立在经验基础上的。1840年，德国的李比希（J. V. Liebig）提出了植物矿质营养学说，认为矿物质是植物的营养基础，土壤则是植物获得矿物质营养物质的源泉，明确指出了土壤矿物质是土壤肥力的核心。但是，他忽视了土壤中除土壤矿质营养物质以外的其他因素对植物生长的影响，以致将土壤肥力的概念与土壤矿质营养物质完全等同起来。20世纪初，苏联土壤学家威廉斯认为土壤肥力是土壤具有同时地、不断地供给植物矿质养分和水分的能力，对土壤肥力概念作了较全面的表述。

土壤肥力不仅是为作物生长提供营养和动力，而且还为这些营养物质、能力物质提供储存、转化和运输的条件。土壤培肥也就不只是提供营养物质，还要提供良好的环境条件。就营养物质而言，由于土壤自然本底的不同，需要人工提供的肥料种类也不同。在我国的农业生产实践中，各地首先表现缺乏的是氮（N），之后又表现出磷（P）的缺乏等。随着作物产量的提高，即使在富钾（K）的北方土壤上，也表现出有效钾的不足。

在一些具有各种障碍因素的土壤上，障碍因子限制了土壤肥力的发挥，土壤培肥首要的内容就是消除障碍因素，解放土壤肥力等。在这方面曲周试验区为土壤培肥研究提供了独特的研究基地。

曲周试验区在历史上是一片“几成废壤”的重盐碱区，从综合治理开始，经历了农业综合发展阶段，到今天的城乡协调发展，土壤培肥研究始终没有间断。牛灵安同志的这本著作，正是对这项长期工作的总结。

这本著作把土壤肥力定位试验研究和区域土壤肥力研究相结合，基础理论研究与生产实践相结合，积累了大量的研究数据，指导了生产实践，在理论研究方面也有独特的贡献。

这本著作提出了土壤系统培肥的概念：土壤肥力的演化过程是一个系统过程，土壤培肥也应该是一个长期的系统过程，必须开展持续监测和研究；土壤肥力的演化具有阶段性，不同的历史阶段，土壤肥力的特征不同，土壤培肥的重点也就不同，但土壤肥力的演替又是连续的，各个阶段的土壤培肥又必须相互衔接、相互继承。书中提供了综合治理阶段、农业综合发展阶段以及城乡一体化初级阶段中盐渍化土壤肥力演化规律以及相应土壤系统培肥措施的理论依据，很有学术价值。

这本著作对土壤肥力的单项因素的演变规律进行了深入的研究。摸清了研究区土壤有机质、氮、磷、钾以及其它肥力因素的演化规律，并且把定点研究与区域空间研究结合起来，对这些土壤肥力因素的时间演化和空间分布开展系统研究，很有创新。对同类研究有很强的参考价值。

这本书的另一项特点就是突出了实践性。土壤培肥不仅是一项学术研究，更是一项生产实践。培肥内容和手段不能脱离生产实践，必须考虑到农民的接受性和可承受性。书中的许多培肥措施正是在这个系统思想指导下提出的，如综合治理初期的“以无机换有机”、农业综合发展阶段的“农牧结合，过腹还田”“秸秆还田”等都很有特色，深受农民群众的欢迎。更值得称道的是，对这些措施的培肥效果、影响等都进行了长期系统研究，使这些培肥措施更有依据和理论价值。

本书还是一本数据集，长达35年的研究，十余万各类调查、化验数据，并保存了6 000多份土壤样品，为后人继续研究该类型土壤演化规律积累经验和资料。

总之，这是一本值得一读、值得收藏的好书。祝贺牛灵安同志，也为他持之以恒、实事求是的精神表示钦佩。

中国农业大学教授

前　言

盐渍土是我国最重要的中低产土壤类型之一，其生产力水平与其质量状况有非常密切的关系。同时，盐渍土质量的变动过程较快，受人类活动影响明显，利用不当条件下会迅速导致土壤的退化和生产力水平的降低。中国盐渍土研究主要集中在如下方面：盐渍土和盐渍化的发生与演变；土壤水盐运移机理及其建模；盐渍化的监测、评估、预报和预警；土壤水盐的优化调控；盐碱障碍治理与修复；盐渍土资源的可持续利用与优化管理；土壤盐渍化生态环境效应。在一个区域内，从盐碱土的治理到逐步转变为农业土壤整个过程的长期定位研究还未见报道。20世纪80--90年代，经过老一辈土壤学家的联合攻关，我国内陆盐渍土区，特别是黄淮海平原的盐渍化问题已经得到控制，农业土壤不再受盐碱为害，盐渍土逐步转变为盐化潮土，甚至转变成了潮土。将这样的低产土壤类型作为研究对象，系统阐述其肥力因素的演变规律，对于长期定位研究一个土壤类型的发生、发展及其肥力特征变化规律具有重要的理论和实践意义。

1983年以来，曲周实验站布置了氮、磷肥长期定位试验，目的在于系统研究盐渍土培肥过程中土壤肥力因素的演变规律。1985年，又布置了免耕培肥试验，进一步研究不同的耕作方式、不同的氮、磷肥施用量和不同的秸秆还田量对土壤肥力因素演变规律的影响。在此基础上，对曲周县域和邯郸市域土壤肥力的时空变化进行了系统研究。

这本著作除了作者本人的研究成果以外，也吸收了同领域和其他研究生的研究成果。本书的第一、第二、第三、第六、第十、第十一、第十二、第十三、第十四章由牛灵安执笔；第四章吸收了李吉进的研究成果，由牛灵安执笔；第五章和第七章由牛灵安和李江叶共同执笔；第八章由牛灵安和牛新胜共同执笔；第九章由牛灵安和王丹共同执笔；第十五章由牛灵安和夏瑞莉共同执笔。最后由牛灵安统稿。

本书得到了国家"八五"至"十五"有关科技攻关课题和"十一五"至"十二五"国家科技支撑计划有关课题的支持，特此致谢！

本人之所以能够走上科研道路，并能顺利取得硕士和博士学位，完全得益于导师郝晋珉教授的悉心指导。与郝晋珉教授相处的近30年来，亦师亦友，既得到郝老师善意的指正，更得到郝老师的积极鼓励，在此发自肺腑地说一声："谢谢您，郝老师！"

本书主要是结合本人研究工作所积累的材料写成的。由于水平所限，欠缺之处在所难免，恭请同行批评指正。

作　者
2018年初夏

前言

目　录

基础理论篇

定位试验篇

区域研究篇

展望篇

基础理论篇

没有正确理论指导的实践，必然是一种盲目的实践，特别是实践在不断地发展和变化，它不断地超越旧的实践局限。在实践发展过程中的每一历史关头，都有多种发展的可能，如何使实践少走弯路，沿着正确的轨道发展，实践本身并不能回答和解决这些问题，必须依赖于理论的正确指导。

理论能为具体实践提供科学依据。理论凝聚着以往人类实践的成果的结晶，代表着比具体的实践更为深远和普通的人类实践。理论推演过程中所运用的已知的概念、判断和思维方法，都是人类以往实践的精神成果。相信科学理论的可靠性，也就是相信以往人类实践检验总和的可靠性。

理论能在更广阔的背景上预见实践的发展进程和结果。理论之所以能发挥它对实践的指导作用，关键在于它与实践的不同，它能相对地超越具体实践活动的历史性限制，揭示实践活动的普遍本质和规律，依靠逻辑的力量探讨实践的可行性。

理论的发展水平制约着实践的深度和广度。任何现实的实践活动，都存在着这样一个循环规定，即主体只有具备了一定的理论知识才能从事实践活动，而主体也只有在实践中才能使理论的意义和价值得到充分展示，并通过实践实现其预定的目标。

本篇中，在“系统土壤学理论基础”中重点介绍了系统的理论基础、系统土壤学、土壤系统的耗散结构理论、土壤肥力的系统分析、农业区位论、地统计学以及土壤空间变异性等理论基础。在“土壤生态系统研究方法”中重点描述了土壤肥力评价、长期定位试验设计和土壤肥力动态变化的研究方法等。在“盐渍化土壤生态系统的有序化”中，介绍了盐渍化土壤的形成、分布特征与分区、试验区盐渍土的特征及其治理效果等。

第一章　系统土壤学理论基础

第一节　系统的理论基础

一、系统的一般概念和理论

现实世界都是具体的和分系统的。如果撇开其各组成成分的基质和内容，仅把它们看作系统，就是所谓一般系统。一切(一般)系统所共同具有的与其组成成分的基质无关的特性，可称其为一般特性。探讨一般系统所共有的一般特性的基本概念和理论是系统科学的宗旨和任务。

1. 元素、系统、特征和突现原理

系统科学是一个庞大的体系，由于不同学科研究范围和重点的不同，对系统给出的定义也不尽相同。在技术科学层次上，钱学森主张把极其复杂的研制对象称为“系统”，即“由相互作用和相互依赖的若干组成部分结合成的具有特定功能的有机整体”。这里强调的是系统的功能。在基础科学层次上，贝特朗菲表达：“系统”是“具有相互关系的部分的总和”或者定义为“相互关联的元素的集”，简而言之，系统是相互联系、相互作用的诸元素的综合体。这个定义说明系统和元素之间的关系。可以认为，系统是两个或两个以上的元素相互作用而形成的统一整体，元素是构成系统的最小部分，即不可再划分的单元。

系统的基本特征：

(1)多元性　即使最小的系统也由两个元素组成，称为二元素系统；一般系统均由多个元素组成，称为多元素系统；很多系统包含无穷多个元素，称为无限系统。

(2)相关性　同一系统的不同元素之间按一定的方式相互联系、相互作用，不存在与其他元素无任何联系的孤立元素，不可能把系统分为若干彼此孤立的部分。

(3)整体性　正因为有多元性中的相关性，才产生了系统的整体性(统一性)。凡系统都有整体结构、整体形态、整体边界、整体行为以及整体功能，并且在整体的时间空间中展开。

“系统”概念是系统科学的基石，系统质、部分质及其不同，还有加和性与非加和性及其关联是系统科学的理论出发点，“1+1≠2”这是系统科学探讨的基本宗旨。不同系统定会各自产生出它的组分和组分的总和所没有的新性质，称为系统质(或整体质)，这种性质只能在系统整体中表现出来，一旦把系统分解为它的组成部分便不复存在，这就是系统的整体突现原理，又称为非加和性原理。简而言之，“1+1>2”，或整体大于部分之和。可以说这是全部系统科学的理论基石。

整体突现性质，即整体具有部分或部分总和所没有的性质，这是系统最重要的特性。所谓用系统观点看待和分析问题，其中心点便是考察系统的整体突现性。只要是系统就具有整体突现性，不同系统具有不同的整体突现性。

系统的整体特性，既包括系统质（定性方面），又包括系统量（定量方面），并以二者的统一体现出来。系统量是系统整体表现出来的量，它们在组分层次上界限分明。系统的整体质只能用相关的系统量来描述。如果整体和部分之间存在某种可以比较的同质特征，则非加和性原理可以用公式表示为：

$$W \neq \sum \rho_i$$

式中，W 代表整体，ρ_i 代表部分。整体突现性是系统的组分之间相互作用、相互激发而产生的整体效应，即结构效应（或结构增殖）。单个组分或组分总和不会产生这种效应。

2. 系统的结构和等级层次原理

元素之间一切联系方式的总和称为系统的结构。由于联系方式的不同，对系统的形成、运行及持续性就不同。结构不能离开元素而单独存在，只有通过元素之间相互作用才能体现其客观存在。元素和结构是构成系统的两个缺一不可的方面，系统是元素与结构的统一。

(1)空间结构和时间结构　元素在空间上的排列方式称为空间结构。在系统运行过程中呈现出来的内在时间节律等，称为时间结构。严格地说，空间结构总是以时间结构相伴随，反之亦然。

(2)对称结构与非对称结构　系指各种客体的时空效应。

(3)深层结构和表层结构　深层结构往往制约或决定表层结构，表层结构反映（反作用于）深层结构。深层结构比较稳定，表层结构容易改变。

(4)等级层次原理　复杂系统中常可看到较低级的系统质与较高级的系统质的差别，对系统结构有重要影响。刻画这类系统现象需要层次概念。子系统和层次是刻画结构的两个主要工具。在多级层次系统中，子系统是按层次划分的。人们的许多失误起源于混淆不同层次的子系统。

整体突现性原理提供了正确把握层次概念的理论依据。系统的整体质是由元素相互作用而产生的质的飞跃。但在复杂巨系统中，从元素质到系统质的根本飞跃不是一次完成的，而是经过一系列部分质变实现的。每发生一次部分质变，就形成一个中间层次；每出现一个新的层次，就有一次质的提升；一直到完成根本质变，形成系统的整体层次。因此，层次是从元素质到系统整体质的根本质变过程中呈现出来的部分质变序列中的各个阶梯，是一定的部分质变所对应的组织状态。

3. 系统与环境

系统是从普遍联系的客观事物中概括出来的，因而其内容是客观的。任何系统都不是孤立的，与外部事物总有千丝万缕的联系。这种联系对于形成系统特有的规定性非常重要，这是系统的外部规定性。只要外部情况变化，总要或多或少影响系统，改变着系统与外部事物的联系方式，甚至还会制约系统内部组分的联系方式，这些就是系统与环境的关系问题。

系统之外的一切事物或此系统与其他系统的总和称为环境。如令 U 记作宇宙全系统，记作我们考察的系统，而 S' 记作它的（广义）环境，则有：

$$S' = U - S$$

环境具有客观普遍性和实在性，一切系统都在一定的环境中形成、运行和演变。只要 $S \neq$

U,它的环境就是实在的,不是空的。不过确定系统环境的根据是它的构成关系,环境系统是构成关系不再起作用的对象范围。范围是可变动的,因此,环境的划分具有相对性。环境意识(或环境观念)是系统思想的重要内容,换言之,环境分析是系统分析不可缺少的一环,如对于土地利用系统来说,乡镇企业的异军突起有利于地方经济的提高,但同时也会向土地利用系统加入一些有害的物质,可见,如何控制土地利用系统的环境条件,对于土地系统的持续利用将具有重要意义。系统的完整规定性由内部规定性和外部规定性在相互影响制约中共同构成。把握一个系统,必须了解它处于什么环境,环境对系统有何影响,又如何回应这种影响。

环境具有明显的两个特点:一是系统性,通常称为环境超系统。即环境分析也必须运用系统观点,了解环境氛围、组分及组分之间的关系,还有环境超系统的整体特性和行为。一般认为,环境之中的事物之间相互联系,要弱于系统内部的联系。环境具有某种程度上的非系统性,为系统趋利避害、保护和发展自己提供了可能性;二是稳定性,通常称为环境的定常性。有些系统的环境在很长时期内基本不变(当然完全不变的环境一向不存在),而有些环境即使处于显著变化中,也仍有相对不变的一面。这就是环境的确定性和非确定性、定常性和变动性的辩证统一。

系统与环境的相互联系和作用是通过交换物质、能量、信息实现的,因而是有把握的。这种能够交换的特性,称为系统的开放性。系统自身能抵制与环境交换的特性,称为封闭性。原来系统性是封闭性与开放性的对立统一。

4.系统的行为和功能

行为是刻画系统与环境相互关系的概念,属于系统自身的变化,是系统特性的表现,不是它所引起的环境变化,而是对环境的作用。系统在内部联系和外部联系中所表现出来的特性和能力称为系统的性能;而系统行为所引起的环境中某些事物的有益变化,称为系统的功能。被改变了的外部事物叫做系统的功能对象。性能不是功能,但功能是特殊的性能。

结构与功能有对应关系,结构决定功能。从系统本身看,功能由元素和结构共同决定,元素功能太差,无论结构如何优化,也造不出高效可靠的机器;元素性能好,再按不同结构组织起来,系统的功能不但显示出优劣和高低,甚至会产生出性质根本不同的功能,这是结构对功能的强大作用。所以,系统的功能往往是由元素和结构两种因素所影响和制约。

系统的功能和环境也有关系。同一系统对不同功能对象,可能提供不同的功能服务,对象选择不当,系统无法发挥应有的功能;环境不同,还意味着系统运行的条件、气氛的区别,也会对系统功能产生有利或不利的影响。如此看来,元素、结构、环境这三者共同制约或决定系统的功能。

5.系统环境互塑共生原理

环境对系统有两种相反的作用:一是给系统提供生存发展所需要的空间、资源、激励,产生积极作用,是有利的输入,统称为资源;二是给系统以扰动、压力或约束,甚至危害系统的维系和发展,是消极的作用,不利的输入,统称为资源的减少或破坏。这两种作用都会在系统的形态、特性、行为等方面打上环境的烙印。

系统对环境也有两种相反的作用:一是给环境提供功能服务,是积极的作用,有利的输出,称为功能效应;二是系统自身的行为与其他系统为争夺资源而竞争,甚至不择手段,有破坏环境的作用,这是不利的输出,称为对环境的破坏、污染。这是系统对环境的塑造作用。

6. 系统的秩序和演化

包括有序和无序在内的秩序性问题，是刻画系统形态特征的重要内容。系统的有序性表现在：一是结构的有序性，即各组分(元素、子系统)之间的联系方式可能是规则、确定和必然的、理性的，也可能是不规则、不确定和非必然、少理性的。简单有序系指客体组分在空间分布上是规则排列，或指客体组分在时间延续中的规则变化。简单无序系指客体组分在空间分布上呈无规则堆积，或指客体组分在时间延续中的任意变化。无论简单有序还是简单无序，都可以用对称破缺概念刻画；二是指行为的有序和功能的有序性。系统的行为和功能是作为过程而展开的，包括多个阶段、多个步骤和若干程序等，需要有序地协调安排，以求行为和功能的优化。行为和功能直接表现为系统与环境的相互关系，联系方式有规则的和不规则的，或者较强规则的与较弱规则的等。有序和无序都是相对的。

任何真实系统都不是一劳永逸的，即存续能力有限，到一定时候或因结构、或因特性、或因行为要发生变化，通常把这个过程称为系统的演化。

系统演化的动因：其终极原因在于内部或外部条件、因素间的相互作用。如系统内部元素之间、子系统之间、层次之间的相互作用包括吸引与排斥、合作与竞争等，这是其内部原因。其次是系统与环境之间的相互作用，这是演化的外部原因。

系统演化的方向：从演化点到终点的向量代表系统的演化方向。总的看来，系统既有向上的前进的演化，也有向下的后退的演化。通常认为，系统从无序(或无组织)到有序(或有组织)、从低序(低组织)水平到高序(高组织)水平是向上的演化，反之是向下的演化。

系统演化的机制：系统是沿着由单层次到多层次、由较少层次到较多层次的方向演化的。复杂性的增加，既表现为同一层次上由简单到复杂的演化，也表现为增加层次上全新的演化。而全新的复杂性要求突现出全新的层次。如此看来，系统演化是复杂化与简约化的统一。最初形成的系统可能有多余的结构，要在演化中筛选掉。

系统的消亡：系统消亡有两种基本方式，破坏性的环境压力直接导致系统消亡；边界被打破而不能修复(或者主导的子系统被破坏，或者是整个系统被摧毁)，致使系统逐步老化，其中包括组分老化和结构老化，整合力衰减，达到临界值时系统消亡。消亡总是内因为主导，或外因导致系统内部变化，或者是内外因素综合作用，使系统“病变”、分裂而消亡。不管哪种情形，系统消亡都是整合能力被破坏的结果。

二、生态系统的理论基础

自 Haeckel 1866 年提出“生态学”这一名次以来，生态学在广度和深度方面都有很大的发展。Haeckel 最初把生态学定义为研究有机体与无机环境之间相互关系的科学。随着系统思想的渗入，概念上也发生了变化，当代生态学是研究生命系统和环境系统之间的相互作用及其机理的科学。

这里引用的“系统”一词，系指若干相互作用的部分所构成的网络结构。网络是整体，构成网络的各部分之间具有相互调节和制约的作用。网络所表现的功能是网络的集体效应。

1. 生命系统

通常把生命系统分为 7 个水平：细胞、器官、个体、群体、群落、生态系统、复合系统。生态学主要研究个体水平以上的等级，涉及个体生态、种群生态、群落生态，直至宏观的生态系统的研究。

2.环境系统

生物生存的空间存在着若干结构和运动形态不同的物质。它们相生、相克、分解、组合，任何一个成分的存在状态都在不同程度上受其他成分的影响。生命系统和环境系统两个系统在特定空间的结合，即构成“生态系统”。

生态系统和普通系统的主要区别是：

(1)在结构上，生态系统是有生命的物质，或是由有生命物质与无生命物质相结合而成。

(2)生态系统通常与特定的空间相联系，因而反映一定的地区特征以及与此相联系的空间结构(包括水平、层次、结构)。

(3)生态系统具有发育、繁殖、生长和衰亡的特征，可分为幼年期、成长期和成熟期等阶段，从而产生了系统的演替。

(4)生态系统的代谢作用是通过复杂的能流及物质转化过程完成的，因此生态系统的生物成分通常可分为生产、消费和分解 3 个不同营养水平及功能水平，但单一的生物类群和环境一起也可以理解为生态系统。

(5)生态系统具有复杂的动态“平衡”，其复杂性不仅表现为种内、种间以及生物与环境之间的功能协调，而且在整体出现“平衡态”时，可能在子系统的某个作用过程中，存在着正负反馈的瞬间不平衡。

(6)不论是自然生态系还是人工生态系都不断从外界输入物质与能量，通过变换而输出，在结构复杂的复合系统中，包含着性质与格局完全不同的成分或子系统。

生态系统作为构成生物圈的一个功能单元是一个具有复杂回路和因果关系的组织。系统内的生物和非生物成分在因果关系紧密的结构中相互联结，每一局部都与另一局部互为因果。所谓的“生态平衡”应该理解为一种符合经济利益的“生态稳态”而不是指物质、能量输入在数量上的均衡，因为只有输入超过输出，生命才能存在和延续。

生态系统的破坏基本上可归纳为两种原因：一是功能破坏，如有毒物质的入侵，环境严重污染，水分大量损失，水热平衡失调等；另一种是结构破坏，如森林、草原等植物破坏以及食物链的中断等，能否恢复要看该系统的性能和破坏的程度。

第二节　系统土壤学

一、系统土壤学的研究方法

系统土壤学是新的土壤生态学，是在发生学土壤学基础上的新发展。众所周知：土壤生态学(soil ecology)是研究土壤中的生物及其居住条件相互关系的科学。其研究方法是要素分析，以区别出非土壤(non-soil)和真土壤(true-soil)两个部分。系统论和生态学观点向土壤学渗透，从根本上改变了经典土壤生态学的面目，其主要的改变是研究立场的转变，即把土壤看作是一个系统。因此可以把系统土壤学定义为：“研究土壤生态系统的组成、结构、功能及其演变规律和最佳控制途径的科学”，或者说是用系统方法研究土壤生态系统结构和功能的土壤生态学，就是系统土壤学。在系统土壤学所理解的土壤系统中，包括成土因素的很大部分，而土壤环境则是指那些非往返的单向交通的因素，主要是指人为条件；但是人既是环境因素，也是土壤系统的一个组成部分，这与传统土壤学立场有很大分歧。

二、系统土壤学的研究对象

土壤科学作为一门独立的自然科学的基础是20世纪初期道库恰耶夫(Дакучаев)奠定的。他的著名的发生学土壤学理论把土壤看成是成土因素交互作用的产物，并提出了土壤生成因素公式：

$$S = f(Cl, O, P)t$$

式中，S指土壤，Cl指气候，O指生物，P指母质，t指时间，f指函数。这个理论在以后的杰尼(Jenny)的工作中表示为：

$$\mathrm{d}S = \left(\frac{\partial S}{\partial Cl}\right)_{O,r,P,t} \mathrm{d}Cl + \left(\frac{\partial S}{\partial O}\right)_{Cl,O,P,t} \mathrm{d}O + \left(\frac{\partial S}{\partial r}\right)_{Cl,O,P,t} \mathrm{d}r + \left(\frac{\partial S}{\partial P}\right)_{Cl,O,r,t} \mathrm{d}P + \left(\frac{\partial S}{\partial t}\right)_{Cl,O,r,P} \mathrm{d}t$$

这就是说，任何一种土壤性状的总变化取决于各种因素变化的总和。

一切影响植物生长的因素，如辐射能、气、水、热等生活因素和植物本身都是土壤存在的组成要素。各个孤立的因素，如日光、水分、养料等都不能使植物生存，只有它们的综合在整体水平上才表现土壤特殊的生产力功能。一般所称的地力，即土壤的生产力，是因作物的种类、品种各有其本身的特有的生活能力而不同。某些恒定的生活因素如日光能是不能控制的因素，所以地力的表现随动态环境和植物种基因势不同而有很大的相对性，离开了可变动的环境和植物中的基因势来研究土壤的肥力也就背离了系统论的基本原理。

从传统的土壤生态学立场来看，环境一词的概念是很明确的。凡是生物有机体以外的一切影响因素、动力或情况都可以成为环境。生物有机体和环境之间有明显的物理边界。但在土壤系统上，土壤系统和环境只有概念上的边界。这是因为环境的一部分就是土壤系统组成的一部分。气候因素和土壤系统内部的水热条件组成一个完整而连续的系统，并没有突变的界限。地形是土壤实体存在的外形，是土壤系统本身的属性，但又是一个成土因素；母质是土壤系统的骨骼成分，是系统中养料元素的基本来源，它既是成土因素，又是土壤的基本组成，各种成土因素交互作用构成土壤系统本身，就使系统和环境的概念不那么明确。尤其是在综合性很强的土壤生态学的研究中，最初从小规模系统出发，如从一个土样出发随着研究的进展，环境逐渐纳入系统中。系统的规模有自然扩张的趋势，最后可归结到一个无限大的土壤大系统，把宇宙辐射都纳入系统的组成因素。所以，系统既是无限可以微分的，也是无限可以扩大的，但研究者应根据自己研究的目的和能力，在适当的地方对规定系统的界面有所节制。

现代系统论观点的实质是把所研究的对象视为一个统一的系统。在进行土壤系统研究时，不但要研究系统的组成成分，更重要的是要研究组成间的相互作用。例如，生产作物的能力——系统的输出信息和天、地、人、物四个方面的因素相互联系都非常密切，土壤和作物一起都是人类经营的对象，所以土壤生态学讨论的对象很接近土地的概念，如图1-1所示。

虽然气候、地形、土壤、植被、作物各个因素在生态系统中各有其自己的重要性，但在农林牧业中所有这些因素联合影响和它们之间的相互作用才是最主要的因为很少由单独一个特征完全决定作物的生产力，必须从这个综合体而不只是从它的各个组成部分去考虑它。把土壤生态系统考虑为地表的一个立体的垂直系统，从空中环境直到地下的地质层，并包括动植物群

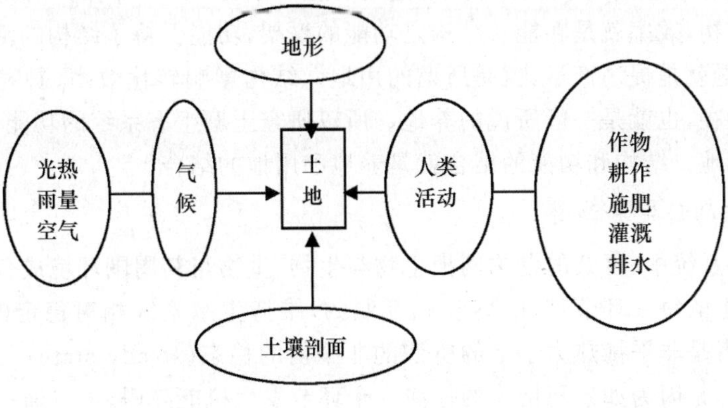

图 1-1　土壤生态系统的垂直系统

体以及过去和现在与土壤相联系的人类活动。近代土壤生态学把土壤这个纯粹的自然科学的名词赋予社会科学的意义，同时也把它理解为地表综合体受人类活动影响的立地生境的概念。近代土壤生态学把一部分影响有机体生活的气候、地形、母质、浅层地下水，当然也包括植被(作物)，土壤中的矿物质、有机质、有机-无机复合体、微生物，包括人类本身都纳入土壤生态系统中，这才是真正的资源。所以研究区域的资源及其利用的土地学和近代土壤生态学的研究对象是相似的。

马克思早就说过：土壤的肥沃性绝不是一种天然素质。所以系统上的环境概念也绝不是单纯的自然因素的综合，主要是人为条件。环境科学认为：人类的生存条件是由人类自己的劳动创造出来的，并且和人类的进化一起发展着，所以人也是土壤系统的组成部分。人工破坏土壤，导致产量降低，就是一种反作用。但人毕竟是一种独立于任何系统体外环境，因为人有特殊的主动性。所以土壤生态系统应有两个中心，一个是人，一个是研究对象的主体。探讨人对土壤系统的影响，不能说不是土壤生态学的主要内容。

三、系统土壤学的研究内容

1. 土壤系统的结构与功能

生态系统中的各种组成要素，分别以不同的空间位置决定着生态系统的不同特征，即各种生态系统都具有一定的几何学的构造，这就是系统结构的基本概念。

从热力学观点来看，物质系统的分子从无序趋向混乱，即表现熵的增加，但在生态系统以其独有的特征成功地反抗了这种趋势，使各种组成要素从无序(熵)产生有序(负熵)，这一过程必须消耗一定的能量。所以，凡是系统都是有序的，各要素间稳定的联系构成系统的结构，借以保证系统的有序性。任何一个系统都是高一级系统的一个要素，而任何一个系统要素的本身往往又是较低一级的系统，通过对不同水平组成分之间相互关系的研究，可以导出系统的整体描述。

土壤生态系统的结构本质上是一种耗散结构。土壤系统的结构，如没有能源物质的补充，随着有机物的分解，结构就会破坏，所以土壤系统不同层次水平上的结构状态，最终都依赖于太阳辐射能量。由此看来，生态系统中能量的截取和流动是比物质循环更本质的东西。能量流动伴随物质循环，物质循环伴随能量流动。既然能量和物质在流动，就有一个速度问题，或者是转化效率的问题。在不同的结构中,流动和循环的途径是不同的,因而有不同的转化效率。途径就是结构,效率就是功能。结构是功能的框架,功能保持了结构的活力。转化效率问题,即功能的问题就是提高产量,就是所谓的用地。结构影响转化效率,研究结构就是控制物质能量的转化途径,也就是一般所说的养地。所以研究土壤生态系统的功能和结构,不外乎就是研究养地和用地。结构和功能的结合就是养地和用地的结合。

2. 土壤系统的稳定和演替

在天然生态系统中,复杂的食物网把生物与生物、生物与其周围环境成分连接成一个网络式的结构,网络上的每一环节彼此牵连,相互制约,维持生态系统相对稳定的“平衡状态”,即“生态平衡”,或者是非平衡热力学上的所谓的非平衡的稳态(steady state)。生态系统之所以能维持动态平衡,是因为如果网格上的任何一个环节发生机能障碍,可以通过网络结构由其他部分得到调节和补偿。所以生态系统的调节能力决定于该系统成分的多样性和物质流、能流途径的复杂性。系统的组成成分越是多样,能量流动和物质循环途径越复杂,系统的调节能力就越强,就越容易保持稳定。

3. 土壤系统的控制

土壤系统由于受人为影响而向着与天然演替相反的方向转化。它依靠投入大量资金、劳动和补助能量,保持或提高了符合人类需要的经济产品的生产力。一般来说,土壤系统的最优化是要在最低的不住能量输入下,经调节、修正,达到或保持预定指标的输出,这就是土壤系统的控制。控制论的特点在于:它不是从物质和能量方面,而是着重从信息方面来研究控制系统的功能。系统特性的改善,往往不是通过一次调节,而是通过反馈调节来完成的。人是土壤系统最主要的组成因素,系统功能的高低主要决定于人的智慧和作用发挥的程度。

具有反馈的控制系统的结构如示意图 1-2 所示。

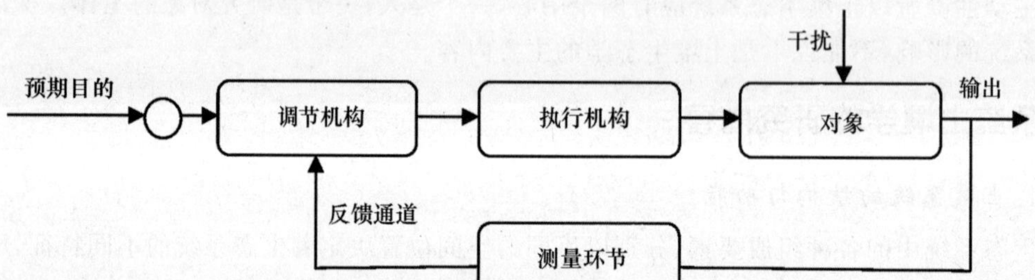

图 1-2 反馈的控制系统结构示意图

这种带有反馈联系的工作原理,可延伸到土壤系统中来。鉴别机构(测量环节)接受被控土壤输出的信息,供调节机构决定发出指令,让执行机构去驱动对象,把已调节过的信息输出,经鉴别机构检验,沿反馈通道与预期目的相比较,再决定下一个调节指令。系统的反馈调节和相互适应的理论,就是现代控制论。我们研究土壤系统控制,就必须掌握系统的动态特性,考虑系统和环境的联系。例如,首先要通过对象的充分调查和分析,取得数据,对现象进行描述,进而抽出对系统行为具有主导意义的普遍法则,提出作业假设(模型),进行模型试验(田间试验或盆栽试验),用来和原系统中的各种机载和分析进行对比,予以衡量,发现差异,提出新的试验课题,并进而重新检验调查分析记载资料,如果模型试验结果和预期效果相符,即可付诸实践，这个过程可总结为图 1 3。

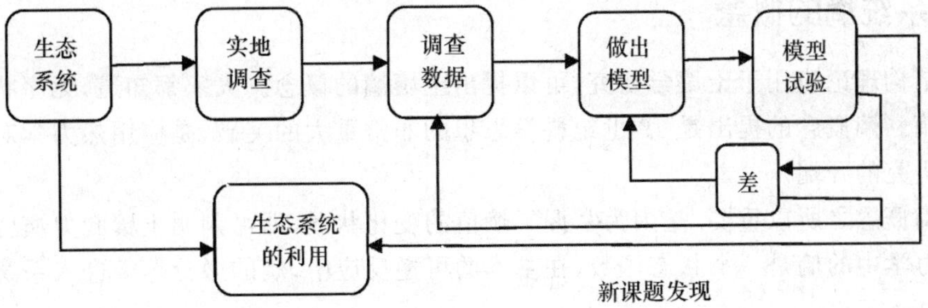

图 1-3 生态系统控制法示意图

第三节 土壤系统的耗散结构理论

20 世纪 70 年代，比利时布鲁塞尔学派普里高津(Prigogine)创立了耗散结构理论，这个理论“协助人类解决了科学上一项扰人而似是而非的问题”，成为 70 年代化学领域最辉煌的成就之一，普利高津也因此于 1977 年获得诺贝尔奖。

一、耗散结构理论的基本原理

在热力学中以函数熵(S)作为系统无序程度的定量量度，熵和混乱度(Ω)的关系是：

$$S = K\ln\Omega$$

式中，K 是 Boltzmann 常数。系统的熵越大，混乱度越大，系统越无序。因此，欲使系统处于有序状态，必须使熵减低。在平衡系统中，有序状态的出现是靠降低系统的温度来实现减熵的。在开放的非平衡系统中，则必须从外界供给足够的负熵流，这时熵变分为两个部分：一部分是系统本身引起熵的增加($\mathrm{d}is$)；另一部分是与外界交换分子和能量引起的熵流($\mathrm{d}es$)，这一项可正可负可为零，整个系统的熵变为：

$$\mathrm{d}S = \mathrm{d}es + \mathrm{d}is$$

如 $\mathrm{d}es$ 为负值，其绝对值又大于 $\mathrm{d}is$，则

$$\mathrm{d}S = \mathrm{d}es + \mathrm{d}is < 0$$

这时总熵可逐步减小，使系统由无序趋向有序。由于外界能量与物质的交换达到一定阈值，使系统不能依靠老的无序来消耗外界传递给系统的物质和能量，被迫改变自己的结构状态，消耗输入的能量和物质，这种新的结构称为耗散结构。这种现象称为自组织现象。如果系统与外界隔绝，不再进行新陈代谢，这时：

$$\mathrm{d}es = 0$$

则

$$\mathrm{d}S = \mathrm{d}is > 0$$

这意味着熵将不断增大，它将从有序变为混乱，系统将趋于平衡、崩溃和死亡。

二、土壤系统熵的概念

耗散结构理论应用于土壤学研究，可以提出土壤熵的概念。大家都知道，无序状态的定量指标就是熵。熵概念的提出是19世纪科学思想的非常重大的突破，是应用热力学对复杂对象进行整体研究的开端。

土壤熵概念之所以重要，是因为掌握了熵值的变化状况，即可判明土壤肥力演变过程的方向。在热力学中的熵是一个状态函数，在基本的可逆反应中，熵的微分等于进入系统热量和温度的比值：

$$dS \geqslant \frac{\delta_{\sigma}}{T}$$

对于绝热系统，$\delta_{\sigma}=0$，则 $dS\geqslant 0$。即在封闭系统中发生的任何过程，熵是不能减少的，因此永远是正值。但在开放系统中，过程的进行，其熵值既可能增加，也可能减少，这是把土壤理解为一个耗散结构的基本思想。

土壤熵降低，表明肥力上升，它是一系列局部的熵增和熵减过程造成的结果。土壤培肥和改良就是在调节这种竞争的对比关系，从而实现了土壤熵的目的性。由此可见，土壤熵概念的提出有可能使土壤肥力的研究建立在数学定量的基础上，而且通过各种熵值的变化来判断肥力过程中诸子系统的变化方向。一般来说，土壤系统自由能的增加和总熵的减少，可以概括土壤肥力上升现象之本质，而自由能的增加依靠有序的建立。有序的建立和保持，即达到一定的生态稳定，即一般的所谓生态平衡只能来自外界的能量补给。

三、土壤在空间上是一个耗散结构

自然土壤与气候、生物相适应的分布规律，决定了地球土壤呈三维空间分布状态，可用多变函数式表达：

$$S=f(W,J,G)$$

式中，S 表示土壤分布情况，W，J，G 分别表示纬度、经度、高度的方向变化，因一定地区自然成土因素接近常数，所以用三维坐标轴表示土壤分布则有：

$$S_1 = f(W)$$

$$S_2 = f(J)$$

$$S_3 = f(G)$$

这说明以能量分配差异为基础的自然地理地带性，对地表各种自然地理成分起控制作用。

对于农业土壤来说，其肥力水平是通过人与土壤的物质交换关系表现出来的。在人口急剧增长的现代，人工活动已成为控制土壤系统状态的主要因素，从而使一切生态系统都在向人类生态系统演变。人类活动向土壤所取得食物越多，对土壤系统的压迫也越强烈。

引用经济地理学中所谓人口位势面(population potential surface)的概念来说明肥力分布是适宜的。人口位势面(V_C)是作为一个场来说明地表事物和现象的空间，并对地表事物和现象起限制作用，其定义为：

$$V_c = \iint_{\Omega} \frac{D(r \cdot y)\mathrm{d}_r \mathrm{d}_y}{\sqrt{(x-x_c)^2+(y-y_c)^2}}$$

式中，D 为 Ω 区域无限小地区单位 $\mathrm{d}x\mathrm{d}y$ 的人口密度，分母 r ($r=\sqrt{(x-x_c)^2+(y-y_c)^2}$) 为地域点 x、y 到 c 的距离，V_c 和 D 成正比，和 r 成反比。意即肥力分布也是和人口密度成正比，和离开人口密集中心区的距离成反比。如土壤普查中发现的耕地肥力以村庄为中心的同心圆分布，就是证明。

四、土壤在时间上也是一个耗散结构

在道库恰耶夫的成土因素中，包括了年龄。成土因素的节奏性变动，会使土壤经历相应的各个发展循环，每个发展完成之后，土壤并不回到原来的出发点，尽管是积累很小的变化，合并起来会导致土壤类型的形成。威廉斯更提出了统一土壤形成学说，把地球土壤的多样性看作是在时间延续上的个别发展阶段。耗散结构理论正是建立在时间不可逆性基础上的理论。普利高津十分强调“历史”因素在耗散结构中的重要性。他认为时间和物质运动的性质是有内在联系的。不可逆性是非平衡系统最重要的特征，所以要用时间的方向性去看待肥力因素的变化。从耗散结构的理论来看，每一个肥力因素都是一个向量。

第四节 土壤肥力的系统分析

一、土壤肥力是土壤系统的整体功能

把耗散结构理论应用于土壤学研究，很自然地会产生土壤肥力是土体-植物-环境系统整体功能的认识，这和把土壤肥力仅仅看成是土体物理、化学、生物特性的综合反应的传统观念不同。

耗散结构理论应用于土壤肥力的研究，着重于探求有目的的土壤肥力结构和功能的产生及其条件，即有序性组织功能的产生，需要哪些环境条件？耗散结构理论认为土壤系统中的大量分子的协同作用，在非线性网络结构中借助外界能量的推动，可以出现各种肥力因素的最佳组合，这就是高肥力土壤形成的本质。土壤之所以被认为是一个耗散结构，是因为它是一个处于非平衡状态的开放系统，物质与能量进进出出，始终在进行紧张而繁忙的代谢活动，肥力因素的相互作用，不是简单的叠加作用，因而完全有必要对它进行整体化研究，也有必要对它进行跨学科研究。正如我国古代朴素的土壤定义所说：“万物自生焉则曰土，以人所耕而树艺则曰壤”，这里体现了土、物、人、天、地等各种因素协同作用的土壤肥力观。

二、土壤肥力的系统分析

土壤是一个多因素、多变量的综合系统，必须应用综合的方法按一定的规律进行研究，传统的要素分析法是不能适应的。和传统要素分析法相反的就是系统分析。

土体肥力性质和土体成分、土体构型与土壤结构有关，但只有和环境条件综合在一起才能

表现为土壤肥力。根据现代控制理论系统状态的变化，归根结底是物质能量输入带来的后果，输入的物质能量经过土壤系统的转换向外界输出，表现为高等植物的第一性生产力，这就是土壤肥力功能的表现。所以，在最简单、最概括的条件下，土壤肥力功能表现可视为一个输入和输出的过程。人们从长期的生产经验中认识到，当作物品种决定以后，水分和养分的输入对土壤的生产力有关键性的作用。俗话说："有收无收在于水，收多收少在于肥"，这句话很扼要地说明了水肥因素对决定系统生产力的作用。

一个地区的水肥能量的供应水平，除自然条件意外，主要决定于一个地区的经济因素。经济因素的变化一般也通过水肥供应的变化影响系统。从这一点说，农业土壤肥力与其说是一种自然现象，还不如说是一种经济现象。

三、土壤肥力新学说的实际意义

系统土壤学所研究的不是某个土壤性质和肥力的关系，也不是着眼于某项生产的高低，它不仅考虑当年高产，而且考虑长远的生态稳定。其目标是要建立高产、优质低耗的土壤生态系统，使系统中物能的转化效率最佳。所以它反对掠夺式经营，强调结构与功能，用地和养地，经济目标和生态目标的统一。它遵循整体论、联系论、装配论的法则把土壤科学的研究推向一个新的境地(图 1-4)。

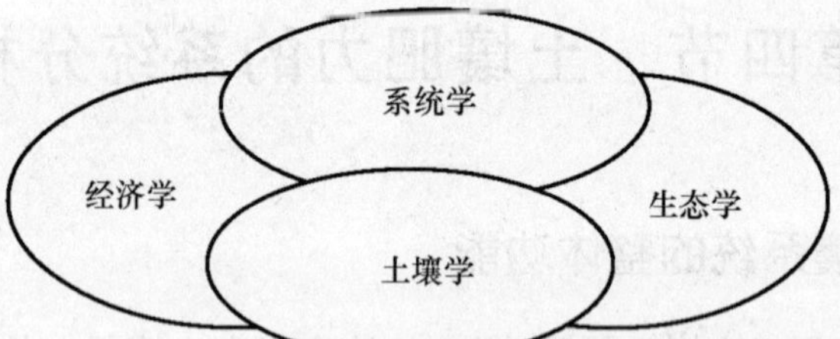

图 1-4　系统论土壤学图解

耗散结构理论的应用，是土壤科学一个很大的突破。它是土壤科学从对封闭静止的土壤世界转向对开放动态世界的探索，因而使以研究存在为目的的传统土壤学，开始走向研究演化的科学(from being to becoming)。土壤的肥力是一个动态演化的过程。所以提高肥力的研究不能从指望研究土体本身得到实际效果，而是要从整体上研究土体—植物—环境系统的功能，研究如何装配各个子系统，使之形成一定的线路，以发挥其功能。

土地系统内的其他子系统，如气候、地貌、岩石、植被、水文、地质等在一定的区域内变化较小并在其他章节加以讨论，本文不再过多讨论。但作为土壤生态系统，其多元性特征、相关性特征及整体性特征依然充分表现出来。

第五节　农业区位论的理论基础

区位论是区域经济学的一个重要的理论基石。区位(location)，简而言之，即是空间位置。区位论(location theory)就是研究人类经济活动空间组织优化的学科。

一、传统区位理论

J. H. Von Thünen 农业区位论 Thünen 是区位论的最早创立者，他在其著名的《孤立国》理论中写道："想象一个充分大的城市，它位于一个富饶的平原上，平原上没有不可忽视的河流或运河穿过。在整个平原上，土地是适合耕种并同样的肥沃。在远离城市的郊外，平原转为不可耕种的荒芜地，它截断了这一地区与外部世界的全部联系。在平原上没有第二个城市，这个中心城市因此提供了农村地区以自己全部加工品，并且从周围地区获得城市的全部必需品。"

在这种假设下，Thünen 提出了著名的 Thünen 环，即各种产业的分布范围，如图 1-5 所示。

Thünen 的农业区位论，具有以下特点：①区域是均质、各向同型的；②区域是封闭的；③开发者承担运费和损失；④过程是宏观的；⑤区域内只有一个中心市场；⑥其孤立化研究法给以后的区位研究者许多启发并广泛沿用；⑦其从级差地租出发，建立了合理的农业集约化模式，已被广泛地运用于农业、工业和地区的布局研究中；⑧其从运费差异出发，研究农业生产的空间差异模型，也被广泛运用。

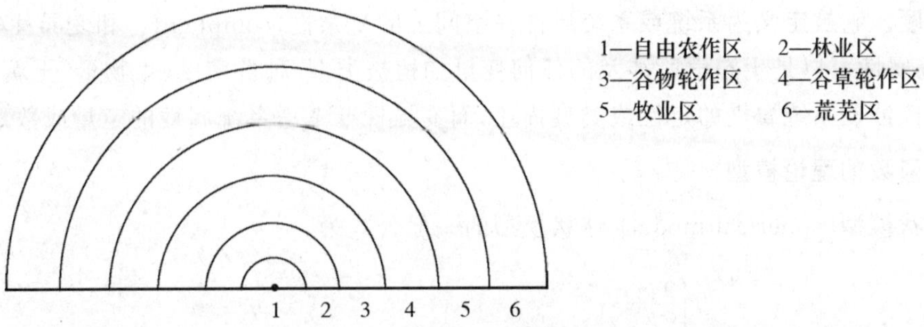

图 1-5　Thünen 设想的农业区位结构

二、现代区位理论

空间结构理论　区域空间结构理论是由 E. S. Dunn，E. Otremba，W. Isard，E. V. Boventer 等学者提出并完善的。一般认为，空间结构理论包括以下内容：

①以城镇型居民点为中心的土地利用空间结构；

②最佳的企业规模、居民点规模、城市规模和中心地等级体系；

③社会经济发展各阶段上的空间结构特点和演变；

④社会经济客体空间集中的合理程度；

⑤空间相互作用。

第六节　地统计学的基本知识

地统计学(geostatistics)，也称地质统计学，是由法国著名统计学家 G. Matheron 于 1962 年首次提出的，其早期的定义是："地统计学即以随机函数的形式体系在勘查与估计自然现象中的应用。”1970 年他又将地统计学定义为：“是以区域化变量理论在评估矿床上的应用(包括采用的各种方法和技术)。”地统计学近 20 年的发展表明：它不仅在地质学中应用，而且在土壤、农业、气象、海洋、生态、森林和环境治理方面也开始应用。因此，一些地统计学工作者(Webster，1985，王仁铎等，1987，Issaks 等，1989，侯景儒等，1993)认为：“地统计学是以区域化变量理论为基础，以变异函数为主要工具，研究那些在空间分布上既有随机性又有结构性，或空间相关和依赖性的自然现象的科学。”因此，凡是要研究空间分布数据的结构性和随机性，或空间相关性和依赖性，或空间格局与变异，并对这些数据进行最优无偏内插估计，或要模拟这些数据的离散性、波动性时，均可应用地统计学的理论及相应的方法(侯景儒，1993)。

空间连续(spatial continuity)　两个相距很紧的观测点的数据要比相距较远的点上的观测数据接近。距离越小，两点间数值越接近，反之，两点间的数值差异就越大。因此，两点间距离的大小决定了两点间数值差异的大小。这种数值随着距离而变化的现象，地统计学中称为空间连续(Matheron，1963，Journel 等，1978，Issaks 等，1989)。

空间异质性　空间异质性(spatial heterogeneity，简记 SH)是 20 世纪 90 年代生态学研究的一个极为重要的理论问题，同时也是生态学研究不同尺度的生态学系统功能和过程中最感兴趣的问题。它被定义为系统或系统属性在空间上的复杂性(complexity)和变异性(variability)。系统属性可以是生态学所涉及的任何变量如植被类型、种群密度、生物量、土壤氮素含量等。复杂性涉及系统属性的定性或类型描述，而变异性要考虑系统属性的定量或数量描述。

变异函数的理论模型

1. 球状模型(spherical model) 球状模型的一般公式为：

$$y(h)=\begin{cases}0 & h=0\\ C_0+C\left(\frac{3}{2}\frac{h}{a}-\frac{1}{2}\frac{h^3}{a^3}\right) & 0<h\leqslant a\\ C_0+C & h>a\end{cases}$$

式中，C_0 为块金常数，C_0+C 为基台值，C 为拱高，a 为变程。当 $C_0=0$，$C=1$ 时，称为标准球状模型。球状模型是地统计学中应用最广泛的理论模型，许多区域化变量的理论模型都可以用球状模型来拟合。

2. 指数模型(exponential model) 指数模型的一般公式为：

$$y(h)=\begin{cases}0 & h=0\\ C_0+C(1-\mathrm{e}^{-\frac{h}{a}}) & h<0\end{cases}$$

式中，C_0 和 C 意义同前，a 不是变程。当 $h=3a$ 时，$1-\mathrm{e}^{-\frac{h}{a}}=1-\mathrm{e}^{-3}=0.95\approx1$，即当 $h=3a$ 时，$y(h)\approx C_0+C$，因此指数模型的变程为 $3a$。当 C_0-0，$C=1$ 时，称为标准指数函数模型。

3. 高斯模型(gaussian model)高斯模型的一般公式为：

$$y(h)=\begin{cases}0 & h=0\\ C_0+C(1-\mathrm{e}^{-\frac{h^2}{a^2}}) & h>0\end{cases}$$

式中,C_0 和 C 意义同前,a 也不是变程。当 $h - \sqrt{3}a$ 时,$1 - e^{-\frac{h^2}{a^2}} = 1 - e^{-3} = 0.95 \approx 1$,即当 $h = \sqrt{3}a$ 时,$y(h) \approx C_0 + C$。因此,高斯模型的变程为$\sqrt{3}a$。当 $C_0 = 0, C = 1$ 时,称为标准指数函数模型。

4. 线性有基台值模型(linear with sill model)线性有基台值模型的一般公式为:

$$
y(h) = \begin{cases} C_0 & h = 0 \\ Ah & 0 < h \leqslant a \\ C_0 + C & h > a \end{cases}
$$

式中,C_0 和 C 意义同前,A 为常数,表示直线的斜率。当 $h = 0$,$y(h) = C_0$,当 $0 < h \leqslant a$,$y(h) = Ah$ 为一直线,当 $h > a$ 时,$y(h) = C_0 + C$。因此,这种模型的变程为 a,基台值为 $C_0 + C$。线性有基台值模型也是地统计学中常用的理论模型之一。

克里格法概述

克里格法(Kriging)也称为空间局部估计或空间局部插值,是地统计学两大主要内容之一(Vieira 等 1983)。它是利用区域化变量的原始数据和变异函数的结构特点,对未采样点的区域化变量的取值进行线性无偏最优估计的一种方法。从数学角度讲,就是一种对空间分布的数据求线性最优无偏内插估计的一种方法。更具体地讲,它是根据待估样点(或待估块段)有限邻域内若干已测定的样点数据,在认真考虑了样点的形状、大小和空间相互位置关系,它们与待估样点相互空间位置关系,以及变异函数提供的结构信息以后,对该待估样点值进行的一种线性无偏最优估计。

邻域内已知的样本数量对克立格估计的影响　克立格估计量是根据待估点的邻域内已知样点数据进行估计的,采用多少个已知样点数据估计才合适,没有一个固定的标准。但从统计估计的角度看,估计方差随着采用的样本数越多,而越少,当样本数扩大到一定数量后,估计方差基本保持在某一个数值附近。因此,当估计方差开始保持平稳时的样本数就可以作为确定邻域内已知样点数的指标。在这个范围内的样点数据称为有效样点数据。在地统计学克立格估计中,一般多数采用 4～8 个邻域内的有效数据。再扩大有效数据,会产生屏蔽效应,而且对克立格估计精度不起作用。

距离权重反比法(IDW)

距离权重反比法(inverse distance weighting,简称 IDW)是一种常用而简便的空间插值方法。它以插值点与样本点之间的距离为权重进行加权平均,离插值点越近的样本点赋予的权重越大,若权重用距离反比,称为距离反比法。权重用距离平方反比时,称为距离平方反比法。在实际应用时,通常用后者。其表达式如下:

$$
Z = \sum_{i=1}^{n} (Z_i \cdot W_i) / \sum_{i=1}^{n} W_i
$$

式中,n 为用于插值的气象观测站点的数目,Z 为估计的格点的气象要素值,Z_i 为气象要素在第 i 个站点的实测值,W_i 为第 i 个站点的权重系数。对于权重系数 W_i,通常的简便计算方法是以格点到观测点的大圆半径的平方反比作为权重系数,而不考虑权重系数在方向如经向、纬向的不同变化。

第七节 土壤空间变异性

一、土壤空间变异性的概念和意义

空间变异是指研究对象在空间上的变化,它是地理学研究的基本问题。空间变异的研究是借鉴空间分析的有关方法,通过分析地理系统特征,了解地理系统在空间上的分布和演替规律。

土壤是不均匀和变化的连续体,它的特征既受到自然条件的和人为耕种的制约与作用,又受到随机因素的影响。田间实际情况表明。即使在土壤类型相同的区域内,同一时刻土壤特征值(物理、化学、生物性质等),在不同空间位置上也具有明显差异,这种属性称为土壤的空间变异性。土壤的空间变异包括土壤水分特征及状态参数、物理性状、化学性质、土壤重金属及其他元素等性质的变异。

土壤空间变异十分复杂,降水、风化、侵蚀、堆积、人类活动以及地球构造运动等地球的内外营力造成了土壤物质组成的空间变化,是导致土壤空间变异最基本的原因。土壤空间变异的程度依赖于土壤过程的类型和它们在空间和时间中的协同关系。同时,土壤空间数据也是连续的。在土壤学研究中,空间连续的特点存在于不同尺度的空间抽样数据中。两个相距很近的观测点的数据要比相距较远的点上的观测数据接近,两点间距离的大小决定了两点间数值差异的大小,这种数值随着距离变化的现象称为空间连续。而土壤空间连续性的存在决定了土壤属性的空间相关性,这是进行土壤空间变异研究的一个基础。同时,由于土壤系统发生着不同的生物、物理、化学过程,土壤不同属性随时间发生变化,具有不同的时间变异性,而且这种时间变异性与空间变异性相互影响,在土壤空间变异研究中需要分析土壤变异的时空多维变化特征。

开展土壤空间变异性的研究,对土壤属性空间变异的复杂性进行定量化,可以确定野外调查和试验的田间合理取样尺度和取样数目,提高土壤调查和制图的精度,改善土壤分类系统的诊断精度,完善对不同空间尺度上土壤过程的预测和模拟。

土壤空间分析技术和3S技术的结合,可以提高大尺度土壤信息的实时获取能力,提高对土壤时间和空间过程的认识水平,提高大尺度土壤圈与其他圈层交互作用及控制因子分析方面的能力,如精准农业就是土壤空间分析应用的一个重要领域。因此,进行土壤空间变异研究是推动土壤科学量化研究的一个重要方面。

二、土壤空间变异性研究进展

早期对土壤空间变异的研究主要限于定性描述,在很多方面无法确切认识土壤特性的空间分布规律。1963年,Fisher创立了传统统计方法,其原理为假设研究的变量为纯随机变量,样本之间是完全独立且服从某已知的概率分布,其统计方法是按质地将土壤在平面上划分为若干较为均一的区域,在深度上划分为不同层次,通过计算样本的均值、标准差、方差、变异系数以及进行显著性检验来描述土壤空间变异。该方法在土壤科学工作中已经取得了一定的成功,但是由于其职能概括土壤性状变化的全貌,而不能反映局部的变化特征,因此,在很多情况下难以确切描述土壤特性的空间分布，大量关于土壤空间变异桂路的研究表明：许多土壤特征在空间上并不是独立的，不属于纯随机变量，而是在一定范围内存在空间上的相关性。

经过几十年的研究，土壤空间变异的研究已经形成了多种方法，常见的有：Fisher 的传统统计法、多元统计学、时序分析法、频谱分析法、随机模拟法、地统计学方法和分形学等，其中，地统计学法是土壤空间变异性研究中最常用的方法。从 20 世纪 70 年代，地统计学法开始被应用于土壤学和水资源学研究领域。

地统计学对土壤研究的主要贡献，在于它对土壤变异结构分析及其内插值中的运用和土壤采样策略的确定。变异函数图是地统计学解释土壤空间变异结构的基础，它的精确模拟是成功的空间内插和栅格地图制作的关键。土壤特征的空间变异函数提供了一个定量工具，可以将土壤某一性质的变异与成土因子和成土过程联系起来，加深成土过程对土壤的作用后果的了解，是使土壤过程的预测和模拟进一步逼近田间实际的有效途径。

地统计学方法中的克里格法是在经典统计学的基础上充分考虑变量的空间变化特征——相关性和随机性，并以变异函数为基础建立的一种求最优、线性、无偏内插估计量的方法。因此克里格法估出的结果比一般传统方法的估计更为准确，可以避免系统误差，从而得出估值精度。如果样本数据是正态分布和平稳的，对点或小区的估值可用最简单的点克里格法或块段克里格法。当土壤性质表现为对数正态或更复杂的分布时，用对数正态克里格法或间断性克里格法估值结果更精确，对于弱平稳性数据可先消除趋势将其转化为平稳性数据或使用泛克里格法进行插值。

参考文献

[1] 辛德惠. 农田生态系统. 山东林业科技，1997(01)：1-1.

[2] 邓聚龙. 灰预测与灰决策. 武昌：华中科技大学出版社，2002.

[3] 孙洪泉. 地质统计学及其应用. 北京：中国矿业大学出版社，1990.

[4] 周慧珍，龚子同. 土壤空间变异性研究. 土壤学报，1996，33(3)：232-241.

[5] 林景亮，陈清硕. 系统土壤学. 福州：福建科学技术出版社，1987.

[6] 沈禄庚. 系统科学概要. 北京：北京广播学院出版社，2000.

[7] 王政权. 地统计学及在生态学中的应用. 北京：科学出版社，1999.

[8] 陈池波. 农村土地管理系统论. 农业现代化研究，1995，16(6)：353-356.

第二章 土壤生态系统研究方法

第一节 研究区域肥力状况

本研究基于河北省曲周县盐碱地试验区的基本情况展开工作。

经过几年的改良,曲周试验区的旱涝碱咸危害得到了治理,实现了“地成方、树成行、渠路成线井成网”,土壤盐碱含量得到了有效控制,作物产量大幅度提高,土地的生产能力得到明显改善。

然而,土壤肥力水平则表现为低而不稳的局面,主要表现为有机质含量低,垦殖初期表现富氮假象,以后又严重缺氮,以及有效磷奇缺等。土壤肥力低下,是盐渍土的一大特点。

盐渍土的耕层有机质含量较低,一般只有 6～8 g/kg,全氮含量也只有 0.3～0.5 g/kg。在盐渍土开垦初期,土壤出现富氮假象,主要表现为:

其一,在一般粗放的农业经营条件下,盐渍土上所种植的作物,如果能存活下来的话,往往是前期生长受一定程度的抑制,而后期贪青徒长和晚熟,这种现象在以 $MgCl_2$ 和 $CaCl_2$ 为主的“卤碱”的盐斑中最为常见。若测定贪青晚熟地段的土壤养分,则 NO_3^--N 含量往往较高,而磷则奇缺,因而被认为盐渍土上作物贪青是由“富氮、缺磷”引起的。

其二,一般垦殖以前或土地利用率较低的情况下,土壤多含有较高的碱解氮,一般可达 50～60 mg/kg,若单按碱解氮含量评级,其氮素营养一般在中等水平,甚至偏上。但是连续耕种两年以后,碱解氮含量迅速将到 30～40 mg/kg,几乎降低 40%。

造成这种情况的主要原因是原来的土地利用效率低,甚至为弃荒状态或在已耕种的盐渍化土壤的盐斑附近,单株的营养面积大等。因此,在上述情况下,产生一定的碱解性氮和 NO_3^--N 的积累主要是由于吸收少而产生的富余,不是由于有机质积累和全氮增加而产生的真正富余。一旦复种指数稍一增加或种植密度稍加增大,就立刻产生缺氮脱肥现象。可见盐渍化土壤在粗放经营下或垦殖初期产生的一些速效性氮的临时富集是假象,不是氮的真正丰富。在盐渍化土壤的综合治理中必须注意氮肥的施用,尤其是要大力施用有机肥或绿肥,以培育土壤肥力,求得氮量的真正增加。

盐渍土土壤有效磷奇缺,一般有效磷只有 2～3 mg/kg,少者只有 0.5～1 mg/kg,个别盐斑土壤的有效磷含量几乎近于“0”(痕迹量),处于极端缺磷状态。此外,由于有效磷在石灰性土壤中的容易被固结,据试验,磷肥施下 3 个月后,其有效磷的固结率可达 50%以上,在盐渍化土壤中,这种固结可能性更为严重,因为在该土壤中,除去一般性的 $CaCO_3$ 以外,还有较多的石膏($CaSO_4 \cdot 2H_2O$)和 $CaCl_2 \cdot 6H_2O$ 等溶解度较 $CaCO_3$ 为大的钙盐,以供应较多的钙离子,而大大降低磷的有效性。

第二节　土壤肥力长期定位试验设计

一、土壤肥力理论的历史回顾

人类社会由狩猎、游牧和采集的生产活动方式转为定居的农业生产，无疑是一个巨大的进步，而人们懂得利用土壤生产植物产品的特性，则是促进这一进步的根本原因。随着农业生产的发展，人们对土壤的认识日益加深，对土壤的本质属性——土壤肥力也有了日益深刻的理解。

据考证，在公元前 6 000—7 000 年，我国便有了稻、粟等的种植，同古籍中“天雨粟，神农遂耕而种之”的传说记载大体相符合。这或许是人类有意识地将绿色植物种子播种于土壤以获得收成的、有关原始农业生产过程的最早记述。古希腊学派的奠基人色诺芬(Xenophon，公元前 434—355 年)提出了万物来自土壤并最后归还土壤的观点。狄奥菲拉图(公元前 3 世纪)认为土壤是植物养分的来源，也是水分的来源。他曾建议在贫瘠的土壤上施用肥料，并按照肥效的大小，将肥料排成如下的顺序：人粪尿＞猪粪＞山羊粪＞绵羊粪＞母牛粪＞公牛粪＞马粪。他也指出：下雨后植物能繁茂地生长是因为植物需要水，也因为雨后的土壤处在良好的状态。

在东汉，郑玄(公元 180 年前后)对《周礼地官司徒》的注释里有这样几句话：万物自生焉则曰土，以人所耕而树艺则曰壤。说明了我国古代不仅认识了“万物土中生”的道理，而且把未经人为耕种的土壤与经过人为耕种的土壤做了明确的区分，并认识到后者是人类生产活动积极干预的结果。

西汉(约公元前 100 年)的《氾胜之书》、北魏(公元 400 年)的《齐民要术》、南宋(12 世纪)的《陈旉农书》、元代(13 世纪)的《王祯农书》、明朝(14 世纪)的《农政全书》等更提到了用植物物料及其副产品、牲畜和家禽粪尿、沃土、灶灰等进行肥田的具体措施。

从上面的简述中，我们不难看出：在我国的历史上，人们认识到了水、肥、气是构成土壤肥力的重要因素，而调节土壤水肥气状况可以达到培肥土壤的目的。

我国农民在长期的生产实践中形成了对于土壤肥力的独特看法：肥沃的土壤不仅能高产，而且能稳产；多施肥时作物不疯长，少施肥时不脱肥；抗逆性强；宜耕期长；宜种性广。我国现今的土壤肥力研究，正是在这种看法的启发下，吸取了国外学者的肥力观中的有益部分，不断地走向深入的。

比较一致的看法是：肥力是土壤的本质属性，表现为对植物生长所需的水肥气热的供应和协调能力。

二、研究区域概况

本研究区域为河北省邯郸市东北部(东经 114°50′22.3″～115°13′27.4″，北纬 36°34′43″～36°57′56″，海拔 36 m)的中国农业大学曲周试区，属于暖温带半干旱季风气候区，光、热、水等气候资源比较丰富，可一年两熟。年降水量 542.8 mm 左右，年际变率大(23.4%)，年内分配不均，7、8 月份降水量约占全年的 60%，常积水成涝。年蒸发量 1 800 mm，为年降水量的 3 倍，降水少，蒸发强度大，春旱尤为严重。土壤类型为盐化潮土，表层(0～20 cm)土壤质地为轻壤土，亚表层(20～40 cm)为沙壤土，其基本理化性质如表 2-1 所示。

表 2-1　长期定位试验地土壤里化性质

土壤深度/cm	质地	pH	SOM	TN	TP	RP	RK	含盐量
			g·kg⁻¹			mg·kg⁻¹		
0～20	轻壤	7.8	7.00	0.37	0.60	9.9	92.6	1.02
20～40	沙壤	7.8	4.00	0.22	0.52	3.2	71.3	1.11

三、试验设计

1. 氮磷肥配比试验(试验一)

试验开始于 1983 年，共设 9 个处理：CK、N_1、N_2、P_1、P_2、N_1P_1、N_1P_2、N_2P_1、N_2P_2，3 次重复，随机区组排列，共 27 个小区，种植模式为小麦(*Triticum aestivum* L.)-玉米(*Zea mays* L.)轮作制。其中 CK 为不施肥；N_1、N_2 分别为 270、540 $kg \cdot hm^{-2} \cdot a^{-1}$，氮肥为尿素(含 N 46%)，其 30%作小麦的底肥、20%作拔节期追肥，30%作玉米苗期肥、20%作 10～12 叶追肥；P_1、P_2 分别为 67.5、135 $kg \cdot hm^{-2} \cdot a^{-1}$($P_2O_5$)，磷肥为重过磷酸钙(含 P_2O_5 43%)，作小麦基肥，一次施入，全生育期灌水 3～4 次(705～825 $m^3 \cdot hm^{-2}$)，小区面积为 44 m^2，为防止水分和养分的侧渗，小区四周用水泥板(50 cm×2 cm)隔开。

2. 免耕培肥试验(试验二)

试验开始于 1985 年，属于四因素三水平的正交设计试验，共设 9 个处理(表 2-2)，3 次重复，共 27 个小区。耕作方式分别为：①免耕，即将秸秆撒施到地表后开沟播种(M)；②传统耕作＋秸秆翻耕，即将秸秆撒施到地表后用传统的犁翻耕到 30 cm 的土层然后播种(T_1)；③传统耕作＋秸秆表施，即先用传统的犁耕地(耕作深度为 30 cm)后再将秸秆撒施到地表(T_2)。3 个氮水平：0、112.5、187.5 $kg \cdot hm^{-2} \cdot a^{-1}$，3 个磷水平：0、75、150 $kg \cdot hm^{-2} \cdot a^{-1}$，秸秆为小麦秸秆，其他同氮磷肥配比试验。

表 2-2　耕作与施肥管理　　$kg \cdot hm^{-2} \cdot a^{-1}$

处理	耕作方式	氮水平	磷水平	秸秆水平
Ⅰ	T_1	0 (N_1)	0 (P_1)	0 (S_1)
Ⅱ	T_1	112.5 (N_2)	75 (P_2)	2 250 (S_2)
Ⅲ	T_1	187.5 (N_3)	150 (P_3)	4 500 (S_3)
Ⅳ	T_2	0 (N_1)	75 (P_2)	4 500 (S_3)
Ⅴ	T_2	112.5 (N_2)	150 (P_3)	0 (S_1)
Ⅵ	T_2	187.5 (N_3)	0 (P_1)	2 250 (S_2)
Ⅶ	M	0 (N_1)	150 (P_3)	2 250 (S_2)
Ⅷ	M	112.5 (N_2)	0 (P_1)	4 500 (S_3)
Ⅸ	M	187.5 (N_3)	75 (P_2)	0 (S_1)

四、测定项目及方法

1. 土壤有机质的测定

采用重铬酸钾容量法。

2. 土壤氮素的测定

包括土壤全氮采用半微量开氏法、土壤碱解氮采用碱解扩散法和土壤氨挥发测定。

土壤氨挥发的捕获和测定：

通气法装置如图 2-1 所示，由聚氯乙烯（PVC）硬质塑料管制成，内径为 15 cm，高 12 cm，田间氨挥发捕获过程中分别将两块厚度均为 2 cm、直径为 16 cm 的海绵均匀浸在 15 mL 的磷酸甘油溶液（土壤挥发氨的吸收液：50 mL 磷酸＋ 40 mL 丙三醇，定容至 1 000 mL）中一段时间，然后将两层海绵置于硬质塑料管中，下层的海绵距地面 4 cm，上层海绵与管顶部相平或稍下。土壤挥发氨的捕获于施肥、降雨和灌溉后的第二天早晨开始，在每个小区放置 1 个氨捕获装置，24 h 后开始取样。取样时，将通气装置下层的海绵取出，迅速按小区号分别放入封口袋中，同时换上另一块刚浸过磷酸甘油的海绵。上层的海绵视其干湿情况 3～5 天更换 1 次。变动摆放位置后，将装置重新放好，开始下一次田间吸收。把取下的海绵带回实验室后，分别装入 500 mL 的塑料瓶中，加入 300 mL 1.0 $mol \cdot L^{-1}$ KCl 溶液，使海绵完全沉浸于其中，振荡 1 h 后，浸提液中的铵态氮用靛酚蓝比色法（鲍士旦，1999）测定。氨挥发计算公式：

$$NH_3\text{-}N\ (kg \cdot hm^{-2} \cdot d^{-1}) = [M/(A \cdot D)] \times 10^{-2}$$

其中 M 为通气法单个装置平均每次测得的氨量（NH_3-N，mg）；A 为捕获装置的截面积（m^2）；D 为 1 次连续捕获的时间（天）。

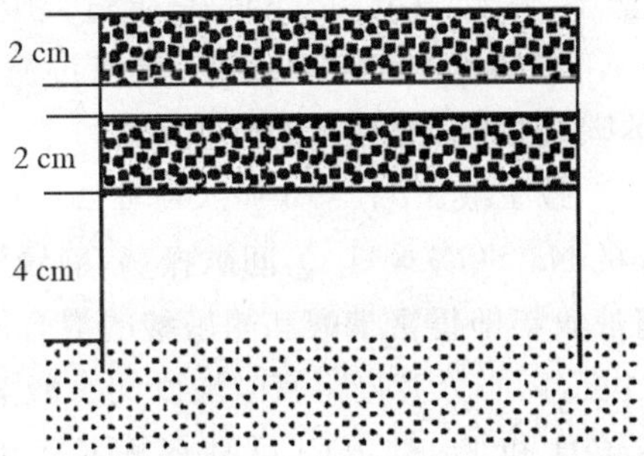

图 2-1　田间测定土壤氨挥发的装置（王朝辉等，2002）

施肥当天开始监测土壤氨挥发情况。越冬前，冬小麦基肥施用后前 10 天每 1～3 天取一次样，然后根据氨挥发量，每 5～15 天取一次样，直至上冻。返青后小麦和玉米的追肥施用后，前 3 天每天取样 1 次，之后的 1～2 周，根据测得挥发氨数量的多少，每 2～5 天取样 1 次，以后取样间隔可延长到 7 天或者是 15 天，直至氨挥发为背景值（与对照相同）时为止。采样时记录夏玉米或冬小麦的生育时期、采集照片并收集相关的气象数据（气温和降水）以及地表温度（温度计：－10～50℃），同时采集 0～10 cm 土样（每个试区均匀布五点然后用土钻取土）监测各试验点 0～10 cm 土壤的含水量及铵态氮的变化。试验遇降雨采样顺延。

分析硝态氮迁移的土样进行分层采集：0～20 cm、20～40 cm、40～60 cm、60～100 cm。取

样时间为每季作物施肥灌水前、施肥灌水一周后及收获后，每个小区取5钻。所取的土样按土层分别装入对应的自封袋，封口后带回试验室测定。若当天不能测定，则放入－20℃冰箱中冷冻保存（防止土壤微生物对无机氮含量的影响），解冻后再及时测定土壤硝态氮含量。

3. 土壤磷素的测定

土壤速效磷采用钼锑抗比色法；土壤无机磷的分级方法采用蒋柏藩石灰性土壤无机磷分级测定方法；土壤全磷的分析采用酸溶-钼锑抗比色法。

4. 土壤钾素的测定

速效钾用1 $mol \cdot L^{-1}$中性醋酸铵溶液提取；缓效钾用1 $mol \cdot L^{-1}$硝酸溶液加热提取；全钾用氢氧化钠熔融法提取。各级钾的浸提液用采用火焰光度计测定。

5. 土壤呼吸量的测定

采用原位静态碱液吸收法，即在作物行间埋入内径为15.5 cm、高25 cm的塑料筒，入土达10 cm深，土壤呼吸量每周测定一次，测定时将装有NaOH溶液的吸收瓶放入塑料筒内，圆筒的上口用塑料膜抱住并用橡皮筋扎紧。土壤释放的CO_2被碱液吸收，24 h后取出并立即送至实验室用酸碱滴定法测定剩余的NaOH量，从而计算土壤呼吸量。

6. 土壤微生物生物碳量的测定

采用改进的熏蒸——培养法。土壤微生物生物氮量和磷量的测定是土壤经熏蒸培养后，分别采用纳氏试剂比色法和碳酸氢钠法进行测定。

7. 腐殖质组成的测定

称取土样5.00 g，按1∶5土水质量比加入蒸馏水，搅拌，静置，将上浮细根除去。加入HCl浓度为0.05 mol/L，使土液比为1∶10，振荡5 min，静置过夜，慢速滤纸过滤，吸取2～10 mL滤液，调节pH至7.0，80℃水浴蒸干，测定HA和FA的总碳量。吸取2～50 mL滤液，加入0.5 mol/L H_2SO_4酸化至pH 1.5，80℃保温30 min，过夜，慢速过滤，滤液在80°C水浴蒸干，测定FA的碳量，由全碳和FA的碳量，可求出HA的碳量。

腐殖质样品的制备　称取土样，按土液比为1∶10加入0.1 mol/L $Na_4P_2O_7$ ＋ 0.1 mol/L^{-1} NaOH溶液。每升加入50 g磨碎的$Na_2SO_4 \cdot 10H_2O$，间歇振荡，静置过夜13～14 h。吸出大部分清液，其余用离心法分离，将清液收集即得富啡酸和胡敏酸的混合液。用1∶1的HCl调节此液至pH1.5，70℃保温30 min，过夜，离心分离得粗富啡酸及胡敏酸溶液。

将粗胡敏酸用0.2 mol/L NaOH和1∶1的HCl反复溶解沉淀几次得到胡敏酸凝胶。用玻璃纸作半透膜流动渗析，直至无Cl^-（用$AgNO_3$检验）。将渗析后的胡敏酸冰冻真空干燥，研成粉末备用。

将沉淀胡敏酸后的酸性溶液通过活性炭柱，用去离子水淋洗至无CT。用0.2 mol/L^{-1}的NaOH洗脱，洗脱液过阳离子交换树脂交换柱，流出液于50℃下浓缩，冰冻真空干燥，研细过筛（100目）备用。

腐殖质官能团的分析化学法　腐殖质的总酸度采用氢氧化钡法测定；腐殖质的羧基采用醋酸钙法测定；腐殖质的醌基采用酸性氯化亚锡还原法测定；腐殖质的酚羟基采用差值法计算。

红外光谱法　采用溴化钾压片法对腐殖质的功能团进行红外光谱法分析。

8.土壤酶活性的测定

(1)过氧化氢酶活性的测定　高锰酸钾滴定法。称取 2 g 过 1 mm 筛的风干土样于 125 mL 的三角瓶中,加入 40 mL 蒸馏水,再加入 5 mL 0.3%过氧化氢溶液。将三角瓶置于振荡机上,振荡悬液 20 min。振荡结束后立即加入 5 mL 1.5 mol·L^{-1}硫酸,使未分解的过氧化氢稳定,用致密滤纸将三角瓶中内容物过滤。吸取 25 mL 清澈滤液于 100 mL 三角瓶中,用 0.05 mol·L^{-1}(0.02 moL·L^{-1})高锰酸钾溶液滴定,滴至溶液微红色(30 s 不褪色)即达终点,记录消耗高锰酸钾的毫升数。用高锰酸钾滴定酶促反应前后过氧化氢的量,又二者之间的差求出分解 H_2O_2的量,以此来表示酶的活性(单位以消耗 0.05 mol·L^{-1} $KMnO_4$毫升数计)。同时设置对照试验(无土对照)。

(2)脲酶活性的测定　硝基水杨酸比色法。称取 2 g 过 1 mm 筛的风干土样于 100 mL 三角瓶中。往三角瓶中加入 1 mL 甲苯(以能全部使土样湿润为度)并放置 15 min。之后加入 10 mL 10%尿素溶液和 20 mL 柠檬酸缓冲液,并仔细混合。将容量瓶放入 37℃恒温箱中,培养 24 h。培养结束后,将悬液用致密滤纸过滤于三角瓶中。吸取 1 mL 滤液于 50 mL 容量瓶中,加入 10 mL 蒸馏水,充分摇荡,然后加入 4 mL 苯酚钠,仔细混合,再加入 3 mL 次氯酸钠,充分摇荡,放置 20 min,用水稀释至刻度,溶液呈现靛酚的蓝色。在光电比色计上用 1 cm 液槽,于 578 nm 处将显色液进行比色测定。同时设置对照试验(无土对照和无基质对照)。(单位以 NH_3-N 的质量数计)

(3)碱性磷酸酶活性的测定　磷酸苯二钠比色法。称取 2 g 过 1 mm 筛的风干土样于 50 mL 三角瓶中。加 1 mL 甲苯(以能全部使土样湿润为度),放置 15 min。之后加入 20 mL 0.5%磷酸苯二钠溶液,摇匀并置 37℃恒温培养 24 h,培养结束后立即过滤。吸滤液 1 mL 于 50 mL 容量瓶中,加入 0.25 mL 氯化氨,0.5 mL 2% 4-氨基安替匹林和 0.5 mL 8%铁氰化钾溶液,边加边摇匀,放置 15 min,用水稀释至刻度。在波长 510 μm 处比色测定。同时设置对照试验(无土对照和无基质对照)。(单位以酚的质量数计)

(4)转化酶活性的测定　3,5 二硝基水杨酸比色法。称 2 g 过 1 mm 筛子的风干土置于 50 mL 三角瓶中,加 1 mL 甲苯并在室温下放置 15 min。加入 15 mL 8%蔗糖溶液和 5 mL pH 5.5 磷酸缓冲液。摇匀混合物后,放入恒温箱,在 37℃下培养 24 h。到时取出,迅速过滤。从中吸取滤液 1 mL,注入 50 mL 容量瓶中,加 3 mL 3,5-二硝基水杨酸溶液,并在沸腾的水浴锅中加热 5 min,随即将容量瓶移至自来水流下冷却 3 min。溶液因生成 3-氨基-5-硝基水杨酸而呈橙黄色,最后用蒸馏水稀释至 50 mL,并在分光光度计上于波长 508 nm 处进行比色。为了消除土壤中原有蔗糖、葡萄糖而引起的误差,每一土样需做无基质对照,整个实验需做无土壤对照(单位以葡萄糖的质量数计)。

第三节　区域土壤肥力动态变化的研究方法

一、区域土壤样品的采集与化验

根据国务院(1979)111 号文件精神和河北省土壤普查办公室的统一部署,邯郸市(当时分为邯郸地区和邯郸市)从 1979 年开始,到 1984 年结束,历时 5 年,完成了邯郸 16 个县、市

120.8 万 hm^2 土地的普查工作，取分析土样 3 848 个；微量元素土样 1 483 个；水样 117 个，对所取土样进行了 26 个项目的分析测定，共取得有效分析数据 88 072 个。

根据河北省政府办公厅冀政办函字(1992)44 号《关于全面开展农业资源数据更新调查的通知》及河北省农业厅(1993)48 号《关于开展全省土壤耕层养分调查的通知》要求，1993 年初河北省土肥站组织各市(地)、县土肥站，开展了全省土壤耕层养分调查工作。本次调查，以《土地利用现状图》为工作底图，在耕地区域内以 666.7 hm^2 为单位划分小方格，每个方格内选取一个有代表性的第二次土壤普查主剖面点作为此次取土点，以便此次调查结果能与第二次土壤普查养分数据同点位比较分析，对于目前耕地区域与《土地利用现状图》中耕地区域已发生变化的，则按实际耕地区域取土并加以注明。

全省统一在 1993 年 3 月 15 日至 3 月 25 日期间取土，以与第二次土壤普查取土时间保持对应。取土点必须选择未施肥的地块。取土时在选定的地块上 10 点分散取样(取样深度为 0～20 cm)，化验项目为有机质含量、全氮含量、碱解氮含量、速效磷含量、速效钾含量等。邯郸市共采集 825 个样品，化验 3 300 项次，取得 2 182 个有效数据。

2003 年 9 月，我们又一次历时 10 天对邯郸市各县耕层养分状况，进行了采样分析，共采集 127 个土样，同时对每个采样点进行了 GPS 定位。

二、数据处理与制图

利用 MAPGIS 的属性数据库管理子系统将采样 点位图与采样点的调查数据与测试数据进行连接。将采样点文件转成 ARCINFO 的标准格式 SHAP 文 件，在 ARCMAP 中利用地理统计分析子模块中，采用 Kriging 插值法进行采样点数据的插值，生成土壤专题图，包括土壤有机质含量图、土壤有机质变化图、土壤全氮含量图、土壤速效磷含量图、土壤速效钾含量图等。

参考文献

[1] 鲍士旦. 土壤农化分析. 3 版. 北京：中国农业大出版社，1999.
[2] 蔡桂信. 氨挥发. 南京：江苏科学技术出版社，1990：171-194.
[3] 傅高明，李纯忠. 土壤肥料的长期定位试验. 世界农业，1989(12)：22-25.
[4] 高鹏程，张一平. 氨挥发与土壤水分散失关系的研究. 西北农林科技大学学报(自然科学版)，2001，29(6)：22-29.
[5] 黄彬香，苏芳，丁新泉，等. 田间土壤氨挥发的原位测定——风洞法. 土壤，2006，38(6)：712-716.
[6] 鲁如坤. 土壤农业化学分析方法. 北京：中国农业大出版社，2000：308-309.
[7] 王朝辉，刘学军，巨晓棠，等. 田间土壤氨挥发的原位测定——通气法. 植物营养与肥料学报，2002，8(2)：205-209.

第三章　盐渍化土壤生态系统的有序化

农田生态系统技术圈中，有大量的低质量生态系统，生活在这里的人民是艰苦而困难的，经常受饥饿和营养不良的威胁。由于社会、人口、地理环境以及历史原因，人们不得不在恶劣的自然条件下建立起低质量农田生态系统。低质量的生态系统的成因有原生的，也有次生的，前者是自然条件决定的；后者是认为影响造成的。低质量农田生态系统都有自己的潜在能力，这是我们在土地利用上必须特别重视的问题，在我国广泛分布的盐渍化农田生态系统就是其中之一。

黄淮海平原对我国农业发展具有不容忽视的战略意义，分布于其中的旱涝盐碱低产地区和更大面积的易涝易旱易碱地区，有巨大的农业生产潜力，它的开发和培肥将大大促进整个大平原和我国国民经济的发展。

第一节　盐渍化土壤的形成

一、盐渍土的定义

盐渍土资源是一类非常重要的障碍性土壤资源。盐渍土是一系列土体中受盐碱作用的各类盐土、碱土及其他不同程度盐化和碱化的各类土壤的统称，也称为盐碱土。以 SO_4^{2-} 和 Cl^- 等中性盐类为主要组分的盐渍土为盐土（一般表层含盐量超过 1%）和盐化土壤（表层含盐量在 1%以下）；以 HCO_3 和 CO_3^{2-} 等碱性盐类为主要组分的盐渍土为苏打盐化土壤；代换性 Na^+ 总代换量的百分比超过 15%的称为碱土，5%～15%的称为碱化土壤。根据联合国教科文组织和粮农组织不完全统计，全世界盐碱地的面积为 9.543 8 亿 hm^2，其中我国为 9 913 万 hm^2。我国碱土和碱化土壤的形成，大部分与土壤中碳酸盐的累计有关，因而碱化度普遍较高，严重的盐碱土壤地区植物几乎不能生存。盐碱地的构成是由 K^+、Na^+、Ca^{2+}、Mg^{2+}、SO_4^{2-}、Cl^-、HCO_3^-、CO_3^{2-} 离子构成的盐。

一般认为，当土壤表层或亚表层中（0～30 cm）水溶性盐类累积量超过 1 $g \cdot kg^{-1}$（氯化物-硫酸盐和硫酸盐-氯化物型盐渍土）或 2 $g \cdot kg^{-1}$（富含石膏的硫酸盐型盐渍土），或土壤碱化层的碱化度（ESP）超过 5%时，就属于盐渍土范畴。盐渍土的共同特征是土体中含有显著的盐碱成分，具有不良的物理、化学和生物学特性，致使大多数植物在盐渍土上的生长受到不同程度的毒害和抑制，甚至不能生长，从而严重制约了盐渍土资源的利用，影响了盐渍土分布区农业的可持续发展。

二、盐碱地的形成

各种盐碱土都是在一定的自然条件下形成的，其形成的实质主要是各种易溶性盐类在地

面作水平方向与垂直方向的重新分配,从而使盐分在集盐地区的土壤表层逐渐积聚起来。影响盐碱土形成的主要因素有:

1. 气候条件

在我国东北、西北、华北的干旱、半干旱地区,降水量小,蒸发量大,溶解在水中的盐分容易在土壤表层积聚。夏季雨水多而集中,大量可溶性盐随水渗到下层或流走,这就是“脱盐”季节;春季地表水分蒸发强烈,地下水中的盐分随毛管水上升而聚集在土壤表层,这是主要的“返盐”季节。东北、华北、半干旱地区的盐碱土有明显的“脱盐”“返盐”季节,而西北地区,由于降水量很少,土壤盐分的季节性变化不明显。

2. 地理条件

地形部位高低对盐碱土的形成影响很大,地形高低直接影响地表水和地下水的运动,也就与盐分的移动和积聚有密切关系,从大地形看,水溶性盐随水从高处向低处移动,在低洼地带积聚。盐碱土主要分布在内陆盆地、山间洼地和平坦排水不畅的平原区,如松辽平原。从小地形(局部范围内)来看,土壤积盐情况与大地形正相反,盐分往往积聚在局部的小凸处。

3. 土壤质地和地下水

质地粗细可影响土壤毛管水运动的速度与高度,一般来说,壤质土毛管水上升速度较快,高度也高,沙土和黏土积盐均慢些。地下水影响土壤盐碱的关键问题是地下水位的高低及地下水矿化度的大小,地下水位高,矿化度大,容易积盐。

4. 河流和海水的影响

河流及渠道两旁的土地,因河水侧渗而使地下水位抬高,促使积盐。沿海地区因海水浸渍,可形成滨海盐碱土。

5. 耕作管理的不当

有些地方浇水时大水漫灌,或低洼地区只灌不排,以致地下水位很快上升而积盐,使原来的好地变成了盐碱地,这个过程叫次生盐渍化。为防止次生盐渍化,水利设施要排灌配套,严禁大水漫灌,灌水后要及时耕锄。

三、盐碱地的危害

盐碱灾害是指土壤含盐量太高(超过0.3%),生长在这种环境中的植物就会受到这种盐分胁迫的影响,而使农作物低产或不能生长,甚至导致死亡。

形成盐碱土要有两个条件,一是气候干旱和地下水位高(高于临界水位);另一是地势低洼,没有排水出路。

地下水都含有一定的盐分,如其水面接近地面,而该地区又比较干旱,由于毛细作用上升到地表的水蒸发后,便留下盐分,日积月累,土壤含盐量逐渐增加,形成盐碱土;如是洼地,且没有排水出路,则洼地水分蒸发后,即留下盐分,也形成盐碱地。

四、盐碱地的治理措施

预防盐碱灾害,主要应从控制水着手,“盐随水来,盐随水去”。要使土壤不致盐碱化,一方面不让地下水位高于临界水位；另一方面是减少地下水通过毛细作用升到地面蒸发，具体措施有：①适时适量灌溉；②减少渠道渗漏；③中耕松土，切断毛细管孔隙。

治理盐碱地的措施有水利改良措施（灌溉、排水、放淤、种稻、防渗等）；农业改良措施（平整土地、改良耕作、施客土、施肥、播种、轮作、间种套种等）；生物改良措施（种植耐盐植物和牧草、绿肥、植树造林等）和化学改良措施（施用改良物质，如石膏、磷石膏、亚硫酸钙等）四个方面。由于每一措施都有一定的适用范围和条件。因此必须因地制宜，综合治理。

第二节　盐渍土资源分布特征与分区

我国的盐渍土主要分布在西北、华北、东北地区及沿海地区，其中西部六省（自治区）（陕、甘、宁、青、蒙、新）的盐渍土面积占全国的69.03%，新疆盐渍土面积占到36.8%。西北地区的盐渍土又可分为内蒙古高原干旱-半荒漠草原盐渍区、甘蒙新干旱-荒漠盐渍区、青新极端干旱荒漠盐渍土区和西藏高寒荒漠盐渍土区。

一、西北盐碱土区

1.内蒙古高原干旱-半荒漠草原盐渍土区

本区包括内蒙古高原大部。区内年均降雨量200～350 mm，年蒸发量为2 000 mm左右，蒸降比5～10。地带性土壤栗钙土和棕钙土底层均有盐分积累，为潜在盐渍化土壤，其心底土水溶性盐分含量为3～6 $g \cdot kg^{-1}$；河水矿化度大于0.3 $g \cdot L^{-1}$，以钠质重碳酸钙为主。高原内的河谷及湖滨低地地下水埋深多在1～2 m，矿化度为2～3 $g \cdot L^{-1}$，同样为钠质重碳酸钙盐水，间或有钠质氯化物-重碳酸盐及钠质硫酸盐-重碳酸盐水。

2.甘蒙新干旱-荒漠盐渍土区

本区包括甘肃河西走廊、内蒙古西部阿拉善高原以及新疆北部。降水量约100 mm，北疆雨量略有增加，为200 mm；蒸发量在2 000 mm以上，蒸降比10～20。腾格里沙漠降水量仅有50 mm左右，蒸降比达到了40以上。

河西走廊南缘的祁连山山前洪积冲积扇上部，土壤多属于残余或底层盐化盐渍类型，土壤中水溶性盐含量在5 $g \cdot kg^{-1}$左右。冲积扇中下部为灌溉绿洲，用水过多导致地下水位上升，出现土壤次生盐渍化，冲积扇缘地下水埋深1～2 m，局部有潜水溢出，土壤多为盐化沼泽土、盐化草甸土和草甸盐土，盐分组成复杂，以氯化物-硫酸盐居多，还有镁质碱化盐土。

北疆盆地内部受地形和海拔高度的影响，降水量由西往东减少，西部尼克304 mm，而东部淖平湖仅13 mm，年蒸发量都在2 000 mm左右。天山北麓土壤和水文地质分带明显，洪积冲积扇的地下水矿化度小于1 $g \cdot L^{-1}$，以钙质重碳酸盐水为主；扇缘地下水矿化度仍在1 $g \cdot L^{-1}$左右，水质却为钙钠或钠钙质硫酸盐-重碳酸盐水，并有镁钠质硫酸盐-重碳酸盐水。北疆既存在大面积盐土，也存在大面积碱土和碱化土：碱化土壤地表有荒漠结皮，并具龟裂形，柱状结构不明显，有机质含量低。盐渍土的分布依次为盐泥→沼泽盐土→沼泽草甸盐土→草甸盐土→典型盐土→残余盐土。

3.青新极端干旱荒漠盐渍土区

本区包括青海柴达木盆地和新疆吐鲁番盆地、塔里木盆地3个闭流盆地。柴达木盆地由于四周山地的地面和地下径流最终汇聚于低地成湖泊，并浓缩发育成盐湖，湖水矿化度高达几十到几百 $g \cdot L^{-1}$。

在气候、母质、地形和水文地质条件等影响下，柴达木盆地内含盐物质与盐渍土广泛分布，甚至在山地地表也常出现盐霜和盐斑，盐斑表层含盐量达 45 $g \cdot kg^{-1}$，盐分组成为镁、钠氯化物-硫酸盐类，并含有硼、锂、石膏。

柴达木盆地是我国最大的内流盆地，盆地西高东低，东部为水盐汇聚中心罗布泊洼地。盆地一般年降雨量 50～60 mm，若羌降雨量仅为十几毫米。整个盆地年均蒸发量 2 000～3 000 mm，蒸降比为 40～50。地表水、地下水及土壤水主要耗损于地面蒸发，促使地下水浓缩而矿化度增高，引发大面积土壤盐渍化。盐渍化土壤多分布于扇缘地带，地形平缓、地下水径流缓慢，地下水埋深一般为 1～2 m，盐分化学组成以硫酸盐-氯化物或氯化物-硫酸盐为主。

吐鲁番盆地气候极端干旱而炎热，年均降雨量仅为十几毫米，蒸发量 3 000 mm 以上，蒸降比＞200，是我国最干旱地区。盆地东南有我国陆地海拔最低标高为－154 m 的艾丁湖，为吐鲁番盆地水盐汇聚中心。从火焰山冲积扇到艾丁湖畔，依次分布着石膏盐盘残余盐土→硝酸盐、氯化物、硫酸盐残余盐土→氯化物、硫酸盐草甸盐土→硫酸盐、氯化物盐壳→氯化物盐泥。

二、东北盐碱土区

东北地区盐碱土主要集中分布在：①松嫩平原西部，该区有广泛的闭流区和矿化度很高的无尾河，该区盐碱土被嫩江和松花江分割成南北两大块。南片以吉林省镇赉、挑南、通榆、乾安、农安、前郭等县为集中分布区，北片以黑龙江省的安达、肇州、肇源、杜蒙、林甸、大庆、龙江、泰来等县市为集中分布区。② 西辽河平原冲积低地，丘陵间低地，封闭盆地及古河道等地区。③辽西西侧的小柳河、绕阳河和大小凌河中下游地区，辽河平原北部辽河中游河谷也有分布。东北地区是我国土地盐碱化最严重的地区之一，同时也是世界三大苏打盐碱土集中分布区之一。

我国东北地区属于北温带半湿润大陆季风性气候，本区降水集中，夏季降水占全年降水量的 70%～90%；春季少雨多风，十年九春旱，使得春季蒸降比远大于年均蒸降比。由于干燥度较大，土壤水的毛管上升运动超过了重力下行水流的运动，土壤及地下水中的可溶盐类随上升水流蒸发、浓缩，不断累积于地表。

冻融作用与东北地区土壤盐碱化的关系十分密切。本区每年有长达半年的冻结期，不但冻结期长，而且冻层厚度大，一般可达 12～15 m。除存在春季强烈积盐和秋季返盐两个积盐期外，本区还存在伴随土壤冻融过程而同步发生的“隐蔽性” 积盐过程。在土壤冻结过程中，结冻使土壤冻层与非冻层的地温产生一定差异，底层土壤水盐明显地向冻层运移，引起土壤毛管水分向冻层移动，盐分也随之上升。冬季“隐蔽”积盐过程与地下潜水有直接的联系，当春季来临气温回升，地表蒸发逐渐强烈，使冬季累积于冻层中的盐分，转而向地表近乎“爆发式”地聚集，这种过程直至冻层化通为止。在冻层化通之前，它像一块隔水层，隔断了冻层之上土壤水分与冻层之下潜水的联系。因此，东北地区春季强烈积盐的实质是冬季冻层中大量累积的盐分随着春季蒸发在地表的强烈聚集的过程。

盐碱类型以苏打盐碱化为主。本区地下水埋深 1.5～3.0 m，矿化度 2～5 g·L^{-1}，高者达 10 g·L^{-1}左右，地下水和土壤盐分组成以碳酸盐为主，呈强碱性反应（pH 9.0～10.0），代换性 Na^+百分率（ESP）较高，因此对作物危害更大。

三、滨海盐渍土区

我国热带、亚热带和暖温带的沿海地区都分布有滨海盐土。尽管滨海盐土分布区域南北跨度甚大，加之不同沿海地区的气候、地质、地貌等存在差异，但其形成与演变却有着共同规律，即土壤和地下水中的盐分主要来自海水，盐渍化土壤都直接发生于盐渍淤泥，积盐过程先于成土过程。与滨海盐渍土相连接和伴生的土壤类型不尽相同，导致滨海盐渍土的分布各有特点。

我国各河流每年输送入海的泥沙约 20×10^8 t。这些河流夹带的泥沙含盐量本来很低，一经入海成为水下堆积物（淤泥）时，在海水淹浸作用下，淤泥与海水的盐分迅速达到平衡，成为盐渍淤泥，含盐量也大大增加。当出水成陆地后，受海潮周期性淹没和浸渍作用，开始地质积盐过程，盐渍淤泥经水下盐渍淤泥、日高潮、月高潮浸漫带盐渍淤泥等阶段，逐渐演变成滨海盐土。

四、华北盐渍土区

华北平原为河、湖相沉积物，这些沉积物均源自干旱和半干旱区，都含有一定的易溶性盐类。沉积后原始积盐的细小差异被水文地质的分异特征所代替，在大区域范围内科明显划分为 4 个盐分积聚带：山前平原 HCO_3^--Ca^{2+}-Mg^{2+} 的积聚带；冲积扇扇缘洼地的 SO_4^{2-}-Ca^{2+}-Mg^{2+} 和 SO_4^{2-}-HCO_3^--Ca^{2+}-Mg^{2+} 积聚带；冲积平原的 SO_4^{2-}-Cl^--Na^+-Mg^{2+} 和 Cl^--SO_4^{2-}-Na^+-Mg^{2+} 积聚带；滨海平原的 Cl^--Na^+ 积聚带。易溶盐的近代空间分异则是在自然条件下及在人为活动影响下进行的一种复杂的地球化学过程。

在季风气候作用下，华北地区土壤的水盐运动首先表现出明显的季节性：春季蒸发量大、降水量小，土壤产生强烈的积盐，表层盐分可成倍增加；初夏，随着地下水埋深加大，水盐上行运动趋于稳定；夏季，降水量大于蒸发量，降雨入渗淋盐，土壤表层盐分明显减少；秋季，雨量减少，土壤又复积盐，但积盐强度低于春季；冬季，土壤冻结，大大减弱了土壤剖面中的盐分运动。其次，地势起伏及微地形直接影响地表径流、地下径流的运动，也影响土体中的盐分运动。

华北地区各种人为活动也对土壤水盐运动及其分异产生明显影响，合理的灌溉排水与管理可促进土体中盐分的淋洗与耕作熟化，使盐渍土向脱盐的方向发展。华北平原在 20 世纪 50 年代末，盐渍土面积约有 260 万 hm^2。在大力发展引黄自流灌溉、片面强调平原蓄水、水稻与旱作插花种植及重灌轻排的情况下，地下水位普遍上升，并超过了其临界深度，导致盐渍土面积增至 400 万 hm^2，其中由人类灌溉不当造成此生盐渍化土壤达 140 万 hm^2。至 20 世纪 80 年代末，华北平原通过灌排渠系整治及农业生物措施的运用，土壤次生盐渍化现象基本得到控制。然而，由于心底土中广泛存在的积盐层，当地下水位埋深超过其临街深度时，心底土中的积盐层盐分仍会活化上移，因此，土壤次生盐渍化的潜在威胁依然存在。华北平原作为潜在次生盐渍化地区，应加强土壤水盐动态和次生盐渍化的预测、预报，建立土壤次生盐渍化的预警与调控机制。

第三节　试验区盐渍土特征

一、试验区的地理位置与行政区划

曲周县位于河北省南部，属于太行山山前平原南段、漳河冲积扇下缘，邯郸地区的东北部的黑龙港流域，北和邢台地区的广宗、平乡两县相连，南与广平、肥乡接壤，东与邱县、馆陶相邻，西和永年、鸡泽搭界，本县从东经114°50′30″至115°13′30″，从北纬36°34′45″至36°57′57″，全县面积共660.038 km^2。全县辖10个乡镇(其中5个建制镇)，342个行政村。全县总户数95 268个，总人口45.9万人(2011年)(图3-1)。

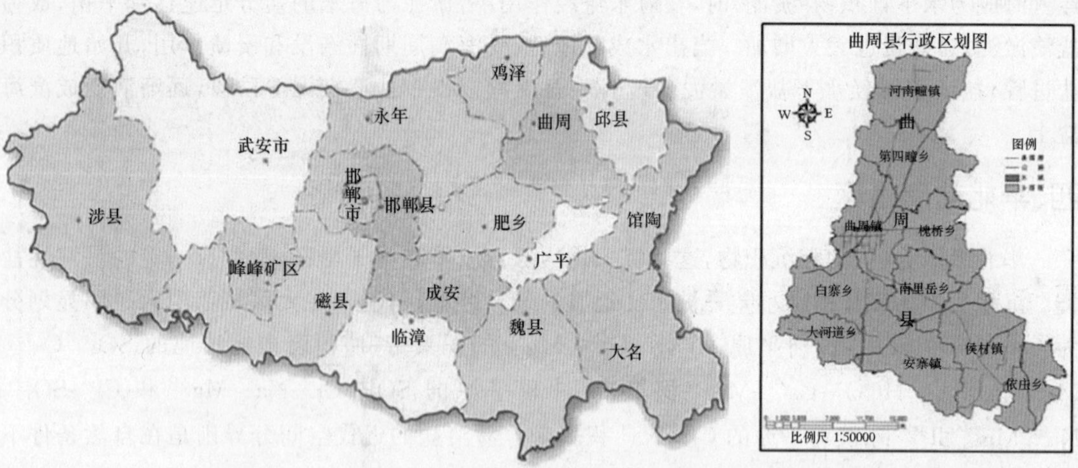

图3-1　河北省邯郸市行政区划简图和曲周县行政区划简图

二、试验区的气候条件

曲周试验区属于暖温带半湿润大陆性季风气候区，年平均气温13.1℃。7月份最热，平均气温为26.8℃，极端最高气温为41.1℃，1月份最冷，平均气温为－2.9℃，极端最低气温为－19.9℃。无霜期年平均201 d，10℃以上积温4 472.0℃。年平均降雨量由1957—1978年的平均值556.2 mm，下降到1980—2010年的477.8 mm。降水分布也发生了变化，由1957—1978年的主要集中在7—9月份变化为1980—2010年的主要集中在7、8两个月。气候具有四季分明、春季干旱多风、十年九旱、夏季炎热多雨、秋季温和凉爽、冬季寒冷、雨量稀少的特点(表3-1，表3-2)。

表3-1　曲周县1963—1977年平均降雨量　　mm

月份	1	2	3	4	5	6	7	8	9	10	11	12
降雨量	4.7	8.4	8.9	35.0	28.0	59.2	202.1	133.9	55.0	38.0	29.2	5.2

表 3-2　曲周县 1981—2010 年平均降雨量　　mm

月份	1	2	3	4	5	6	7	8	9	10	11	12
降雨量	3.5	6.8	13.0	21.1	42.4	52.9	123.2	118.1	51.2	29.4	12.7	3.5

三、试验区的地貌特征

曲周试验区位于太行山的山前冲积平原，海拔 35～37 m，并以 1/4 000 左右的地面坡降自南西向北东方向倾斜。境内有 3 条南北向分布的狭长带状的微倾地貌，将曲周北部分为东西两部分：东半部为一个向东北方向开口的槽形洼地，这一带属于滏阳河以东的故漳河遗留的一片泛滥平原，统称为黑龙港平原区，包括自南向北呈树枝状水系的高起的漳河故道和其间的河间洼地；西半部为滏西平原，其特征为向北微倾，地面普遍高于东半部，基本上是滏阳河的河堤（图 3-2）。

图 3-2　曲周县地形地貌图

四、试验区的水文地质条件

整个黑龙港地区几乎均有浅层咸水分布，其水文地质结构大致可分为浅层淡水、咸水和深层淡水。浅层淡水底界面深度大于 10 m 者约有 1.86 万 km^2，相当于黑龙港地区总面积的 1/2，其余为浅层淡水层无浅层淡水，其下为咸水层。曲周县浅层淡水发育很差，浅层淡水区面积约占全县面积的 1/10，其余均为前曾咸水区，旱涝碱咸综合治理曲周试验区一代即属于无浅层淡水的浅层咸水区。

试验区及其周边咸水层底板自西向东，由 60 m 下伸到 110 m，咸水层厚度逐渐加大。18(30) m 以上的地层岩性以沙黏和黏沙为主，其中有数层厚度为 1 m 左右的粉细砂和细砂层。18(30) m 以下为厚 10～17 m 的细砂层，这是试验区咸水层上部的主要含水层，这一层具有承压性。承压水头在地面以下 3 m 左右，这一含水层的顶板为厚约 10 m 的亚黏土层，下伏地层为厚 7～8 m 的黏土层。

咸水层受古地理环境（特别是古河道）、古气候以及以后的各种地质作用，以及人为活动的影响，在空间上和垂直方向上变化很大，咸水层的上部和后期的古河道的分布有着密切的关系。试验区西部有漳河故道穿过，咸水矿化度较低（3～4 $g·L^{-1}$），含水层较厚；东部则矿化度较高（5～7 $g·L^{-1}$），含水层薄。

咸水层受现代地形、河流、土壤、大气降水和蒸发以及人为活动等因素的影响较大。在滏阳河两岸，由于受河水侧渗补给，咸水体以上漂浮着不厚的浅层咸水，咸水层上部也受其影响而矿化度较低。在河间洼地，由于雨水积存、补给量大，咸水层上部的矿化度一般较低。潜水位高、水平排泄条件差、土壤盐渍化重的河间低缓平原上，由于潜水垂直排泄很盛和土壤盐分交换频繁，因此潜水矿化度很高，一般都在 7～11 $g \cdot L^{-1}$，该潜水层和土壤盐渍化互为因果，而又极大地加速了土地盐渍化的过程。上部咸水层和现代各种地理环境以及人为活动密切相关，所以对农业生产影响很大。

18(30) m 以下的具有承压性的咸水层在水平方向上的变异也是很大的。纵贯南北的试区中部的承压性咸水矿化度为 3～4 $g \cdot L^{-1}$，呈宽约 500 m 的带状分布，由此向东西两侧展开，咸水矿化度逐渐增加到 7 $g \cdot L^{-1}$。

试验区的咸水化学类型多为 SO_4^{2-}-Cl^--Na^+-Mg^{2+} 型或者 Cl^--SO_4^{2-}-Na^+-Mg^{2+} 型，pH 为 8 左右。

五、试验区的土壤类型

试验区内非盐化的浅色草甸土只占总面积的 13%，其余均为不同程度的盐渍化土壤。盐渍化土壤中，轻盐化土壤占总面积的 15.7%；中盐化土壤占 15.1%；重盐化土壤占 13.6%；盐碱荒地占 38.6%。盐渍土分布广、盐碱荒地和强盐化土壤的分布面积占总面积的 1/2 强，是试验区土壤的一大特点(图 3-3)。

盐渍土中，以盐化为主，基本上没有碱化和苏打盐化是试验区土壤的又一特点：盐渍土的主要类型是 Na_2SO_4 和 NaCl 为主的氯化物-硫酸盐盐(化)土、NaCl 为主的氯化物盐(化)土以及以 $CaCl_2$、$MgCl_2$ 和 NaCl 为主的潮湿盐渍土，群众分别称为“白碱”“盐碱”和“卤碱”，其主要特征为：

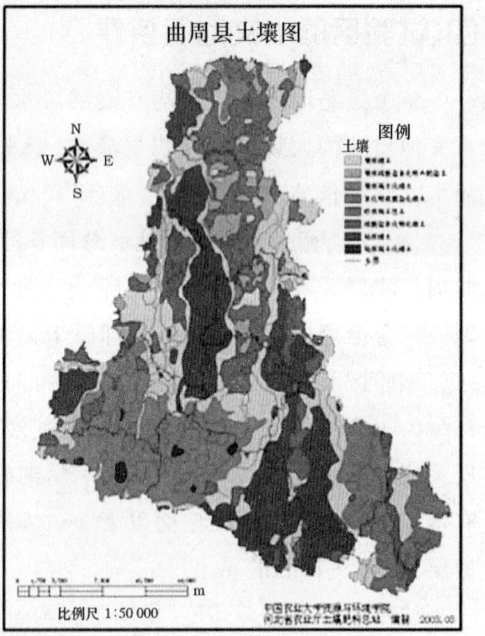

图 3-3　曲周县土壤图

白碱：因地面盐晶色白、松散而得名。由于含 Na_2SO_4 多，可以扫硝，故群众也称之“硝碱”，属氯化物-硫酸盐盐(化)土，主要分布在故道的自然堤下部、决口冲积扇下部和河间低缓平原(二坡地)的上部等地势较高的地方。

盐碱：因能淋小盐(食盐)而得名。春季地表有很薄的盐结皮，脆而色暗、踏上去破碎成声，故群众也叫“卡巴碱”或“黑碱”，属于氯化物盐(化)土，主要分布在开阔的二坡地上。

卤碱：因含卤而得名，属氯化钙(镁)型的盐土或盐化土壤。由于这种盐类吸湿性强，地面经常保持潮湿，呈黑色，故群众又称“黑油碱”，是对作物危害极大的一种盐渍土。

第四节　试验区盐渍土的治理及效果

一、历史上盐碱地治理的局限性

晚清时期，我国人民总结出了治理盐碱地的经验。

1. 深耕深翻

晚清时期，深耕深翻已发展为改良盐碱地的主要措施之一。道光《扶沟县志》说："(碱地)挑深数尺，或多牛深耕，可翻好土。"道光二十年(1840 年)，山东《巨野县志》说："碱地苦寒，惟苜蓿能暖地不畏碱，先种苜蓿，岁夷其苗。食之三年或四年后犁去其根，种五谷蔬果无不发矣。又碱喜日而避雨，或乘多雨之年耕种，往往有收。"

2. 刮盐起碱

在返盐季节，耕层中的盐分大量集于地表，越往耕层下部，盐分就依次减少，形成所谓的"T"字形的垂直分布，这种现象早已被人们认识。《增订教稼书》说：斥卤者，一尺以下不碱，即是这种认识的反映。人们正是利用了盐分运动的这一特点，发明了刮盐起碱的办法。在犁耕之前，先把积盐表土铲除，以减少耕地上的盐分。

3. 铺垫客土

南宋《陈旉农书》提出的客土法，是在连续多年耕种的地块上，铺上一层肥沃的新土，使土壤肥力经久不衰而保持"常新状"。这一方法一直被继续采用，成为北方改良盐碱地的一种方法。

4. 深沟种植

深沟种植是北方旱作地区发明的一种防旱种植法。经过历代劳动人民的发展和完善，到近代，形成了一种"深沟躲盐种植法"。清朝道光《观城县志》说："卤碱之地，三、二尺下，不是碱土，掘沟深二尺，宽三尺，柳橛如鸡卵粗者，砍三尺长，小头削尖，隔五尺远一科，不消十年，都成材料。"这种方法，利用了"盐往高处爬"的规律，人为地改变了耕地上的盐分分布，使作物生长于盐分较少的低处，具有防旱、防渍、防碱的作用。

5. 修筑台地

修筑台地这种方法创始于明代天津宝坻一带，最初用于改良滨海盐碱地。当时的台地布局是：其田形中间高，两边下，不及十数丈，即为小沟；百数丈，即为中沟；千数丈，即为大沟，以注雨潦。比甜水，淡水也。这是在耕地周围掘深沟，使田块高出原来的地面，每块耕地约 2 亩，以小沟相隔，一个改良单元，可多达万亩，外围为大沟，以通淡水灌溉。把耕地筑为台地，能使地下水位相对降低，减少地面返盐，又能通过大小各级沟渠灌排水，兼有洗盐的作用。

6. 压沙盖草

在耕地上铺上一层覆盖物，可以减少地面蒸发，从而达到防旱保墒、防止返盐的目的。铺沙法也叫沙田法，大约创始于清朝中叶的陇中地区，到近代又有进一步的发展。

二、盐渍化土壤系统治理的思想

上述盐碱地的治理只是就治理而治理，属于“头痛医头脚痛医脚”的思想，不能从根本上解决区域盐碱地的综合治理问题。

在曲周盐碱地治理的开始阶段，课题组就建立了综合治理综合发展的思路，即将区域盐碱地作为一个整体，采用系统理论进行全面的考虑：

1. 明确综合治理系统的边界

按照黄淮海平原所处半干旱半湿润季风气候控制下水盐运动规律和地理生物能量带的特点，对旱涝碱地农业生态潜力充分利用的同时，要对其基本限制因素（春旱、夏涝、土地盐碱、地下水咸、土壤瘠薄）进行综合治理，因为它们有内在联系，并在时序上交互发生，不是单一治理。

2. 采取人工控制系统是治理的关键

运用一整套农林水牧综合措施和科学管理的人工控制系统，进行以利用、改造和调控为内容的综合治理，把盐渍化农田生态系统由低质量改为高质量，做到抗旱除涝治碱改咸和提高地力，不是靠单一措施。任何割裂人工控制系统而片面采取某一项或某几项措施的做法，都会遭到失败，这是历史已经证明和必将证明的后果。

3. 综合治理系统的目标

综合治埋是为了利用、发挥农业生态潜力，进行农林牧副渔综合发展，不断提高全效性农业生物生产力，在发展经济的同时，提高农民的生活水平和文化科学水平。

综合治理之后要保证综合预防，以求得持续的综合发展。不但要提高农田生态系统的质量，而且要改善环境质量；要长远地均衡发展，而不是为眼前。

通过综合治理、综合利用和综合发展，对限制因素进行综合防治，挖掘农业生态潜力，提高综合型生产力，对低质量的盐渍化农田生态系统改造成高质量的高产稳产农田生态系统，把黄淮海平原盐碱地区建成国家粮棉油果牧产品的商品基地，改善人们的生活、生产的自然环境质量，建设生态圈。

曲周试验区综合治理的思路如下：

试验区冬春季节降水稀少、夏季降水集中，加上地形西高东低、微域起伏，导致水分在时间和空间上的分配严重不均。夏涝抬高地下水位、春旱加剧土壤蒸发，导致土壤积盐和浅层地下水矿化，使这里盐渍土广布和重度积盐，地下水咸而不能被利用，又加上土壤盐化治理的难度。所以，旱涝碱咸之间有着密切的内在联系和相互制约，故在治理中要树立统筹兼顾、综合治理的理念。综合治理旱涝碱咸就是要按照水分运动的客观规律，科学地对水量和水位进行调控，使表现为旱涝碱咸的自然水盐运动状况向着能抗旱防涝、治碱改咸的调节水盐运动方向转化。

综合治理旱涝碱咸的中心工作是对水的调节。应当说曲周试验区的水状况是相当差的，试验区虽处于滏阳河灌区，但河水灌溉没有保证，仍属于井灌区。无论是开发水资源、还是排盐淡化，都会聚焦于浅层地下咸水的利用与调节，它将是调节水盐运动和综合治理旱涝碱咸的中心环节和关键。水盐运动调节的难度大、工程量大，必须通过农业措施尽快将农业生产搞上去，才有可能调动农民和地方领导的积极性，综合治理才能持续。根据以上的基本认识，我们提出了旱涝碱咸综合治理的基本理念是“打破咸水禁区，浅井深沟结合，农林水并举”。

三、综合治理的田间工程体系

综合治理中水盐运动调节的关键和突破口在于浅层地下咸水，在于打破这个“禁区”。之所以说它是“禁区”，是因为浅层微咸水的矿化度在 3～7 g·L^{-1}，而灌溉水质的要求是在 1 g·L^{-1}以下，故一般不能用作灌溉水源的。

为什么说开发利用浅层咸水是调节水盐运动和综合治理旱涝碱咸的中心环节呢？一则是它乃当地唯一具有开发潜力的水资源，可用于抗旱和农业增产；二则是它一旦被抽取利用起来，就可以降低地下水位，减缓旱季土壤返盐过程，提高雨季防涝能力，以及土壤淋盐和蓄存降水的能力，可以一举多得。此外，大气降水、地上水、土壤水和地下水转化调节的最佳空间正是浅层地下水区，它是“四水”转化和调节的枢纽。

试验证明：通过咸淡水混灌、轮灌和采取一套农田耕作管理措施，矿化度在 7 g·L^{-1}以下的咸水是可以用于灌溉各种作物的。通过浅井群抽水试验得出地下水位可以达到 5～7 cm 的下降速度，并可将地下水位控制在 3～4 m 以下，基本抑制了土壤返盐过程和增强了雨季防涝能力。

鉴于以上思路，该工程体系主要由以下四个部分构成。

1. 井组

一眼深井与 4～6 眼浅井(多为咸水)为一个井组，控制 40～53.3 hm^2 土地。为适应深层水源，深井井距一般保持在 700 m 左右，与浅井配合进行咸淡水混灌或轮灌。浅井除供灌溉和冲洗压盐用水外，重要的是通过抽水降低地下水位以抑制春季返盐，提高雨季防涝能力、增加地面径流的蓄存。

2. 沟网

以干支级深沟为骨干的深浅沟地面排灌系统。深沟间距 1 000～2 000 m，深 3～4 m，构成 200～333.3 hm^2的农田治理单元。深沟是灌、排、蓄结合，一沟三用，即提水灌溉、控制地下水位、雨季排涝和蓄存地表径流。浅井和深沟具有较强的调控地下水位的能力，配置的浅沟系统主要用于强降雨条件下排除地表径流，且能节省占地和施工土方工程量，与农田灌排系统相配套的还有道路、林带、桥、涵、闸、管等水工建筑物以及电网等。

3. 农林措施

包括平、压、肥、林、种五个方面。

平：土地不平，漫灌不止，盐碱难除。平整土地是改良盐渍土和提高农业产量的基本功，一定要做好、做扎实。

压：利用冬、春季节河流弃水进行重盐渍土的人工压盐，并发挥深沟与浅井的排水功能，可大大加快土体脱盐过程。

肥：有机肥是改良培肥土壤和提高作物产量的需要，在抓好养猪积肥、秸秆还田和合理使用化肥的同时，可利用经改良扩大的农田种植绿肥，将用地和养地结合起来。

林：林网不仅有生物排水、改善田间小气候的作用，还可以促进农业的综合发展。

种：试验区农业生产及技术水平比较低，推广科学种田是一项紧迫而重要的任务，包括使用良种、科学施肥、灌溉、耕作和田间管理等。

4. 农田水盐运动检测系统

包括灌渠水量和深沟蓄水深度的监测网、深层和浅层地下水埋深与水质监测网、土壤水分监测网、土壤盐分监测网、土壤养分监测网等。水盐监测系统是实行科学调控的基础，是改变过去那种旱灌涝排、经验性水盐运动管理所必需建设的基础设施。

四、综合治理的农业技术体系

农业技术措施和田间工程技术措施在旱涝碱咸综合治理技术体系中是相辅相成和不可或缺的两个支柱。田间工程措施是调控农田水盐运动的主要工具；农业技术措施不仅可以提高水盐运动调控效率，而且是达到增加作物产量终极目标的主要手段。只有增加了作物产量，使农民受益，旱涝碱咸综合治理才有了目标和可持续性。旱涝碱咸综合治理曲周试验区初期建立了包括如下的农业技术体系。

1. 平整土地

盐渍土地区一般是地多人少、耕作粗放、土地不平。在过去小农经济条件下只是选择一些低地或表层黏土-重壤土质的土地进行种植，在盐分较重的地块因长期以“淋盐”为生，形成了许多大大小小的“盐土疙瘩”。要彻底改变低产面貌，就必须在加强农田基本建设的同时，进行大规模土地平整。

2. 播前压盐

在土壤盐渍化较重的地块，可因地制宜地进行播前压盐，这样可以将盐分消火在播种之前。

3. 深耕和增施底肥

深耕改良盐渍土的效果是肯定的，它不只是加深耕作层、促进根系发育、改善耕层物理性状，且有助于土壤脱盐。深耕与施用有机肥结合可以维持深耕所改善的土壤物理状况和提高肥力。

4. 田间管理

品种选择：在盐渍化土壤改良初期，对作物品种的选择要与本底土壤肥力相适应，不能盲目追求高产品种。

种植密度和种植方式：种植方式和种植制度也是和土壤肥力、水利条件、施肥水平、劳动条件等相关联的。过去耕作粗放，仅在少数水肥有保证的好地上，实行小麦玉米一年两熟，差地上实行一年一熟。

补苗：由于多种原因，在盐渍化土壤上很难拿全苗，要及时采取措施进行补苗。

追肥：盐渍土地区土壤肥力较低，除基肥和种肥外，还要适量追施氮肥，且追肥宜早不宜迟，做到早追、早促、早成壮苗。

灌溉：盐渍土的灌溉不仅为满足作物的水分需要，还可以稀释土壤溶液和调动上层土壤盐分。在早春灌溉和冬前灌溉中，要十分注意土壤通气和地温，尤其是对弱苗。

五、综合治理的初步成果

经过 3 年的努力，1976 年 10 月，曲周县张庄大队作为一代试区已按规划做到了“地成方、树成行、渠路成线井成网”，初步实现了大地园林化和方田化，消除了自然灾害和小农经济遗留下来的落后景观，开始展现了欣欣向荣的社会主义大农业的壮丽景象。

大街大队 3 年跨出三大步。治理前的 1973 年粮食亩产 60 kg；治理的第一年，即 1974 年亩产达到了 225 kg，一步上了“纲要”①；1975 年，亩产达到了 283.5 kg，跨过了“黄河”。

自 1973 年开始，先后在曲周试验区建立了一代试区（1973 年）、二代试区（1978 年）和三代试区（1982 年），分别经过了 12 年、7 年和 3 年的综合治理研究，到 1985 年基本认识和掌握了半湿润易干旱地区季风气候条件下的水盐运动规律，总结出了一套以浅井深沟为主体的井组沟网结合、农林水并举的综合治理方针和措施。经过综合治理以后，试验区面貌发生了巨大变化，农业生产基本条件大大改善生产力水平迅速提高，人民生活不断好转。“六五”攻关结束时，全试验区 1 400 hm^2 耕地上，浅层咸水地下水位均下降到临界深度以下，盐碱地面积大幅度减少，一代试验区的张庄盐碱地面积占耕地总面积的比重由原来的 77.3%下降到 14.8%；二代试验区的王庄由原来的 63.7%下降到了 33.1%；三代试验区的第四疃村盐碱地面积也有较大幅度的减少。

抗灾能力增强　1978—1981 年连续 4 年出现枯水年，其中 1979 年降雨量 357.8 mm，仅为多年平均值的 57%，全试验区没有因灾减产。1976 年，一次降雨量 300 mm，一代试验区没有发生积涝和托涝灾害。

主要农产品的产量有了大幅度的增加。以综合治理前三年的平均产量为基数，粮食播亩产量：张庄由原来的 79 kg 提高到 358.5 kg，年均增长 13.4%；王庄的粮食播亩产量由原来的 89 kg 提高到 201.5 kg。

人均收入　张庄人均收入由原来的 164.5 元增加到 1 121.1 元，年均增加 17.3%；王庄由原来的 116.5 元提高到 732.7 元，年均增加 30.0%。

六、综合治理的效益分析

辛德惠院士根据在曲周试验区 17 年的研究与实践，提出了中国农业—农村发展战略，指出发展战略的第一阶段是综合治理开发阶段。在这一阶段的目标即是障碍因素危害，改善农业生产基本条件，建成优质农田生态系统。

试验区综合效益的提高，表现在农业第一性产品的增加、经济收入的增长、生态环境的改善，人民生活水平的提高，对社会的贡献增加和对黄淮海平原区域开发的促进。

1. 生产效益

经过旱涝碱咸综合治理，生产条件极大改善，实现了曲周全县（试验区、示范区和扩散区）连续 9 年（1980—1989 年）粮食总产递增的好效果，年均增加 647 万 kg。在人工控制系统的综合作用下，曲周试区的小麦、玉米、棉花分别比基期（1983—1985 年平均值）提高了 15.6%、81.8%、51.2%。

① 1957 年《全国农业发展纲要》规定，到 1967 年，粮食亩产量在黄河，秦岭、白龙江、黄河（青海境内）以北地区，由 1955 年的 75 kg 多增加到 200 kg；黄河以南、淮河以北地区，由 1955 年的 104 kg 增加到 250 kg；淮河、秦岭、白龙江以南地区，由 1955 年的 200 kg 增加到 400 kg。“文化大革命”期间，在“以粮为纲”“全国学大寨”号召下，人们把这三个目标加以形象化，说成是“上纲要，过黄河，跨长江”，确定为粮食增产的目标。

2. 经济效益

处在综合治理开发阶段的曲周试验区，经济增长取决于农业生产主要是第一性产品生产水平的提高。“七五”期间，试区农村经济总收入由基期的 625.21 万元提高到 1989 年的 1 339.19 万元；人均收入由基期的 752.82 元提高到 1 517.2 元。

3. 生态效益

农田生态系统和农业生态经济系统的生态效益，包括环境效益和资源效益。

(1)系统抗逆性提高　试验区建立以来，经过综合治理的研究与实践，形成了一套以排灌补控结合的农田水利工程为中心的调控水盐运动的综合配套技术。“七五”攻关在进一步修正补充的同时注重了工程系统的运行管理，农田工程系统正常运转，试验区生态效益明显提高。

①抗旱能力增强 在农田工程系统的正常运转下，试验区抗旱能力大大提高，已超过了“百日无雨，不受旱情影响”的指标

②除涝防托能力提高　井沟结合的浅井-深浅沟排水系统全面控制了试验区易涝面积。试验区-示范区排水系统功能的正常发挥，使试区连续 10 年不曾受涝。过去连续降水 100 mm 便成涝灾的历史已经完全改变；现在连续降水超过 300 mm 不托不涝。

③防治返盐、加速脱盐　连年干旱的事实及分田到户的个体经营形成的客观条件，许多地方放松了排水系统的管理，大批工程年久失修，地下水位的调控能力减弱，地下水位有回升的趋势。曲周试验区由于注重了排管系统的运行管理，并形成了一套有效的管理方法，不断提高干部群众的认识水平，经常组织维修清淤，合理开采浅层地下水。保持了地下水位控制在 2 m 以下，基本保证了试区在冬春季节基本不返盐，或稍有返盐也无盐害发生。

(2)盐碱地改造与土地利用　“七五”期间，在综合措施调控下，盐渍土面积进一步缩小，1986—1989 年间盐渍土面积减少了 7.10%，其中重盐渍土面积减少了 30.79%，充分说明综合治理开发阶段曲周试验区盐渍化土壤改造，促进耕地面积的扩大，土地利用率提高的良好效果。见图 3-4 和图 3-5。

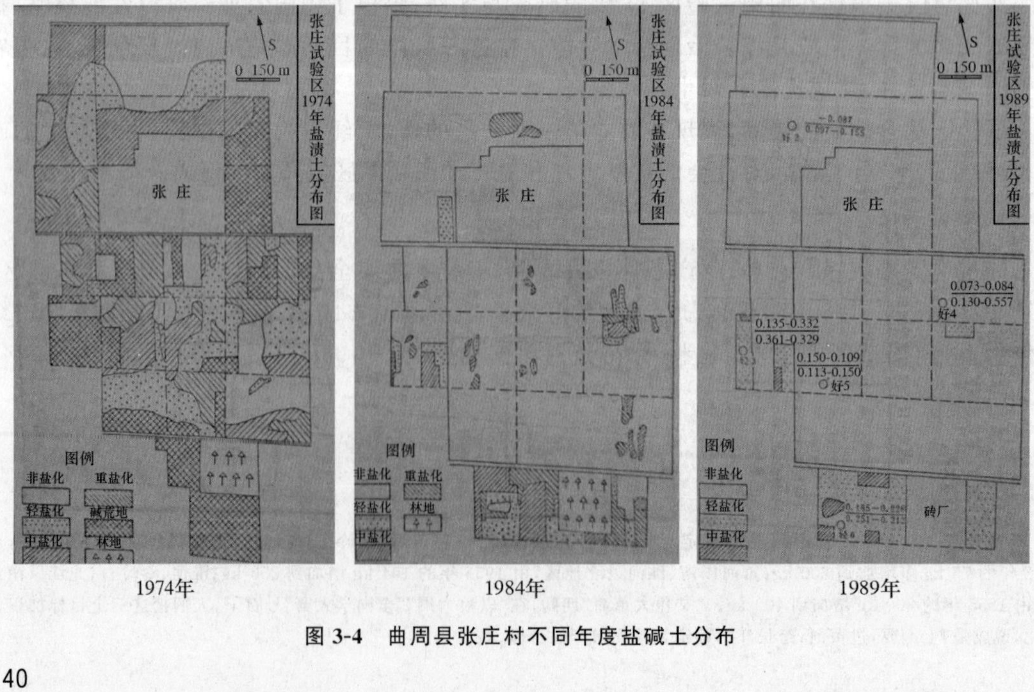

1974年　　1984年　　1989年

图 3-4　曲周县张庄村不同年度盐碱土分布

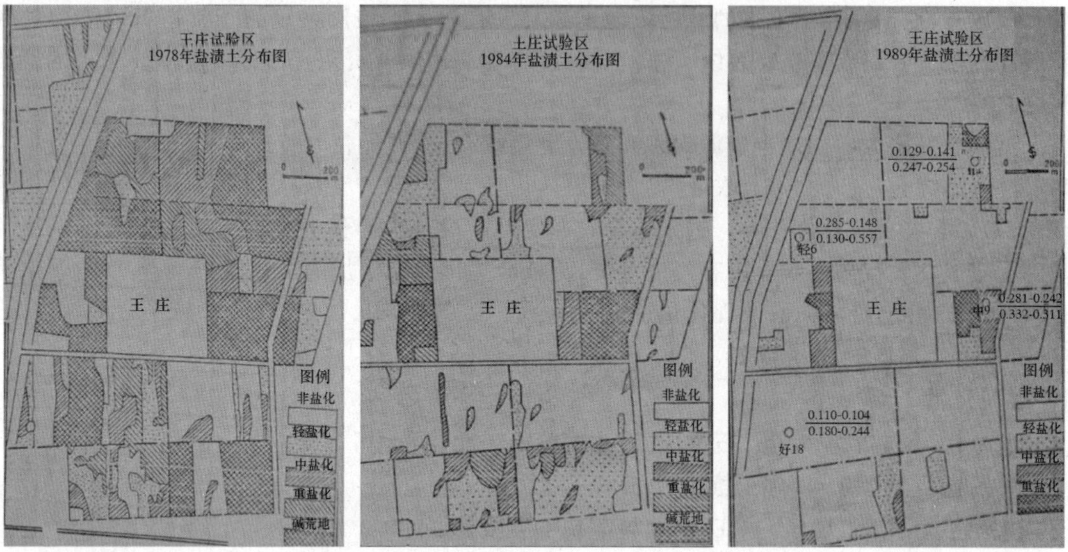

图 3-5　曲周县王庄村不同年度盐碱土分布

七、盐渍化农区发展之思考

曲周试验区 10 余年的试验研究和实践，探索出一条盐渍化低产农区农业发展的道路，必须是基于中国的基本国情，具有中国特色的发展道路——从综合治理开发起步，经过综合农业发展到实现城乡一体化，完成传统农业向现代化农业的转变。

1. 盐渍化低产农区的综合治理开发

曲周试验区在治理之前，旱涝碱咸，土地瘠薄限制了农业生产，粮食播亩产量不足 100 kg/亩。1973 年秋天开始建立试区，主攻目标是消除障碍因素，改善农业生产基本条件。经过 5～10 年的治理改造，根据盐渍化低产农田生态系统的内部关系，把农田生态系统和人工控制系统的设计与建设统一起来，综合建成了由农田工程系统、农林水和新技术措施系统、人工植被系统和监测系统组成的配套综合治理系统，基本控制了旱涝碱咸的危害，人均收入由不足 100 元提高到 500～1 000 元；粮食播亩产量由不足 100 kg 提高到 250 kg 的中产水平。“七五”期间，试区进一步完善人工控制系统，农田控制系统正常运转，在土体中尚有相当数量易溶盐的条件下，进一步提高土地生产力，粮食生产大幅度提高，粮食播亩产量达到了 300～370 kg 的中高水平。基本摆脱了旱涝碱咸的限制，走上了稳定发展的道路，人均收入达到了 1 500 元，基本完成了农业-农村发展战略第一阶段——综合治理开发阶段的主要指标。

2. 综合农业发展

综合治理开发阶段在试区已基本完成，进一步发展将步入一个新的阶段。

（1）问题与选择　试验区盐渍化低产农田生态系统在人工控制下，改造成为优质农田生态系统是使原来的盐渍化系统转变为潜在盐渍化系统，其仍然处在盐渍化表生地球化学条件的控制下：①易溶盐分并没有脱净；②浅层咸水的改造是一个长期的过程，抽咸补淡更不可能在短时期内大幅度淡化；③地下水位的下降是在井沟结合的排水系统调控下与近 10 年降水偏旱综合产生的结果，华北平原降水分布的不均匀性，暴雨集中与雨量偏丰的可能性是存在的，地下水位回升，盐渍化卷土重来的威胁不能排除。只有靠人工控制系统的正常运行才能保护和发展已经改造好的农田生态系统。永续、高效、合理利用农业资源是试区发展中要考虑的首要问题之一。

试区的发展方向必须走资源保护和开发利用综合，生产经营与管理方式综合，第一、第二、第三性产品综合生产的"综合农业"发展道路。

(2)综合农业阶段的任务　进入综合农业发展阶段其中心任务是在优质农田生态系统的基础上建成高效优质的农业生态经济系统，为社会提供不断增加的全效性产品，实现科学水平和人的素质提高，稳步向农业现代化迈进。

参考文献

[1] 张文生. 邯郸农业大全. 石家庄：河北人民出版社，2002.

[2] 邯郸地区农业局. 邯郸土壤. 1986.

[3] 李承绪. 河北土壤. 石家庄：河北科学技术出版社，1990.

[4] 邯郸市统计局. 邯郸统计年鉴. 北京：中国统计出版社，2003.

[5] 邯郸市气象局. 邯郸市气候资源区划图集. 2003.

[6] 辛德惠，李维炯. 浅层咸水型盐渍化低产地区综合治理与发展. 北京：北京农业大学出版社，1990.

[7] 石元春，李韵珠，陆锦文. 盐渍土的水盐运动. 北京：北京农业大学出版社，1986.

[8] 石元春，李保国，李韵珠，等. 区域水盐运动监测预报. 石家庄：河北科学技术出版社，1991.

[9] 郭文韬，曹隆恭. 中国近代农业科技史. 北京：中国农业科技出版社，1989.

定位试验篇

农业生态系统中很多过程进展缓慢，环境条件也在不断地发生难以预测的变化，短期试验不能揭示长期的变化趋势，因此，长期定位试验是不可替代的研究手段。洛桑试验站的经验还表明，长期定位试验有着许多预想不到的用途，这些用途远远超过了试验初期的预测。过去170年以来，科学知识突飞猛进，但是长期定位试验并没有因此过时，原因是这些试验为验证新的科学问题提供了重要工具。

土壤肥料长期定位实验是一种采用既“长期”又“定位”的方法的试验。它具有时间的长期性和气候的重复性等特点。信息量丰富，准确可靠，解释能力强，能为农业发展提供决策，所以它具有常规试验不可比拟的优点。1976年7月，在法国的Grignon召开了一次长期定位试验的国际会议。会议资格审查委员会决定，参加会议的代表国必须拥有连续定位50年以上的长期定位试验地，以显示研究结论的权威性。但是，究竟持续多长时间才叫长期试验，似乎没有明确规定，一般至少一、二十年以上才算长期试验。

本团队设置的两个长期定位试验是在曲周县盐碱地得到改良、农田不再遭受盐碱的危害，并且具备了农田耕作条件的基础上，分别于1983年和1985年布置的。其目的在于系统研究盐碱地改良后土壤如何培肥及土壤生态系统中的主要养分元素如何转化。30多年来，本团队开展了土壤有机质含量的动态研究、土壤腐殖质结构的研究；土壤氨挥发、土壤硝态氮淋洗的动态研究；土壤磷素平衡和磷移动性研究；土壤钾素的形态和演变规律研究；土壤微生物量和微生物碳量的研究；土壤酶活性的研究等。

第四章　盐渍化土壤生态系统中的有机物质

第一节　土壤有机质的基本特征

一、土壤有机质的概念、来源及构成

1. 土壤有机质的概念

土壤有机质是泛指以各种形态和状态存在于土壤中的各种含碳有机化合物。具体来说，它是土壤中的动物、植物及微生物残体的不同分解、合成阶段的各种产物。它是土壤中细小的非生命体形式的天然有机物的总称，实质上包括未改变和部分改变的动、植物残体，但更主要的是腐烂分解有机物或其再合成产物，后者就是常说的腐殖质。由于土壤中不发生腐烂分解的细小天然有机物的比例很小，且无法与已腐烂分解的天然有机物截然分开，因此在不太严格的情况下，土壤有机质与腐殖质几乎是同义词。

狭义的有机质主要是指腐殖质，根据其腐烂分解过程中是否形成了化学结构未知的特异性有机化合物可以分成两大类：一类是与有机残体的有机组分相似的普通有机化合物，如糖、蛋白质和木质素等；另一类是普遍存在于土壤和江湖河海底部的淤泥中的特殊有机化合物，如胡敏酸、富里酸和胡敏素。为了区别起见，习惯上称前一类化合物为非腐殖物质，称后一类为腐殖物质。

土壤中的有机物可以分为：非天然有机质和天然有机质；天然有机质又可分为：生命体形式有机质和非生命体形式有机质；非生命体形式有机质也可分为：未改变和部分改变的有机残体和改变的有机质；改变的有机质可分为：非腐殖物质和腐殖物质；腐殖物质可以分为：胡敏酸、富里酸和胡敏素。

这样，广义的土壤有机质（土壤中的有机物）就是通过 2 cm 筛后再磨细（0.25 mm）测定的有机物总量；而狭义的土壤有机质（腐殖质）是经过人为或机械挑出的异源有机物质、未腐烂或半腐烂的动植物残体，过 2 mm 筛后，再磨细（0.25 mm）测定的有机物总量。

2. 土壤有机质的来源和组成

土壤有机质主要来源于植物、动物及微生物残体，其中高等植物为主要来源。在不同的生物气候条件下，土壤有机质积累的数量 y 很大的差异（表 4-1）。

在耕地土壤中，自然植被已不存在，土壤有机质主要来自作物根的分泌物、根茬、枯枝落叶以及人们每年施入的有机肥料（绿肥、堆肥、沤肥和厩肥等）。我国耕地耕层土壤有机质含量一般在 50 g/kg 以下，东北地区大多在 20～30 g/kg；华北、西北地区大部分低于 10 g/kg；华中、华南一带的水田耕层有机质含量为 15～35 g/kg。

表 4-1　不同植被条件下进入土壤的有机质数量(关连珠等,2007)

来源	数量($t \cdot a^{-1} \cdot hm^{-2}$)	备注
森林植被	4～5	以枯枝落叶为主
草原植被	10～25	以根为主
一年生栽培作物	3～4	以根为主

进入土壤的有机残体,尽管来源不同,但是从化学角度来看,主要有碳水化合物(包括一些简单的糖类及淀粉、纤维素和半纤维素等多糖类)、含氮化合物(主要为蛋白质)、木质素等物质。此外,还有一些脂溶性物质(如树脂、蜡质等)。就元素组成而言,它们除含有 C、H、O、N 外,还含有 P、K、Ca、Mg、Si、Fe、Zn、Cu、B、Mo、Mn 等灰分元素。上述各有机组分在有机残体中的含量随植物的种类、器官和年龄而异。

二、土壤有机质与土壤肥力的关系

1. 提供作物所需养分

土壤有机质含有作物生长所需要的各种营养成分。随着有机质的矿质化,不断地释放出来供作物和微生物利用,同时释放出微生物生命活动所必需的能量。在有机质分解和转化过程中,还可产生各种低分子有机酸和腐殖酸,对土壤矿物质部分有一定的溶解作用,促进风化,有利于养分的有效化。此外,土壤有机质还能和一些多价金属离子络合形成络合物进入土壤溶液中,增加了养分的有效性。

2. 保水、保肥和缓冲作用

土壤有机质疏松多孔,又是亲水胶体,能吸持大量水分。据资料记载,腐殖物质的吸水率为 500%～600%,而黏土颗粒吸水率只有 50%～60%,由此可见,土壤有机碳含量高,土壤含水量也高。

土壤有机胶体有巨大的表面能,并带有正、负电荷,且以带负电荷为主,所以它吸附的主要是阳离子,如 K^+、NH_4^+、Ca^{2+}、Mg^{2+} 等。这些离子一旦被吸附后,就可避免随水流失,起到保肥作用,而且随时能被根系附近的 H^+ 或其他阳离子交换出来供作物吸收。

有机胶体对可变电荷的贡献很大,有机胶体上几乎所有的电荷都是 pH-依变电荷,即可变电荷。有机胶体对可变电荷数量的贡献可以通过测定可变电荷阳离子交换量(CEC)来反映。随着 pH 增加,CEC 增加。与有机胶体相比,黏土矿物对可变电荷数量的贡献很小,pH 小于 6 时,黏土矿物种的电荷量相对不变,只有在 pH 大于 6 时,对黏土矿物的可变电荷的影响才显现出来。

腐殖质保存阳离子养料的能力要比矿物质胶体大几十倍。因此,保肥力很弱的沙土增施有机肥料后,不仅增加了土壤中的养分含量,改善了土壤的物理性质,还可提高其保肥能力。腐殖酸是一种含有许多功能团的弱酸,有很高的阳离子交换量,因此,它能增加土壤对酸碱变化的缓冲能力。

3. 促进团粒结构形成和改善土壤物理性质

土壤有机质在土壤中主要是以胶膜的形式包被在矿物质土粒的表面上。腐殖质胶体的黏结力比砂土粒强,因此,有机肥料施入砂土后可增加砂土的黏性,有利于团粒结构的形成。另外，由于土壤有机质松软、絮状多孔，而黏结力又不如黏土那么强，因此，黏粒被包被后，就变得松软，易使硬块散碎成团粒。这说明有机质能使砂土变紧，使黏土变松，改善了土壤的通气性、透水性和保水性。

腐殖物质胶体本身是一种暗褐色的物质，会使土壤颜色深暗，有利于吸收太阳辐射能。有机质在分解时还能释放热量。因此，有机质含量高的土壤有利于增加土温。这在北方有利于种子发芽和幼苗的生长。

三、土壤有机质对固碳的作用

陆地生态系统碳循环是全球碳循环的重要组成部分，在全球碳收支中占有主导地位。研究陆地生态系统中的碳循环机制及其对全球变化的响应，是预测大气CO_2含量及气候变化的重要基础。土壤作为陆地生态系统的核心，是链接大气圈、水圈、生物圈及岩石圈的纽带，土壤碳库是陆地碳库的重要组成部分。

在自然土壤形成初期，随着太阳能的输入，土壤有机碳含量逐渐增加，并随着土壤的发育达到动态平衡。自然土壤一旦被开垦耕种，这种平衡就被打破，在30～40年内达到新的动态平衡。若原来的土壤有机碳含量较高，土壤有机碳含量往往随着耕种年限增加而降低，特别是在开垦的前20年中，土壤有机质分解迅速，土壤有机碳含量降低，活性有机质的比例下降，以后土壤有机碳分解速率变慢，又逐渐达到新的动态平衡。若原来土壤的有机碳含量较低，耕种后通过施肥等措施，可使进入土壤的有机物质数量较荒地明显增加，土壤有机碳含量逐步提高，并稳定在一定的数量水平上。

引起CO_2浓度升高的原因主要是土地利用的改变和燃烧化石燃料。人类活动对土地利用和覆盖的变化是最直接影响土壤碳库的银子，影响最严重的是将自然植被转变为耕地，它减少了土壤有机质的输入，破坏了土壤有机质的物理保护，增强了腐殖物质的矿化作用，使土壤呼吸增强，土壤碳库储量降低。特别是在耕种的前50年，表层有机碳损失达到了30%～50%。

四、土壤有机质的解毒作用

土壤腐殖物质有明显的络合和吸附作用，可以同重金属离子进行络合，从而有助于消除土壤溶液中过量的重金属离子对作物的毒害作用。除对土壤环境产生影响外，土壤有机质还可以吸附空气中的有毒气体以及对污水起到过滤作用，从而有助于净化大气和水体。

进入土壤中的农用化学品或污染物能以各种方式从土壤环境中消失或转化为毒性较低的形态，可以将其消失和或毒性降低的过程称为解毒过程。由于农药的施用、工业“三废”的排放等多种原因，大量污染物进入土壤，因此，土壤就成了农药、重金属和其他污染物的重要集散地和储存库。

五、土壤碳素的转化

土壤有机质的主要成分是碳素。碳是由绿色植物组织吸收大气中的CO_2进入生态系统中，而后由光合作用使之与有机分子相结合。这样能量以固定的碳形式被生物储存，无论何时，这些含碳化合物都能用于细胞的呼吸，于是能量被释放，碳以CO_2的形式返回大气，这就是碳的循环(图4-1)。然而，当含碳化合物通过草食食物链和碎屑食物链时并不都会被利用。其中有些被结合成富含碳的沉积物——土壤腐殖质，持久地或多或少地保存起来。

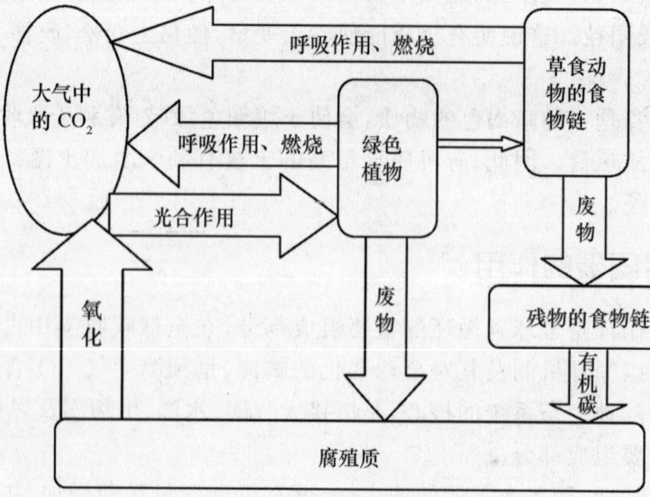

图 4-1　碳的循环

第二节　盐渍化土壤有机质的量变

一、盐渍化改造区综合治理过程回顾

历史上曲周是有名的老碱窝，盐碱地低洼不平，盐土丘林立，春天多旱，盐碱上返，播种少出，苗出少活，夏秋多涝。曲周县历代劳动人民在治理盐碱地的过程中，做过许多尝试，采取沟播、起碱土、造台田、围埝蓄水、种植红荆和苜蓿等方法。由于受小农经济限制，农民缺乏科学知识，收益不大。

在辛德惠院士"农业-农村发展三阶段理论"的指导下，完成了综合治理旱、涝、盐、薄，创造优良农业生产基本条件和农业生态环境的农田工程规划设计和实施的规范化技术体系，形成了一套完整的以调控和充分利用当地水资源为核心的工程系统，保证了农业技术的有效利用。1989 年，曲周试区小麦、玉米、棉花三大作物的平均产量分别达到了 4 690.5、5 214 和 1 093.5 kg/hm^2。截至 1988 年，三代试区人均收入 1 517.2 元，比综合治理前增长了数十倍。

在农田工程系统的正常运转下，曲周试区抗旱、排涝能力大大提高；农田林网工程充分发挥了其防护和改善环境的效益，农村环境质量不断提高，试区已形成有益于人们健康的优良环境。

盐渍土的肥力特征，可以用"瘦、冷、死、板"来加以概括：

瘦，是由于盐分含量高，盐渍土上的植被和作物生长不良，有机质来源少，同时盐分的化学组成也降低了某些养分元素的有效性，不能提供作物生长所需要的养分；

冷，指盐渍土有机质含量低，盐分吸湿能力强，土壤物理性状差，早春增温慢，晚秋降温快；

死，一是土壤微生物和动物含量少，生物活性低；二是播种后难出苗，早期不发苗；

板，就是土壤板结，耕性差。

曲周试区盐渍土养分的特点可描述为：有机质含量低，为5～8 g·kg^{-1}，氮素缺乏，全氮含量0.24～0.60 g·kg^{-1}；磷素奇缺，有效磷含量大多在5 mg·kg^{-1}以下。同时，盐渍土的物理性状差，难以耕作，不适合作物生长。因此，在影响土壤生产力形成的主要障碍因素“地碱、水咸”得到初步治理和控制的同时，培肥土壤、提高地力，是提高和发挥盐渍土生产潜力的保证。

随着盐渍土的不断耕种熟化，土壤有机质的积累表现出阶段性特征，不同的发展阶段呈现出生产和持续发展的特殊性，而各个阶段的培肥措施又是互相衔接的整体系统。

二、盐荒地中的土壤有机质

在浅层咸水型盐渍化地区，由于地下、地面径流排水不畅，地下水位较高（埋深为1.0～1.5 m，涝年水位可上升至地表），且地下水矿化度较高（一般在5～7 g·L^{-1}，高的可达11～16 g·L^{-1}），由于蒸发作用盐分随水运动至地表，并不断积累而形成盐渍土，从而造成了植被以碱蓬、灰绿藜等为优势种的群落类型。这些植被生长量小且多为直根型，分布浅，同时由于所处环境恶劣，植物较早死亡，使植物的地上和地下部分生物量少且分解时间较长，很难形成大量的土壤腐殖质，有些地方甚至寸草不生，土壤有机质含量在2～5 g·kg^{-1}。如曲周试验区旦寨西0～20 cm和20～40 cm土壤有机质含量分别为4.5和2.3 g·kg^{-1}；李庄西则分别为6.6和5.5 g·kg^{-1}。

三、治理初期土壤有机质

盐碱荒地开垦后，土壤有机质含量在第1年都有不同程度的下降，主要是因为土壤通气性增强、温度升高、微生物活动加剧，从而导致土壤有机质分解速度加快，归还量小于分解量所致。提高土壤有机物的归还量是提高有机质含量的主要途径。在开垦种植前期，随着作物生产水平的提高，生物总量明显提高，地下根系生物量也明显高于自然植被条件下的根系归还量。在燃料、饲料俱缺的条件下，植物根茬成为土壤有机物的主要归还物。研究结果表明：通过提高作物的复种指数和化肥施用量，可以增加作物的生物总量（包括根茬产量）（表4-2）。在华北平原耕作条件下，维持土壤有机质在10 g·kg^{-1}左右，每年每公顷耕层有机质消耗为900 kg，有机质腐殖化系数按0.3计算，每年需补充3 000 kg·hm^{-2}的有机物，由表4-3可以看出，处于高产水平的张庄，其作物根茬的产量可以维持土壤有机质含量不降低。以根茬和部分秸秆为主要归还物，可以维持和提高土壤有机质含量，使其从5 g·kg^{-1}，提高到8～9 g·kg^{-1}（表4-3）。

表4-2　各观测点作物生物量　　kg·hm^{-2}

生产力水平	地点	总生物量	根茬量
高产水平	张庄北	22 689.1	2 928.1
	张庄南	20 312.8	2 325.0
中产水平	王庄东	22 562.8	2 504.1
	王庄西	16 252.5	1 971.0
低产水平	付庄东	19 228.1	2 247.8
	付庄西	9 254.3	1 061.3

表 4-3　治理初期不同 N、P 化肥配比对土壤有机质的影响　　$g\cdot kg^{-1}$

年度	处理								
	CK	N_1	N_2	P_1	P_2	N_1P_1	N_1P_2	N_2P_1	N_2P_2
1984	6.0	5.7	5.8	6.1	5.8	6.9	6.6	6.1	6.4
1993	7.8	8.9	8.9	8.4	8.3	9.1	8.8	8.8	8.9

注：N_1、N_2表示氮肥施用量为 135、270 $kg\cdot hm^{-2}$纯 N；P_1、P_2表示氮肥施用量为 67.5、135 $kg\cdot hm^{-2}$ P_2O_5。

四、盐渍土改良稳定阶段的土壤有机质

土壤有机质含量达到 8～9 $g\cdot kg^{-1}$以后，单纯依赖归还有限的作物根茬难以持续提高土壤有机质含量以及作物产量。在此基础上，持续增加土壤有机质的积累，提高土壤肥力必须进一步增加有机物的归还量。由表 4-4 可以看出：施用秸秆可以使土壤中有机质连续多年增长，且可达到 10～11 $g\cdot kg^{-1}$的较高水平。大田调查也同样证明这一点（表 4-5）。

表 4-4　免耕试验对土壤有机质的影响　　$g\cdot kg^{-1}$

年度	处理								
	翻$_1$ N_1P_1秆$_1$	翻$_1$ N_2P_2秆$_2$	翻$_1$ N_3P_3秆$_3$	翻$_2$ N_1P_2秆$_3$	翻$_2$ N_2P_3秆$_1$	翻$_2$ N_3P_1秆$_2$	免 N_1P_3秆$_2$	免 N_1P_3秆$_3$	免 N_3P_2秆$_1$
1987	7.93	7.90	7.73	8.10	7.80	7.83	7.90	7.77	8.70
1992	10.13	10.60	10.67	10.00	9.87	9.60	10.53	11.07	9.00

注：翻$_1$——将麦秸翻入土中；翻$_2$——将麦秸覆盖在地表；免——免耕；N_1、N_2、N_3——0、112.5、187.5 $kg\cdot hm^{-2}$纯 N；P_1、P_2、P_3——0、75、150 kg $P_2O_5\cdot hm^{-2}$；秆$_1$、秆$_2$、秆$_3$——0、2 250、4 500 $kg\cdot hm^{-2}$。

表 4-5　曲周试区典型地块土壤有机质调查（1994）　　$g\cdot kg^{-1}$

采样地点	培肥方式	土壤有机质
王庄南路东	化肥＋秸秆，7 年（小麦/棉花）	11.4
李庄靶场东	化肥＋秸秆，5 年（小麦/棉花）	10.7
张庄南	化肥＋秸秆，10 年（小麦/玉米）	12.2
王庄南路西	化肥＋秸秆，5 年后用人畜粪尿 2 年（菜地/小麦）	12.4
张庄西	化肥＋秸秆，5 年后用人畜粪尿 5 年（菜地）	14.3
李庄西	化肥＋秸秆，2 年后用人畜粪尿 8 年（菜地）	15.3

五、土壤有机质持续提高阶段

在开垦种植前期，华北平原自然条件下，依靠植物本身的自然归还或秸秆还田，土壤有机质仅能维持在一定水平上，施用 C/N 较低且腐殖化系数较大的人畜粪尿可以在短期内（7～10 年）迅速提高土壤有机质含量（表 4-6），且可以达到 12～15 $g\cdot kg^{-1}$。

20 世纪 90 年代以后，随着作物高产品种的不断涌现、农业生产条件的不断改善、物质投入的不断增加，作物产量明显提高，小麦产量从 1990 年的 4 357.5 $kg\cdot hm^{-2}$增加到 2002 年的 5 457 $kg\cdot hm^{-2}$；玉米产量从 1990 年的 5 214 $kg\cdot hm^{-2}$增加到 2002 年的 7 077 $kg\cdot hm^{-2}$，相应

地作物秸秆产量也随之增加，无论是以根茬(根茬量测算值为 3 243.44 $kg \cdot hm^{-2}$，2002 年)还是秸秆(秸秆量测算值为 14 495.1 $kg \cdot hm^{-2}$，2002 年)还田都会增加还田量，进而提高土壤有机质含量，使其超过 10 $g \cdot kg^{-1}$，甚至达到了 12.50 $g \cdot kg^{-1}$(表 4-6，表 4-7)。

表 4-6　不同 N、P 化肥配比对土壤有机质的影响　　$g \cdot kg^{-1}$

年度	处理								
	CK	N_1	N_2	P_1	P_2	N_1P_1	N_1P_2	N_2P_1	N_2P_2
2001	9.3	10.5	10.0	9.4	9.7	10.8	10.7	10.4	10.6

注：N_1、N_2 表示氮肥施用量为 135、270 $kg \cdot hm^{-2}$ 纯 N；P_1、P_2 表示氮肥施用量为 67.5、135 $kg \cdot hm^{-2}$ P_2O_5。

表 4-7　免耕试验对土壤有机质的影响　　$g \cdot kg^{-1}$

年度	处理								
	翻$_1N_1P_1$秆$_1$	翻$_1N_2P_2$秆$_2$	翻$_1N_3P_3$秆$_3$	翻$_2N_1P_2$秆$_3$	翻$_2N_2P_3$秆$_1$	翻$_2N_3P_1$秆$_2$	免 N_1P_3秆$_2$	免 N_1P_3秆$_3$	免 N_3P_2秆$_1$
2001	10.0	12.5	13.1	9.3	11.8	11.2	11.8	12.1	11.4

注：翻$_1$——将麦秸翻入土中；翻$_2$——将麦秸覆盖在地表；免——免耕；N_1、N_2、N_3——0、112.5、187.5 $kg \cdot hm^{-2}$ 纯 N；P_1、P_2、P_3——0、75、150 kg $P_2O_5 \cdot hm^{-2}$；秆$_1$、秆$_2$、秆$_3$——0、2 250、4 500 $kg \cdot hm^{-2}$。

六、盐渍化改造区土壤的系统培肥

盐渍化改造区土壤肥力的提高是多种因素综合作用的结果，任何单一措施都不能使土壤肥力持续提高。土壤培肥是一个系统过程，必须与盐渍化综合治理和持续发展相适应。以曲周试验区为例，在自然和社会条件下，土壤有机质的积累过程表现出阶段性特征。它与区域的综合治理和持续发展阶段相适应。不同阶段，表现出的生产与持续发展要求具有特殊性，土壤培肥措施系统也表现出阶段的特殊性，而各阶段的培肥措施又是相互衔接的有机整体。

1. 改变基本条件

盐渍化土壤是多种因素综合作用的产物，是旱、涝、碱、咸综合危害的结果。土壤培肥是在改变其基本条件的基础上，采取综合治理措施，效果才更加明显。进行盐碱地改造，首要问题是建立包括井(深浅机井组)、沟(深浅沟排水系统)、渠(地上、地下灌溉系统)、建(各种配套建筑物)、平(改造微地貌)、田(建立适应田间运输和机械作业的方田)、路(合理的交通运输网)、林(乔、灌结合的防护林带、林网；经济林果等)、草(牧草、绿肥等)、机(机械建设)、电(动力系统)、监(监测预报系统)的强有力的农业工程系统。

2. 提高土壤有机质含量

根据曲周试验区的研究和实践，提高土壤有机质含量，要根据治理的不同阶段以及土壤有机质演化的阶段性规律采取相应措施。

(1)脱盐—增加生物量总量　盐渍土的开垦初期，土壤盐分含量较高，浅色草甸土表层含盐量达 1.0～1.5 $g \cdot kg^{-1}$；白碱地(以 NaCl 和 Na_2SO_4 为主的氯化物-硫酸盐盐土)达 9.6 $g \cdot kg^{-1}$；盐碱地(以 NaCl 为主的氯化物盐土)为 32.6 $g \cdot kg^{-1}$；卤碱地(以 $CaCl_2$、$MgCl_2$、NaCl 为主的潮湿盐土)达到 37.8 $g \cdot kg^{-1}$，限制了作物生长发育。降低盐分含量，提高土壤生物产量的归还，为本阶段的主要目标。

种植绿肥牧草，如紫花苜蓿等，因其具有较深的植物根系活动层和庞大的生物量，促进了土体脱盐，同时较快地增加了有机质含量，种植2年后土壤有机质含量可提高到7～8 $g \cdot kg^{-1}$。

(2)扩大作物种植面积，促进根茬归还量　种植作物后，人工植被取代了自然的盐生植被，生物产量有了明显的增加，但单纯依靠土壤中的养分是不能维持作物产量的提高，必须施用一定量的化肥，以提高作物的生物产量，进而实现土壤有机质含量的提高。而此时，农村经济比较薄弱，作物秸秆主要用作燃料而移出土体，作物地下部分的归还是土壤有机质的主要补充来源，土壤有机质含量可提高并维持在8～9 $g \cdot kg^{-1}$。

(3)提高作物产量，加大秸秆还田量　随着土壤脱盐的加深，盐碱危害趋于减轻，作物生长条件有了较大的改善。第一性生产的提高促进了综合治理的发展，作物生产的增长，能够保证经济的较大增长。这时，作物对土壤养分及有机质的消耗量都大大增加，必须加大化肥的使用量和适当的NP配比；另一方面，作物的经济产量和生物产量均有较大的提高。这不仅加快了农村经济的发展，而且为土壤有机质提供了充足的积累。同时，农民的收入明显提高，燃料结构发生明显变化，即燃煤代替了燃烧秸秆，为大量秸秆的还田创造了条件。秸秆还田配合施用适量的化肥，促进土壤有机质的积累，使土壤有机质含量首次突破10 $g \cdot kg^{-1}$，但只能维持在10～12 $g \cdot kg^{-1}$。

(4)农业综合发展，促进土壤有机质的持续提高　随着第一性生产的提高及农村经济的发展，持续土地利用以及持续提高土壤肥力成为农业发展的基本目标。在综合农业发展的前期，当作物产量达到一定程度时，化肥不再是增产的唯一因素，且超量的化肥投入不仅在经济上造成浪费，而且还污染地下水和环境。在控制化肥施用量的基础上，调整作物品种尤其是推广高产品种将会使作物产量达到或超过15 $t \cdot hm^{-2}$，作物的根茬也相应地增加，使土壤有机质含量达到和超过10 $g \cdot kg^{-1}$。大量的秸秆还田可进一步增加土壤有机质含量，使其达到11～13 $g \cdot kg^{-1}$。

从农业持续发展的角度出发，提高能量利用率，挖掘当地的资源潜力是提高生态效益的重要目标。将各类农副产品，如秸秆等加以重复利用(如过腹还田)既为畜牧业发展提供了饲料，又为第一性产品的开发、能量利用率的提高找到了有效的途径；畜牧业的排泄物是极易分解、可转化为结构优良、有助于腐殖化过程的有机物质。优质有机物的施用，对于土壤有机质的积累起到了促进作用，其含量可以进一步提高到15 $g \cdot kg^{-1}$以上，这对于土地的持续利用、农村-农业的持续发展将起到重要的作用。

盐渍土改造区土壤的治理过程是从具有“瘦、冷、死、板”肥力特征的盐碱荒地逐步过渡到可以持续利用的高产稳产土地的土壤熟化过程，肥力不断提高，呈现出阶段性特征。土壤有机质的积累和转化过程同样具有阶段性特征。归还盐生植被，土壤有机质含量低，小于5 $g \cdot kg^{-1}$，开垦初期，植物覆盖度增加，提高了作物生物总产量，以根茬归还土壤，使土壤有机质含量提高并维持在8～9 $g \cdot kg^{-1}$；随着作物优良品种的不断涌现，明显提高作物产量，归还根茬使土壤的有机物量相应增加，土壤有机质含量达到或超过了10 $g \cdot kg^{-1}$。秸秆还田，以无机换有机，可使土壤有机质含量提高到11～13 $g \cdot kg^{-1}$。农牧结合，以优质的有机物质归还土壤，使土壤有机质含量提高到15 $g \cdot kg^{-1}$以上。

土壤培肥措施要适应土壤有机质在盐渍化改造区条件下积累和演化的阶段性特征及农业-农村发展的阶段性。土壤有机质的提高、土壤培肥措施以及土地持续利用和农业发展，构成了一个完整的系统。盐渍化改造区的治理过程和培肥过程实质上是土壤有机质含量不断提高的过程。

第三节　盐渍化土壤腐殖质的结构特征

盐渍土的熟化过程是土壤有机质逐渐积累和不断更新的过程。特殊的盐渍化环境(含盐量高、地下水的影响、耐盐植物的特性等)及微生物区系的作用,使有机质的结构、组成和特性都有特殊性,它们与土壤的性状及肥力有着密切的关系。研究盐渍土熟化过程中的腐殖质组成、结构和特性及其演化规律,对盐渍土腐殖质的形成和更新、培肥过程的控制以及熟化度的评价均有着重要的理论和实践意义。

自 1973 年以来,中国农业大学先后在曲周试区建立了一代(1973 年)、二代(1978 年)、三代(1982 年)综合治理试验区。经过多年的科技攻关,基本认识和掌握了该地区的水盐运动规律。根据盐渍化低产农田生态系统的特点,在一整套综合治理配套技术的支持下,使农田生态系统的质量得以提高。主要表现在抗旱、防涝、盐碱面积缩小和土壤肥力的提高等方面,土壤有机质含量已从 6～7 $g\cdot kg^{-1}$ 提高到 10～15 $g\cdot kg^{-1}$。

一、采样地点的基本情况

供试土样采自曲周试验区内。采样原则以试区类型及种植模式为依据,分别在 3 个试区、盐荒地及当地非盐碱土-浅色草甸土上设置有代表性的采样区,每个采样区采取 0～20 cm、20～40 cm 两个层次的混合土样(表 4-8)。

表 4-8　供试土样基本状况

试区类型	改造起始年代	地点	土样编号	层次	种植模式
一代试区(F)	1973	张庄	F_{1-1}	0～20	蔬菜
			F_{1-2}	20～40	
			F_{2-1}	0～20	小麦-玉米
			F_{2-2}	20～40	
二代试区(S)	1978	王庄	S_{3-1}	0～20	蔬菜
			S_{3-2}	20～40	
			S_{4-1}	0～20	小麦-玉米
			S_{4-2}	20～40	
三代试区(T)	1982	四疃	T_{5-1}	0～20	棉花
			T_{5-2}	20～40	
			T_{6-1}	0～20	小麦-玉米
			T_{6-2}	20～40	
			T_{7-1}	0～20	小麦-玉米
			T_{7-2}	20～40	
			T_{8-1}	0～20	小麦-玉米
			T_{8-2}	20～40	

续表 4-8

试区类型	改造起始年代	地点	土样编号	层次	种植模式
盐荒地(W)	待改造	辛集	W_{9-1}	0～20	撂荒
			W_{9-2}	20～40	
非盐渍土(N)	1978	李庄	N_{10-1}	0～20	小麦-玉米
			N_{10-2}	20～40	
		四疃	N_{11-1}	0～20	蔬菜
			N_{11-2}	20～40	
			N_{12-1}	0～20	小麦-玉米
			N_{12-2}	20～40	

二、盐渍化土壤腐殖质组分的变化

土壤腐殖质的组成及性质反映了土壤形成条件及形成过程的特点。不同类型土壤的腐殖质组分及性质各不相同。在盐渍土熟化过程中，随着盐渍化环境的改变，腐殖质组分〔胡敏酸(HA)、富啡酸(FA)、胡敏素(HM)〕也呈现出阶段性的变化(表 8)。由表 4-9 可以看出：从盐荒地到一代试区，腐殖质总量及各组分含量呈递增趋势并与有机质含量相吻合。腐殖质总量与 HΛ、FΛ 呈极显著相关，其相关系数分别为

$$0.848\,7^{**}\ (n=24, r_{0.01}=0.496)\ ;\ 0.914\,1^{**}\ (n=24, r=0.496)$$

进一步研究表明，各代试区表层土壤的 HA/FA 比值有明显差异：盐荒地胡富比最低，只有 0.6 左右；一代试区最高，可达 1.1 以上；第二、三代试区的胡富比介于二者之间。比值越大，说明胡敏酸含量越高，分子越复杂；反之亦然。盐渍化环境的改善，导致土壤腐殖质含量增加，腐殖化程度提高，显示了土壤由低肥力向高肥力方向的演变。

改良后的土壤表层腐殖质总量及 HA/FA 较底层大，这说明随着盐渍土的熟化，胡敏酸分子结构变得复杂，分子量增大，芳化度提高，其移动性较小，逐渐在表层积累起来；而富啡酸分子结构简单，分子量小，在土体中容易向下移动。胡敏酸和富啡酸在土壤剖面上的分异是土壤熟化的一种标志。

表 4-9　供试土壤腐殖质组成

土样号	层次/cm	有机碳/($g\cdot kg^{-1}$)	腐殖质组分/($g\cdot kg^{-1}$)			占有机碳百分数/%			HA/FA
			HA	FA	HM	HA	FA	HM	
F_{1-1}	0～20	2.8	1.45	1.24	6.59	15.6	13.5	70.9	1.15
F_{1-2}	20～40	3.83	0.44	0.56	2.80	11.6	14.7	73.9	0.79
F_{2-1}	0～20	7.60	1.29	1.06	5.25	17.0	13.9	69.1	1.22
F_{2-2}	20～40	4.01	0.38	0.68	2.94	9.5	17.0	73.5	0.60
S_{3-1}	0～20	7.42	0.78	0.96	5.66	10.5	13.0	76.5	0.81
S_{3-2}	20～40	4.58	0.30	0.61	3.69	6.5	13.3	80.2	0.49
S_{4-1}	0～20	6.61	0.69	0.64	5.27	10.5	9.7	79.8	1.12

续表 4-9

土样号	层次/cm	有机碳/(g·kg⁻¹)	腐殖质组分/(g·kg⁻¹)			占有机碳百分数/%			HA/FA
			HA	FA	HM	HA	FA	HM	
S_{4-2}	20～40	3.85	0.21	0.51	3.08	5.5	13.4	81.0	0.41
T_{5-1}	0～20	5.11	0.50	0.61	3.99	9.8	12.0	78.2	0.82
T_{5-2}	20～40	2.74	0.20	0.38	2.12	7.4	14.1	78.5	0.53
T_{6-1}	0～20	4.91	0.43	0.66	3.81	8.8	13.5	77.8	0.65
T_{6-2}	20～40	3.25	0.20	0.50	2.60	6.1	15.2	78.8	0.40
T_{7-1}	0～20	5.92	0.60	0.80	4.50	10.2	13.6	76.3	0.75
T_{7-2}	20～40	3.84	0.42	0.51	2.87	11.1	13.4	75.5	0.82
T_{8-1}	0～20	7.31	0.72	0.92	5.66	9.9	12.6	77.5	0.78
T_{8-2}	20～40	3.66	0.38	0.46	2.86	10.3	12.4	77.3	0.83
W_{9-1}	0～20	3.84	0.42	0.80	3.18	9.5	18.2	72.3	0.53
W_{9-2}	20～40	3.12	0.39	0.54	2.27	12.2	16.9	70.9	0.72
N_{10-1}	0～20	9.11	0.94	0.99	7.17	10.3	10.9	78.8	0.95
N_{10-2}	20～40	5.80	0.36	0.62	4.82	6.2	10.7	83.3	0.58
N_{11-1}	0～20	9.11	0.97	1.14	6.99	10.7	12.5	76.8	0.85
N_{11-2}	20～40	5.52	0.60	0.80	4.10	10.9	14.5	74.5	0.75
N_{12-1}	0～20	7.19	0.68	0.86	5.66	9.4	11.9	78.6	0.79
N_{12-2}	20～40	5.11	0.42	0.76	3.92	8.2	15.2	76.9	0.55

三、盐渍土腐殖质的含氧官能团

腐殖质的官能团是其活性的构造单元，其数量和类型与腐殖质的胶体化学、光谱学等性质密切相关。腐殖质的许多功能如缓冲性、保肥性等都与含氧官能团有密切的关系。分析腐殖质的含氧官能团组成是了解腐殖质特性的重要内容。供试土壤的腐殖质的主要含氧官能团含量见表 4-10。

表 4-10　胡敏酸和富啡酸的含氧官能团含量　　mol·kg⁻¹

试区类型	总酸度		羧基		酚羟基		醌基	
	HA	FA	HA	FA	HA	FA	HA	FA
一代试区	5.12	9.77	3.72	8.51	1.40	1.26	3.82	1.89
二代试区	4.69	9.49	3.81	8.38	0.88	1.11	3.73	1.72
三代试区	4.38	8.45	3.90	7.09	0.48	0.46	3.51	1.55
盐荒地	4.24	8.12	3.93	7.91	0.51	0.21	3.42	1.48
浅色草甸土	5.26	9.17	3.72	8.57	1.54	0.60	4.27	2.93

由表 4-10 中可知：胡敏酸的总酸度、羧基含量明显低于富啡酸，这与 Schnitzer 的研究结果相符。进一步研究表明，无论 HA 还是 FA，其官能团含量大部分是从盐荒地到一代试区呈

递增趋势。这充分说明随着改良年代的延长，土壤腐殖质总量增加，其官能团含量也增加。这也意味着，腐殖质的质量在提高。

四、盐渍土腐殖质的光谱吸收特性

盐渍土腐殖质的可见光谱吸收分析：胡敏酸的光学特性是判断土壤腐殖质特性的重要依据。胡敏酸的吸收值在一定程度上可反映分子的复杂程度，胡敏酸的吸收值越大，则分子的复杂程度越高。

E_{465}/E_{665}值可用来表征腐殖酸的类型，E_{465}/E_{665}低于5是胡敏酸的特性，而高于5则是富啡酸的特点。E_{465}/E_{665}随分子量和缩合度的增加而下降，常用作腐殖化及土壤肥力的指标（表4-11）。

表4-11　土壤表层胡敏酸的可见光吸收值

土　样	E_{465}	E_{665}	E_{465}/E_{665}
一代试区	1.520	0.342	4.444
二代试区	1.390	0.310	4.484
三代试区	1.242	0.256	4.856
盐荒地	1.172	0.236	4.966
浅色草甸土	1.702	0.388	4.387

由表4-11知，E_{465}和E_{665}值以浅色草甸土为最大，其次从一代试区到盐荒地依次递减，而E_{465}/E_{665}值则相反，浅色草甸土最小，盐荒地最大，说明从盐荒地到一代试区，土壤胡敏酸向着分子量增大、芳化度提高、结构复杂化的方向演化。

盐渍土腐殖质的红外光谱特征：腐殖质的红外光谱可以提供其分子结构和官能团等方面的大量信息。由对红外光谱的分析可知，每一种官能团都有固定的吸收峰（表4-12）。

表4-12　各种官能团的吸收峰值

官能团	吸收峰	官能团	吸收峰
带氢键的羟基和吸湿水	3 400	脂肪族C—H键的伸缩振动	2 930
游离态的NH_2取代的芳环的环及酰胺中	2 600	羧基、酮基的C═O双键酚类的C—O键、酚羟基的变形	1 720
C═O，N—H键及吸湿水的振动	1 650～1 620	C—O的对称伸缩振动	1 400
羧基的C—O键伸缩及羟基的变形振动	1 250～1 220	多糖或多糖类似物的C—O键及硅酸盐杂质的Si—O伸缩振动	1 030

由图4-2至图4-5可知：胡敏酸和富啡酸均在3 370、2 900、2 600、1 720、1 650、1 400、1 250～1 220 cm^{-1}处有吸收峰值，说明二者具有相似的骨架结构和官能团组成。胡敏酸和富啡酸的差别在于芳化度和官能团的含量、位置及组成不同。由图4-2可知，各代试区土壤胡敏酸的红外光谱，均表现为散漫而宽阔的“馒头峰”，说明它们是极相似的多官能团复杂体系，但是，各代试区土壤胡敏酸的红外光谱却有明显差异。盐荒地HA在1 620 cm^{-1}处吸收较弱，而在2 900 cm^{-1}处吸收较强，表明盐荒地HA含脂肪族物质较多，其芳化度较低。与此相反，

一、二代试区 HA 含脂肪族物质较少，芳化度较高。盐荒地 HA 在 1 720、1 400、1 250 cm^{-1} 处吸收均较强，表明其中羧基含量较高，而第一、二代试区土壤 HA 在上述波数相对较弱，说明它们羧基含量相对较少，这与化学法测定结果相一致。

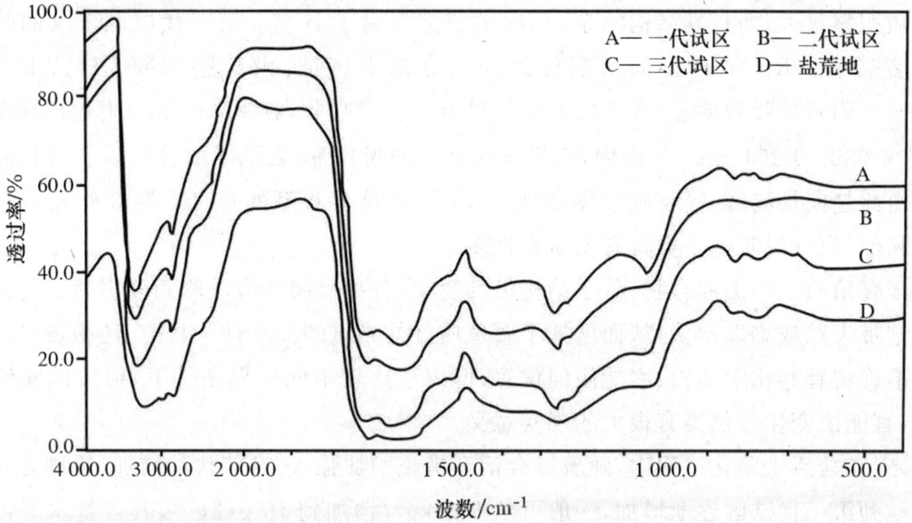

图 4-2　供试土壤胡敏酸红外光谱图

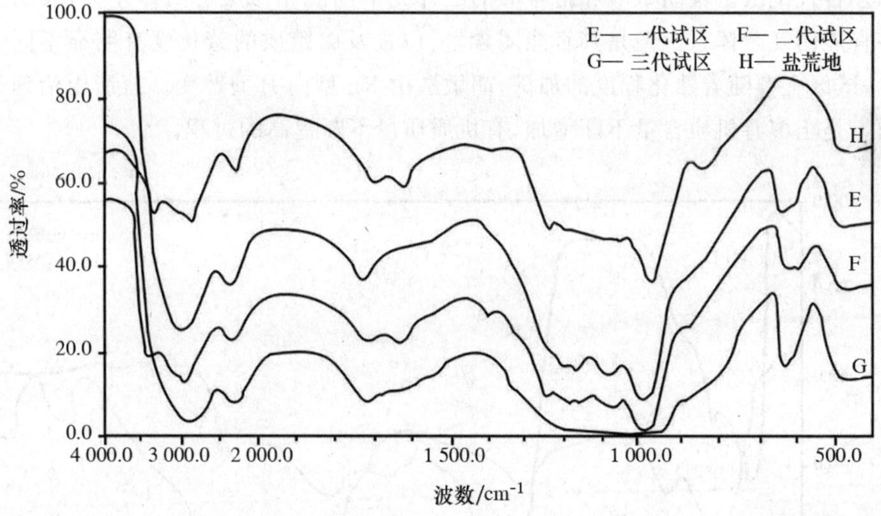

图 4-3　供试土壤富啡酸红外光谱图

1 620～1 600 cm^{-1} 是芳烃的环振动带，胡敏酸在此处有强烈的吸收峰，而富啡酸在此处的吸收微弱，说明富啡酸芳化度远低于胡敏酸。胡敏酸在 1 660～1 630 cm^{-1} 的吸收强度比富啡酸大，说明富啡酸含有较多的羰基。在 1 720 cm^{-1} 处富啡酸的吸收值则比胡敏酸大，吸收峰较尖锐，证明富啡酸羧基比胡敏酸含量多，这与化学分析结果也一致。

根据红外吸收光谱上出现的吸收带及其强弱，胡敏酸可分为 4 个类型：A 型、B 型、Rp 型和 P 型。根据 Kumada 和 Aizawa 对胡敏酸红外光谱图分类标准，可以看出：试区土壤胡敏酸类型基本介于 Rp 型（初生腐殖物质）和 B 型（真正腐殖物质）之间，说明在盐渍土熟化过程中，腐殖酸的类型也在演变。盐荒地土壤由于盐化环境的影响，腐殖化作用弱，腐殖质组成结构简单，其胡敏酸类型基本属于初生腐殖物质，即 Rp 型；而改良熟化后的第一、二代试区土壤，不但腐殖质积累量大，而且其结构复杂，其胡敏酸类型属于 B 型。第三代试区土壤的胡敏酸类型则二者皆有。Rp 和 B 型胡敏酸红外光谱有如下特征：由于脂肪族 CH 基团的存在，2 940 cm^{-1} 附近的吸收明显，在 1 639 cm^{-1} 处有"肩状"吸收，在 1 515 cm^{-1} 附近出现明显的吸收带，在 1 282～1 204 cm^{-1} 范围内，有极宽阔和强的吸收带，表示了酚、醌、醚等含氧原子团的存在。由此趋向长波区，吸收则急剧减弱。Rp 型不同于 B 型的是：Rp 型红外光谱与木质素的图谱相似，充分说明这个类具有木质素性质。

由于腐殖质是一类混合物，分子结构极其复杂，各种基团的吸收峰相互重叠，干扰，使得一些特征谱带失踪或难以辨认，从而增加了腐殖质红外光谱的复杂性。目前，还很难以仅根据红外光谱准确解释其化学结构、官能团的位置，但用于比较不同外界条件下，形成的腐殖质的结构状况，官能团变化等仍具有很大的现实意义。

总之，在盐渍土熟化过程中，随着综合治理措施的加强、改良年代的增加，土壤有机质含量从盐荒地到第一代试区逐渐增加，一般可从 6 $g\cdot kg^{-1}$ 增加到 15 $g\cdot kg^{-1}$，其含量水平可达到或超过当地非盐渍土—浅色草甸土的水平。盐渍土熟化过程中，有机质的质量在不断提高：表现在土壤腐殖质总量增加，腐殖质的胡富比不断增大，芳化度明显提高，腐殖酸的官能团含量也有所增加。各代试区土壤胡敏酸和富啡酸的红外光谱图既相似又有明显差异：表明它们是极相似的多官能团复杂体系。但是其官能团含量、位置及腐殖质的芳化度有明显不同。从腐殖质类型看，试区土壤随着熟化程度的加深，胡敏酸由 Rp 型向 B 型转变。盐渍土治理和培肥的过程实质上是土壤有机质含量不断增加，有机质质量不断提高的过程。

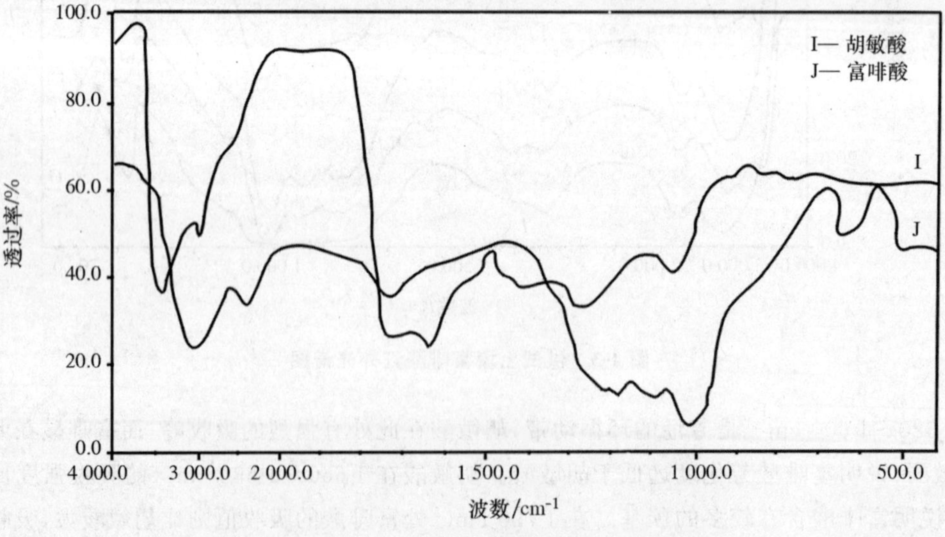

图 4-4　二代试区土壤胡敏酸和富啡酸红外光谱图

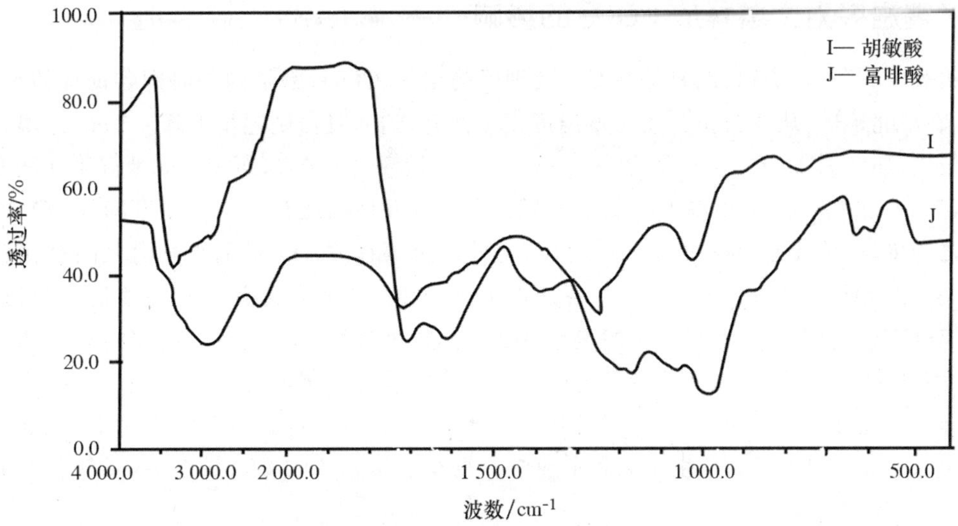

图 4-5　浅色草甸土胡敏和富啡酸红外光谱图

第四节　盐渍化土壤呼吸及碳平衡

土壤呼吸作用是全球碳循环中一个重要过程，是土壤碳以 CO_2 形式流向大气圈的主要途径，土壤呼吸是陆地生态系统碳循环的一个重要组成部分。土壤呼吸不仅受到温度、湿度、pH 和风速等环境条件的影响，而且还受到有关生物过程如植被、土壤动物、土壤微生物以及人为因素，如土地利用、森林砍伐、环境污染及氮素过量施用等因素的影响。

研究表明，土壤呼吸释放的 CO_2 中 30%～50%来自根系的活动或自养呼吸作用，其余部分主要源于土壤微生物对有机质的分解作用，即异养呼吸作用。所以，土壤的 CO_2 通量与植物生长密切相关，植物生长为分解者提供有机残留物。当新鲜有机碳加入土壤中时，土壤呼吸速率增大。土壤呼吸速率和净初级生产力(NPP)之间存在正相关关系($r^2=0.87$)。为此，对不同生态系统碳的固定或生产力的研究是全球碳循环研究的热点之一。如对美国威斯康星北部的森林生态系统进行的模拟研究表明气候变暖可以显著增加森林的净第一性生产力。Cao 等研究了全球范围内 NPP 在 20 世纪 80 和 90 年代的变化，结果显示在全球各大洲均表现为 NPP 随气候变暖而增加。土壤呼吸速率在不同的气候条件下有很大的差异。

近 20 年来，中国学者尤其对森林生态系统在全球变化中的作用等方面做了许多探索。对草地生态系统的碳过程也做了一些研究。测定不同陆地生态系统土壤呼吸速率及其时空波动，阐明控制土壤 CO_2 释放量的环境因子和人为因素的影响，对于全球碳平衡预算和估计全球变化的潜在效应是最为基础的数据，是全球变化研究的重点内容。然而，土壤呼吸又是碳循环最主要的环节和研究最为薄弱的部分，尤其是农田生态系统土壤呼吸的研究虽然有些进展，但有许多方面有待于进一步深入研究。本文试图通过长期定位试验探讨施用氮磷肥对华北平原农田生态系统土壤呼吸的影响以及作物所吸收的 CO_2 量，推算农田土壤 CO_2 平衡，为进一步研究减少土壤 CO_2 排放的措施，为碳平衡研究提供理论依据。

一、土壤温度对土壤释放 CO_2 量的影响

由表 4-13 和表 4-14(地温是在 CK 处理区测定的,CO_2 量是指同一时间各处理的平均值)可知:在华北地区,从 3 月份开始土壤温度逐步回升,到 9 月份则逐步下降。5 cm 地温在早春回升较快,如 3 月 18 日 5 cm 地温为 9.9℃,10 cm 地温是 9.0℃;而 10 cm 地温则在秋季下降较缓,如 11 月 4 日 5 cm 地温下降到了 8.1℃,而 10 cm 地温还有 9.6℃;土壤释放 CO_2 的数量也随之变化,经统计分析得知:5 cm 地温与各处理土壤释放 CO_2 量的平均值之间存在着显著的相关性,$r=0.717^{**}$;10 cm 地温与各处理土壤释放的平均值之间也存在着显著的相关性,$r=0.764^{**}$,说明在华北地区这样的暖温带半干旱季风气候区土壤呼吸释放的 CO_2 量与土壤温度呈明显的正相关关系,其他专家也证实了土壤呼吸与土壤温度呈正相关。一些研究得出温度升高土壤呼吸速率加快,而一些研究得出土壤升温一段时间后,其呼吸速率将不再增加,土壤生态系统对温度升高产生了某种适应性。夏季土壤释放的 CO_2 量增多,而冬季土壤释放的 CO_2 量减少。

表 4-13　土壤温度对土壤释放 CO_2 的影响(小麦季)　　℃,$g \cdot m^2 \cdot d^{-1}$

测定时间	03-01	03-18	03-24	03-31	04-07	04-14	04-21	04-28	05-05	05-19	05-26	05-31
5 cm 地温	10.9	9.9	9.9	11.3	16.8	16.8	17.5	16.0	14.5	19.3	19.5	21.0
10 cm 地温	10.8	9.0	9.3	9.3	15.8	15.8	16.5	15.3	14.3	17.8	19.7	20.8
CO_2 释放量	4.01	3.87	6.07	6.37	8.28	8.33	8.12	8.09	8.21	8.32	8.13	6.34

表 4-14　土壤温度对土壤释放 CO_2 的影响(玉米季)　　℃,$g \cdot m^2 \cdot d^{-1}$

测定时间	08-02	08-07	08-13	08-19	09-02	09-08	09-16	11-04	11-14
5 cm 地温	25.6	25.9	22.0	20.8	21.6	20.0	20.3	8.1	7.0
10 cm 地温	25.2	25.7	23.3	21.0	22.6	20.1	21.5	9.6	7.6
CO_2 释放量	11.47	12.80	21.75	19.04	18.81	18.91	17.15	3.25	3.33

二、长期施肥对小麦田土壤释放 CO_2 及碳平衡的影响

1. 小麦生育期不同施氮、磷处理土壤释放 CO_2 的变化

农田施氮一般可使土壤呼吸速度增加,但很少进行过直接的对比测定。在瑞典,施氮与未施氮处理下大麦田具有相似的土壤呼吸速度。Kowalenko 等在实验室内培养的测定表明:氮输入可以抑制休闲农田土壤的 CO_2 释放速度,降低微生物活性,但在野外实地测定却发现两种处理间的差距不显著,对于原生草原施氮则会抑制土壤呼吸速度。也有研究表明:氮的供应不足有可能会限制在提高大气 CO_2 浓度的条件下植物光合作用的反应。Poorter 等基于实测数据的研究发现:低的营养供应状况,在很大程度上降低了由于 CO_2 浓度升高对植物生长的促进。Hungate 等指出:与养分循环结合的预估和没有考虑养分循环的预估相比前者显著降低了 CO_2 的吸收。氮在北部森林生态系统中经常是陆地生态系统净初级生产力(NPP)的一个限制因素,所以在这些生态系统中,大气中 CO_2 浓度升高对 NPP 的任何有利的影响都可能被限

制。此外，当大气的氮沉降和化肥的过量施用导致氮饱和时，也会对植物生长产生负面的影响，如在美国东北部一些土壤氮污染严重的地区，土壤 N 的有效性是造成区域碳固定和空间格局估算差异的一个主要因素。

在华北平原的小麦生育期，土壤温度变化较大，由表 4-13 可知：从 2004 年 3 月 18 日 5 cm 地温为 9.9℃，逐步增加到 5 月 26 日的 19.5℃。由图 4-6 知，施氮、磷各处理土壤释放 CO_2 的数量随时间而变化，更确切地说是随气温而增加，如 CK 处理，土壤呼吸释放的 CO_2 量从 3 月 14 日的 3.96 $g\cdot m^{-2}\cdot d^{-1}$ 逐步增加到 6 月 3 日的 9.93 $g\cdot m^{-2}\cdot d^{-1}$。土壤温度较低时，各处理之间土壤释放的 CO_2 量差异不大，如 3 月 14 日，各处理土壤呼吸释放的 CO_2 量变化在 3.96～5.12 $g\cdot m^{-2}\cdot d^{-1}$，相差 1.16 $g\cdot m^{-2}\cdot d^{-1}$；土壤温度较高时，各处理之间土壤释放的 CO_2 量差异明显增加，如 5 月 29 日，各处理土壤呼吸释放的 CO_2 量变化在 9.02～16.87 $g\cdot m^{-2}\cdot d^{-1}$，相差 7.85 $g\cdot m^{-2}\cdot d^{-1}$。氮、磷肥配合施用的处理释放的 CO_2 量（11.61～13.45 $g\cdot m^{-2}\cdot d^{-1}$）要比对照和单施氮、磷肥处理释放的 CO_2 量（7.93～9.13 $g\cdot m^{-2}\cdot d^{-1}$）明显增多。

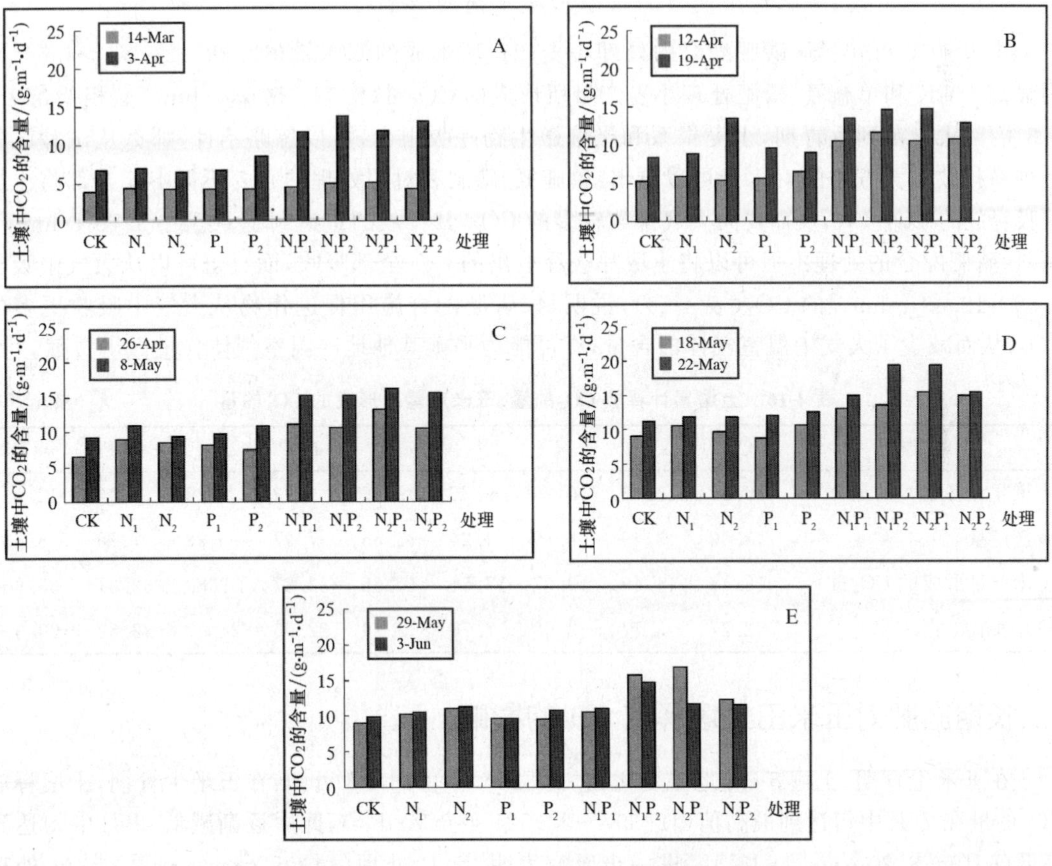

图 4-6　不同处理对麦田土壤释放 CO_2 量的影响

进一步研究表明：不施肥的对照（CK）与单施氮、磷肥的处理（N_1、N_2、P_1、P_2）之间差异不显著（$P>0.05$），即单施氮、磷肥和对照处理之间释放的 CO_2 量没有显著性差异；氮、磷肥配合的各处理（N_1P_1、N_1P_2、N_2P_1、N_2P_2）与 CK、N_1、N_2、P_1、P_2 处理之间有显著的差异（$P<0.05$）；但是氮、磷肥配合的各处理之间没有显著性差异（$P>0.05$）。研究表明，土壤温度在 10～20℃

单施氮、磷肥无助于改变土壤释放 CO_2 的量，而氮、磷肥配合施用可以明显地增加土壤释放 CO_2 的量，即氮、磷肥配合施用的处理（N_1P_1、N_1P_2、N_2P_1、N_2P_2）由于养分配比合理，促进了小麦的生长、根系发达、土壤微生物较多，因而释放出大量的 CO_2，达到了 8.81～10.22 $t\cdot hm^{-2}$，而单施氮、磷肥和不施肥的处理由于养分含量较少，或者配比不合理，不利于小麦的生长，释放的 CO_2 量也较少，仅有 5.84～6.70 $t\cdot hm^{-2}$（表 4-15）。

表 4-15　土壤累计释放 CO_2 的量、小麦产量及形成的 CO_2 的量(2005)　$t\cdot hm^{-2}$

处理	CK	N_1	N_2	P_1	P_2	N_1P_1	N_1P_2	N_2P_1	N_2P_2
土壤累计释放 CO_2 量	5.84	6.70	6.69	6.36	6.68	8.81	9.88	10.22	9.04
经济产量	1.00	0.72	0.87	1.34	1.23	4.19	5.19	4.39	5.22
小麦产量形成的 CO_2 量	4.13	2.97	3.59	5.53	5.07	17.28	21.41	18.11	21.53
CO_2 净排放量	1.71	3.73	3.10	0.83	1.61	−8.47	−11.53	−7.89	−12.49

2. 长期施用氮、磷肥对小麦产量及农田碳平衡的影响

由表 4-16 可知：氮、磷肥配合的处理小麦产量所形成的 CO_2 量（17.28～21.53 $t\cdot hm^{-2}$），明显高于 CK 和单施氮、磷肥处理小麦产量所形成的 CO_2 量（2.97～5.53 $t\cdot hm^{-2}$），相差 3.9～5.8 倍。从出苗到返青期，小麦根系和土壤微生物呼吸很少，可以忽略不计，那么从试验区各处理净排放到大气中的 CO_2 量可以看出：单施氮、磷肥和对照处理的小麦不但不能全部将土壤呼吸释放的 CO_2 吸收，反而要向大气排放较多的 CO_2，其排放的量达到了 0.83～3.73 $t\cdot hm^{-2}$，而氮、磷肥配合的处理不但可以将土壤呼吸释放出的 CO_2 全部吸收，而且也可以从大气中吸收 7.89～12.49 $t\cdot hm^{-2}$ 的 CO_2（表 4-16），说明氮、磷肥配合施用促进作物从大气中吸收更多的 CO_2，从而减少了大气中温室气体的含量，有可能为平衡其他地区温室气体含量做出贡献。

表 4-16　土壤累计释放 CO_2 的量、玉米产量及形成的 CO_2 的量　$t\cdot hm^{-2}$

处理	CK	N_1	N_2	P_1	P_2	N_1P_1	N_1P_2	N_2P_1	N_2P_2
土壤累计释放 CO_2 量	10.20	10.63	10.29	9.75	9.46	9.92	9.26	9.46	12.01
经济产量	3.02	3.49	3.39	4.24	3.55	7.97	8.20	7.76	8.63
玉米产量形成的 CO_2 量	12.47	14.40	13.97	17.51	14.65	32.87	33.83	32.01	35.60
CO_2 净排放量	−2.27	−3.77	−3.68	−7.76	−5.19	−22.95	−24.57	−22.52	−23.59

三、长期施肥对玉米田土壤释放 CO_2 的影响

在玉米生育期，土壤 5 cm 地温变化在 20～26℃。由图 4-7 可知：在玉米生育期，土壤释放 CO_2 的量在 7 月中旬达到最高值（12.397～22.521 $g\cdot m^{-2}\cdot d^{-1}$），此后逐渐减低，9 月中旬达到最低（6.19～8.20 $g\cdot m^{-2}\cdot d^{-1}$）。进一步研究表明，$N_2P_2$ 处理（14.05 $g\cdot m^{-2}\cdot d^{-1}$）与 N_1 处理（12.14 $g\cdot m^{-2}\cdot d^{-1}$）之间差异不显著（$P>0.05$），与其他各处理（10.88～11.79 $g\cdot m^{-2}\cdot d^{-1}$）之间有显著的差异性（$P<0.05$）；$N_1$ 处理与 CK、N_2、P_1、P_2、N_1P_1、N_1P_2、N_2P_1 处理之间差异性不显著（$P>0.05$），表明在高温条件下长期施用氮、磷肥明显地影响到土壤释放 CO_2 的量；其他处理之间差异不显著（$P>0.05$）。按 $C=0.45Yw/H_i$ 公式和王修兰的测算得出表 4-15。由表 4-15 可以看出，在玉米生育期不同氮、磷处理土壤累计释放 CO_2 的量差别不大，变化在 9.46～

12.01 t·hm^{-2}，说明在玉米生育期施用氮、磷肥对土壤释放 CO_2 影响不大；而经济产量则相差悬殊（3.02～8.63 t·hm^{-2}），相应的玉米生物产量所形成的 CO_2 量差别也较大，变化在12.47～35.60 t·hm^{-2}，说明施用氮、磷肥对形成玉米产量影响较大。在玉米的生育期各处理 CO_2 的净排放量均为负值，但是不同处理的净排放量差异较大，变化在－2.27～－24.57 t·hm^{-2}，说明在玉米形成其产量的过程中不但可以将土壤释放的 CO_2 吸收掉，还要从大气中吸收大量的 CO_2 以形成其生物产量，也就是说在玉米田将会降低大气中 CO_2 的含量。

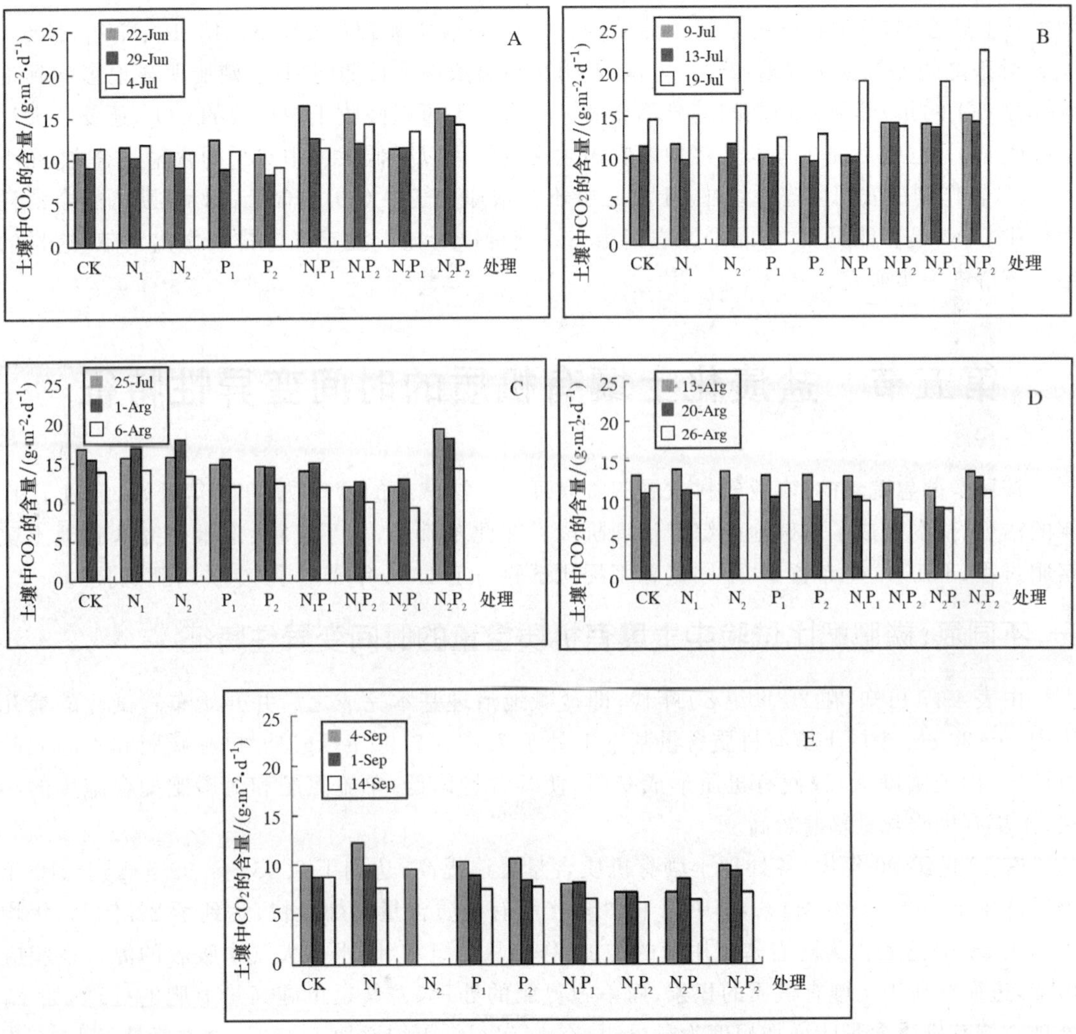

图 4-7 不同处理对玉米田土壤释放 CO_2 的影响

总之，在华北平原农田生态系统中，农田土壤释放 CO_2 的量与土壤温度呈明显的正相关，相关系数分别达到 $r=0.717^{**}$（5 cm 地温）和 $r=0.764^{**}$（10 cm 地温），土壤温度较低时，各处理之间土壤释放的 CO_2 量差异不大；土壤温度较高时，各处理之间土壤释放的 CO_2 量差异较大。由于长期定位试验地施肥方案不变，因此各处理之间土壤养分含量产生了明显的差异，土壤的理化性状和微生物种类与数量也发生了很大的变化，对土壤呼吸必然产生明显的影响。在小麦生育期，氮、磷肥配合施用与对照和单施氮、磷肥处理之间土壤的 CO_2 释放量有显著差异，但是 2 个处理组合之内各处理之间差异不显著；土壤温度在 10～20℃单施氮、磷肥无助于改变土壤释放 CO_2的量，而氮、磷肥配合施用可以明显地增加土壤释放 CO_2的量。不施肥与单施氮、磷肥处理麦田土壤呼吸释放的 CO_2量大于小麦固定的 CO_2量，向大气净排放 0.83～3.73 $t \cdot hm^{-2}$的 CO_2，而氮、磷肥配合处理的麦田从大气中净吸收 7.89～12.49 $t \cdot hm^{-2}$的 CO_2，说明合理施用氮、磷肥有助于减少小麦田温室气体的产生量。在玉米生育期，土壤释放 CO_2的量在 7 月中旬达到最高值(12.40～22.52 $g \cdot m^{-2} \cdot d^{-1}$)，9 月中旬达到最低(6.19～8.20 $g \cdot m^{-2} \cdot d^{-1}$)。$N_2P_2$处理释放的 CO_2量(14.05 $g \cdot m^{-2} \cdot d^{-1}$)与 N_1处理(12.14 $g \cdot m^{-2} \cdot d^{-1}$)之间差异不显著，与其他各处理之间差异显著($P<0.05$)；$N_1$处理与 CK、$N_2$、$P_1$、$P_2$、$N_1P_1$、$N_1P_2$、$N_2P_1$处理之间差异性不显著($P>0.05$)，表明在高温条件下长期施用氮、磷肥明显地影响到土壤释放 CO_2的量；其他处理之间差异不显著。玉米不但可以吸收土壤释放的 CO_2，还要从大气中吸收 CO_2，也就是说在玉米生育期的农田生态系统可以降低大气中 CO_2的含量。总之，在小麦-玉米轮作制的农田生态系统中，土壤呼吸不会增加大气中 CO_2的含量，相反，则可能会消耗大气中 CO_2，是否能提出"华北平原农田生态系统可以为减少温室气体排放做出贡献"这样的结论有待进一步研究。

第五节　盐渍化土壤有机质的时间变异性特征

按照辛德惠院士的"农业农村发展三阶段理论"，盐碱地的治理从 1973 年开始，经过了 10 年的治理，基本完成了盐碱地的综合治理阶段。在此基础上，为了定位、定量研究盐碱地土壤培肥过程，于 1983 年布置了"不同氮磷肥配比试验"；于 1985 年布置了"少耕培肥试验"。

一、不同氮、磷肥配比试验中土壤有机质含量的时间变异性特征

由表 4-17 可知：在 20 世纪 80 年代，即盐碱地治理基本完成之后并开始布置试验的前几年内，0～20 cm 土层土壤有机质含量基本上处于 7.01～7.99 $g \cdot kg^{-1}$。单施磷肥和不施肥的对照区，因土壤缺氮，致使有机质形成受阻，使其含量偏低；单施氮肥和氮磷肥配合施用的小区，土壤有机质含量普遍较高。

在 20 世纪 90 年代，各处理土壤有机质含量普遍提高，达到了 8.55～8.99 $g \cdot kg^{-1}$，10 年内提高了 10.93%～22.54%，其中以 P_1处理土壤有机质含量增加最快，达到了 22.54%，年均增加 1.25%，这是因为随着磷肥用量的增加，作物从灌溉水、降水和大气中吸收的氮素也相应增加，进而有利于土壤有机质的积累；而单施氮肥的处理，尤其是单施高量氮肥的处理，如 N_2处理土壤有机质含量的增加幅度为最少，只有 10.93%，年均增加 1.09%，这主要是因为 10 年的单施氮肥，消耗了土壤中的速效磷素，而不利于有机质的积累。

2000 年代，又经过了 10 年的培肥，各处理土壤有机质含量普遍提高到了 9.91～11.97 $g \cdot kg^{-1}$。与 20 世纪 90 年代相比，分别提高了 15.91%～33.89%，其中以 N_1P_1处理土壤有机质含量提高的幅度最大，年均提高了 3.39%；而以 P_2处理的提高幅度最小，年均增幅为 1.59%。尽管如此，也高于 20 世纪 90 年代的增幅，这可能是因为 2000 年代，随着作物新品种的更替和灌溉水的高效利用，作物的经济产量显著提高，进而提高了生物产量，从而增加了其根茬产量，从而提高了土壤有机质含量。

2010年代相比2000年代，土壤有机质含量增加到10.23～12.50 g·kg^{-1}，但是增加的幅度变化在－2.60%～3.88%，说明后10年土壤有机质含量基本处于稳定阶段，也就是说，在2010年代，由于作物秸秆的产量基本稳定，又没有其他的有机物归还土壤，所以导致土壤有机质含量基本处于稳定状态。

表4-17　氮磷肥配比试验历年土壤有机质含量变化(0～20 cm土层)　g·kg^{-1}

处理	CK	N_1	N_2	P_1	P_2	N_1P_1	N_1P_2	N_2P_1	N_2P_2
1980's	7.31	7.66	7.87	7.01	7.24	7.78	7.49	7.99	7.83
1990's	8.83	8.86	8.73	8.59	8.55	8.94	8.99	8.93	8.90
2000's	10.30	11.17	11.33	10.91	9.91	11.97	10.95	11.92	11.86
2010's	10.23	10.88	11.26	11.55	11.50	11.86	12.41	12.34	12.50

在20～40 cm土层，20世纪80年代，各处理土壤有机质含量变化在4.67～5.39 g·kg^{-1}，各处理之间差异不明显；20世纪90年代，各处理土壤有机质含量变化在5.08～5.87 g·kg^{-1}，相比20世纪80年代，略有变化；2000年代，各处理土壤有机质含量变化在5.36～7.76 g·kg^{-1}；2010年代的变化范围在5.25～6.09 g·kg^{-1}。

比较表4-17和表4-18，可以看出：在不施用有机肥的情况下，依靠根茬还田所增加的有机质主要存在于土壤表层，即0～20 cm土层，在20～40 cm土层中有机质的变化幅度很小。

表4-18　氮、磷肥配比试验历年土壤有机质含量变化(20～40 cm土层)　g·kg^{-1}

处理	CK	N_1	N_2	P_1	P_2	N_1P_1	N_1P_2	N_2P_1	N_2P_2
1980's	5.08	5.39	4.67	4.99	4.92	5.36	4.88	5.08	5.17
1990's	5.27	5.33	5.87	5.08	5.21	5.58	5.41	5.60	5.34
2000's	7.76	6.26	6.52	5.74	5.36	6.79	6.02	6.49	6.81
2010's	5.29	5.62	6.09	5.91	5.31	6.25	5.42	5.64	6.09

二、少耕培肥试验中土壤有机质含量的时间变异性特征

由4-19表可知：20世纪80年代，在0～20 cm土层，各土层土壤有机质含量变化在7.67～8.10 g·kg^{-1}，变化不大；20世纪90年代，各处理土壤有机质含量变化在9.59～11.12 g·kg^{-1}，其中$T_1N_3P_3S_3$处理有机质含量最高，达到了11.12 g·kg^{-1}，$T_1N_1P_1S_1$处理的有机质含量最低，也有9.59 g·kg^{-1}，各处理相较于20世纪80年代，均有增加，增加的幅度变化在20.93%～43.86%。其中，以$T_1N_3P_3S_3$处理的有机质含量增幅最大，达43.86%，年均增幅达4.39%；而$T_1N_1P_1S_1$处理的有机质含量增幅最小，只有20.93%，年均增幅为2.09%，说明在增施氮磷肥并采用秸秆还田的方式可以提高土壤有机质含量。

在2000年代，各处理土壤有机质含量也发生了明显的增加趋势，达到了11.34～13.38 g·kg^{-1}，相较于20世纪90年代，其增幅达10.74%～22.94%，其中以$T_1N_2P_2S_2$处理的增幅最大，达22.76%。

在2010年代，各处理土壤有机质含量也有不同程度的变化，变幅为11.39～14.52 g·kg^{-1}，相较于2000年代，增幅为－3.39%～14.60%，说明从2000年代到2010年代，

土壤有机质含量处于稳定状态。

总之,2010 年代相较于 20 世纪 80 年代,土壤有机质含量增加了 43.63%～87.84%,其中 $T_1N_3P_3S_3$ 处理的有机质含量增加了 87.84%,$MN_2P_1S_3$ 处理增加了 76.06%,说明在耕翻条件下,大量施用氮磷肥和秸秆还田有利于增加土壤有机质含量;在少耕条件下,施用中量的氮肥和大量秸秆,即使不施用磷肥也可提高土壤有机质含量。

表 4-19　少耕培肥试验历年土壤有机质含量变化(0～20 cm 土层)　　$g \cdot kg^{-1}$

处理	$T_1N_1P_1S_1$	$T_1N_2P_2S_2$	$T_1N_3P_3S_3$	$T_1N_1P_2S_3$	$T_2N_2P_3S_1$	$T_2N_3P_1S_2$	$MN_1P_3S_2$	$MN_2P_1S_3$	$MN_3P_2S_1$
1980's	7.93	7.90	7.73	8.10	7.80	7.83	7.67	7.77	8.05
1990's	9.59	10.85	11.12	10.72	10.08	10.51	10.49	11.08	10.24
2000's	11.79	13.30	12.67	11.85	11.85	11.99	12.25	13.38	11.34
2010's	11.39	13.27	14.52	11.68	12.55	12.79	12.51	13.68	13.09

在 20～40 cm 土层,不同处理、不同年代的土壤有机质含量差异不大。在 20 世纪 80 年代,各处理土壤有机质含量变化在 4.37～5.63 $g \cdot kg^{-1}$。在 20 世纪 90 年代,各处理土壤有机质含量提高到 5.81～6.93 $g \cdot kg^{-1}$,其中 $MN_2P_1S_3$ 处理有机质含量提高的幅度最大,从 20 世纪 80 年代的4.97 $g \cdot kg^{-1}$ 提高到 20 世纪 90 年代的 6.93 $g \cdot kg^{-1}$,提高了 39.44%;$T_1N_1P_1S_1$ 处理则仅提高了 12.24%。在 2000 年,$T_1N_3P_3S_3$ 处理的有机质含量达到了峰值,为 7.44 $g \cdot kg^{-1}$,其他处理的含量变化在 5.44～6.87 $g \cdot kg^{-1}$,增加值有正有负。在 2010 年代,各处理的有机质含量变化在 5.44～6.87 $g \cdot kg^{-1}$。

总之,随着年代的增加,20～40 cm 土层土壤有机质含量表现出增加的趋势(表 4-20),但是增加幅度不大,与氮、磷肥和秸秆还田量以及耕作方式的影响不大。

表 4-20　少耕培肥试验历年土壤有机质含量变化(20～40 cm 土层)　　$g \cdot kg^{-1}$

处理	$T_1N_1P_1S_1$	$T_1N_2P_2S_2$	$T_1N_3P_3S_3$	$T_1N_1P_2S_3$	$T_2N_2P_3S_1$	$T_2N_3P_1S_2$	$MN_1P_3S_2$	$MN_2P_1S_3$	$MN_3P_2S_1$
1980's	5.23	5.00	4.37	5.63	5.43	5.13	5.20	4.97	5.10
1990's	5.87	6.30	6.36	6.47	6.19	5.81	6.16	6.93	5.87
2000's	5.44	6.13	7.44	6.43	6.09	6.59	6.16	6.87	5.92
2010's	6.29	6.87	6.62	6.26	5.44	5.51	6.22	6.75	6.64

参考文献

[1] 郝晋珉,牛灵安. 盐渍土持续利用过程中土壤有机质演化的阶段特征. 中国农业大学学报,1996.

[2] 郝晋珉,李维炯. 盐渍化肥力特征及其调控. 土壤肥力研究进展. 北京:中国科学技术出版社,1991.

[3] 辛德惠,李维炯. 浅层咸水型盐渍化低产地区综合治理与发展. 北京:北京农业大学出版社,1991.

[4] 辛德惠. 盐渍化改造区农业综合持续发展. 北京:中国农业科技出版社,1995.

[5] 文启孝. 土壤有机质研究法. 北京:农业出版社,1984.

[6] 钟海东. 红外光谱入门. 北京:化学工业出版社,1984.
[7] 郝晋珉,牛灵安. 盐渍土持续利用过程中土壤有机质演化的阶段性特征. 中国农业大学学报,1996,1(1):55-60.
[8] 文启孝. 我国土壤有机质和有机肥研究现状. 土壤学报,1989,26(3):255-261.
[9] 文启孝. 土壤有机质的组成、形成和分解. 土壤,1984,6(3): 121-129.
[10] 王鹤桥. 土壤腐殖质与土壤肥力的研究初报. 腐殖酸,1994,(1):35-37.
[11] 赵玉萍. 白浆土开垦后腐殖质特性变化的研究. 北京农业大学学报,1990,16(增刊)23-27.
[12] Schnitzer M. Soil organic matter the next 75 years. Soil Sci. ,1991,151:41-58.
[13] 郑平. 腐殖物质的结构. 腐殖酸,1993,(4):48-57.
[14] Stevenson F J. Humus Chemistry-Genesis,Composition,Reactions. New York: Wiley-Inter-science,1982.
[15] Kunal,Schnitzer M. Macromolecular structures of humus substances. Soil Sci. 1980,129(5):266-295.

第五章　盐渍化土壤生态系统中的氮素

第一节　土壤氮素来源、损失及特征

氮素是构成一切生命体的重要元素。作物对氮素的需求量大，土壤供氮不足是引起农产品产量下降和品质降低的主要限制因素。氮素肥料施用过多也会造成江河湖泊水体富营养化、地下水硝态氮积累和毒害。了解氮素循环及其土壤氮素的来源、形态、转化特征是现代农业和环境保护面临的主要问题。

一、土壤氮素的来源

1. 大气中分子态氮素的生物固定

大气和土壤空气中的分子态氮素不能被植物直接吸收、同化，必须经生物固定为有机态氮化合物，直接或间接地进入土壤。有固氮作用的微生物可分为三大类：非共生（自生）、共生和联合固氮菌。自生固氮菌类主要有两种：一种是好气性细菌，一种是嫌气性细菌，都需要有机质作为能源。具有光合作用能力的蓝绿藻也能自生固氮。自生固氮菌的固氮能力不高，好气性自生固氮菌在温带耕地土壤中，及时补充充足的能源，其固氮能力也只有 7.5～45 kg/(hm^2·年)。嫌气性自生固氮菌的固氮能力要小得多，可能不及好气性自生固氮菌的一半，但是它们对水田土壤的氮素补充有重要意义。共生固氮菌类包括根瘤菌和一些放线菌、蓝藻等，以和豆科植物共生为主，固氮能力比自生固氮菌大得多，例如，温带耕地土壤中紫花苜蓿根瘤菌的固氮量可达 225～300 kg/(hm^2·年)。联合固氮菌类是指某些固氮微生物与植物根系有密切关系，有一定的转移性，但不如共生关系那样严格。

2. 雨水和灌溉水带入的氮素

大气层发生的自然雷电现象，可使氮氧化成 NO_2 及 NO 等氮氧化物。散发在空气中的气态氮如烟道排气，含氮有机物燃烧的废气，由铵化物挥发出来的气体等，通过降水的溶解，最后随雨水带入土壤。全球由大气降雨进入土壤的氮，据估计为 2～22 kg/(hm^2·年)，对作物生产来说意义不大。随灌溉水带入土壤的氮主要是硝态氮，其数量因地区、季节和降雨量而异。

3. 施用化肥和有机肥

持续施用有机肥对提高土壤的氮储量、改善土壤的供氮能力有重要作用，但仅以有机肥料形式返回土壤氮素难以满足作物生长的需要。20 世纪初，氮素化肥问世后，氮肥工业成了现代农业中氮的重要来源。据统计，2013 年我国氮肥年施用（折纯）达到了 2 400 万 t，居世界之首。氮素化肥施用量的增加促进了我国农业生产的发展发挥了积极作用，但是氮肥施用量过高的地区，氮肥利用率下降、损失量增加，并引起了环境污染问题。

二、土壤氮素的损失

1. 淋洗损失

铵（NH_4^+）和硝酸盐（NO_3^-）在水中溶解度很大，NH_4^+ 离子因带正电荷，易被带负电荷的土壤胶体表面所吸附，NO_3^- 带负电荷，是最易被淋洗的氮形态，随着渗漏水的增加，NO_3^- 的淋失增加。自然条件下，硝态氮的淋失取决于土壤、气候、施肥和栽培管理等条件，在湿润和半湿润地区的土壤的淋洗量较多；而在半干旱地区较少；在干旱地区，除了少数沙质土壤外，几乎没有淋洗。

地表覆盖也与硝酸盐的淋洗有密切关系：在植物生长的旺季，土壤根系密集，吸氮强烈，即使在湿润地区，氮的淋失也较弱；相反，休闲地的氮素淋失则较强。

土壤氮素还可以随地表径流进入江河、湖泊等水体中，由地表水径流带走的氮除硝酸盐外，还有土壤黏粒表面铵离子和部分有机氮。通过淋洗或径流进入地下水或江河、湖泊的氮能引起水体的富营养化。

2. 气体损失

土壤氮可通过两个机制形成气体氮逸出，进入大气，它们是反硝化作用和氨挥发。

反硝化作用：在厌氧条件下，硝酸盐（NO_3^-）在反硝化微生物的作用下，还原为 N_2、N_2O、NO 的过程称为反硝化作用。反硝化作用实质上是硝化作用的逆过程，其条件需要较严格的土壤嫌气环境。试验表明：随着土壤溶液中的溶解浓度减少，反硝化的强度逐渐加强，待氧浓度减少到 5%以下时，反硝化强度明显增高。这对矿质土壤而言，只有当平衡空气中的氧浓度少到 0.3%以下时，即溶液中氧浓度下降 4×10^{-6} $mol\cdot L^{-1}$ 以下时，整个土体才有可能被反硝化作用控制。实际上，这种土壤已处于水分饱和的淹水状态，孔隙中几乎已不存在空气。而在一般含水量情况下，即使达到田间持水量，土壤结构内或分散土粒间的小空隙中已充满水，但其结构间的非毛管孔却仍然有空气。因此，在这种土壤中硝化作用和反硝化作用往往可以同时并存。但也有例外，有些土壤的通气条件并不恶劣，因为含有大量的易分解有机质，使土壤产生了局部的嫌气环境，也会产生强烈的反硝化作用。所以，通过反硝化作用损失的土壤氮素取决于土壤中硝酸盐（NO_3^-）的含量、易分解有机质的含量、土壤通气、水分状况及温度、酸碱度等因素。

氨挥发：氨挥发易发生在石灰性土壤上，特别是表施铵态氮和尿素等化学氮肥时，氨挥发损失可高达施肥氮量的 30%以上，这是因为土壤中的氨（NH_3）和铵（NH_4^+）存在下列平衡：

$$NH_3^+ H^+ \rightleftharpoons NH_4^+$$

反应形成的 NH_4^+ 离子易溶于水，已被土壤吸附，而 NH_3 分子易挥发。这个反应平衡取决于土壤的 pH，若土壤 pH 接近或低于 6 时，NH_3 被质子化，几乎全部以 NH_4^+ 形态存在。在 pH=7 时，NH_3 约占 6%；pH=9.2～9.3 时，则 NH_3 和 NH_4^+ 约各占一半。氨的挥发还与土壤性质和施用化肥种类有关，石灰性土壤上施用硫酸铵时，形成溶度低的硫酸钙并释放出较多的氨，故比施用氯化铵和硝酸铵的氨挥发要大得多。

三、土壤氮素的调控

在陆地生态系统中的氮以不同形态存在于大气圈、岩石圈、生物圈和水圈，并在各圈层之间相互转换。大气中的氮以分子态氮（N_2）和各种氮氧化物（NO_2、N_2O、NO 等）形式存在。其中生物不能吸收利用的惰性氮气(N_2)占大气体积的78%,他们在微生物的作用下通过同化作用或物理、化学作用进入土壤,转化为土壤和水体的生物有机氮——铵态氮(NH_4^+-N)和硝态氮(NO_3^--N)。然后,又从土壤和水体中的生物有效氮回归到大气中,自然界氮的形态变化、运转和移动构成了氮素循环。

在土壤氮转化过程中,矿化作用和硝化作用是使土壤有机氮转化为有效氮的过程。反硝化作用和化学脱氮是使土壤有效氮遭受损失的过程。黏粒矿物对氮的矿物固定是使土壤有效氮转化为无效或者迟效态氮的过程。在作物生产过程中,最富有实际意义的是有机氮矿化作用过程中纯矿化量,所谓矿质氮素的纯矿化量就是有机氮的矿化量与矿质氮的固定量之差,这是因为在土壤中,有机氮的矿化作用与矿质氮的固定作用同时进行且处于平衡状态。

1. C/N 比影响

土壤氮的纯矿化量与有机质本身的C/N比有关。这是因为有机营养型微生物在分解有机质使之矿化过程中,需要以有机质中所含的碳作为能源,并利用碳源作为细胞体的构成物质,同时在营养上还需氧的供应,以保持细胞体构成中C/N比例的平衡。氮的来源除了由有机质供应外,还可以吸收利用土壤中的铵态氮和硝态氮,以补充不足。如果有机质本身所含C/N比值超过某一定数值,微生物在有机质矿化过程中就会产生氮素营养不足的现象,其结果使土壤中原有矿化态氮也被微生物吸收而被同化,这样植物不仅不能从有机质矿化过程中获得有效氮的供应,反而会使土壤中原有的有效氮也暂时失去了植物的有效性,结果产生了土壤有效氮素的所谓微生物同化固定现象。另一方面,如果有机质的C/N比值小于某一数值,则情况就恰恰相反。这时矿化作用结果产生的纯矿化氮较高,除满足微生物自身在营养上的同化需要外,还可以提供给植物吸收利用。一般认为,如果有机质C/N比值大于30∶1,则在其矿化作用的最初阶段就不可能对植物产生供氮的效果,反而有可能使植物的缺氮现象更为严重。但如果有机质的C/N比值小于15∶1时,在其矿化作用一开始,它所提供的有效氮量就会超过微生物同化量,使植物有可能从有机质矿化过程中获得有效氮的供应。

鉴于一般谷类作物的茎秆的C/N比值达到50以上,甚至达70～80或者更高,所以在实施秸秆还田时,应同时注意速效氮肥的补充。

2. 施肥的影响

施肥促使土壤有机质的矿化作用表现为:一是施用新鲜有机物质如秸秆、绿肥等,能激发土壤原来有机质的分解,这称之为激发效应(又称起爆效应)。加入新鲜有机能源物质,引发了原来腐殖质的分解,增强了它的矿化作用,这可能是由于新鲜的有机能源物质促进了微生物的繁殖和活动,或改变微生物区系,或由微生物产生的酶作用于腐殖质所致。二是施用矿质氮肥也能促进原来土壤有机氮的分解、释放,也叫激发效应(起爆效应),这可能是由于施入的无机氮肥被微生物固定,促使原来的无机氮矿化、释放。施入的氮越多,原来有机氮矿化释放的氮也越多;施入无机氮后促进植物根系发育,从而通过根系的生物作用促进氮吸收;施入无机氮后,由于盐效应引起化学和物理性质变化如渗透压、pH等变化造成的。

3. 淹水、灌溉的影响

淹水水稻土有一个明显的氧化层和还原层的分异现象。淹水土壤表层是一层水层,一般3～5 cm,含有较高的溶解氧,氧化还原电位600～700 mV。其下面是薄薄的氧化水层,厚度不到1 cm,它的氧化还原电位在250～450 mV。氧化层下面是还原层,厚度一般在10～20 cm,

还原性强（*Eh*＜200，甚至是负数）。由于淹水土壤这一层次分一特点，使得氮素转化和分布规律不同于干旱土壤。氧化层的氧化还原电位较高，氮素以硝态氮为主，如果将氮肥（NH_4^+）表施在氧化层，就会产生硝化作用，导致氮素以 NO_2、N_2O、N_2 的形式从土壤中逸出。因此，在淹水土壤中施用铵态氮肥应尽可能施入还原层，使铵离子（NH_4^+）能被带负电荷的土壤胶体所吸附以防止它的损失。

四、土壤生态系统中氮素的循环

氮主要存在于大气中。尽管大气中氮素含量很高，但大多数对生物是无效的。其次，氮素有一个特殊的生物亚循环，其中包括由生物把有机氮化合物分解成无机氮等过程。如图 5-1 所示。

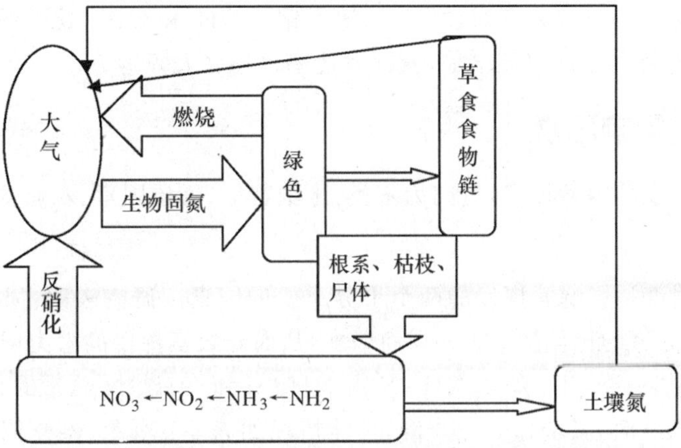

图 5-1　土壤氮素的循环

大气中的氮素实际上是无穷尽的，它主要是由分子态（N_2）组成，大气氮只能由一些特殊的微生物直接利用，而大多数生物体只吸收可溶态的硝酸盐（NO_2^-）或铵（NH_4^+）。

在一个典型的牧草食物链中，绿色植物通过它们的根系吸收氮素，然后把氮结合成有机分子，如氨基酸、蛋白质、核酸、维生素等，除了一小部分由于燃烧和生物过程成为气态氮重新返回大气外，含氮有机分子主要通过草食食物链和残体食物链的相互作用而被再循环。生物的尸体或残体，则由残体饲养者降解成氨的形态。从各种有机分子中释放的氨基（—NH_2），由脱氨基过程转变为氨（NH_3），再由某种细菌通过氨化作用把氨氧化成硝酸盐，接着这些水溶性硝酸盐被绿色植物吸收而形成了循环的有机阶段。

有时硝酸盐在被植物利用之前，就被降解为亚硝酸盐、氨和分子态氮，这一过程是由反硝化细菌进行的。这样产生的分子态氮或重新进入大气圈或被固氮细菌重新固定，或形成土壤氮素。硝酸盐通常极易分解，而随地下水流失。

第二节　盐渍化土壤生态系统中氨挥发

一、土壤氨挥发损失机理

氨挥发主要是一系列的物理化学变化过程。氮肥施入土壤后，会在土壤固、液、气三相的

界面上发生一系列的变化,其中与氨挥发相关的化学平衡如下:

氮肥

↓

NH_4^+(代换性) ⟺ NH_4^+(液相) ⟺ NH_3(液相) ⟺ NH_3(气相) ⟺ NH_3(大气)

对旱地土壤而言,固相是指土壤颗粒,液相指土壤溶液,气相指土壤空气,氨挥发直接通过土壤表面进行。在淹水种稻的条件下,液相是指稻田水面,气相指紧贴着水面的空气,氨挥发发生在稻田水面与大气相交接的界面上。从这一化学平衡可知,凡是能促使上述化学平衡向右进行的因素,都将促进氨挥发,例如:在一定范围内,风速增大,pH 增加和温度升高等,反之,则抑制。Prasad M. (1976)等通过研究 pH 变化对 NH_3 和 NH_4^+ 比例的影响,结果表明:当 pH 大于 7 时,NH_3所占比例明显增加,氨挥发速率也随之大幅增大。

二、土壤氨挥发影响因素

影响土壤氨挥发的因素很多,可归为三类:土壤特征、气象因素、农业管理措施①。

1. 土壤特征

土壤 pH 和温度是影响氨挥发的两个十分重要的因素。研究表明:尿素或铵盐施入土壤后,土壤液相中氨态氮的比例随 pH 升高而增加,从而导致氨挥发的潜力增大。当 pH 在 6～8 这一范围时,每增加一个 pH 单位,NH_3-N 占 NH_3-N 和 NH_4^+-N 总量的百分数大约增加 10 倍,pH 从 8 上升到 9 时,又增加 5～10 倍,具体情况如表 5-1 所示(蔡桂信,1990)。而也有研究表明即使土壤 pH 低至 5.5 时,也可能发生大量的 NH_3 损失,这是大量的氮肥,尤其是尿素或铵盐,表施且在较高的温度培养所导致的结果(李鑫等,2007)。当 pH 不变时,表土层温度在5～35℃的范围时,气温每上升 10℃,NH_3-N 占 NH_3-N 和 NH_4^+-N 总量的比例约增加 1 倍(蔡桂信,1990),见表 5-1。造成这样的结果,主要是由于对尿素而言,温度升高,土壤中脲酶活性增强,从而加速了其对尿素的水解,进而增加了土壤铵态氮的浓度,即氨挥发的底物来源。

表 5-1 气温和 pH 对溶液中 $m(NH_3\text{-}N)/m[(NH_3+NH_4^+)\text{-}N]$ 比值的影响 %

温度/℃	pH				
	6	7	8	9	10
5	0.01	0.12	1.22	11.0	55.2
15	0.03	0.27	2.62	21.2	72.9
25	0.06	0.56	6.32	36.0	84.9
35	0.11	1.11	10.1	52.9	91.8

土壤水分主要是通过改变氮素在土壤中的存在状态和铵态氮的浓度这两面的综合作用来影响土壤氨挥发强度的。土壤含水量高时,土壤空气就会减少,造成还原性的土壤环境,使得硝态氮还原,从而增加铵态氮的绝对含量。然而,究竟导致土壤氨挥发的增加还是减少与所使用的氮肥种类有很大的关系。在华北地区,人们施用尿素的习惯性做法是大量撒施,所以一些

① 宋勇生,等,2003; J. F. M. Huijsmans et al,2003; B. V. S. et al,2007; Francois-Xavier Philippe et al,2011.

学者认为土壤含水量高时可以减少土壤氨挥发量，如：施肥后及时浇水可以减少土壤氨挥发量（董文旭等，2011），而周静（2008）等的大田试验研究指出等量尿素施入红壤后，氨挥发通量与土壤含水量之间无显著相关性，这可能是受其他影响因素的制约而产生的结果，有待进一步研究。

土壤CEC也会影响土壤氨挥发，但没有土壤pH作用明显。研究发现CEC＜32 cmol/kg的土壤氨挥发损失比CEC＞32 cmol/kg的土壤高40％。除此之外，氨挥发还与SOM、黏土含量、$CaCO_3$含量、总盐量等密切相关。所有这些土壤特征的相互作用都会通过影响土壤的pH来影响氨挥发，但都是在一定范围内。因此，有研究表明，当土壤中$CaCO_3$含量超过10％时，氨挥发不再受其含量的影响（曲清秀等，1980）。

2. 气象条件

气温一方面会影响空气中氨分压；另一方面会影响地表温度，从而影响土壤氨挥发，气温与地表温度变化基本是一致的。地温的升高能增加土壤液相中氨态氮和铵态氮的总量，同时也会增加氨态氮的比例，气温升高还能增加氨分压在气相中的比例，此外，氨和铵的扩散速率也会随地温的升高而增加（王珏等，2009）。因此，在底物充足时，即施用氮肥后，在一定范围内，随着气温、地温升高，氨挥发速率增大（刘延慧，2006）。

在大田里，土壤之所以发生氨挥发就是因为土壤中氨分压大于或接近于地表的空气的氨分压，距地表0～20 cm风速的大小与地表氨分压密切相关。一般情况，风速越大近地表面的氨分压越小，越有利于土壤氨挥发。然而，当风速增加到一定程度时，土壤氨挥发的速率不再随风速的增大而增大（B. J. B. et al.，1981；F. P. et al.，1984），这可能是由于影响土壤氨挥发的因素很多，此时风速不再是影响土壤氨挥发的限制因子。

降雨不仅会改变土壤含水量，而且肥料会随着雨水的下渗被带到深层土壤中。对于氮肥，降雨量较大时，这明显会降低其挥发损失。在氮肥随雨水下渗的过程中不仅增加了NH_4^+-N被土壤颗粒吸附或被植株吸收的机会，而且增大了NH_4^+-N上升到土壤表层的阻力，从而减少了氨挥发损失（贺发云等，2005；彭世彰等，2009；朱焱等，2010；习斌等，2010）。

3. 农业管理措施

农业管理措施包括氮肥类型、施肥量、施肥方式、施肥时期、种植模式等（Freney L. R. et al.，1997；R. B. Thompson et al.，2002；Philippe Rochette et al.，2009）。学者们试图通过研究农业管理措施与土壤氨挥发关系来找到控制土壤氨挥发的有效方法，因此，对应的研究较多。

氮肥的种类包括常规氮肥、缓控释氮肥、有机氮肥等。常规氮肥包括：碳酸氢铵、硫酸铵、硝酸铵和尿素，通常其中尿素比硝酸铵更易发生氨挥发（Gezgin S. et al.，1995）。研究表明，在冬小麦施80～100 kg·hm^{-2} N时，各种氮肥的氨挥发明显不同。尿素、磷酸二铵、硫酸铵和硝酸铵分别为25％、14％、＜5％和＜2％（Sommer S. G. et al.，1994），所以学者们亦通过在施用尿素时添加尿酶抑制剂来减少尿素氨挥发（Shamsuddin Rosliza et al.，2009）。同一种氮肥在不同土壤类型其发生氨挥发的难易程度不同，这主要是不同土壤类型的理化性质差异造成的。

施肥量直接影响氨挥发。土壤中氨和铵态氮的总浓度与氨挥发的多少直接相关，在一定条件下，二者呈明显的正相关关系。在冬小麦的田间试验中，王朝辉（2002）等的研究结果表明:施 N60、120、180 kg·hm^{-2} 的小区来自氮肥的氨挥发损失累积量依次为 1.9、7.6、32.8 kg·hm^{-2},占施氮量的 3.2%、6.3%和 18.2%。然而,Diekmann K. H.(1993)的研究指出:提高 NH_4NO_3的施用量则不会影响氨挥发速率,其研究结果及原因有待进一步考证;但尿素的施肥量从 30 kg N·hm^{-2} 增加到 60 kg N·hm^{-2} 时,氨挥发损失率从 37%升高到 54%(Diekmann K. H. et al.,1993)。

施肥方法影响 NH_4^+ 的浓度。目前的施肥方法根据施肥深度分为表施、条施、深施 3 种,其氨挥发损失量的顺序为:表施>条施>深施。氮肥深施包括深施覆土,施肥后立即灌水等措施可以减少氨挥发损失(曹冰等,2001;李贵桐,2001)的研究表明尿素深施至 20 cm 时氨挥发损失只有 10%~12%。

在作物的不同生长时期施氮肥,土壤氨挥发损失情况也不同。理论上认为,增加作物对氮肥的吸收利用和减少氮肥的损失的最佳氮肥施用时期是作物营养最大效率期(Freney L. R.,1997)。

间套作模式是一种常见的种植模式,聂胜委(2011)等通过两年的大田试验研究,其结果表明:与玉米单作模式相比,整个玉米季田间氨挥发总量,玉米‖花生和玉米‖苜蓿这两种间作模式均有不同程度的下降,分别减少了 6.77~17.42 kg·hm^{-2}、1.53~23.63 kg·hm^{-2},可见,在玉米生产中通过引入不同的作物品种通过间作对于减少田间氨挥发量具有一定的可行性。

三、氨挥发模型

氨挥发模型的研究在 20 世纪 80 年代以后才得以开展(Moeller M. B. et al.,1982;Martin J. F. et al.,1997;Hengnirun S et al.,1999;Sommer S G et al.,2000),首先是从淹水土壤开始的,但关于旱地土壤氨挥发模型的报道鲜见。在我国尤其如此,而且发展不成熟,不能准确预估不同地区的氨挥发损失量(杨靖,1995;李慧琳等,2008;Jayaweera G. R. et al.,1990;Yisheng Zhang et al.,2009)。在为数不多的模型中,Jayaweera-Mikkelsen 氨挥发模型是最经典的(Jayaweera G. R. et al.,1990),Jayaweera-Mikkelsen 氨挥发模型是关于 NH_3(aq.)浓度和挥发速率常数 2 个参数的函数,而参数又在很大程度上受土壤性质(如 pH、含水量、土温等)以及气象因子(如降雨、气温等)的影响,目前国内外所建模型多数为简单的单因子模型。因此,如果能够将主要的土壤和环境因子融入理论模型中,将更有利于准确估计不同地域的土壤氨挥发,也将对实践具有很重要的指导意义。

Yisheng Zhang(2009)等综合了前人关于土壤氨挥发的研究建立了 NARSES 模型来估算不同化学氮肥的氨挥发损失量,其中应用大量的现有数据(2005 年)校正了土壤因素(土壤 pH、土地利用方式)和气象因子(气温、降雨)对土壤氨挥发的影响。结果表明氨挥发的区域性分布与种植技术和可耕地面积呈较好的对应关系,然而根据模型计算出来的 2005 年氨挥发损失量低于实际测得值,可能是考虑的综合因子不够全面,但是在氨挥发模型建立方面已经是一个很大的进步。现在关于土壤氨挥发的预测模型正在逐步完善,但由于土壤氨挥发的影响因素多及测定方法的局限性等多方面的限制,目前相关研究局限在一定水平,因此建立一个可行度高的适用于不同区域土壤氨挥发预估模型还有很长的路要走。

第三节　耕作和施肥对氨挥发的影响

一、不同氮、磷配比条件下土壤氨挥发速率及氨挥发累积量

在华北地区土壤氨挥发是农田氮素损失的主要途径之一，目前关于农田土壤氨挥发的研究多停留于短期试验，针对长期定位试验的土壤氨挥发研究相对较少。图 5-2 和表 5-2 分别展示了长期进行不同氮、磷肥配比施肥处理在冬小麦——夏玉米轮作周期内土壤氨挥发规律和土壤氨挥发累积量和通过氨挥发氮素的损失情况。

试验开始于 2011 年 10 月 23 日，直至越冬期。2012 年 3 月 26 日返青后第一次取样，4 月 9 日施入拔节肥，一直监测到各处理氨挥发速率接近或等于对照（CK）大概是 5 月 30 日。冬小麦在 6 月 11 日收获，夏玉米于 6 月 14 日播种，对于夏玉米季的土壤氨挥发测定开始于 6 月 16 日，直到 9 月 12 日，各处理氨挥发速率接近于或等于 CK。

通过图 5-2 可以明显地看到不施氮肥的处理 CK、P_1 和 P_2 土壤氨挥发速率都是相对最低的，且这 3 个处理的土壤氨挥发速率一直都接近。施氮肥的处理土壤高氨挥发集中在施肥后 10 天内，且施肥后土壤氨挥发速率变化都是先急速增加后迅速下降，N_2 处理明显高于其他处理，四个时期（冬小麦越冬前、返青后和夏玉米大喇叭口期、抽雄期）分别为 0.059、0.101 $kg\cdot hm^{-2}\cdot d^{-1}$ 和 0.325、0.392 $kg\cdot hm^{-2}\cdot d^{-1}$。不论是哪个时期，不同处理土壤氨挥发速率在施氮肥后均表现出这样的规律：$N_2>N_2P_1>N_2P_2>N_1>N_1P_1>N_1P_2$，从这一规律可见：土壤氨挥发速率随氮水平的增加而提高，随着磷水平的增加而降低；单施氮肥时，土壤氨挥发速率高于氮磷肥配比，这说明氮磷肥的配合施用可以降低土壤氨发速率，尤其在越冬前这一规律最明显。这可能是因为磷肥是作为基肥一次性施入土壤，且磷在土壤中容易被固定，在冬小麦越冬后以及夏玉米季土壤磷素差异不明显。从图 5-2 我们也可以看出不同时期土壤氨挥发速率的峰值出现的时间不同，在越冬前土壤氨挥速率峰值出现的相对较晚在施肥后第 5 天，即 10 月 27 日，返青后拔节肥施用后土壤氨挥发速率峰值出现第 3 天（4 月 11 日），进入玉米季后两次追肥土壤氨挥发速率的峰值均出现在施肥后第 2 天。造成这样的结果可能的原因是气温，在越冬前冬小麦播种后气温和地表温度日渐降低，而在返青后则是日趋升高，前者导致脲酶活性逐渐降低，而后者则相反。尤其是在夏玉米季高温多雨为分解尿素的脲酶提供了适宜的土壤环境，气温升高导致地表温度升高，而且在 2012 年夏玉米季河北曲周降雨充沛，使得尿素分解加速，为氨挥发提供了较多的底物——铵态氮。在夏玉米大喇叭口期和抽雄期施肥后第 5 天和第 4 天分别又出现了一个弱峰值，这可能是前一天有适量的降雨所致。适量的降雨一方面增加土壤水分，可以使脲酶活性增强；另一方面氮的湿沉降增加了土壤铵态氮浓度。本研究中降雨后土壤含水量在 25%～30%，加速了土壤氨挥发。尽管土壤水分是影响土壤氨挥发的一个重要因素，但是土壤水分对土壤氨挥发速率的影响比较复杂，主要是由于土壤水分不仅影响尿素的分解，二者呈正相关，而且它也直接影响土壤溶液中铵态氮浓度，二者又呈负相关。因此，许多学者的研究结果中指出土壤水分与土壤氨挥发速率的相关性不显著（周静等，2008；张承宪等，2008）。在轮作期内氨挥发速率在小麦季稳定时速率为 0.003 $kg\cdot hm^{-2}\cdot d^{-1}$，而在玉米季约为 0.009 $kg\cdot hm^{-2}\cdot d^{-1}$，可能的主要原因一是温度，二则是氮肥“后效性”，即所谓的“前氮后移”。

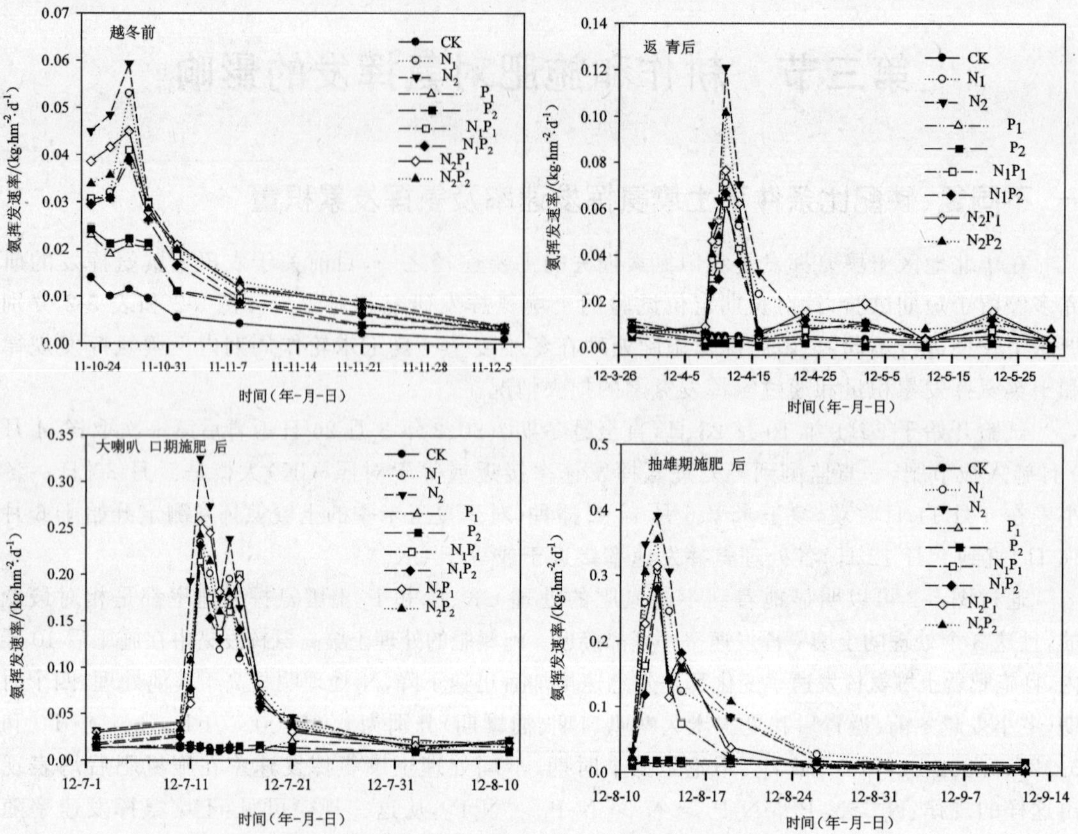

图 5-2 氮、磷肥配比试验轮作周期内土壤氨挥发速率

在冬小麦生育期内，尽管冬小麦的基肥施用量是全年的 30%，拔节肥为 20%，但是由于温度的原因返青后土壤氨挥发累积量占整个冬小麦生育期的 60%以上，甚至高达 70.58%（表 5-2）。小麦季单施氮肥为 270 kg·hm^{-2}（N_2）时，氨挥发累积量最高，为（2.55±0.31）kg·m^{-2}，显著高于其他处理（$P<0.05$）。就氮肥的损失率而言，也是处理 N_2 最高，说明单施氮肥时，氮肥通过氨挥发的损失率随着氮肥施用量的增加而增加。但是在氮、磷肥配合施用时，处理 N_2P_2 氮肥通过氨挥发的损失率最低，为 0.33%，充分说明氮磷肥配合施用可以减少氮肥氨挥发损失，提高氮肥利用率。

通过表 5-3，可以得知在夏玉米季，施用氮肥的处理大喇叭口期土壤氨挥发损失率大于抽雄期，这两个时期气温以及土温都较高。相比而言，追肥量大的大喇叭口期土壤氨挥发累积量要更多一些，占整个玉米生育期的 51.29%～66.08%，对比表 5-2 和表 5-3，尽管两季作物施氮肥的总量是一样的，但是很明显的可以看出，夏玉米季土壤氨挥发累积量以及氮肥损失率都明显高于冬小麦季。在夏玉米季氨挥发累积损失量最高的依然是处理 N_2，高达（6.65±0.41）kg·hm^{-2}，且显著高于其他处理（$P<0.05$）；通过氨挥发的氮肥损失率最高的也是处理 N_2，为 0.94%，最低的是处理 N_2P_2，为 0.80%。

从整个轮作周期来看（表 5-4），在施氮肥的处理中，土壤氨挥发总累积量中夏玉米季占 65.27%～81.74%；氮肥通过氨挥发损失量最多的是处理 N_2，达 9.20 kg·hm^{-2}，最低的是

N_1P_2，为 3.61 kg·m^{-2}；通过氨挥发损失的氮肥损失率最大的是处理 N_2，达 1.70%，最小的是处理 N_2P_2，为 0.58%。这说明氮磷肥的配合施用可以明显地降低土壤氨挥发损失，有利于提高氮肥利用率。

表 5-2　冬小麦季氨挥发累积量及损失率

处理	越冬前累积量/(kg·m^{-2})	占比例/%	返青后累积量/(kg·m^{-2})	占比例/%	总累积量/(kg·m^{-2})	氮肥损失率/%
CK	0.16±0.05	32.04	0.34±0.02	67.96	0.50±0.05d	—
N_1	0.53±0.12	37.67	0.87±0.16	62.33	1.40±0.28b	0.67
N_2	0.75±0.11	29.42	1.80±0.20	70.58	2.55±0.31a	0.94
P_1	0.31±0.05	54.46	0.26±0.07	45.54	0.57±0.12c	—
P_2	0.33±0.05	66.17	0.17±0.08	33.83	0.50±0.13c	—
N_1P_1	0.47±0.10	40.24	0.69±0.19	59.76	1.16±0.29bc	0.49
N_1P_2	0.44±0.09	35.86	0.78±0.12	64.14	1.22±0.21bc	0.54
N_2P_1	0.55±0.11	35.25	1.01±0.23	64.75	1.56±0.34b	0.39
N_2P_2	0.53±0.15	37.55	0.87±0.22	62.45	1.40±0.37b	0.33

注：累积量以纯 N 计。损失率＝（不同处理的累积量—对照的累积量）/施入的氮肥量，同一列不同小写字母表示差异达到 5%的显著水平。下同。

表 5-3　夏玉米季氨挥发累积量及损失率

处理	大喇叭口期累积量/(kg·m^{-2})	占比例/%	抽雄期累积量/(kg·m^{-2})	占比例/%	总累积量/(kg·m^{-2})	氮肥损失率/%
CK	0.61±0.03	56.11	0.47±0.05	43.89	1.08 ±0.08d	—
N_1	2.15±0.14	56.00	1.69±0.20	44.00	3.83±0.34b	2.04
N_2	3.67±0.18	55.19	2.98±0.23	44.81	6.65±0.41a	2.46
P_1	0.74±0.04	59.86	0.50±0.03	40.14	1.24±0.07d	—
P_2	0.64±0.03	51.29	0.61±0.06	48.71	1.25±0.09d	—
N_1P_1	2.00±0.15	66.08	1.03±0.19	33.92	3.02±0.34c	1.44
N_1P_2	1.81±0.11	61.45	1.14±0.20	38.55	2.95±0.31c	1.39
N_2P_1	2.40±0.21	64.00	1.35±0.17	36.00	3.75±0.38b	0.99
N_2P_2	2.14±0.12	66.11	1.09±0.16	33.89	3.23±0.30c	0.80

表 5-4　轮作周期内氨挥发总累积量及损失率

项目	CK	N_1	N_2	P_1	P_2	N_1P_1	N_1P_2	N_2P_1	N_2P_2
冬小麦/(kg·m^{-2})	0.50	1.30	2.55	0.81	1.31	1.61	0.66	1.56	1.51
占比例/%	31.78	25.31	27.71	39.44	51.29	34.73	18.26	29.36	31.84
夏玉米/(kg·m^{-2})	1.08	3.83	6.65	1.24	1.25	3.02	2.95	3.75	3.23
占比例/%	68.22	74.69	72.28	60.56	48.71	65.27	81.74	70.64	68.16
总累积量/(kg·m^{-2})	1.58	5.13	9.20	2.04	2.56	4.63	3.61	5.30	4.74
总损失率/%	—	1.31	1.70	—	—	1.13	0.75	0.69	0.58

二、少耕培肥条件下的土壤氨挥发速率及氨挥发累积量

在少耕培肥试验中，两个很重要的农业措施是减少耕作（保护性耕作）和秸秆还田。土壤的耕作会影响土壤贮水量，从而影响土壤溶液中养分浓度以及土壤温度（江晓东等，2005）。秸秆还田可以提高土壤有机质含量，改善土壤结构，提高土壤微生物的活性（马宗国等，2003；刘娣等，2008）。长期进行秸秆还田和少耕培肥可以改善土壤理化性质，提高土壤肥力，这在前面土壤基本肥力的研究结果中得到验证。目前关于保护性耕作和秸秆还田的环境效应研究较少，本研究针对有 26 年历史的少耕和秸秆还田历史的长期定位试验进行了土壤氨挥发监测和分析，试验结果如图 5-3 及表 5-5、表 5-6、表 5-7 所示。

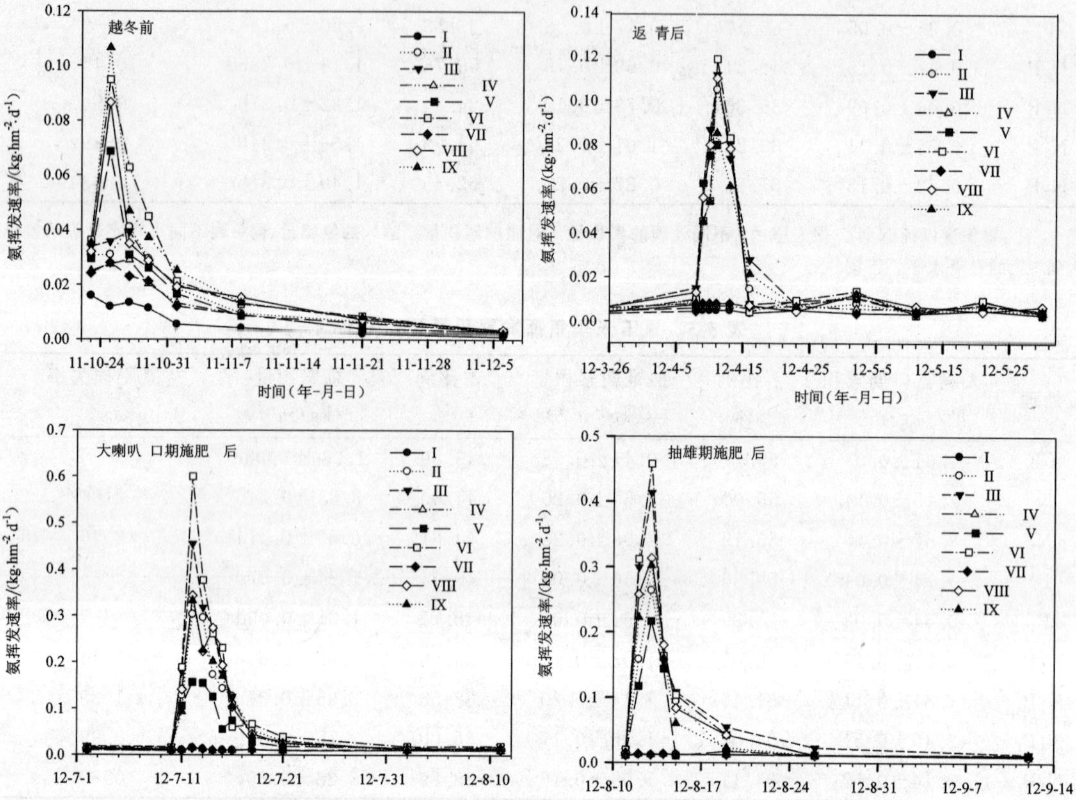

图 5-3 少耕培肥试验轮作周期内土壤氨挥发速率

表 5-5 冬小麦季氨挥发累积量及损失率

处理	越冬前累积量 /(kg·m⁻²)	占比例 /%	返青后累积量 /(kg·m⁻²)	占比例 /%	总累积量 /(kg·m⁻²)	氮肥损失率 /%
Ⅰ	0.17±0.03	34.49	0.33±0.05	65.51	0.50±0.08c	—
Ⅱ	0.47±0.11	35.97	0.83±0.20	64.03	1.30±0.31bc	1.41
Ⅲ	0.53±0.12	33.83	1.03±0.23	66.17	1.55±0.35a	1.12

续表 5-5

处理	越冬前累积量/(kg·m^{-2})	占比例/%	返青后累积量/(kg·m^{-2})	占比例/%	总累积量/(kg·m^{-2})	氮肥损失率/%
Ⅳ	0.36±0.06	44.98	0.44±0.09	55.02	0.81±0.15c	—
Ⅴ	0.50±0.19	37.90	0.81±0.19	62.10	1.31±0.38ab	0.86
Ⅵ	0.72±0.21	42.35	0.98±0.15	57.64	1.70±0.36a	1.96
Ⅶ	0.35±0.05	53.24	0.31±0.07	46.76	0.66±0.11c	—
Ⅷ	0.62±0.22	40.12	0.93±0.15	59.88	1.56±0.37a	1.87
Ⅸ	0.70±0.12	46.40	0.81±0.18	53.60	1.51±0.30ab	1.07

表 5-6　夏玉米季氨挥发累积量及损失率

处理	大喇叭口期累积量/(kg·m^{-2})	占比例/%	抽雄期累积量/(kg·m^{-2})	占比例/%	总累积量/(kg·m^{-2})	氮肥损失率/%
Ⅰ	0.59±0.03	62.16	0.36±0.04	37.84	0.95±0.07d	—
Ⅱ	2.13±0.16	67.28	1.04±0.19	32.72	3.17±0.35b	3.95
Ⅲ	2.56±0.2	61.63	1.59±0.20	38.37	4.15±0.40a	3.42
Ⅳ	0.52±0.04	56.84	0.40±0.03	43.16	0.92±0.07d	—
Ⅴ	1.43±0.17	62.83	0.84±0.12	37.17	2.27±0.29c	2.35
Ⅵ	3.03±0.29	67.21	1.48±0.14	32.79	4.50±0.43a	3.80
Ⅶ	0.54±0.5	60.45	0.36±0.03	39.55	0.90±0.08d	—
Ⅷ	2.22±0.24	64.03	1.25±0.14	35.97	3.47±0.38b	4.50
Ⅸ	1.98±0.15	64.33	1.10±0.26	35.67	3.08±0.36b	2.27

表 5-7　轮作周期内氨挥发总累积量及损失率

项目	Ⅰ	Ⅱ	Ⅲ	Ⅳ	Ⅴ	Ⅵ	Ⅶ	Ⅷ	Ⅸ
冬小麦/(kg·m^{-2})	0.50	1.30	1.55	0.81	1.31	1.70	0.66	1.56	1.51
占比例/%	34.76	29.10	27.23	46.69	36.64	26.31	42.26	30.96	32.91
夏玉米/(kg·m^{-2})	0.94	3.17	4.15	0.92	2.27	4.50	0.90	3.47	3.08
占比例/%	65.24	70.90	72.77	53.31	63.36	73.69	57.74	69.04	67.09
总累积量/(kg·m^{-2})	1.45	4.46	5.71	1.73	3.58	6.20	1.56	5.03	4.58
总损失率/%	—	2.68	2.27	—	1.90	3.31	—	3.18	1.67

与氮、磷肥配比试验(试验一)相比,少耕培肥试验在氮肥施用量上,减少了一半多,磷肥略有增加。从图 5-3 可知,不施氮肥但施有磷肥的处理Ⅳ、Ⅶ的氨挥发速率明显高于对照(处理Ⅰ)。与试验一比较,显然在施用秸秆后,土壤氨挥发速率增加,并且秸秆表施的处理(Ⅳ、Ⅵ、Ⅷ)在越冬前土壤氨挥发速率峰值出现的时间提前到第 3 天。其中处理Ⅵ,施用高氮较高秸秆水平(187.5 kg·hm^{-2}·年纯 N 和2 250 kg·hm^{-2}·年小麦秸秆),在轮作周期内四个时期(冬小

麦越冬期前、返青后和夏玉米的大喇叭口期、抽雄期)土壤氨挥发出现的峰值最大(除越冬前处理Ⅸ略高)分别为 0.095、0.119 kg·hm^{-2}·d^{-1}和 0.600、0.457 kg·hm^{-2}·d^{-1}。出现这样的结果可能的原因一方面是秸秆还田提高了脲酶活性,在长期施用秸秆后秸秆本身被分解一部分氮素回归到土壤中,使土壤铵态氮浓度提高;另一方面处理Ⅵ的耕作方式是先进行传统的耕作,即深翻 30 cm,然后将秸秆撒在地表,秸秆的覆盖进一步使土壤温度升高,促使有机氮的矿化(Dessureault-Rompré J et al.,2010;周旺明等,2011),从而在双重作用下促使土壤氨挥发速率较高。同时这也有助于理解处理Ⅲ尽管也施用了纯 N 187.5 kg·hm^{-2}·年和 4 500 kg·hm^{-2}·年 小麦秸秆但是氨挥发速率并不是最高的,原因是秸秆被翻耕到 30 cm 的土层中,对表层土壤中脲酶活性的促进作用不大。因此,在秸秆还田时,秸秆表施会促进氨挥发损失,而秸秆翻耕到土层中一方面可以培肥土壤;另一方面可以减少土壤氨挥发,是值得推广应用的。在试验结果中,发现少耕(0～5 cm 耕作)对土壤氨挥发的影响不是很明显,究其原因有待进一步研究。

从土壤氨挥发累积量来看,表 5-5 呈现出冬小麦季返青后土壤氨挥发累积量依然较越冬前高,但是由于秸秆覆盖的作用,差异有所减小,尤其表现在处理Ⅵ。在总累积量中,施有秸秆的处理Ⅲ($T_1N_3P_3S_3$)、Ⅵ($T_2N_3P_1S_2$)、Ⅷ($MN_2P_1S_3$)较大,分别达(1.55±0.35) kg·m^{-2}、(1.70±0.36) kg·m^{-2}、(1.56±0.37) kg·m^{-2},它们相互之间差异不显著($P>0.05$),但是显著高于处理Ⅱ($T_1N_2P_2S_2$,$P<0.05$)。这可能是由于秸秆表施促进了土壤氨挥发。从氮肥的损失率来看,冬小麦季损失率最高的是处理Ⅵ,为 1.96%,最低的是处理Ⅸ,为 0.86%。

夏玉米季(表 5-6),在施有氮肥的处理中,大喇叭口期土壤氨挥发损失量明显地高于抽雄期,这是施肥量、气象因素、秸秆还田等共同作用的结果。从夏玉米季氨挥发损失总累积量看,处理Ⅲ、Ⅵ显著高于其他处理($P<0.05$),达 4.10 kg·m^{-2}以上;施氮肥的其他处理Ⅱ、Ⅷ、Ⅸ之间差异不显著($P>0.05$),但是显著高于处理不施秸秆的处理Ⅴ;氮素损失率最高的是处理依然是处理Ⅷ,达 4.50%,最低的是处理Ⅸ,为 2.27%。

通过表 5-7,可以明显地看出,与氮、磷肥配比一样,夏玉米季氨挥发损失明显增加;不同处理土壤氨挥发损失量在夏玉米季占整个轮作周期氨挥发损失量的 63.36%～72.77%;但秸秆还田明显地增加了土壤氨挥发损失量,这与李红梅(2007)的研究结果一致,本研究的试验结果显示,在施氮处理中土壤氨挥发损失量最大的是处理Ⅵ,达 6.20 kg·m^{-2},而氮肥损失率最高的是也处理Ⅵ,达 3.30%;最低的是处理Ⅴ,分别为 3.58 kg·m^{-2}、1.90%。

二、土壤氨挥发速率的机制模型

影响土壤氨挥发速率的因素很多,其中包括气温、降雨等气象因素和 pH、土温、含水量等土壤特征,这些因素中除风速和气温外,其他因素都是最终通过影响土壤铵态氮浓度来影响土壤氨挥发速率的,也就是说,土壤铵态氮浓度是影响土壤氨挥发速率的决定性因素(上官宇先等,2012;程小娜等,2013)。裸露的地表,其温度也会随着气温而改变,风速则是通过改变土壤界面空气中氨的分压来改变土壤氨挥发速率的。试验期间,由于技术的原因只收集到了气温和降雨数据,得到结果如图 5-4 所示。土壤铵态氮浓度变化如图 5-5、图 5-6 所示。对比图 5-2 和图 5-5、图 5-3 和图 5-6,可见土壤氨挥发速率与土壤铵态氮浓度变化是高度一致的,也就是二者是正相关关系。通过对二者关系进行曲线的拟合，得到结果如图 5-7 所示，可见在氮、磷肥配比试验中施肥后土壤铵态氮浓度与土壤氨挥发速率之间的关系可以用线性函数来表示，并且相关性很好，$R^2=0.926(n=198)$，而在少耕培肥试验中二者可以用指数函数表示，$R^2=0.669(n=189)$，说明秸秆还田后改变了土壤氨挥发机制。当施较多的氮肥时，秸秆还田和减少耕作会大大地促使土壤氨挥发，可能是由于秸秆还田时施用大量氮肥，导致 C/N 减小，土壤微生物活动增强，加速了有机氮的矿化和尿素的分解，从而为氨挥发提供更多的底物，加速土壤氨挥发。

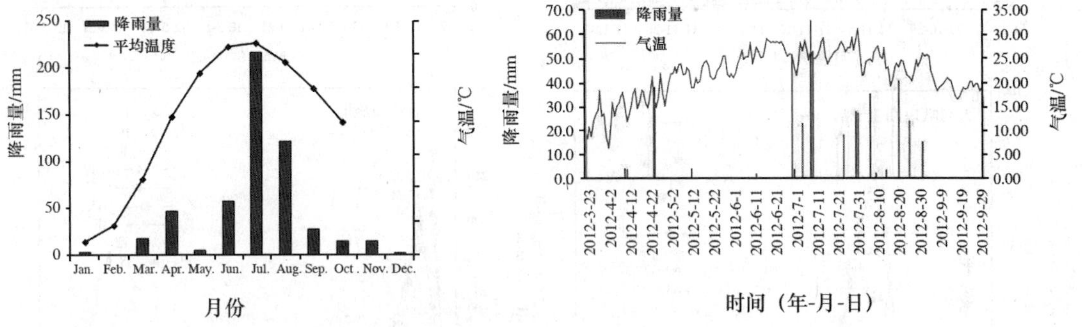

图 5-4　2012 年试验期间的气温和降雨

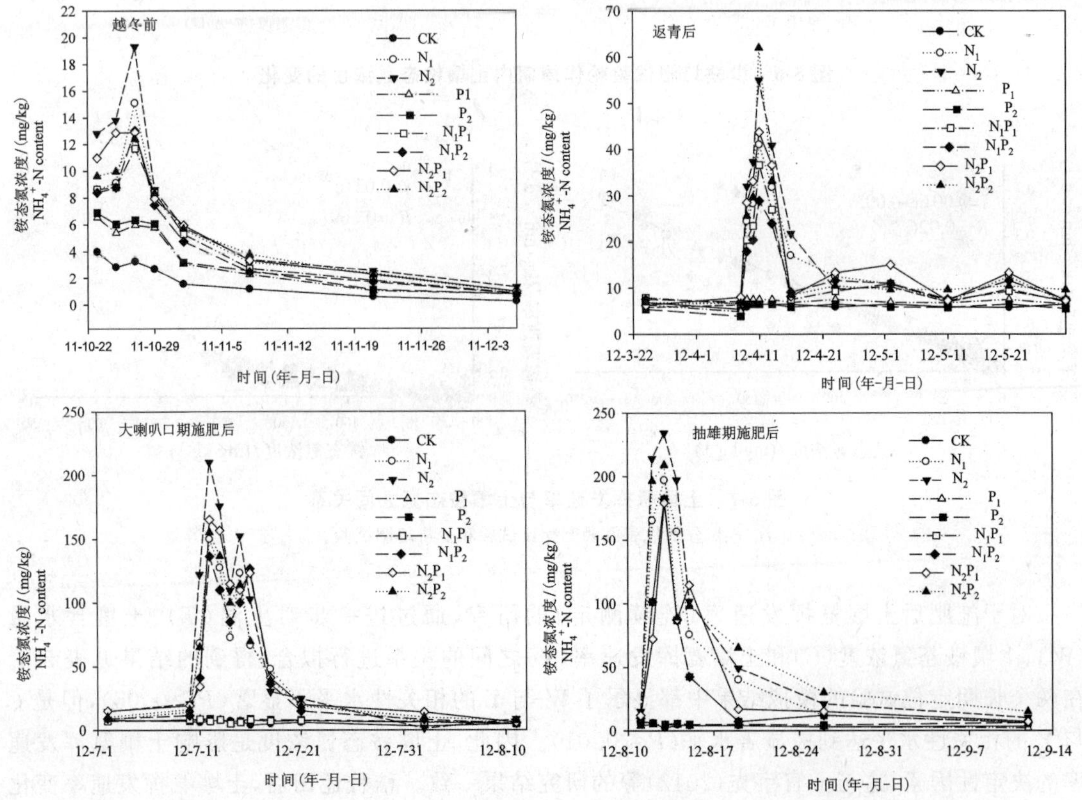

图 5-5　氮、磷肥配比试验轮作周期内土壤铵态氮浓度的变化

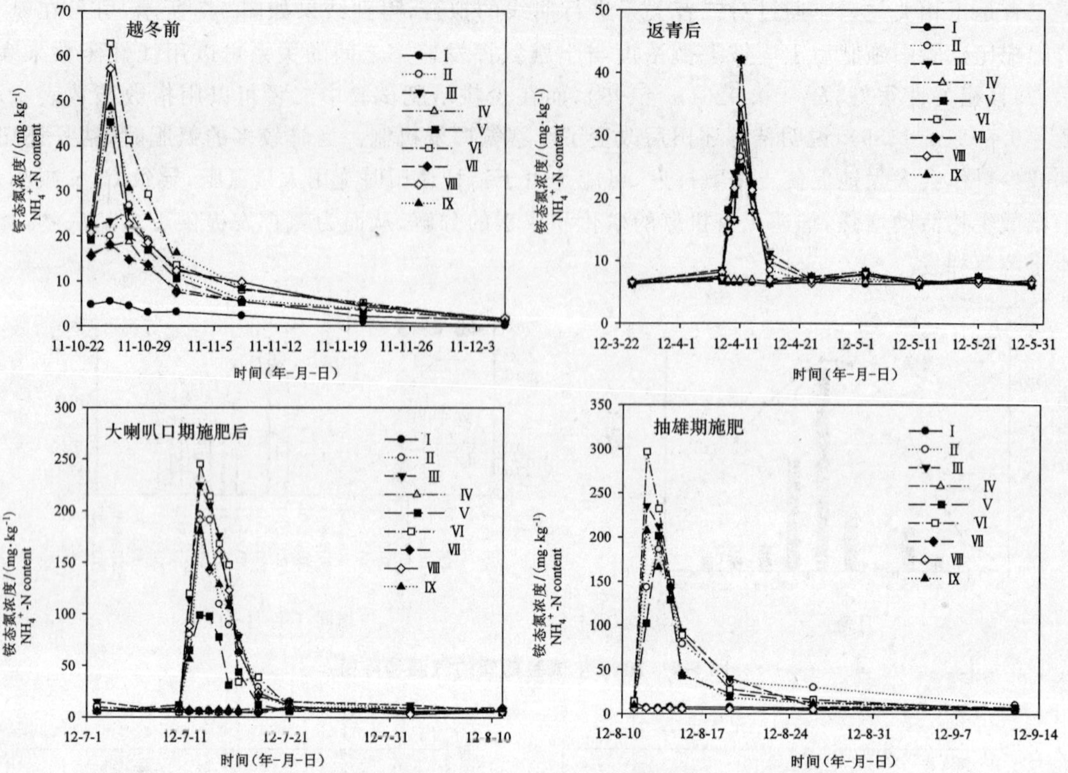

图 5-6　少耕培肥试验轮作周期内土壤铵态氮浓度的变化

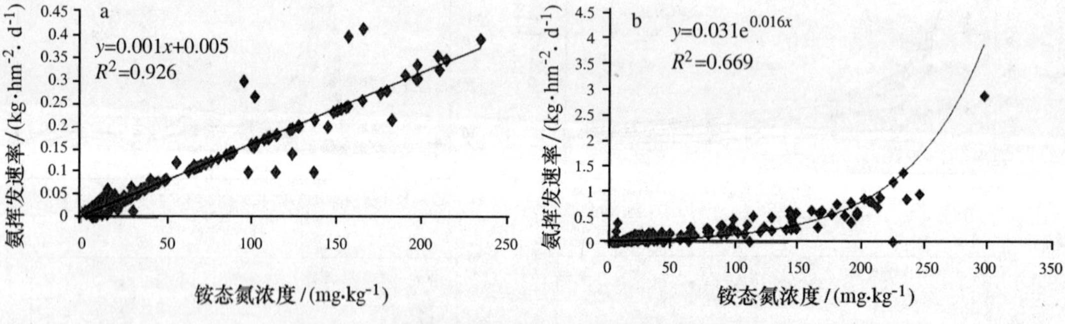

图 5-7　土壤氨挥发速率与土壤铵态氮之间关系

注：a、b 分别代表氮磷肥配比试验和少耕培肥试验。

对于施肥后土壤氨挥发速率(连续测定)的研究，通过进一步对土温(T)、土壤含水量(W)、土壤铵态氮浓度(C)和土壤氨挥发速率(Y)之间的关系进行拟合，得到的结果见表 5-8。在两个长期定位试验的模拟结果中都显示了 W 与 Y 的相关性水平不显著($P>0.05$)，但是 C 与 Y 的相关性水平达到极显著水平($P<0.01$)。因此，土壤铵态氮浓度是影响土壤氨挥发速率的决定性因素，这与上官宇先(2012)等的研究结果一致。秸秆还田后，土壤氨挥发速率变化复杂，主要可能的原因是土壤温度变化与氮磷肥配比试验不同，在秸秆还田的拟合方程中可以看出 T 和 W 是通过影响土壤铵态氮浓度来影响土壤氨挥发速率的。表 3-9 拟合的氨挥发速

率机理模型可以解释氮磷肥配比试验和少耕培肥试验的土壤氨挥发速率的 53.45% 和 41.56%。由温室、防护林和基本农田测得的数据代入函数后得到的结果与实测值进行相关性分析，相关系数 R^2 分别为 0.392、0.465、0.451 和 0.333、0.401、0.411。可见，秸秆还田是底土壤氨挥发变得更为复杂，氨挥发速率的机理模型验证的结果不是很好，有待进一步完善。

表 5-8　土壤氨挥发速率函数拟合

试验	拟合函数表达式	R^2	备注
氮磷肥配比试验	$Y = 0.003e^{0.0015C} + 0.119W - 0.06$	0.559	$C*Y = 0.002^{**}$　$W*Y = 0.341$ $C*W = 0.006^{**}$
少耕培肥试验	$Y = e^{0.0036C*6.241(\ln T - 55.924\ln(1-W) - 15.011)} - 4.225$	0.412	$C*Y = 0.008^{**}$　$W*Y = 0.215$ $C*W = 0.007^{**}$　$C*T = 0.049^{**}$

注：Y 指土壤氨挥发速率（单位：$kg \cdot hm^{-2} \cdot d^{-1}$）；$C$ 指铵态氮浓度（单位：$mg \cdot kg^{-1}$）；W 指土壤含水量（无计量单位）；T 指土壤温度（单位：℃）；* 指显著性水平达 0.05，即 $P<0.05$；** 指显著性水平达 0.01，即 $P<0.01$。

总之，施氮肥后，土壤氨挥发速率均呈现出先增加后降低的趋势，以较高的速率挥发的时间持续一周。气温升高，土壤氨挥发速率峰值的出现提前 2～3 天，且峰值明显增大。在氮、磷配比试验中，氨挥发速率随着磷水平的增加而降低，随着氮水平的增加而提高，施氮量为 540 $kg \cdot hm^{-2}$·年（处理 N_2）时，各时期土壤氨挥发损失量及氮肥损失率都是最高的，分别是 9.92 $kg \cdot hm^{-2}$、1.7%。氮、磷肥配合施用降低了土壤氨挥发速率，同时也减少了土壤氨挥发损失量和氮肥损失率，其中处理 N_2P_2 表现得最为明显，其氮肥损失率在轮作周期内最低仅 0.58%，这说明平衡施肥可以大大提高氮肥利用率。在玉米生长季土壤氨挥发损失量占整个周期的 63.36%～81.74%，因此，要注重夏玉米季的氮肥管理。秸秆还田虽然培肥了土壤，但表施秸秆时，氨挥发损失增加，而将秸秆翻耕到 30 cm 则可以不会增加土壤氨挥发，且不影响作物产量，是值得推广的。

在施肥后，土壤铵态氮浓度与土壤氨挥发速率变化趋势高度一致。在氮磷肥配比试验中施肥后连续测定的时间段内土壤氨挥发速率（y）与土壤铵态氮浓度（x）呈明显的线性相关性，$y=0.001x+0.005$，$R^2=0.926$，在少耕培肥试验中二者在一定范围内呈现指数关系，$y=0.031e^{0.016x}$，$R^2=0.669$。在氮磷肥配比试验和少耕培肥试验中土壤氨挥发速率的机制模拟函数分别为 $Y=0.003e^{0.0015C}+0.119W-0.06$，$R^2=0.559$ 和 $Y=e^{0.0036C*(6.241\ln T-55.924\ln(1-W)-15.011)}-4.225$，$R^2=0.412$，可以解释 40%～50% 土壤氨挥发速率。由温室、防护林和基本农田测得的数据代入函数后得到的结果与实测值的相关分析的 R^2 的值分别为 0.392、0.465、0.451 和 0.333、0.401、0.411。

第四节　耕作和施肥对硝态氮淋洗的影响

硝态氮是土壤无机氮的主要组成部分之一，但是由于土壤颗粒一般带负电荷，所以硝态氮不易被土壤吸附在土壤中的移动性强。施入土壤中的氮素除了一部分被植物根系和微生物固定，其余都损失了，硝态氮（NO_3^--N）的淋失就是一个重要的过程，尤其是水资源丰富的地区。硝态氮的淋失不仅降低了氮素利用率，而且造成地下水的硝酸盐污染（刘光栋等，2003）和水体富营养化(王继红等,2005)等严重的环境问题,进而导致饮用水硝酸盐含量超标危及人体健康。造成土壤硝态氮淋失的主要原因是氮肥的大量施用,超过了土壤生物的吸收和土壤自身的固持能力,从而使得表层土壤中硝态氮随灌溉水或者雨水等向下迁移(张玉铭等,2006)。

土壤硝酸盐淋失是土壤氮素淋失的主要形式。关于农田硝酸盐淋失的定量化始于国外20世纪80年代,我国从20世纪90年代中期才开始研究土壤氮素的运移(胡克林等,2005),因此我国农田氮素淋失方面研究较少,数据缺乏导致对N的迁移很难做出可靠的评价(Xing G. X. et al.,2000),朱兆良等在1992年就指出N淋失损失是我国N循环研究中的薄弱环节(朱兆良等,1992)。关于土壤硝态氮淋失的动态模型是目前的一个研究热点。毕经纬等通过1999—2001年的两年,在定位试验基础上,应用HYDRUS-1D模型对黄淮海平原典型土壤(黄潮土)中土壤水渗漏及硝态氮淋失动态进行了模拟分析,并在轮作期内得到了验证,最后提出了改良措施:在降雨正常年份,1个轮作期内灌溉定额在3 500～4 500 $m^3 \cdot hm^{-2}$,施氮量为350～450 $kg \cdot hm^{-2}$既能既保证获得高产,又大大降低硝态氮污染地下水的风险(毕经纬等,2004)。任理等引入溶质迁移距离的概率密度函数的修正系数,将Jury W. A.等(1986),White R. E.等(1986)提出的非稳定流条件下土壤保守溶质运移的传递函数模型(TFM)理论扩展到考虑土壤剖面存在残留氮分布的土壤中,构造了一个可以估算表施或者残留氮对土壤硝态氮淋失贡献的传递函数模型,并通过野外地中渗透计得到的试验资料的验证,并应用于农田条件下土壤硝态氮累积淋失量的模拟,相对误差为14.89%(任理等,2003)。就目前而言,关于硝态氮迁移模型的建立及其应用在现在乃至未来都是土壤硝态氮的主要研究方向和需要攻克的难题。

就目前农田条件下,学者们研究了水肥管理对土壤硝态氮的影响、不同施肥措施及不同耕作制度和种植方式土壤硝态氮淋失特征、长期施肥以及短期免耕对土壤硝态氮的影响、不同种类(缓控释肥、尿素)的氮肥使用后土壤硝态氮淋失的特征等(张玉铭等,2011;张云贵等,2005;时秀焕等,2010),由于田间试验区域或者其他条件的差异导致一些研究结果相矛盾,但诸多的研究最终目的是为农业生产服务,即通过改变农业管理来降低土壤硝态氮的淋失,同时提高氮肥利用率。关于长期定位试验不同氮磷配施同时结合耕地保护耕作措施这样条件下土壤硝态氮在土壤剖面分布的报道鲜见。

一、不同氮磷肥配比对土壤硝态氮的影响

在旱地土壤中硝态氮是主要的有效氮源,因此一般认为土壤中硝态氮含量可以反映土壤的供氮能力(金发会等,2007)。关于硝态氮在土壤中累积的情况诸多学者的研究结果不尽相同。本研究针对两个长期定位试验在冬小麦-夏玉米轮作周期内硝态氮的在土壤剖面的分布情况,分别对冬小麦的返青期、拔节期及其成熟期和夏玉米的大喇叭口期和抽雄期这五个时期的1米土样分四层(0～20 cm、20～40 cm、40～60 cm、60～100 cm)进行了硝态氮含量的测定,其结果如图5-8所示。

总体来看,不施氮肥的处理(CK、P_1、P_2)各土层硝态氮含量都很低,并且只有在0～40 cm含有少量的硝态氮,为0.10～2.54 $mg \cdot kg^{-1}$,这部分氮主要来源于大气氮沉降以及土壤有机质的矿化,经作物吸收后残留量很低,并且主要集中在表层土壤中,在40 cm以下的土壤中硝态氮含量几乎为0 $mg \cdot kg^{-1}$。在整个轮作周期内,四个层次的土壤硝态氮含量呈现出同一规律:$N_2 > N_1 > N_2P_1 > N_2P_2 > N_1P_1 > N_1P_2 > P_1 > P_2$,这说明了3点:①与单施氮肥比较,氮

磷肥配合施用可以减少土壤硝态氮向下迁移，从而降低因土壤硝态氮淋失而造成的环境风险；②随着施氮水平的提高，土壤硝态氮含量增加，尤其是处理 N_2，在整个轮作周期内 60～100 cm 土壤硝态氮含量都是最高的，即在 60～100 cm 累积量最多，且明显高于其他 3 个土层，在冬小麦返青期、拔节期、成熟期、夏玉米大喇叭口期和抽雄期分别达 246.64、247.56、277.64、88.24 mg·kg^{-1}（含量较低可能的主要原因是 2012 年 8 月份试区降雨量大且频繁）、198.33 mg·kg^{-1}。这主要是由于单施氮肥时，作物的氮肥利用率低，导致氮肥过量而随水淋失。尽管从数量上看其他四个时期 60～100 cm 可能是在该长期试验条件下主要的累积深度，但不排除累积高峰在 1 m 以下，针对这一点有待进一步考证；③随着施磷水平的提高，土壤硝态氮含量减少，主要原因是磷肥的施用提高了作物的氮肥利用率，这也同时说明了平衡施肥对氮肥利用率提高的重要意义，氮肥利用率提高了，直接减少了硝态氮的来源，从而减少了其向下层土壤迁移的可能性。

在冬小麦返青期和夏玉米的大喇叭口期和抽雄期 9 个处理都呈现出随着土层深度的增加土壤硝态氮含量明显增加的趋势，这主要是由于在这三个时期土壤水分含量较高，冬小麦返青期土壤解冻，夏玉米生育期内降水充沛，导致土壤含水量增加，使硝态氮不断地向下迁移的结果，这同时也是长年累月积累的结果。氮磷肥配合施用时土壤硝态氮含量及其空间分布则明显的不同于单施氮肥，这说明氮磷肥配施对土壤硝态氮含量及其空间分布有显著的影响。氮磷配施时，尽管随着施氮量的增加，土壤硝态氮含量依然呈现出自上而下递增的趋势，但是在 60 cm 以上土层中硝态氮含量高于单施氮肥。与此同时可以看出随着施磷水平的增加，土壤硝态氮含量则是减少的（四个土层硝态氮含量均表现为 $N_1P_2 < N_1P_1$、$N_2P_2 > N_2P_1$）这说明氮磷配施可以减少硝态氮向下淋失量，可能的主要原因是氮磷配施后土壤氮肥利用率提高，从而避免了氮肥“过量施用”（绝大部分作物不能够有效利用）。因此，可以认为合理的氮磷肥配比可以减少土壤硝态氮的淋失。

比较不同的生育时期，可以发现不同生育时期土壤硝态氮含量及其空间分布不同，尤其是氮磷肥配合施用时。在冬小麦拔节期和成熟期氮磷肥配合施用时，土壤硝态氮含量最高的不再是 60～100 cm，而是 40～60 cm，并且高于返青期对应土层硝态氮含量，一方面是由于在拔节期施用了尿素进行追肥，但是这个时期降水少，加之作物吸收氮素也多，因此，硝态氮向下迁移减少。在冬小麦成熟期随着土层深度增加，土壤硝态氮含量增加，一方面是由于成熟期小麦对氮素需求减少，土壤中硝态氮被根系吸收减少，土壤中硝态氮含量相对增加；另一方面，下层土壤硝态氮含量的增加可能是上层土壤硝态氮向下淋洗的结果。因此，冬小麦收获后，进入雨热同期的夏季，深层土壤硝态氮成为硝态氮淋失的重要来源，甚至造成地下水污染的严重威胁。所以如何有效利用冬小麦成熟期的形成的硝态氮，对于减少收获后硝态氮淋失至关重要，而这一问题由夏玉米吸收得到缓解，体现了“前氮后移”对后作作物的重要作用以及轮作可以提高肥料利用率。在大喇叭口期，尽管进行了追肥，但是所监测的每层土壤硝态氮含量都明显减少，60～100 cm 土层在 N_2 下硝态氮含量仅 88.24 mg·kg^{-1}，约为其他时期的 30%，主要是由于 2011 年 7—8 月降雨量大，将硝态氮淋洗到 1 m 以下，在华北地区降雨量主要集中在 7—10 月，这个时期也是硝态氮淋失的主要时期，因此在施用氮肥时要注意避开强降雨以及连续降雨的时间段。

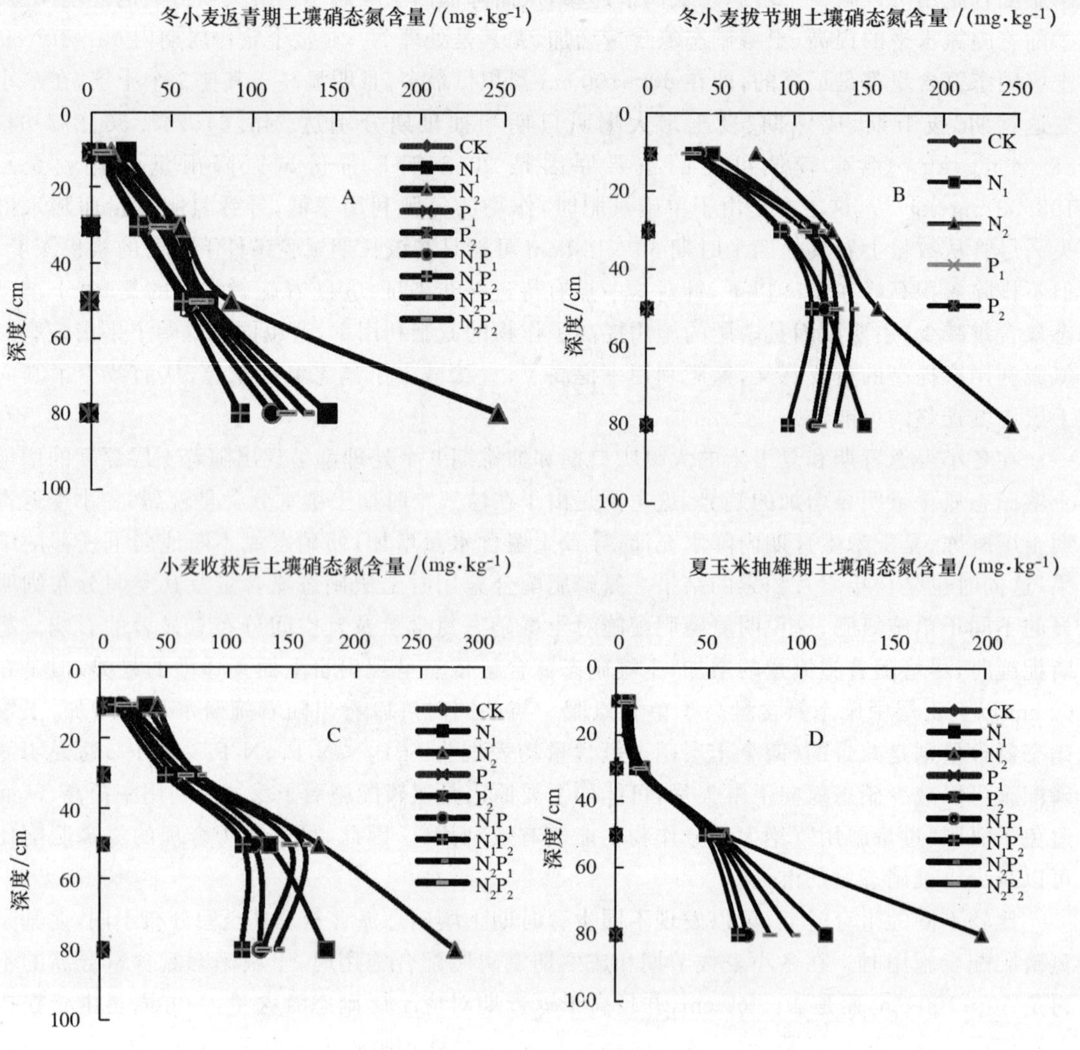

图 5-8　轮作周期内氮磷肥配比对土壤剖面硝态氮含量的影响

二、秸秆还田及减少耕作对土壤硝态氮的影响

从整体上看图 5-9，经过 26 年在氮磷肥比的基础上减少氮肥施用，增加磷肥的用量同时配施小麦秸秆及减少耕作的措施进行培肥土壤。处理Ⅰ（$T_1N_1P_1S_1$）、Ⅳ（$T_2N_1P_2S_3$）、Ⅶ（$MN_1P_3S_2$）均没有施用化学氮肥，处理Ⅳ、Ⅶ施有秸秆，土壤表层硝态氮含量依然很低，但平均含量略高于氮磷肥配比试验，为 0.75～2.62 mg·kg^{-1}，同样主要集中在 0～40 cm 土层中。由于优化施肥，在少耕培肥试验中尿素的施用量减少了，增加了秸秆还田，因此土壤硝态氮含量总体下降，处理Ⅵ的 60～100 cm 土层硝态氮含量最高为 118.51 mg·kg^{-1}。施用秸秆后，土壤硝态氮含量在土壤剖面的分布变化趋势与氮磷肥配比试验一致，只是随着土壤深度的增加，所监测的四层土壤硝态氮含量极差减小，这说明秸秆还田在一定程度上可以减缓土壤中硝态氮向下迁移，主要是因为秸秆还田有助于提高土壤有机质以及土壤活性有机碳含量（王丹丹等，2013），进而增加土壤团聚体结构，提高土壤保水保肥的能力。通过五个时期的对比，由于夏玉

米季 2012 年降雨丰富导致土壤硝态氮大部分向 1 m 以下更深层次的土壤迁移。表层土壤(0～20 cm)硝态氮浓度与施用的化学氮肥呈正相关关系。

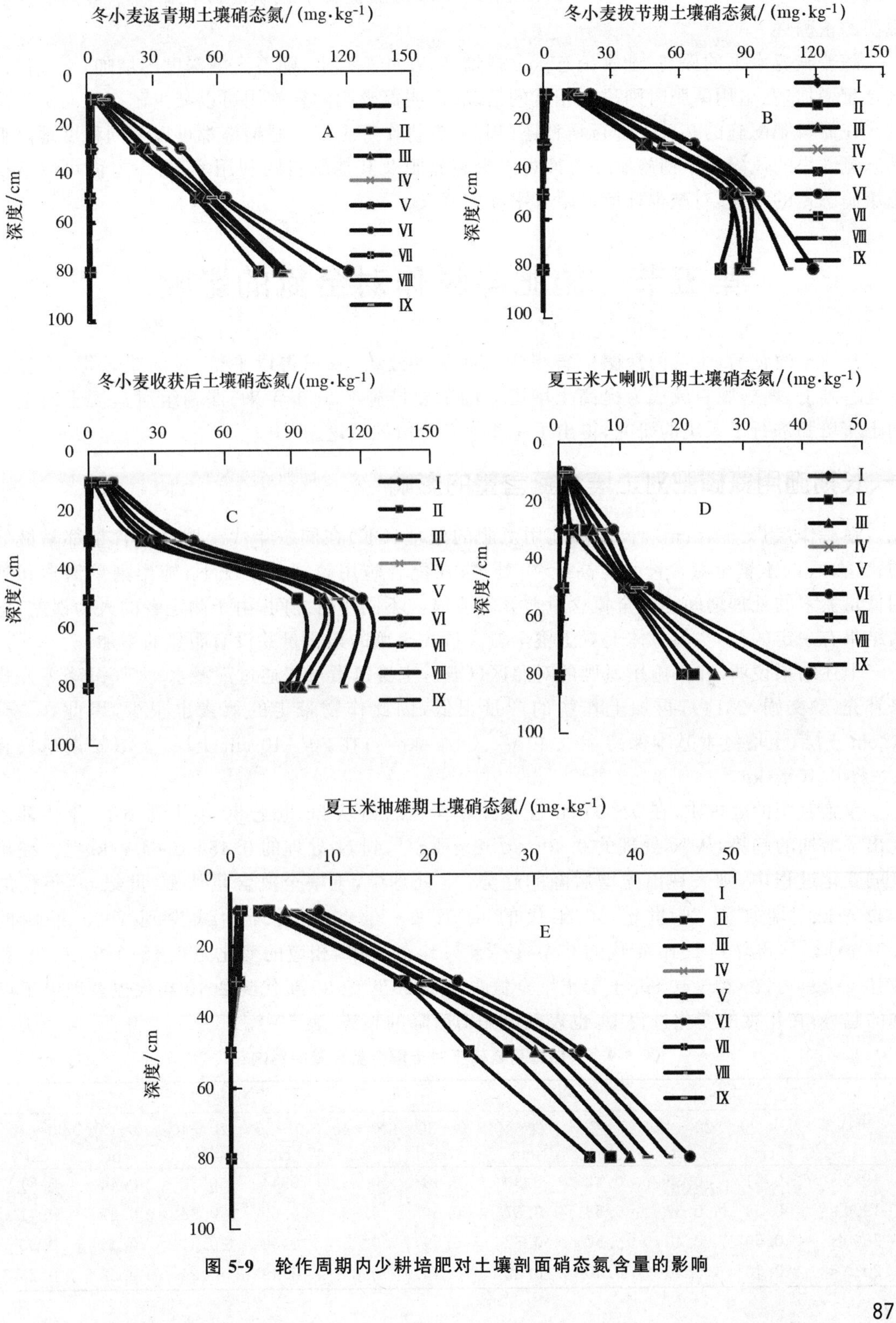

图 5-9　轮作周期内少耕培肥对土壤剖面硝态氮含量的影响

同时在少耕培肥试验中，轮作周期内，五个时期土壤硝态氮含量也呈现出一个统一的规律：Ⅵ($T_2N_3P_1S_2$)＞Ⅷ($MN_2P_1S_3$)＞Ⅸ($MN_3P_2S_1$)＞Ⅲ($T_1N_3P_3S_3$)＞Ⅱ($T_1N_2P_2S_2$)＞Ⅴ($T_2N_2P_3S_1$)＞Ⅳ($T_2N_1P_2S_3$)＞Ⅶ($MN_1P_3S_2$)，再次证实了氮磷肥配比试验中得到的三点说明的正确性。

随着施氮水平的提高，土壤硝态氮含量增加，在此基础上，随着土壤深度的增加，土壤硝态氮含量增加，在施用磷肥时则呈现相反的情况，说明氮磷肥配合施用可以减少硝态氮向下淋失量。在氮磷肥配施的基础上进行秸秆还田和减少耕作等土壤培肥措施都可以不同程度地降低硝态氮淋失的风险。平衡施肥一方面可以提高氮肥及其他肥料的利用率；另一方面可以减少土壤硝态氮的淋失，对减少环境风险有重要的意义。

第五节　施肥与耕作对全氮的影响

盐渍土改良后，土壤的盐碱危害得到了明显的改善，农田得以平整、排灌渠系得以完善。在此基础上，增施肥料就成为提高土壤肥力的重要措施。30 多年来，课题组对盐渍土改造区的土壤培肥进行了系统的研究，得出了一些很有价值的结论。

一、长期施用氮磷肥对土壤全氮含量的影响

在耕作层(0～20 cm)，长期不施用氮肥的处理(CK)在同一年代土壤全氮含量都是最低的；N_2 处理的土壤全氮含量明显高于 N_1 处理；在配合施用磷肥的情况下，施用高量氮素和施用低量氮素的处理之间土壤全氮含量差异不明显。不同年份之间，由于测定者的人为误差，导致结果有一定的差异，但总体上看土壤全氮含量在土壤的累积量并没有明显的增加。

上述结果说明，在不施用氮肥的对照区(CK)，土壤氮素可以通过灌溉水、大气沉降等方式来补充(颜文娟，2014)，再加上作物的产量很低，因此作物带走的氮素也很少，因此在 0～20 cm 土层，土壤氮素基本保持在 0.40～0.54 $g\cdot kg^{-1}$；在 20～40 cm 土层，土壤氮素则只有 0.23～0.40 $g\cdot kg^{-1}$。

单施氮肥的处理中，在 0～20 cm 土层土壤全氮含量从 20 世纪 80 年代到 2010 年代都表现出了增加的趋势，从 N_1 处理的 0.40～0.58 $g\cdot kg^{-1}$，到 N_2 处理的 0.45～0.64 $g\cdot kg^{-1}$。在年度的变化过程中，则表现出先增后降的趋势：N_1 处理中，土壤全氮含量从 20 世纪 80 年代的 0.42 $g\cdot kg^{-1}$ 增加到 20 世纪 90 年代的 0.58 $g\cdot kg^{-1}$，此后开始减少到 2000 年代的 0.57 $g\cdot kg^{-1}$，再降到 2010 年代的 0.40 $g\cdot kg^{-1}$；N_2 处理中，相应的变化为 0.48、0.64、0.59 和 0.45 $g\cdot kg^{-1}$。在 20～40 cm 土层土壤全氮含量从 20 世纪 80 年代到 2010 年代也表现出了增加的趋势；在年度的变化过程中，也表现出先增后降的趋势(表 5-9)。

表 5-9　长期施用氮磷肥对土壤全氮含量的影响　　$g\cdot kg^{-1}$

年代	CK		N_1		N_2		N_1P		N_2P	
	0～20 cm	20～40 cm	0～20 cm	20～40 cm	0～20 cm	20～40 cm	0～20 cm	20～40 cm	0～20 cm	20～40 cm
1980's	0.41	0.33	0.42	0.30	0.48	0.33	0.44	0.32	0.44	0.31
1990's	0.54	0.37	0.58	0.37	0.64	0.38	0.60	0.38	0.67	0.41
2000's	0.50	0.40	0.57	0.32	0.59	0.33	0.52	0.31	0.48	0.33
2010's	0.40	0.23	0.40	0.22	0.45	0.37	0.49	0.24	0.52	0.26

二、长期免耕培肥对土壤全氮含量的影响

本试验采用 4 因素 3 水平的正交设计，其中 4 因素为耕作方式、施用氮肥、施用磷肥和秸秆还田，试验从 1985 开始直到现在。

由表 5-10 可知：在 0～20 cm 土层中，20 世纪 80 年代，土壤全氮含量变化在 0.42～0.50 g·kg^{-1}之间，其中以施氮肥较多的 $MN_3P_2S_1$和 $T_2N_3P_1S_2$处理较高；在 1990 年代，土壤全氮含量有了明显的提高，达到了 0.62～0.72 g·kg^{-1}，其中以施高量氮肥和高量秸秆的 $T_1N_3P_3S_3$、$T_1N_1P_2S_3$、$T_2N_3P_1S_2$处理土壤全氮含量较高；在 2000 年代，各处理土壤全氮含量有所下降，变化在 0.47～0.64 g·kg^{-1}；2010 年代，各处理的土壤全氮含量进一步下降到 0.42～0.59 g·kg^{-1}。这其中的原因可能是由于试验开始于 1985 年，当时的粮食产量偏低，施肥量也较低，随着作物品种的改良，2000 年代以后的产量水平明显高于 20 世纪 80—90 年代的水平，进而使得作物的需氮量明显提高，致使土壤中的氮素含量出现了耗竭，而降低。

表 5-10　长期耕作与施肥对土壤全氮含量的影响　　0～20 cm，g·kg^{-1}

年代	TN_1P_1S	$T_1N_2P_2S_2$	$T_1N_3P_3S_3$	$T_1N_1P_2S_3$	$T_2N_2P_3S_1$	$T_2N_3P_1S_2$	$MN_1P_3S_2$	$MN_2P_1S_3$	$MN_3P_2S_1$
1980's	0.47	0.45	0.42	0.47	0.44	0.48	0.42	0.44	0.50
1990's	0.65	0.62	0.72	0.70	0.65	0.68	0.67	0.63	0.66
2000's	0.50	0.47	0.63	0.54	0.54	0.48	0.53	0.64	0.58
2010's	0.42	0.56	0.59	0.51	0.52	0.51	0.51	0.54	0.45

如表 5-11 所示，在 20～40 cm 土层，各处理土壤全氮含量从 20 世纪 80 年代的 0.28～0.39 g·kg^{-1}，增加到 20 世纪 90 年代的 0.38～0.46 g·kg^{-1}，再降到 2000 年代的 0.28～0.38 g·kg^{-1}，进而降到 2010 年代的 0.19～0.31 g·kg^{-1}。这一变化趋势与 0～20 cm 土层的变化趋势基本一致，但总体上这一土层的全氮含量普遍低于 0～20 cm 土层的全氮含量，说明作物主要从表层吸收氮素。

表 5-11　期耕作与施肥对土壤全氮含量的影响　　20～40 cm，g·kg^{-1}

年代	$T_1N_1P_1S_1$	$T_1N_2P_2S_2$	$T_1N_3P_3S_3$	$T_1N_1P_2S_3$	$T_2N_2P_3S_1$	$T_2N_3P_1S_2$	$MN_1P_3S_2$	$MN_2P_1S_3$	$MN_3P_2S_1$
1980's	0.32	0.30	0.30	0.39	0.31	0.32	0.28	0.30	0.31
1990's	0.41	0.38	0.38	0.46	0.40	0.41	0.42	0.38	0.38
2000's	0.28	0.34	0.38	0.37	0.34	0.35	0.30	0.33	0.30
2010's	0.31	0.28	0.31	0.25	0.30	0.25	0.28	0.26	0.19

参考文献

[1] 鲍士旦. 土壤农化分析. 3 版. 北京：中国农业大出版社，1999.

[2] 蔡桂信. 氨挥发. 南京：江苏科学技术出版社，1990：171-194.

[3] 曹冰，李新慧，张琳，等. 基肥施用方式对土壤氨挥发的影响. 华北农学报，2001，16(2)：83-86.

[4] 蔡祖聪,钦绳武. 华北潮土长期试验中的作物产量、氮肥利用率及其环境效应. 土壤学报, 2006,43(6): 885-891.

[5] 程小娜,薛建辉,吴永波. 杨麦间作系统土壤氨挥发特点分析. 南京林业学报,2013,37(1): 127-131.

[6] 董文旭,吴电明,胡春胜,等. 华北山前平原农田氨挥发速率与调控研究. 中国农业生态学报,2011,19(5): 1115-1121.

[7] 高鹏程,张一平. 氨挥发与土壤水分散失关系的研究. 西北农林科技大学学报(自然科学版),2001,29(6): 22-29.

[8] 黄彬香,苏芳,丁新泉,等. 田间土壤氨挥发的原位测定——风洞法. 土壤,2006,38(6): 712-716.

[9] 李鑫. 华北平原冬小麦-夏玉米轮作体系中肥料氮去向及氮素气态损失研究. 河 北:河北农业大学,2006.

[10] 刘延慧. 农田生态系统氮磷配施氨挥发规律和机理研究. 吉林农业大学硕士学位论文,2006.

[11] 鲁如坤. 土壤农业化学分析方法. 北京: 中国农业大出版社,2000: 308-309.

[12] 聂胜委,黄绍敏,张水清,等. 长期定位施肥对冬小麦吸收利用氮素的影响. 生态环境学报,2012,21(6): 1037-1043.

[13] 沈善敏. 长期土壤肥力试验的科学价值. 植物营养与肥料学报,1995,1(1): 1-9.

[14] 孙波,朱兆良,牛栋. 农田长期生态过程的长期试验研究进展与展望. 土壤,2007,39(6): 849-854.

[15] 王朝辉,刘学军,巨晓棠,等. 田间土壤氨挥发的原位测定——通气法. 植物营养与肥料学报,2002,8(2): 205-209.

[16] 王珏,巨晓棠,张丽娟,等. 华北平原小麦季氮肥氨挥发损失及影响因素研究. 河北农业大学学报,2009,32(3): 5-11.

[17] 杨靖. 洛桑试验站 150 周年——经典试验的研究进展. 土壤学进展,1995,23(1): 8-12.

[18] 姚源喜,杨延蕃,刘树堂,等. 长期定位施肥对作物产量和土壤肥力的影响. 莱阳农学院学报,1991,8(4):245-251.

[19] 曾江海. 长期定位试验研究及其生态学意义. 资源生态环境网络研究动态,1995,6(1): 24-30.

[20] 张承先,武雪萍,吴会军,等. 不同土壤水分条件下华北冬小麦基施不同氮肥的氨挥发研究. 中国土壤与肥料,2008,(5): 28-31.

[21] 朱兆良,文启孝. 中国土壤氮素. 南京: 江苏科学技术出版社,1990: 171-194.

[22] 朱焱,杨金忠. 土壤氨挥发研究及氮素转化运移数值模拟. 水利学报,2010,41(3): 286-293.

[23] An C M, Cao J L, Cai Z C, et al. Ammonia volatilization from winter wheat field top dressed with urea. Pedosphere, 1998, 8(4): 331-336.

[24] Andreas Pacholski, Guixin Cai, Rolf Nieder, et al. Calibration of a simple method for determining ammonia volatilization in the field-comparative measurements in Henan Province, China. Nutrient Cycling in Agroecosystems, 2006, 74: 259-273.

[25] B. Van der Stelt, E. J. M. Temminghoff, P. C. J. Van Vliet, et al. Volatilization of ammonia from manure as affected by manure additives, temperature and mixing. Bioresource Technology, 2007, 98: 3449-3455.

[26] B J B, V P L G. Rate control of ammonia volatilization from rice paddies. Atmospheric Environment, 1981, 15: 131-140.

[27] Cai G X, Zhu Z L. An assessment of N loss from agricultural fields to the environment in China. Nutrition Cycle in Agroecosysment, 2000, (57): 67-73.

[28] Dessureault-Rompré J, Zebarth B J, Georgallas A, et al. Temperature dependence of soil nitrogen mineralization rate: Comparison of mathematical models, reference temperatures and origin of the soils. Geoderma, 2010, 157(3-4): 97-108.

[29] Denmead O. T. Micrometeorological method for measuring gaseous losses of nitrogen in the field[A]. Martinus Nijhoff Dr W. Junk publishers, 1983. 133-157.

第六章　盐渍化土壤生态系统中的磷素

第一节　土壤磷素的来源、分类及特征

一、土壤磷的形态及含量

磷是植物生长必需的营养元素，磷的缺乏将导致作物无法完成其生活周期。磷也是生物圈的重要元素，在陆地生态系统中的循环及其在土壤中的转化相比氮素的转化要简单得多。

土壤含磷量的表达方式主要有两类：一种是以磷酐(P_2O_5)为标准；另一种是以元素磷(P)为标准。两者之间的换算关系为：$P\times 2.29 = P_2O_5$ 或者 $P_2O_5\times 0.44 = P$。

在自然土壤中，一般磷素的含量为 0.1～1.2 $g\cdot kg^{-1}$，变幅相当大。就全国主要土类而言，以南岭以南的砖红壤类型土壤的全磷含量最低，其次是华中地区的红壤，而东北地区和由黄土性沉积物发育的土壤，则含磷量较一般的土壤为高，超过 1.2 $g\cdot kg^{-1}$ 的为数不少。影响土壤全磷含量的因素很多，主要有：

1. 母质中矿物成分的不同

根据地球化学的资料，在各种主要植物营养元素中，磷在风化壳中的迁移率是最小的，所以它在风化体及土壤中的含量常常直接和母岩的矿质成分有关。很多分析资料都表明：由原生岩风化体发育而成的土壤，其来自基性母岩的，含磷量常大于来自酸性母岩的同一气候植被带土壤。由沉积岩风化发育成的土壤中，来自石灰岩或石灰性沉积体的，通常含磷量也多于酸性沉积体。以我国南方的红壤为例，同样由火成岩风化体发育而成的红壤，其母岩属酸性岩类的花岗岩者，剖面含磷量都远小于母岩为基性岩类的玄武岩者，前者含磷一般在 0.18～0.30 $g\cdot kg^{-1}$；而后者却都在 0.5～0.9 $g\cdot kg^{-1}$，不少甚至超过了 1.0 $g\cdot kg^{-1}$。

2. 土壤的质地差别

分析数据表：土壤中细粒部分含磷比粗粒部分多。这种现象显然和土壤中磷的次生固定作用有关。

3. 剖面的层次关系

土壤中全磷含量的分布还有一个特点，即在多数剖面中，上层所含的磷一般高于下层，这主要是：①磷的迁移率很低，不易从剖面上层淋溶到下层；②通过植物根系对下层土壤中的磷素吸收，而以有机残体的形式积累于表层；③由于剖面上层有机残体及风化复合体的大量存在，使磷酸离子有被细微的有机胶体及复合体吸附于表面的可能。

4. 耕作制度和施肥的影响

在各种矿质肥料中，作物对磷肥的吸收利用率是比较低的。可溶性磷化合物施入土壤后，

通过形态转化，大部分很快转变成不溶性磷或难溶性磷。它既不易被植物所吸收利用，又不易为雨水所淋洗而损失，所以在耕作土壤中，如持续大量施用矿质磷肥和化学磷肥，就会使土壤耕作层中的全磷含量逐年提高。在一般耕作制度中，豆科轮作或绿肥轮作，结合施用磷肥是提高土壤表层的全磷含量和有机磷含量的有效方法。

二、土壤磷素的形态

自然土壤的磷素主要分为有机态和无机态两大类。由于施用了化学磷肥的结果，耕地土壤中磷素的转化要比自然土壤更为复杂，土壤中磷的化合物种类也更多。

1. 土壤中的有机态磷化合物

土壤中有机态磷化合物（简称有机磷）的含量变幅很大。根据我国已有的一些资料来看，在有机质含量为 20～30 $g\cdot kg^{-1}$ 的一般耕地土壤中，有机磷占全磷比重的 25%～50%；在有机质含量不足 10 $g\cdot kg^{-1}$ 的遭受侵蚀的南方红壤中，有机磷含量所占比重在 10%以下。土壤中有机磷的形态主要有：

(1)核酸类　核酸是一类含磷和含氮的复杂有机化合物。土壤中的核酸，在化学组成上和性质上与动植物及微生物中所含的基本相同。因此，多数人认为它们是直接从这些生物残体，特别是微生物体中的核蛋白质分解而来的。核酸态磷在土壤有机磷总量中所占的比重，众说不一，多的可达 50%以上，少的不到 1%，一般在 5%～10%。核蛋白质和核酸属同类性质的有机态磷化合物，它们都要通过微生物酶系的作用，分解为磷酸盐后，才能为植物吸收。

(2)植素类　植素是普遍存在于植物体中的含磷有机化合物，在植物种子中非常丰富。但土壤中的植素类化合物和植物体中的不完全相同，它们也和其他大部分土壤有机化合物一样至少有相当一部分是通过微生物的作用改造而成的。植素类磷占土壤有机磷总量的比重是比较大的，一般至少在 1/5～1/3，有的甚至超过了一半。就大部分植素来说，一般都需先通过微生物的植素酶的水解，产生 H_3PO_4，从而发挥其对植物的有效性的。

(3)磷脂类　这是一类醇溶性和醚溶性的含磷有机化合物，其中较复杂的还含有氮素。它们普遍存在于动、植物及微生物组织中，但一般土壤含磷脂类化合物不多，通常所占比重不到有机磷总量的 1%。磷脂类中所含的磷也需要经过微生物的分解才能成为有效磷。但这种分解比较容易，有的在一定的酸度条件下，甚至可以依靠自然发生的纯化学反应来进行。土壤磷脂类物质的稀少可能和它的易于分解有关。简单的磷脂类水解后只产生甘油、脂肪酸和磷酸。复杂的如卵磷脂和脑磷脂，通过微生物的酶解（各种磷脂酶），除产生磷酸、甘油和脂肪酸外，还产生含氮的胆碱或胆胺。

以上几种有机磷含量的总和一般只占有机磷的 70%左右，其中占有重要地位的为植素磷和核酸磷两类，这说明土壤中尚有 20%～30%的有机磷形态待查明。

2. 土壤的无机态磷化合物

土壤中的无机态磷种类较多，成分复杂，大致可分为 3 种类型，即水溶态、吸附态和矿物态。

(1)水溶态磷　土壤溶液中的磷浓度依土壤 pH、磷肥施用量及土壤固相磷的数量和结合状态而定，含量一般在 0.003～0.3 mg/L。在一定的 pH 范围内，土壤溶液中的磷酸根离子有 3 种解离方式：

$$H_3PO_4 \rightleftharpoons H^+ + H_2PO_4^-, pK_1 = 2.12$$

$$H_2PO_4^- \rightleftharpoons H^+ + HPO_4^{2-}, pK_2 = 7.20$$

$$HPO_4^{2-} \rightleftharpoons H^+ + PO_4^{3-}, pK_3 = 12.36$$

在一般土壤 pH 范围内(pH=5～9)，磷酸根离子以 $H_2PO_4^-$ 和 HPO_4^{2-} 为主，pH 在中性附近时，两种磷酸根离子浓度约各占一半；在碱性一侧，以 HPO_4^{2-} 为主，pH 越高，HPO_4^{2-} 的浓度越大，当 pH 升到 8 时，HPO_4^{2-} 的浓度几乎占到 86%；相反，当 pH 降到 6 时，$H_2PO_4^-$ 的浓度几乎占到 94%。由于植物根系，特别是根毛附近微域范围内的土壤溶液 pH 一般均呈酸性，故可以看出，植物吸磷几乎全部为 $H_2PO_4^-$ 离子形式。

(2)吸附态磷　吸附态磷是指那些通过各种作用力(库仑力、分子引力、化学键能等)被土壤固相表面吸附的磷酸根或磷酸阴离子，其中以离子交换和配位体交换吸附为主。

土壤黏粒矿物对磷酸阴离子交换吸附是指磷酸阴离子与黏粒矿物上吸附的其他阴离子的互相交换；土壤黏粒矿物对磷酸阴离子的配位体交换发生在黏粒表面扩散层的内层，以专性吸附为主。

吸附与解吸处于平衡状态，当溶液中磷被移走(植物吸收)，吸附态磷释放到溶液中，其释放量的多少和难易取决于表面的媳妇饱和度、吸附类型、吸附点位吸附能力的大小。吸附饱和度越大，吸附态磷的有效度越高。土壤中的这些吸附态磷可以作为速效磷来看待。由于它们溶度大、解吸易、交换快，所以当溶液中磷酸离子浓度下降时，它们就迅速进入溶液，而成为速效磷的补充来源。

(3)矿物态磷　土壤无机磷几乎 99%以上是以矿物态存在的。土壤中的无机磷化合物几乎全部是正磷酸盐，根据其所结合的主要阳离子性质的不同，可以把土壤所存在的磷酸盐化合物分为三大类型：

磷酸钙(镁)类化合物(以 Ca-P 代表)：磷酸根在土壤中和钙、镁等碱土金属离子，按不同比例形成一系列有不同溶解度的磷酸钙、磷酸镁盐。由于土壤中的钙离子远多于镁离子，同时磷酸钙盐的溶度一般又小于其相应的镁盐，所以土壤中的磷酸钙盐的数量总是多于相应的镁盐，而成为石灰性土壤中的磷酸盐的主要形态。在耕地土壤中，由于施用了化学磷肥，它们在土壤中转化结果可以产生一系列磷酸钙类化合物。以常用的过磷酸钙为例，它的主要成分为水溶性的磷酸一钙[$Ca(H_2PO_4)_2$]，后者和土壤中的钙质成分作用就依次转化为磷酸二钙($CaHPO_4$)，磷酸三钙[$Ca_3(PO_4)_2$]及磷酸八钙[$Ca_4H(PO_4)_3$]等。随着这些化合物中的 Ca/P 原子比的增加，其在土壤中的稳定性也有所增加，而其水溶度却迅速下降。

磷酸铁和磷酸铝类化合物(以 Fe-P 及 Al-P 代表)：在酸性土壤中，无机磷的很大一部分和土壤中的铁、铝化合而成各种形态的磷酸铁和磷酸铝类化合物。它们有的是凝胶态沉淀，有的是结晶态，而前者往往是不稳定的，在老化过程中有向溶度更小的结晶态转化的趋势。在我国南方大面积的酸性土壤中，土壤中 Fe-P 类的含量要比 Al-P 类多得多；而在北方石灰性土壤中则 Al-P 类的含量要高于 Fe-P 类，但比起 Ca-P 类来，两者又都少得多了。

闭蓄态磷(以 O-P 代表)：这是由氧化铁胶膜包被着的磷酸盐。由于氧化铁溶度极小，所以被它包被的磷酸盐就没有溶解的机会。这种形态的磷，在没有去除其外层铁质胶膜前，很难发挥其有效作用。土壤中的闭蓄态磷在各种无机态磷形态中所占的比例是相当大的，尤其是在强酸性土壤中，往往超过 50%，而在石灰性土壤中也可以达到 15%～30%，但这时包被的胶膜可能不是氧化铁一类的物质，而是属于钙质的不溶性化合物。

三、土壤中磷素的转化

陆地生态系统中的磷除了小部分来自干湿沉降外，大多数来自土壤母质。磷与土壤矿物质紧密结合，除了随土壤侵蚀通过地表径流流失损失外，土壤中的磷的淋失损失几乎可以忽略不计。磷的循环主要在土壤、植物和微生物中进行，其过程为植物吸收土壤有机磷；动植物残体磷返回土壤再循环；土壤有机磷矿化；土壤固结态磷的微生物转化；土壤黏粒和铁铝氧化物对无机磷的吸附解吸，溶解沉淀等。

土壤磷的转化包括一系列复杂的化学和生物化学反应过程，归纳起来主要是沉淀和溶解反应、吸附和解吸反应，以及有机磷的矿化和无机磷的生物固定等。

1. 成土过程中磷的转化

土壤在自然成土过程中，随着成土时间的推移，矿物风化释放的磷被新生矿物吸附固定，使土壤钙结合态磷逐渐降低，铁、铝磷酸盐逐渐增加。风化程度较低的并有石灰反应的黄潮土和𪾢土，钙磷占的比重高，铁磷和铝磷的含量较少。随着成土过程的发展，风化程度高的砖红壤铁磷含量最高，其次是铝磷，钙磷的含量较少。风化程度居中的黄棕壤，无机磷组成介于前两者之间，属于过渡类型。同时，在转化过程中，有机磷随腐殖质的增加而积累，成为土壤中磷的重要部分。

2. 施入耕地土壤中的可溶性磷酸盐的转化

可溶性化学磷肥[$Ca(H_2PO_4)_2$]施入土壤后，很快转变为不溶性或缓效性磷，称为固磷作用。磷肥在土壤中的生物利用率一般只有 10%～20%，远较氮、钾肥的利用率低，这是因为施入土壤的可溶性磷与铁、铝氧化物和水化氧化物，层状铝硅酸盐、碳酸钙以及钙、铁、铝等发生沉淀反应和吸附反应。在石灰性土壤中，通过一系列的沉淀反应，最后成为羟基磷灰石或氟磷灰石。在酸性土壤中，最后则成为磷酸铁、磷酸铝。

3. 提高土壤磷有效性的途径

(1) 调节土壤酸碱度　土壤酸碱度是影响土壤固磷作用的重要因子之一。对酸性土壤，适当施用石灰调节其 pH 至中性附近(6.5～6.8)，可减少磷的固定作用，提高土壤磷的有效性。

(2) 增施有机肥　含有机质多的土壤固磷作用往往较弱，其原因是除了有机质矿化能提供部分无机磷外，还有下列作用：①有机阴离子与磷酸根竞争固相表面专性吸附点位，从而减少了土壤对磷的吸附；②有机物分解产生的有机酸和其他螯合剂的作用，将部分固定态磷释放为可溶态；③腐殖质可在铁、铝氧化物等胶体表面形成保护膜，减少对磷酸根的吸附；④有机质分解产生的 CO_2 溶于水形成 H_2CO_3，增加钙、镁磷酸盐的溶解度。

(3) 土壤淹水　土壤淹水后，磷的有效性明显提高，这是由于：①酸性土壤 pH 上升促使铁、铝形成氢氧化物沉淀，减少了它们对磷的固定；碱性土壤 pH 有所下降，能增加磷酸钙的溶解度；反之，若淹水土壤落干，则导致土壤磷的有效性下降。②土壤氧化还原电位(Eh)下降。高价铁还原成低价铁，磷酸低铁的溶解度较高，增加了磷的有效度。③包被于磷酸表面的铁质胶膜还原，提高了闭蓄态磷的有效度。

四、土壤生态系统中磷素的循环

磷在自然界中的循环是以磷酸盐(PO_4^{3-}、HPO_4^{2-}、$H_2PO_4^-$)的形式存在。它能以可溶性无机磷酸盐离子或作为其他有机物的一部分,或以各种可溶性的无机分子出现。但磷的终极来源是以某种岩石的形态存在的。这些养分通过岩石德丰华作用成为对植物有效的形态。

植物通过自己的根系获得可溶性的磷酸盐离子,并把它们合成生命组织,这些植物体最终由草食者或分解者所消费。牧草食物链中的生物尸体或被生物体排出的磷酸盐,大部分形成当地富磷的沉积物。

由于残体被分解者降解,进入残体食物链的有机物中的含磷组分,以无机离子的形式释放出来。有些磷酸盐化合物不易溶解,不能很快地从曾经结合成磷酸盐的沉积物中移走,而土壤中的磷酸盐化合物会与其他化合物反应形成不溶性的化合物或结合成黏土矿物,这样就降低了磷的有效性(图 6-1)。

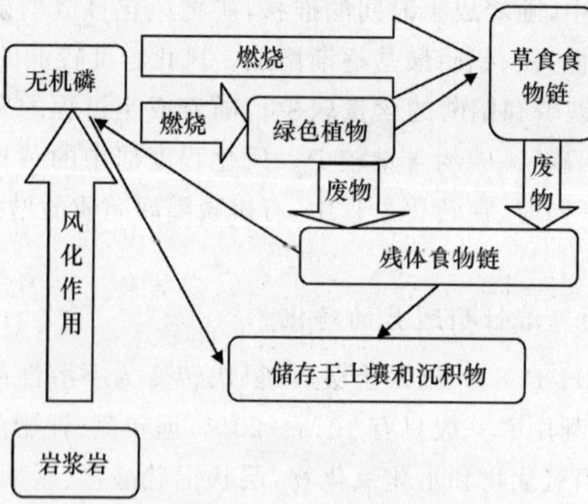

图 6-1　土壤磷素的循环

第二节　盐渍化土壤生态系统中磷素平衡

一、盐渍化土壤磷素的平衡

土壤有效磷含量低是盐渍化低产土壤的特点之一。曲周试验区位于河北省曲周县北部,属半干旱半湿润季风气候,长期受旱涝碱咸综合为害,是典型的浅层咸水型盐渍化地区。盐渍土有效磷含量一般为 2～5 $mg \cdot kg^{-1}$少者仅有 0.5～1.0 $mg \cdot kg^{-1}$,个别地块则近于零。所以在长期的盐渍化土壤改良和利用过程中,把施用磷肥提高土壤有效磷作为改良土壤,提高粮食产量的一项重要措施。生产实践中随着生产水平的不断提高,试验区磷肥施用量不断增加。这种情况一方面确实对试验区作物生长起到了巨大的作用;另一方面施用量的增加不仅加大了生产成本,同时,造成了肥料利用率的下降。本研究即是在长期定位试验的基础上,探讨长期施用化肥过程中土壤磷的积累与利用率。

长期施用磷肥过程中，磷素的平衡计算如表 6-1 所示。

表 6-1 土壤含磷量平衡表 P_2O_5, $kg \cdot hm^{-2}$

序号	处理	土壤磷含量平衡			土壤磷测定	
		投入量	输出量	平衡量	土壤有效磷	固定量
1	CK	0	184.05	−184.05	24.75	861.9
2	N_1	0	303.45	−303.45	24.45	880.65
3	N_2	0	316.5	−316.5	25.35	922.65
4	P_1	742.5	217.95	524.55	49.95	1 152.6
5	P_2	1 485	235.5	1 257	92.25	1 338.15
6	N_1P_1	742.5	510.45	232.05	33.15	931.2
7	N_1P_2	1 485	504.45	988.05	81	1 238.25
8	N_2P_1	742.5	579	163.5	40.65	995.85
9	N_2P_2	1 485	620.7	871.8	73.65	1 347*

从表 6-1 可以看出不施 P 的处理（包括 CK，N_1，N_2）中土壤磷平衡处于含量下降的趋势，且随着氮肥施用量的增加作物带走的 P 有所增加，从土壤实际测定看，无论有效磷，还是全磷，无明显的差异。单施磷的处理（P_1，P_2）中，磷积累量随着施用量增加而明显增加，土壤测定结果也有同样的趋势。从上述 5 个处理结果比较可以看出，由于养分配比不合理，作物产量较低，所带走的磷较低，单施磷处理中，平衡增加的磷，多数被土壤固定，固定态磷的含量有较大的增加。氮磷配合的 4 个处理，作物带走的磷含量明显增加 N_1（N_1P_1，N_1P_2）水平上，尽管磷肥施用量差 1 倍，但作物带走的磷并无太大的差异；而在 N_2（N_2P_1，N_2P_2）水平上作物带走的磷的差异明显增大；同时，可以看出 P_1 水平上，土壤中磷积累的幅度，特别是固定态磷的增加幅度增加的幅度远低于 P_2 水平的处理。

二、磷肥利用率

长期施用磷肥后表现出的磷肥利用率有较大的差异。从表 6-2 中可以看出单施磷没有氮肥的配合利用率极低，不足 30%，特别是施用高量磷肥的处理利用率仅有 16%。P_1 水平的利用率在氮肥配合下，利用率可高达 70% 左右，P_2 水平的利用磷的总量有所增加，但利用率下降，这也反映出报酬递减的规律。

表 6-2 连续 11 年施磷的磷肥利用率 P_2O_5, $kg \cdot hm^{-2}$

处理	磷肥投入总量	作物产出携带的 P_2O_5			磷肥利用率/%		
		小麦	玉米	合计	小麦	玉米	合计
P_1	742.5	92.55	125.4	217.95	12.46	16.89	29.35
P_2	1 485	101.4	134.1	235.5	6.83	9.03	15.86
N_1P_1	742.5	227.7	282.75	510.45	30.67	38.08	68.75
N_1P_2	1 485	233.25	271.2	504.45	15.71	18.26	33.97
N_2P_1	742.5	256.8	322.2	579	34.56	43.39	77.95
N_2P_2	1 485	284.85	335.85	620.7	19.18	22.62	41.80

秸秆还田结合施用磷肥能够极大地提高土壤速效磷的含量，如免 N_1P_3 秆$_2$ 处理即免耕，每公顷施用 150 kg P_2O_5 和 2 250 kg 秸秆的处理的表层土壤速效磷含量是对照的 8.47 倍，其他处理如翻$_2$ N_2P_3 秆$_1$、翻$_2$ N_1P_2 秆$_3$ 和翻$_1$ N_3P_3 秆$_3$ 等的速效磷含量也分别是对照处理的 5.14、5.00 和 3.20 倍，而下层土壤速效磷含量也相应增加，但幅度不大不同耕作方式之间土壤速效磷含量也有明显的差异，翻$_2$ 和免耕处理均比翻$_1$ 高，其表层速效磷含量分别是翻$_1$ 的 1.89 和 1.90 倍下层速效磷含量也有增加，分别是翻$_1$ 的 1.47 和 1.43 倍不同处理之间，下层速效磷含量没有明显的差异，相差不超过 3 个 $mg \cdot kg^{-1}$，而同处理的不同土层之间速效磷含量差异显著，且随着秸秆用量和磷肥用量的增加，差异很大(表 6-3)。

表 6-3　土壤养分测定结果(1996.10)

处理	采样深度/cm	速效磷(P_2O_5)/(mg/kg)
翻$_1$ N_1P_1 秆$_1$	0～20	5.1
	20～40	1.7
翻$_1$ N_2P_2 秆$_2$	0～20	7.7
	20～40	2.0
翻$_1$ N_3P_3 秆$_3$	0～20	16.3
	20～40	1.6
翻$_2$ N_1P_2 秆$_3$	0～20	25.5
	20～40	3.9
翻$_2$ N_2P_3 秆$_1$	0～20	26.2
	20～40	2.2
翻$_2$ N_3P_1 秆$_2$	0～20	3.3
	20～40	1.7
免 N_1P_3 秆$_2$	0～20	43.2
	20～40	3.9
免 N_2P_1 秆$_3$	0～20	2.3
	20～40	1.4
免 N_3P_2 秆$_1$	0～20	9.9
	20～40	2.3

二、磷素积累中磷的形态

供试土壤的磷素以无机磷为主，占全磷的 60%～80%，有机磷一般占 20%～40%。按蒋柏藩法，土壤无机磷分为 Al-P，Fe-P，O-P 和 Ca-P，并将 Ca-P 进一步分为 Ca_2-P，Ca_8-P，Ca_{10}-P。现将土壤各种形态磷的测定结果列表如下(表 6-4)。由表 6-4 可以看出：

表 6-4　不同处理各种形态的磷测定结果　mg/kg

处理	Ca_2-P 含量及%		Ca_8-P 含量及%		Al-P 含量及%		Fe-P 含量及%		O-P 含量及%		Ca_{10}-P 含量及%		合计 含量及%	
CK	20.88	2.94	57.62	8.12	40.58	5.72	25.05	3.53	162.32	22.87	403.31	56.82	709.76	100
N_1	20.58	2.67	62.75	8.13	42.17	5.46	23.43	3.04	202.81	26.27	420.17	54.3	771.91	100
N_2	21.44	2.77	61.81	7.98	42.71	5.51	30.15	3.89	224.12	28.93	394.6	50.2	774.69	100
P_1	42.13	5.14	126.38	15.41	84.42	10.29	49.65	6.05	125.38	15.29	392.7	47.82	820.13	100
P_2	77.81	8.59	262.55	28.98	102.07	11.27	16.73	1.85	40.16	4.43	406.2	44.8	905.94	100
N_1P_1	28.03	3.36	88.11	10.54	51.36	6.14	17.29	2.07	251.75	30.12	399.28	47.77	835.82	100
N_1P_2	68.41	8.19	213.78	25.60	95.07	11.38	14.25	1.70	40.24	4.83	403.41	48.30	835.16	100
N_2P_1	34.27	4.18	106.32	12.96	62.85	7.66	15.05	1.83	225.68	27.52	376.13	45.85	820.30	100
N_2P_2	62.19	5.82	251.75	23.57	93.95	8.80	32.93	3.08	222.67	20.84	404.71	37.89	1 068.2	100
平均	41.75	4.85	136.79	15.7	68.35	8.03	24.95	3	166.13	20.12	400.03	48.3	837.99	100

①供试土壤的无机磷组成以 Ca-P 为主，占无机磷的 69%，次之 O-P，占无机磷的 20%，Fe-P，Al-P 含量较低，而且比较相近，分别占 3%和 8%。②Ca-P 组成以 Ca_{10}-P 为主占无机磷的48%，Ca_8-P 次之，占无机磷的 16%，Ca_2-P 最少，占无机磷的 5%，与速效磷含量相近。③该供试土壤中，各种形态的无机磷含量，综合起来，其规律为：Ca_{10}-P＞O-P＞Ca_8-P＞Al-P＞Fe-P＞Ca_2-P。据沈仁芳、蒋柏藩等的研究石灰性土壤中无机磷组成与土壤肥力有密切关系，其中 Ca_2-P 和 Al-P 是最有效的，Ca_8-P 和 Fe-P 是迟效态的，O-P 是微溶性的，而 Ca_{10}-P 是无效的，他们已用生物实验予以证实。本研究对不同施肥条件下土壤无机磷各级形态进行研究表明：随着长期施磷水平的增加土壤无机磷总量水平提高，不同处理中无机磷总量结果比较如下，在同一施磷水平，施氮水平的高低对土壤含磷量有明显的影响，具体表现为两方面的影响，其一，施氮量增加土壤无机磷含量水平有降低的趋势，产生的原因在于作物产量提高，带走的磷增加，其二，作物根茬归还量随施氮水平提高有所增加，使土壤含磷量增加。相反，两个趋势的综合作用，产生了不同施氮水平上，土壤含磷差异的复杂性：P_1 水平上，无机磷总量 N_1P_1＞N_2P_1＞P，但含量接近，分别为 835.82 $mg \cdot kg^{-1}$ 和 820.13 $mg \cdot kg^{-1}$，而 Ca_{10}-P(难溶性磷)所占比例随着施氮水平的提高而降低，N_2P_1＜N_1P_1＜P_1，分别为 45.85%、47.77%和 47.82%；P_2水平上，无机磷总量，且含量差异较大分别为 1 068.2 $mg \cdot kg^{-1}$、905.94 $mg \cdot kg^{-1}$ 和 835.16 $mg \cdot kg^{-1}$，其中 N_2P_2 处理中总量明显增加，同时，难溶性的 Ca_{10}-P 所占的比例明显降低，Ca_2-P 所占比例也有所降低，而缓效类的 Ca_8-P 和 Fe-P 明显增加。

对于 Ca_2-P 含量而言不同施磷水平上，其含量和各自所占比例明显差异：Ca_2-P 含量表现为 CK、N 和 N_2处在同一水平，P_2、N_1P_2 和 N_2P_2 处于同一水平，而 P_1、N_2P_1 和 N_1P_1 可归于一类。随着施磷水平的提高其含量明显增加。在 Ca_8-P 中也有相类似的趋势。

由此可见：①含磷量较低的盐渍土经过长期的培肥，土壤含磷量有较大幅度的提高。随着磷肥施用量的增加，土壤中有效磷和全磷的累积量都有所增加，但氮磷配合合理时，磷的固定量相对降低。②土壤的磷素以无机磷为主，占全磷的 60%～80%，而无机磷组成中又以 Ca-P 为主，占无机磷的 69%，次之 O-P，占无机磷的 20%，Fe-P、Al-P 含量较低，而且比较相近，分别占3%和8%。由于盐渍土的碱性环境,大量的磷素被转化为无效的Ca_{10}-P,占无机磷的48%。因此,在盐渍土地区,大量施用磷肥必须有一定的限度。提高氮肥配比,有助于降低无效的Ca_{10}-P的比例。③作物对磷的需求能力并不因磷肥投入量增加而增加,它是综合作用的结果,产量水平高对磷的需求能力就大;相反,投入磷量增加作物吸收磷的比例下降,在一定施磷水平以上,磷肥的利用率随磷肥投入量的增加而下降,合理氮磷配比,提高作物产量,有助于磷肥利用率的提高。

第三节 盐渍化土壤磷素的移动性

磷是作物生长必需的营养元素。由于磷的利用效率低下,再加上长期大量施用磷肥而使得土壤中磷的累积量明显增加。起初,人们认为过量施用磷肥不会造成环境问题,这是因为土壤可以强烈吸收磷素,特别是在施磷量低和降雨少的地区。在长期种植牧草的地区,人们发现土壤全磷含量集中在表层土壤中,但有很少一部分可以移动到91.44 cm的土层(Roscoe,1960)。因此,很少有磷素从表层通过淋洗进入下层土壤的(Russell,1973)。使用高量的磷肥可以使磷素在0～30 cm土层积累,但很少能在深层土壤中积累(Knaflewski,et al.,1998)。

在加拿大萨斯喀彻温省南部的一个具有65年试验中,Hedley等发现耕地土壤全磷含量要比连续种植牧草的土壤磷的含量低29%,并且流失的磷素主要是有机态磷和残留的磷素。在集约化种植区,长期施用磷肥以后,磷素流失的潜力在增加(Sharpley et al.,1994; Sharpley,1995)。

Heckrath等(1995)在英国洛桑试验站研究了淋洗到埋藏于地下65 cm的排水管道中速效磷含量为7～110 mg/kg,并且认为磷素淋洗的临界值为57 mg/kg。此外,在英国的其他实验也发现,磷素淋洗的临界值为60 mg/kg(Hesketh and Brokes,2000)。为了满足作物需求而施入的磷肥,在施肥点溶于土壤水中,进而达到饱和,进而为磷的解吸创造了条件,而导致其淋洗(McDowell et al.,2001)。Maguire和Sims(2001)的研究表明,在农田土壤中通过淋洗流出的磷素量高于通过地表径流流失的磷素量。许多研究表明(McDowell and Sharpley,2001; McDowell,et al., 2000; McDowell, et al.,2001),通过淋洗流失的磷素量相当于或者高于地表径流或者水土流失带走的磷素量。

中国科学家正在关注土壤磷素流失所造成的海藻富营养化问题(Zhang,2002; Zhou and Zhu,2003)。磷素在土壤中的迁移在中国是一个重要的研究领域(Meek, et al.,1980; Schwab and Kulyingong,1989; Zhang and Ma,1995; Lu,et al.,1997; Liu,et al.,2000; Cho,2002)。类似的研究主要发生在南方的湖泊地区和水稻土地区。然而,在北方的盐渍土地区施肥导致磷素淋洗的报道很少。

20世纪80年代,许多因旱涝碱咸和沙化而被撂荒的低产土壤得以成功改良(石元春和辛德惠,1983)。在这些地区的土壤具有丰富的光热资源,对发展农业有巨大的潜力。

本研究的目的是探索1983—2007年间,长期施用磷肥对盐渍化土壤磷素淋洗的影响,进而为当地农民提供磷肥的施用指南。

一、对照区磷的变化

在对照区，土壤全磷的含量从分别从 1983 年的 0.60 g/kg(0～20 cm)和 0.52 g/kg(20～40 cm)下降到 2007 年的 0.54 g/kg(0～20 cm)和 0.47～0.50 g/kg(20～40 cm)。在土壤剖面上，全磷含量的变化表现出从 0～20 cm 到 60～100 cm 逐渐减少的趋势(表 6-5)。0～20 cm 土层的土壤速效磷含量表现出了从 20 世纪 70 年代的 0.5～1.0 mg/kg 增加到 2007 年的 6.4～8.6 mg/kg。此外，在 0～20 cm、40～60 cm、60～100 cm 土层的土壤速效磷含量高于 20～40 cm 土层的，这表明草本植物的根系主要从 20～40 cm 土层吸收磷素。

表 6-5　对照区土壤全磷和速效磷的含量　　cm，$g \cdot kg^{-1}$，$mg \cdot kg^{-1}$

土层深度	1983		2007	
	全磷	速效磷	全磷	速效磷
0～20	0.60	9.94	0.54	6.40～8.60
20～40	0.52	3.20	0.50～0.47	4.00～4.50
40～60	—	—	0.40～0.44	7.77～8.66
60～100	—	—	0.37～0.42	7.25～8.33

二、施用氮磷肥对土壤全磷的影响

在表层(0～20 cm)，施用磷肥的处理土壤全磷含量从 1983 年的 0.60 g/kg 增加到 2007 年的 0.64～0.96 g/kg，增幅达到了 6.67%～60%；在亚表层(20～40 cm)，土壤全磷含量从 1983 年的 0.52 g/kg 变化到 2007 年的 0.46～0.60 g/kg，变幅为－11.54%～15.38%(图 6-2)。

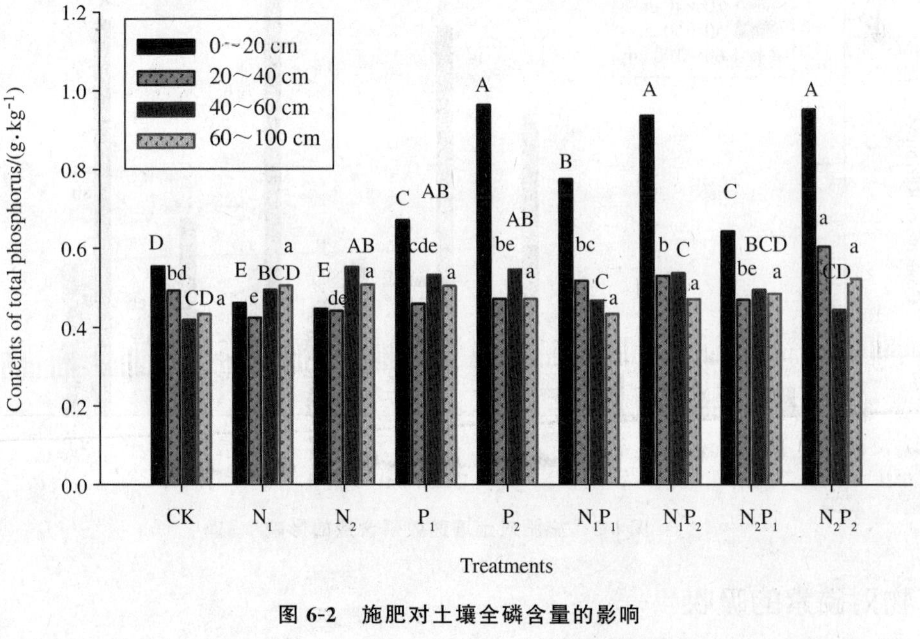

图 6-2　施肥对土壤全磷含量的影响

1983 年以来，在 P_2、N_2P_2 和 N_1P_2 处理的表层土壤全磷含量变化在 0.94～0.96 g/kg，明

显高于其他处理，其磷素的年均累积率达到了16.3～17.1 mg/kg。在20～40 cm土层中的全磷含量为0.60 $g\cdot kg^{-1}$，明显高于其他处理（$P<0.05$），其他处理之间差异不显著（$P>0.05$）。在40～60 cm土层，各处理土壤全磷含量变化在0.41～0.55 $g\cdot kg^{-1}$；在60～100 cm土层，土壤全磷含量变化在0.43～0.51 $g\cdot kg^{-1}$，这两个土层内各处理之间土壤全磷含量之间差异不显著（$P>0.05$）。

三、施用氮磷肥对土壤速效磷淋洗的影响

在0～20 cm土层，连续施用磷肥的处理中土壤速效磷含量从1983年的9.94 mg/kg增加到2007年的15.56～43.24 mg/kg，增加的幅度为56.53%～335.01%；在20～40 cm土层，连续施用磷肥的处理中土壤速效磷含量从1983年的3.20 mg/kg增加到2007年的6.68～15.03 mg/kg，增加的幅度为108.75%～369.69%（图6-3）。

在表层（0～20 cm）土壤中，施用高量磷肥的处理（P_2、N_1P_2、N_2P_2）土壤速效磷含量明显增加（$P<0.05$）；施用低量磷肥的处理中，N_1P_1与P_1、N_2P_1处理土壤速效磷含量差异明显（$P<0.05$），N_1P_1处理速效磷含量最低，但是趋势不明显。

在20～40 cm土层，处理P_2、N_1P_1、N_1P_2、N_2P_1和N_2P_2之间土壤速效磷含量差异不显著（$P>0.05$）；处理P_1、N_1、N_2和CK之间差异不显著（$P>0.05$）。

在40～60 cm土层，N_2P_2处理的土壤速效磷含量明显高于其他处理（$P<0.05$）；其他处理之间差异不显著。

在60～100 cm土层，P_2、N_1P_1、N_2P_1、N_2P_2处理与CK处理之间差异不显著；N_1P_2处理和N_1、N_2、P_1处理之间的土壤速效磷含量也没有显著性差异。

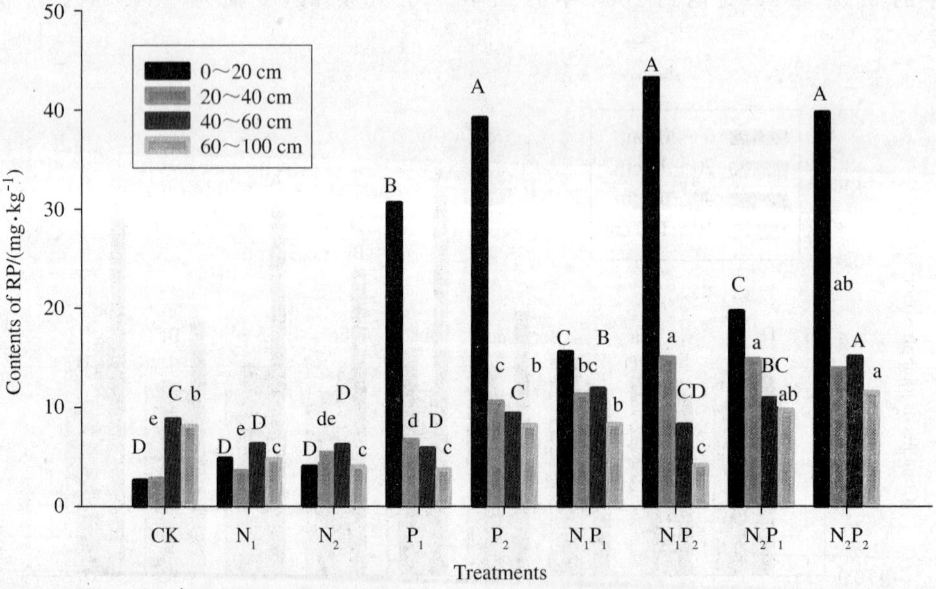

图6-3　施肥对土壤速效磷含量的影响

四、作物对磷素的吸收

在长期施肥的条件下，N_2P_2处理中小麦和玉米从土壤中吸收的磷素达到了

63.61 kg·hm^{-2}·年$^{-1}$，明显高于其他处理（$P<0.05$），N_2P_1处理除外；N_1P_1、N_1P_2处理中小麦的吸收磷的量（54.31，55.85 kg·hm^{-2}·年$^{-1}$）明显高于CK、N_1、N_2、P_1、P_2处理的吸收磷素的量（11.54～19.73 kg·hm^{-1}·年$^{-1}$）（$P<0.05$），P_2处理除外。在N_2P_2、N_2P_1、N_1P_2、N_1P_1处理中，玉米吸收的磷素分别达到了60.35、57.54、55.70、55.34 kg·hm^{-2}·年$^{-1}$，明显高于CK、N_1、N_2、P_1、P_2处理（22.37～30.57 kg·hm^{-2}·年$^{-1}$）（$P<0.05$），P_2、P_1处理中的玉米吸磷量（30.57、30.24 kg·hm^{-2}·年$^{-1}$）明显高于CK处理（22.37 kg·hm^{-2}·年$^{-1}$）（$P<0.05$）。

进一步研究表明：在氮磷肥配合施用的处理（N_1P_1、N_1P_2、N_2P_1、N_2P_2）中，小麦和玉米从土壤中吸收的磷素达到了109.65～123.96 kg P_2O_5 hm^{-2}·年$^{-1}$，明显高于单施用磷肥和不施用磷肥的处理（CK、N_1、N_2、P_1、P_2）（$P<0.05$）；单施用磷肥的处理（P_1、P_2）又高于不施用磷肥的处理（CK、N_1、N_2）（$P<0.05$）；单施用氮肥的处理（N_1、N_2）又高于不施用任何肥料的处理（CK）（$P<0.05$）。

在不施用磷肥的处理中，如CK、N_1和N_2处理中土壤速效磷的含量每年减少34.46～40.93 kg·hm^{-2}·年$^{-1}$；而单施磷肥的处理，如P_1、P_2处理，土壤速效磷含量则增加17.53、84.93 kg·hm^{-2}·年$^{-1}$。施用低量磷素和氮肥的处理，如N_1P_1和N_2P_1处理，土壤磷素年均减少42.15、46.38 kg·hm^{-2}·年$^{-1}$；而施用高量磷素和氮肥的处理，如N_1P_2和N_2P_2处理，土壤磷素年均增加23.45、11.04 kg·hm^{-2}·年$^{-1}$（表6-6）。由此可见，在N_1P_1和N_2P_1处理中，小麦和玉米吸收的磷素明显高于施入的磷肥量，换句话说磷肥的施用不能满足作物对磷素的吸收，作物要完成其生活周期，必须从土壤中吸收一些磷素。在N_1P_2和N_2P_2处理中，磷肥的施用量高于作物的需求量和土壤中磷素的含量。这一结果显示：平衡施肥的量应当是完成作物生命周期所吸收的量，因此，我们认可在盐渍化土壤中，为了提高土壤肥力，又不至于造成磷素的流失，磷肥的施用量应当是135 kg·hm^{-2}比较合适。

表6-6　作物吸收的磷素量　　kg·hm^{-2}·年$^{-1}$

处理	CK	N_1	N_2	P_1	P_2	N_1P_1	N_1P_2	N_2P_1	N_2P_2
小麦	12.09de	11.54e	12.85cde	19.73c	19.50cd	54.31b	55.85b	56.34ab	63.61a
玉米	22.37C	27.75BC	28.08BC	30.24B	30.57B	55.34A	55.70A	57.54A	60.35A
小麦＋玉米	34.46	39.29	40.93	49.97	50.07	109.65	111.55	113.88	123.96
磷肥施用量	0	0	0	67.5	135	67.5	135	67.5	135
土壤磷素平衡	－34.46	－39.29	－40.93	17.53	84.93	－42.15	23.45	－46.38	11.04

Note: CK = no fertilizing fertilizer; N_1 and N_2 = fertilizing 270 and 540 kg N hm^{-2}·year^{-1}, respectively; P_1 and P_2 = fertilizing 67.5 and 135 kg P_2O_5 hm^{-2}·year^{-1}, respectively. Bars with the same uppercase letter(s) and lowercase letter(s) indicate no significant difference at $P<0.05$. The amount of phosphorus uptaken by crop was accumulated using the average yield of wheat and maize from 1984—2007 and for every 100 kg yield formation needs the amount of P_2O_5.

五、讨论

在对照区，从20世纪70年代到2007年土壤全磷含量和速效磷含量的变化与其盐分含量有一定的相关性。在20世纪70年代，0～20 cm土层，土壤含盐量为6～10 g·kg^{-1}，而土壤速效磷含量变化从2.0～3.0 mg·kg^{-1}到0.5～1.0 mg·kg^{-1}，甚至低到零。在盐渍化土壤中，除去一般性的$CaCO_3$以外，还有较大量的石膏（$CaSO_4 \cdot 2H_2O$）和$CaCl_2 \cdot 6H_2O$等溶解度较

$CaCO_3$更大的钙盐，以供应较多的 Ca^{2+}，进而与土壤中的 HPO_4^{2-} 和 $H_2PO_4^-$ 结合形成难溶性的磷酸钙盐，而降低了磷肥的有效性。在 1983 年，包括抽咸补淡（适宜的灌排措施）在内的农田修复和管理策略可以有效地减少农田土壤中的盐分含量到 1.02 g·kg^{-1}。通过这些措施的实施，试验地的全盐含量和盐分离子含量（Cl^- 除外）明显低于曲周县农田的平均含量（表 6-7）。减少土壤盐分含量可以促进土壤全磷向土壤速效磷的转化，从而促进土壤速效磷含量的增加。因此，自然生态区可以促进土壤中磷的循环和保留的盐生植被区全磷的释放，在不施用磷肥的对照区土壤全磷和速效磷含量也表现出了下降的趋势。总之，在对照区植物不能吸收足够的养分来满足其正常的生长，因此，其根系生长缓慢，根量减少。

经测定，2007 年对照区 0～20 cm 土层土壤全磷含量为 0.54 g·kg^{-1}，惊奇的是，其他试验也得出了同样的结论，如洛桑实验站持续种植小麦 101 年（1843—1944 年）以后，对照区土壤全磷含量为 0.58 g·kg^{-1}；英国的萨克斯曼德姆实验站轮作 57 年（1899—1956 年）厚，对照区土壤全磷含量为 0.42 g·kg^{-1}；在 Hoosfield 实验站，连续种植大麦 93 年（1882—1975 年）的试验地，对照区土壤全磷含量为 0.55～0.57 g·kg^{-1}。这些数据显示：无论在何地，在自然植被条件下或者长期种植作物而不施用磷肥，土壤全磷含量趋于稳定在 0.40～0.60 g·kg^{-1} 范围内。

换言之，在不施用磷肥的条件下，施用氮肥可以促进 0～20 cm 和 20～40 cm 土层土壤磷素的缓慢释放。

表 6-7　试验地和农田中土壤全盐和盐分离子的含量　g·kg^{-1}

项目	HCO_3^-	Cl^-	SO_4^{2-}	Ca^{2+}	Mg^{2+}	$K^+ + Na^+$	Total salt
试验地	0.27	0.19	0.29	0.08	0.03	0.21	1.06
农田	0.28	0.18	0.44	0.11	0.04	0.30	1.21

由于磷肥的施用，土壤表层磷素有所积累，并且随着施磷量的增加，土壤表层磷素的积累量明显增加。磷素在土壤剖面明显积累的结果部分或全部的原因是在吸附点的磷素饱和所致。土壤中磷的淋洗也可以发生，并且随着磷肥施用量的增加而淋溶损失加强。

一些农业活动是引起磷素淋洗到亚表层的主要原因，这主要是环境因素。在耕作土壤中磷素的淋洗可能污染地下水，这种风险会随着普遍的农业措施的实施而增加土壤中磷素的饱和度，根区土壤的扰动等。在华北地区的暖温带季风气候区，磷素通过淋洗而损失的事实是相对于早期的土壤磷素很少扩散到施肥点周边 3～5 cm 的范围的信念。

在施用 P_1 水平上，磷素的淋失随着氮肥施用量的增加而增加；但是在 P_2 水平上，N_1P_2 处理中的磷素淋失发生在 20～40 cm 土层内。这一结果显示在肥料颗粒或液滴的内部或周围接近饱和的溶液，以及最初的磷素扩散不超过 3～5 cm，但是我们的长达 24 年的定位试验结果显示长期施用磷肥可以导致磷素在 0～100 cm 土层积累，并且可以发现受磷肥的施用量和氮磷比例的影响，磷素可以从表层淋洗到亚表层，甚至达到 60～100 cm 土层中。

六、结论

在集约化农业生产过程中，保留的对照区和不施用磷肥的小区，24 年来土壤全磷含量趋向于 0.40～0.60 g·kg^{-1}。在保留的对照区，土壤速效磷含量从 20 世纪 70 年代的 0.5～

1 $mg \cdot kg^{-1}$增加到2007年的6.40～8.60 $mg \cdot kg^{-1}$。在长期定位试验中，表层土壤全磷和速效磷含量分别达到了0.96 $g \cdot kg^{-1}$和43.24 $mg \cdot kg^{-1}$。在暖温带季风气候区24年的试验区内，土壤速效磷的积累区可以随着磷肥施用量的增加和氮磷配比变化而从表层移动到亚表层，甚至到40～100 cm土层。平衡施肥的量应当是作物完成其生活周期所吸收的养分量和农业生产过程中不可避免的磷素淋失量的总和，在盐渍化土壤区，这个量为67.5 $kg \cdot hm^{-2}$，然而，为了持续提高土壤肥力，这个量以135 $kg \cdot hm^{-2}$为最合适。

第四节　施肥与耕作对盐渍化土壤磷素的影响

盐渍土改良后，开展了长期定位试验，对土壤磷素的演变规律进行了系统的测定和研究，得出了一些很有价值的结论。

一、长期施用氮、磷肥对土壤速效磷含量的年际变化

盐渍土改良以后的1983年，开始布置了氮磷肥配比的长期定位试验。试验设9个处理，3次重复。每季作物收获后，采集0～20 cm和20～40 cm土层的土样，以便测定土壤养分含量。

由表6-8可知：在0～20 cm土层中，长期不施用磷肥的CK处理，土壤速效磷含量从20世纪80年代到2010年代表现出了减少的趋势；而同样不施用磷肥的N_1和N_2处理，也表现出了同样的趋势，同时因氮肥的施用改变了土壤的微环境，促使土壤全磷转化为速效磷，从而使得2010年代土壤速效磷含量高于CK处理的。在使用磷肥的P_1处理中，土壤速效磷含量从20世纪80年代到2010年代表现出了明显的增加趋势；而各年代P_2处理中土壤速效磷的含量明显高于P_1处理；在20世纪90年代的土壤速效磷含量明显高于20世纪80年代的，但是随后则表现出减少的趋势，这可能是由于磷肥用量的增加，而导致磷素的淋洗所致。在氮磷配比的处理中，施低量氮素（N_1）的处理中，N_1P_2处理的土壤速效磷含量在各年代都高于N_1P_1处理，且有提高的趋势；在施高量氮素（N_2）的处理中，N_2P_2处理的土壤速效磷含量在各年代都高于N_2P_1处理，且有提高的趋势；施低量磷素（P_1）的处理中，N_1P_1处理的土壤速效磷含量高于N_2P_1处理；在施高量磷素（P_2）的处理中，N_2P_2和N_1P_2处理的土壤速效磷含量在各年代相差无几。

表6-8　长期施用氮、磷肥对土壤速效磷含量的影响　　0～20 cm，$mg \cdot kg^{-1}$

年代	CK	N_1	N_2	P_1	P_2	N_1P_1	N_1P_2	N_2P_1	N_2P_2
1980's	4.59	5.60	5.30	12.21	26.50	9.56	14.92	7.00	14.29
1990's	4.91	4.93	6.65	15.13	34.93	9.82	14.36	7.57	15.81
2000's	2.91	7.20	4.47	19.38	34.23	9.95	23.57	10.87	20.68
2010's	2.22	4.48	3.65	21.38	28.26	8.16	20.03	8.12	21.24

在20～40 cm土层中（表6-9），土壤速效磷含量普遍低于0～20 cm土层中的含量（表6-8）。P_2处理中的土壤速效磷含量从20世纪80年代到2010年代的30年时间内都处于较高水平，但是年际之间变化不大，甚至有减少的趋势，说明土壤磷素有可能发生淋洗，导致其下移。

N_1P_2和N_2P_2处理的速效磷含量表现出从20世纪80年代到1990年代积累不明显，而从2000年代到2010年代表现出了明显的积累趋势。其他各处理土壤速效磷含量随年代的变化不明显。

表 6-9 长期施用氮磷肥对土壤速效磷含量的影响 20～40 cm，mg·kg⁻¹

年代	CK	N_1	N_2	P_1	P_2	N_1P_1	N_1P_2	N_2P_1	N_2P_2
1980's	3.23	4.58	3.98	4.47	8.31	4.44	4.14	3.78	5.11
1990's	3.87	3.86	5.15	3.93	7.34	4.00	4.94	3.60	4.67
2000's	3.21	3.46	4.75	5.84	7.97	6.11	8.34	8.10	9.23
2010's	2.83	2.53	3.99	4.60	6.82	5.66	7.53	5.86	8.07

二、长期耕作和施肥对土壤速效磷含量的年际变化

本试验采用4因素3水平的正交设计，四因素为施用氮肥、磷肥、秸秆还田和不同的耕作方式，试验开始于1985年。经过30多年的试验得出如下结论：

由表6-10可知：0～20 cm土层，随着施磷量的增加，土壤中速效磷的含量有明显的增加趋势，只是不同年代之间由于测定误差导致一些测定结果的异常。在20～40 cm土层，不同的施磷量之间土壤速效磷含量差异不大。

表 6-10 长期施用磷肥对土壤速效磷含量的影响 mg·kg⁻¹

处理	1980's		1990's		2000's		2010's	
	0～20 cm	20～40 cm	0～20 cm	20～40 cm	0～20 cm	20～40 cm	0～20 cm	20～40 cm
P_1	7.82	3.94	10.64	5.65	4.81	5.80	3.44	3.43
P_2	5.86	3.98	12.86	7.99	11.51	4.67	11.46	4.85
P_3	10.02	2.44	18.95	7.06	19.15	7.96	20.80	4.55

由表6-11可知：在0～20 cm土层中，随着年代的延长，土壤速效磷含量都有增加趋势。在20～40 cm土层中，随着年限的延长，土壤速效磷含量有波动性变化。进一步研究表明，秸秆施用量的多少对土壤速效磷含量的影响不大，这可是随着秸秆施用量的增加，作物产量进一步增加，而从土壤中带走了更多的磷素所致。

表 6-11 长期秸秆还田对土壤速效磷含量的影响 mg·kg⁻¹

处理	1980's		1990's		2000's		2010's	
	0～20 cm	20～40 cm	0～20 cm	20～40 cm	0～20 cm	20～40 cm	0～20 cm	20～40 cm
S_1	8.39	3.45	10.33	6.24	11.64	5.21	11.87	4.37
S_2	9.42	3.45	17.37	7.88	10.12	8.10	10.48	3.84
S_3	5.89	3.46	14.75	6.58	13.71	5.12	13.35	4.62

由表6-12可知：在0～20 cm土层中，随着年代的延长，土壤速效磷含量都有增加趋势。在20～40 cm土层中，随着年限的延长，土壤速效磷含量有波动性变化。进一步研究表明，秸秆覆盖和少耕有利于土壤磷素的积累，这可是由于秸秆覆盖和少耕减少了对土壤结构的破坏，

也就减少了速效磷转化为其它形态的可能性。

表 6-12　不同耕作方式对土壤速效磷含量的影响　　mg•kg^{-1}

处理	1980's		1990's		2000's		2010's	
	0～20 cm	20～40 cm	0～20 cm	20～40 cm	0～20 cm	20～40 cm	0～20 cm	20～40 cm
T_1	6.62	3.07	11.67	7.31	11.20	4.05	9.63	5.17
T_2	6.74	3.89	15.87	6.11	11.85	5.69	14.95	3.79
M	10.30	3.41	14.90	7.29	12.42	8.68	11.12	3.88

总之，土壤速效磷的积累主要还是依靠磷肥的施用，秸秆还田和耕作方式只是起到活化难溶性磷或者减少速效磷素无效化的进程。

参考文献

[1] 牛灵安，郝晋珉．盐渍化土壤肥力演变规律研究．土壤通报，2001，32(增)：41-45.

[2] Cahn M D，Hummel J W，Brouer B H. Spatial analysis of soil fertility for site-specific crop management. Soil Sci. Soc. Am. J.，1994，58：1240-1248.

[3] 刘建玲，张凤华．土壤磷素化学行为及影响因素研究进展．河北农业大学学报，2000，23(3)：36-45.

[4] Subbarao A. Residual effcets of phosphorus applied to soybean or wheat in a soybean-wheat cropping system on a typic haplustert. Joural of Agriculture Science Cambridge，1996，127：325-330.

[5] Schwab A P，Kulyingong S. Changes in phosphate activities and availability indexes with depth after 40 years of fertilization. Soil Science，1989，147(3)：179-186.

[6] Mekenzie R H，Stewart J W B，Dormaar J F. Long-term crop roration and fertilizer effects on phorphorus transformations in a chernozemic soil. Can J. Soil Sci，1992，72：569-579.

[7] 索东让，王平．土壤磷素对作物产量及供磷能力的影响．土壤通报，2002，33(4)：316-317.

[8] 孟庆华，王琪贞，何明荣，等．山东省高产农田磷素组成及其有效性．山东农业大学学报，1996，27(1)：67-72.

第七章　盐渍化土壤生态系统中的钾素

第一节　土壤钾素的形态、来源、分类

一、土壤钾的含量及其影响因素

钾是作物生长不可缺少的营养元素。土壤含钾量的表示方式有两种:一种是用氧化钾(K_2O)来表示;一种是以元素钾(K)来表示。两者的换算关系为:$K_2O \times 0.83 = K$,或者 $K \times 1.20 = K_2O$。遵照现代国际趋势,统一以元素钾(K)为标准来说明各种形态钾的含量。

在陆地生态系统中,钾素的含量也很高,据统计,岩石圈中钾的含量达到了24.5 g/kg。岩石经过风化、迁移和成土过程,逐渐发展成为土壤,钾的含量基本处于减少的趋势。就我国现有大量资料而言,以华南砖红壤地区土壤全钾含量为最少,平均不到5 g/kg;赣、浙、湘、鄂一带的低丘红色土壤及川、黔、滇、桂一带的山地黄壤和由石灰岩发育的红色土壤次之,它们的平均含量在10 g/kg左右;而西北、华北、东北黄土母质地区的旱地土壤则含钾量较多,一般均在15 g/kg以上。

以上是我国土壤含钾量的一般变化范围,但在同一土壤地带或同一土类,其全钾含量还有相当大的差异。判断土壤含钾量的高低,主要从下列几方面的因素来考虑。

1.母质

土壤中的钾主要来自矿物质部分,因此,土壤中的全钾含量和母质的矿物学组成有直接的关系。土壤和母质的含钾矿物主要有三大类。

(1)钾长石类　钾长石类包括正长石和钾微斜长石,其代表分子式为:$KAlSi_3O_8$。

(2)云母类　云母类包括白云母,其代表分子式为:$KAlSi_3O_{10}(OH)_2$,以及黑云母,其代表分子式为:$KAl(Mg \cdot Fe)_3Si_3O_{10}(OH)_2$。

(3)次生黏土矿物　次生黏土矿物所含有的钾较为丰富,主要是水化云母(伊利石类),其次如蛭石、绿泥石等也往往含有一定数量的钾。

2.风化及成土条件

同样母质,由于风化程度及成土条件的不同,也能使土壤含钾量有高低之分。高温、多雨地带,风化和淋溶强度大,矿物中的钾易于释放出来而受雨水淋失。寒冷、干旱地带,矿物中的钾即难以风化出来,也不易淋失。上述我国土壤全钾含量的分布之所以有从南向北递增的一般规律,这就是主要原因之一。

3.质地

一般土壤中各粒级的全钾含量,因粒径的减小而递增。换言之,即黏粒的全钾含量高于粉

粒，而粉粒又高于砂粒。正因为如此，所以在相同土区中，质地黏重的土壤含钾量一般高于沙质土。

4. 耕作及施肥情况

不同耕作施肥制度及土壤管理措施对于土壤中钾的含量，显然会产生不同影响。一般而言，这种影响主要是在土壤速效钾部分。例如，长期种植豆科植物而不增施钾肥，则土壤中的速效钾含量要迅速下降。棉花、薯类作物、烟草、甘蔗以及甜菜等，都是耗钾较多作物。因此，这些作物的多年连作也往往会导致土壤缺钾。但实行秸秆还田，或经常把烧土、焦泥、灰肥等施入土中，则对土壤中钾素的补给会产生重要作用。

二、土壤钾的形态及其有效性

土壤钾按照化学组成可分为矿物钾、非交换态钾、交换态钾和水溶性钾。按植物营养有效性可分为无效钾、缓效性钾和速效性钾。

1. 水溶性钾

以离子形态存在于土壤溶液中的钾，其浓度通常变化于万分之几到千分之几的当量浓度范围内。它代表了最易被植物吸收利用的钾的形态。

2. 交换性钾

这是吸附于胶体表面的钾离子，但受胶体负电荷的影响而不能自由活动。它通过解离或交换能释放出 K^+ 离子，而和溶液中的 K^+ 离子保持动态平衡。实质上这种解离或交换，主要是通过胶体电解质的部分水解而促成的。

所谓的交换性钾和水溶性钾，随时都处在平衡和转化过程中，彼此之间，实际上无固定量的界限，很难严格区分。我国各地土壤交换性钾量一般在 40～200 $mg \cdot kg^{-1}$，高的有超过 300 $mg \cdot kg^{-1}$ 者，低的也有低于 20 $mg \cdot kg^{-1}$ 的。但总的来说，土壤中的交换性钾量很少超过全钾含量的 1.5%的。鉴于土壤中的交换性钾是土壤速效钾的主要来源，所以它在土壤中的含量备受关注。

3. 非交换态钾

非交换态钾又称缓效态钾，是指存在于膨胀性层状硅酸盐矿物层间和颗粒边缘上的一部分钾。主要包括黑云母、水化云母(伊利石)以及蛭石、绿泥石-蛭石、云母-蒙脱石等矿物中的钾。非交换性钾可分为两类：一类是天然层状况无间固有的钾，如黑云母和伊利石中的层间钾；另一类是由吸附在矿物表面的交换态钾或溶液钾转化而来的。后者因负电性而将钾吸附在 2∶1型黏粒矿物如蛭石、蒙脱石及一些过渡矿物的表面上，在成土过程中转入矿物层间或颗粒边缘，转化为非交换性钾。土壤中的交换钾一旦被固定后，它的生物有效性降低，但在一定条件下仍可以逐渐解释，供作物吸收利用，所以又称缓效性钾。非交换性钾一般只占土壤全钾的 2%～8%。不同土壤的非交换性钾含量相差很大，以高岭石和铁铝氧化物为主的红壤、砖红壤，有时低于 40 mg/kg，含水化云母较多的土壤，可高达 1 000 $mg \cdot kg^{-1}$。非交换性钾含量是评价土壤供钾潜力的重要指标。

4. 矿物钾

土壤矿物钾是土壤中含钾原生矿物和含钾次生矿物的总称。主要包括钾长石、微斜长石、黑云母等原生矿物,以及伊利石、蛭石等次生矿物。在土壤学上把那些存在于矿物晶格中或者深受晶格束缚的矿物钾称为结构钾。基于这一概念,钾长石、钾微斜长石、白云母、黑云母等矿物极难风化,属于结构钾,而伊利石、蛭石及部分易风化黑云母的钾,一般不归在矿物态钾中,是植物有效钾的储备库,而归在非交换态钾中。土壤矿物钾一般占全钾含量的92%～98%,在植物营养上不能为植物利用,属于无效钾。

三、土壤钾的转化及其影响因素

土壤钾的转化包括钾的固定和释放。土壤中钾的释放是指土壤中非交换态钾转变为水溶态钾的过程。它关系到土壤中速效态钾的供应和补给问题,是土壤中重要的供肥机制之一。土壤中钾的固定是指速效钾转化为缓效钾的过程。代换性钾离子以静电吸力被吸附于黏粒矿物的表面上,在库仑力的作用下,必然要和黏粒矿物内部的阴电荷点的距离尽量接近。2∶1型矿物晶片的上下表面都由硅四面体所构成,每六个四面体连接成六角形的蜂窝孔穴,孔穴的直径约为2.8 Å,这个直径恰巧能容纳钾离子进入其间,所以当交换性钾离子一旦落入这一孔穴内,而其上又被另一晶片的孔穴所重叠,当两者覆盖起来,形成闭合的孔穴时,它就被闭蓄在这一孔穴里而暂时失去了被交换出来的机会。这样,它便成了所谓固定态的钾。

1.土壤钾素的释放

土壤钾素的释放,首先是由自然因素引起的,但也可用认为措施来促进它。以下事实可以充分证明土壤中存在着钾的自然释放过程。

(1)农业土壤在作物收割后,分析其交换性钾量往往会发现有所下降。这显然是由于作物吸收消耗的结果,是正常现象。但如果让这种交换性钾水平很低的土壤休闲一段时间,例如冬闲到春播前,再分析其所含交换性钾量,则又会发现它有显著的增加,有向原来水平恢复的趋势。

(2)用稀酸把土壤中原来的交换性钾洗去,再把酸洗净,然后把土壤储存起来,经过一段时间后,它的交换性钾量也会增加,而且随着时间的延长,会逐渐恢复到原来的交换性钾的含量水平。

(3)在施肥量严格控制的长期试验区,统计各级作物收获中的含钾总量,常常会发现它显著地超过了土壤中的交换性钾和水溶性钾的总量。这证明了在试验过程中,土壤中一定有相当数量的非交换态钾释放出来而成为速效钾,其释放量因时间的延长而增加。

2.土壤钾的固定

影响土壤钾素固定的因素有:

(1)黏粒矿物的类型　土壤中钾的固定是由于2∶1型层状硅酸盐的特殊晶格结构引起的,固钾能力由大到小次序为蛭石＞拜来石＞伊利石＞蒙脱石。1∶1型黏粒矿物(如高岭石)的两个晶片相重叠时不可能形成六角形网眼,不能产生固钾作用。

(2)土壤质地　含2∶1型层状硅酸盐黏粒矿物的土壤,质地越黏重,其股价能力越强。

(3)土壤水分条件　土壤干湿变化对钾的固定的影响因土壤速效钾含量不同迥然有别,速效钾含量丰富时,土壤失水变干,尤其是在高温下的强烈干燥,能显著促进钾的固定。土壤保持适度湿润,钾的固定大大减弱。含速效钾丰富的土壤,频繁的干湿交替有利于钾的固定,但速效钾含量低的土壤不仅不会固定,还可以发生释放钾的现象。

(4)土壤的酸碱度　酸性土壤的水化铝离子,常聚合成为大型的多价阳离子,吸附于黏粒矿物表面。由于这些聚合离子体积较大,一方面对晶片表面的蜂窝状孔穴产生阻塞作用,防止钾离子进入孔穴内,同时又发挥"楔子"作用,把相邻两晶片撑住,使它们不能闭合在一起,从而增大了晶片之间的距离,使酸性土壤的固钾能力小于碱性土壤。但另一方面也有一些试验证明:某些土壤(如蒙脱型黏粒矿物)在酸性土壤情况下,其固钾量反而大于碱性土壤,这可能是由黏粒矿物本身的特性不同引起的。

四、土壤生态系统中钾素的循环

对植物生长有实际意义的钾素是速效性钾(包括交换态钾和水溶态钾)及缓效态钾,其中交换态钾是植物在土壤中所赖以营养的主要钾源。在一个生长季节里,植物生长所需要的钾素能否得到满足,主要看这一形态的钾数量,而存在于土壤溶液中的钾浓度,实际上也是由交换性钾所控制的。应指出的是,土壤溶液中的水溶性钾虽然可以直接被植物吸收,但它易于随水流失,故这部分钾过多,并不利于钾素的保存。缓效态钾作为速效钾的储库是具有重要意义的(图 7-1)。

为了保证作物生长期间土壤中速效性钾的充分供应,在土壤管理及施肥措施上,应尽量注意防止钾的固定和淋失,并设法促进钾的释放。例如,根据作物生长需要,对旱地以维持土壤适度湿润为原则,计划用水、防止干旱,特别是应注意保持根域土壤的湿润状态,以减少钾的固定。

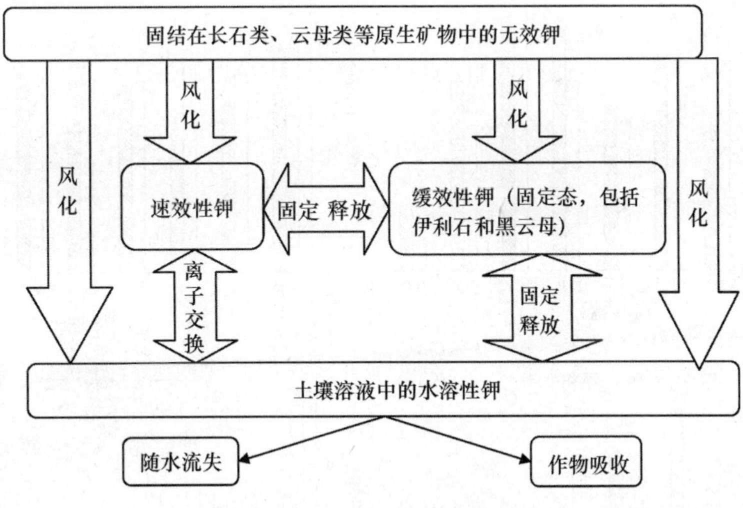

图 7-1　土壤生态系统中钾的循环

第二节　盐渍化土壤生态系统中钾素的形态特征

国内外关于钾肥的长期定位试验的研究很多,而对于长期定位试验中不施钾肥和秸秆还田结合免耕的土壤钾素变化鲜见报道。针对冬小麦-夏玉米轮作这一华北地区主要的种植制度，本研究就氮磷肥配比和免耕培肥这两个长期定位试验，研究了不施化学钾肥土壤不同形态钾素的现状及变化趋势，为合理施用钾肥和培肥土壤供理论依据，同时为提高钾矿资源利用率实现农业可持续发展做一定贡献。

一、不同氮磷肥配比条件下土壤钾素的平衡

土壤全钾(TK)是矿物钾(MK)、缓效钾(SK)和速效钾(RK)的总和，从图 7-2-A、图 7-2-B 可以看出无论是 0～20 cm 土层，还是 20～40 cm 土层的土壤矿物钾和全钾变化基本一致，且二者的相关性极好($R=0.996^{**}$，$R=0.996^{**}$)，这主要是由于土壤钾素绝大部分是以矿物钾形态存在，矿物钾占全钾的 90%～98%，矿物钾只有经过长期风化过程才能缓慢释放为作物吸收利用，封克的研究指出：当缓效钾下降到一定程度后，由矿物钾为作物生长提供的钾素会增加，说明长期不施钾肥的情况下，土壤矿物钾是作物的“有效钾源”。进一步研究表明：尽管 27 年没有外源钾的投入，各处理间各土层(0～20 cm 和 20～40 cm)土壤 TK 和 MK 含量差异并不显著($P>0.05$)，基本上在 18 g·kg^{-1} 和 17 g·kg^{-1} 左右，这主要是由于土壤钾库较大，缓冲能力强，因此，也有学者提出在生产实践中，可以通过一定措施促进土壤钾有效化，充分利用土壤钾以满足作物生长的需求，来缓解我国钾肥资源不足的矛盾，然而由于生物长期消耗，随

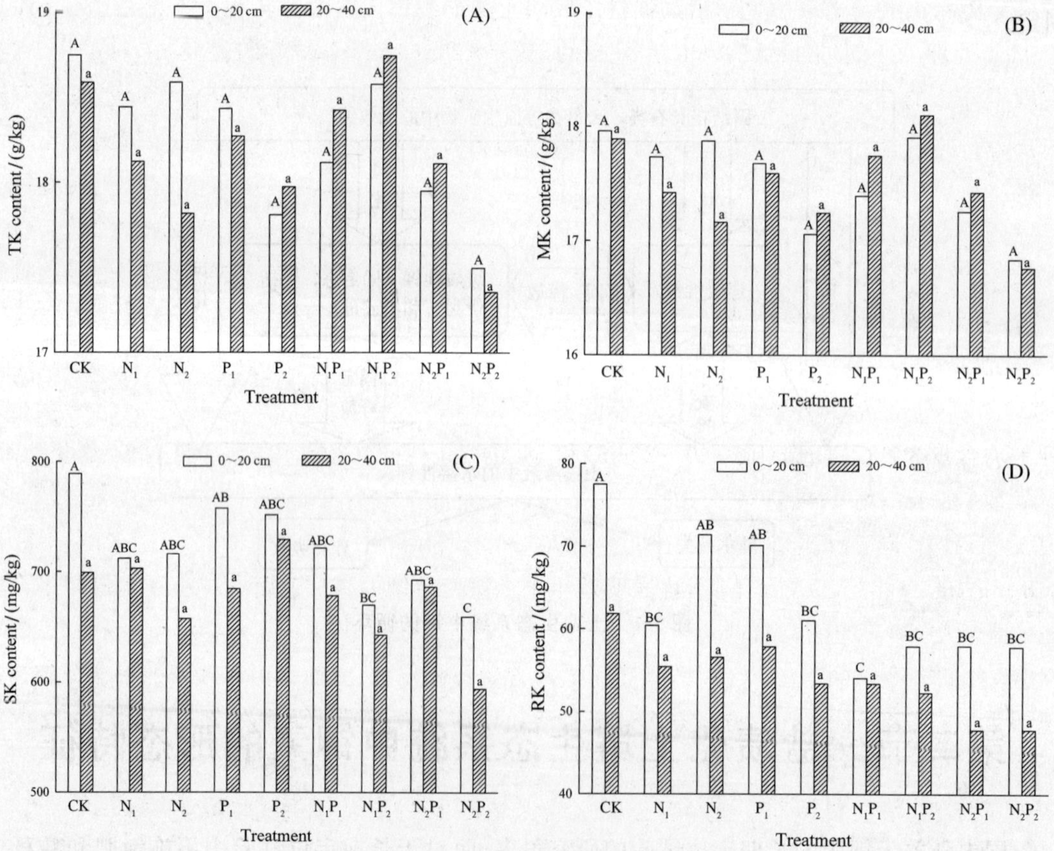

图 7-2 施用氮、磷肥对土壤钾素形态的影响

着氮磷肥施用量的增加，MK 呈现下降趋势，高氮高磷配合(N_2P_2)施用时最低(0～20 cm 土层为 16.84 $g \cdot kg^{-1}$，20～40 cm 土层为 16.76 $g \cdot kg^{-1}$)，这说明生物耗竭与 MK 的释放呈正相关。在土壤—作物系统中，氮磷肥配合(N_1P_1、N_1P_2、N_2P_1、N_2P_2)时 MK(0～20 cm 土层为 16.84～17.91 $g \cdot kg^{-1}$，20～40 cm 土层为 16.76～18.10 $g \cdot kg^{-1}$)变化明显比单施氮磷肥(N_1、N_2、P_1、P_2)复杂(0～20 cm 土层为 17.06～17.87 $g \cdot kg^{-1}$，20～40 cm 土层为 17.16～17.59 $g \cdot kg^{-1}$)，前者 MK 平均减少量大于后者，这是作物吸收、根际环境和根茬全部残留等综合作用的结果。

土壤缓效钾(SK)和速效钾(RK)称为有效钾(available potassium，AK)，受作物影响更大，从图 7-2C 和图 7-2D 可以看到，与对照(0～20 cm 土层为 788.75 $mg \cdot kg^{-1}$ 和 77.51 $mg \cdot kg^{-1}$，20～40 cm 土层为 698.95 $mg \cdot kg^{-1}$ 和 61.82 $mg \cdot kg^{-1}$)相比，各处理土壤 SK 和 RK 含量均呈现明显的下降趋势(0～20 cm 土层从 757.54 $mg \cdot kg^{-1}$ 下降到 659.19 $mg \cdot kg^{-1}$ 和从 71.41 $mg \cdot kg^{-1}$ 下降到 54.07 $mg \cdot kg^{-1}$，20～40 cm 土层从 729.40 $mg \cdot kg^{-1}$ 下降到 594.14 $mg \cdot kg^{-1}$ 和从 57.86 $mg \cdot kg^{-1}$ 下降到 47.80 $mg \cdot kg^{-1}$)，且表层土壤处理间有明显的差异，即 CK 处理的 SK 含量显著高于 N_1P_2、N_2P_2 处理($P<0.05$)；CK 处理的 RK 含量显著高于 N_1、P_2、N_1P_1、N_1P_2、N_2P_1、N_2P_2 显著($P<0.05$)；N_2、P_1 处理的 RK 含量显著高于 N_1P_1 处理($P<0.05$)。亚表层土壤 SK 和 RK 含量处理间差异均不显著，但均低于表层土壤，这可能与根系分泌有机酸及土壤微生物活动促进了表层土壤矿物钾向缓效钾转化。不论是土壤 SK 还是 RK，处理 N_2P_2 都是最低的，CK 是最高的，相差 129.65 $mg \cdot kg^{-1}$ 和 19.68 $mg \cdot kg^{-1}$。在有效钾中，SK 的含量约为速效钾的 10 倍，长期无外源钾补充时，轮作期内土壤钾素被累积消耗，缓效钾不断地向速效钾转化，成为作物吸钾的重要来源。从图 7-2C 可知，单施氮肥土壤缓效钾含量(714.06 $mg \cdot kg^{-1}$)低于单施磷肥(754.63 $mg \cdot kg^{-1}$)，这主要是由于试区土壤在盐碱改治成功后土壤缺氮严重，且作物对氮素的需求量约是磷的 2 倍，试区氮肥可能对作物生长的促进作用更明显，因此施氮肥作物会吸收更多的土壤钾素。单施氮磷肥与氮磷肥配合处理相比，后者对表层土壤有效钾消耗更多，通过对比图 7-2C 和图 7-2D 可知，在氮磷配合施(N_1P_1、N_1P_2、N_2P_1、N_2P_2)用时，四个处理中土壤中缓效钾含量变化幅度较大，范围在 659.19～692.60 $mg \cdot kg^{-1}$，而速效钾含量基本上没有差异，约 57 $mg \cdot kg^{-1}$，进一步研究表明土壤速效钾平均含量为 63.14 $mg \cdot kg^{-1}$(0～20cm)和 54.04 $mg \cdot kg^{-1}$(20～40 cm)，与 1984 年相比，减少了 29.46 $mg \cdot kg^{-1}$ 和 17.26 $mg \cdot kg^{-1}$，平均每年降低 1.13 $mg \cdot kg^{-1}$ 和 0.66 $mg \cdot kg^{-1}$，而牛灵安在 2001 年的研究中指出在过去的 5 年间耕作层土壤(0～20 cm) RK 含量以 3.8 $mg \cdot kg^{-1} \cdot 年^{-1}$ 的速率下降，这表明近年来土壤速效钾的降低速度在减小。在氮磷配合施用的处理中，随着施用氮肥或磷肥水平的提高，土壤缓效钾含量减少($N_2P_1<N_1P_1$、$N_2P_2<N_1P_2$；$N_1P_2<N_1P_1$、$N_2P_2<N_2P_1$)，而速效钾含量却相反，一方面是由于残留的根茬分解后以速效钾形态归还到土壤中；另一方面是根系活动促使缓效钾转化为速效钾，供作物吸收利用，后者是主要原因。在总体趋势上 RK 下降趋势较 SK 明显，但是从绝对量来看，与对照相比，各处理 SK 含量的减少量显然高于 RK，这说明土壤缓效钾的缓冲能力更大一些。

二、免耕培肥对土壤钾素平衡的影响

在免耕培肥试验中，长期不施化学钾肥的情况下，土壤 TK 含量变化在 19.44～21.08 $g\cdot kg^{-1}$（0～20 cm）和 19.27～20.58 $g\cdot kg^{-1}$（20～40 cm），各处理之间差异不显著（$P>0.05$）。土壤 MK 含量变化在 18.67～20.19 $g\cdot kg^{-1}$（0～20 cm）和 18.59～19.75 $g\cdot kg^{-1}$（20～40 cm），各处理之间差异不显著（$P>0.05$）（图 7-3）。

在 0～20 cm 土层，各处理土壤 SK 含量变化在 731.81～886.54 $mg\cdot kg^{-1}$，其中处理Ⅰ的 SK 含量（886.54 $mg\cdot kg^{-1}$）明显高于处理Ⅴ（731.81 $mg\cdot kg^{-1}$）和Ⅵ（756.01 $mg\cdot kg^{-1}$）（$P<0.05$）；在 20～40 cm 土层，各处理土壤 SK 含量变化在 669.79～828.86 $mg\cdot kg^{-1}$，处理之间差异不显著（$P>0.05$）。

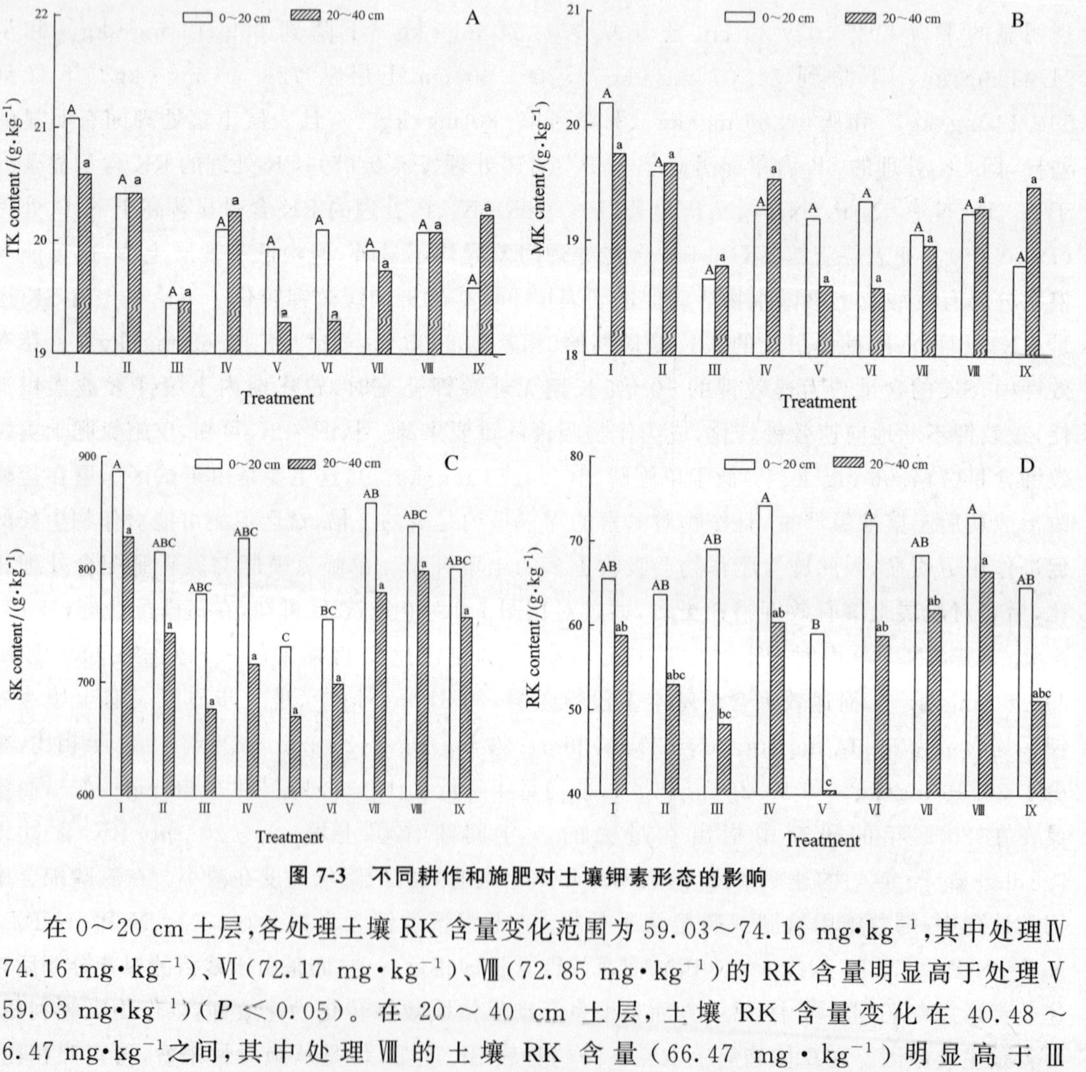

图 7-3　不同耕作和施肥对土壤钾素形态的影响

在 0～20 cm 土层，各处理土壤 RK 含量变化范围为 59.03～74.16 $mg\cdot kg^{-1}$，其中处理Ⅳ（74.16 $mg\cdot kg^{-1}$）、Ⅵ（72.17 $mg\cdot kg^{-1}$）、Ⅷ（72.85 $mg\cdot kg^{-1}$）的 RK 含量明显高于处理Ⅴ（59.03 $mg\cdot kg^{-1}$）（$P<0.05$）。在 20～40 cm 土层，土壤 RK 含量变化在 40.48～66.47 $mg\cdot kg^{-1}$之间，其中处理Ⅷ的土壤 RK 含量（66.47 $mg\cdot kg^{-1}$）明显高于Ⅲ（48.32 $mg\cdot kg^{-1}$）、Ⅴ（40.48 $mg\cdot kg^{-1}$）（$P<0.05$）；处理Ⅰ（58.77 $mg\cdot kg^{-1}$）、Ⅳ（60.35 $mg\cdot kg^{-1}$）、Ⅵ（58.76 $mg\cdot kg^{-1}$）、Ⅶ（61.90 $mg\cdot kg^{-1}$）的 RK 含量高于Ⅴ（40.48 $mg\cdot kg^{-1}$）（$P<0.05$）。由此可见：不施秸秆＋常规耕作同时施有氮磷肥的处理Ⅴ

($T_2N_1P_2S_0$)的 RK 含量最低,施较高水平的氮磷并将秸秆翻耕入土中的处理Ⅲ($T_1N_2P_2S_2$)的 RK 含量次低。

总之,秸秆还田及不同的耕作方式对 RK 的影响比较特殊,使得 RK 含量最高的是施秸秆最多不施氮肥的处理Ⅳ(0～20 cm)和处理Ⅷ(20～40 cm),同时值得一提的是 0～20 cm 土层土壤速效钾含量可以区分为三组:>70 mg·kg^{-1}(施秸秆,单施氮肥或磷肥);60～70 mg·kg^{-1}(施秸秆不施化肥或单施氮、磷肥);<60 mg·kg^{-1}(不施秸秆,氮磷肥配合),其中处理Ⅳ(不施氮肥,施较多秸秆)最高,达 74.16 mg·kg^{-1};处理Ⅷ(少耕,不施磷肥,施用较多秸秆 S_2)次之;处理Ⅵ(常规耕作不施秸秆,不施磷肥)略低于处理Ⅷ,均高达 72 mg·kg^{-1},这三个处理之间土壤速效钾含量差异不显著,但都显著高于不施秸秆而施有氮磷肥的处理Ⅴ(<60 mg·kg^{-1}),可见,秸秆还田对 RK 的影响最大,主要原因可能是小麦秸秆经微生物和根系分泌物的作用分解后,以速效钾的形态回归到土壤。表层土壤 RK 含量从 1984 年测得的基础值 92.6 mg·kg^{-1}(0～20 cm)到 NIU Ling-An 等在 2001 年测定的 82.1～103.2 mg·kg^{-1},再到现在的 59.0～74.2 mg·kg^{-1},根据中科院南土所对土壤 RK 含量分级 2001 年前处于中等偏高水平,现在处于中等偏低水平,而不是完全的低水平或者是极低水平,这主要是由于土壤缓效钾不断释放的结果,说明在该试验条件下 SK 对作物生长依然是最重要。

在表层(0～20 cm),减少氮磷肥施用量同时进行秸秆还田配合免耕措施的土壤 TK、MK、SK 和 RK 的亏缺量均不同程度地减少了,分别减少了 1.83 g·kg^{-1}、1.74 g·kg^{-1}、91.76 mg·kg^{-1}、4.57 mg·kg^{-1},百分比为 9.11%、9.02%、11.32%和 6.76%,并且无论是表层土壤(0～20 cm)还是底层土壤(20～40 cm),不施秸秆的处理Ⅴ的土壤钾素含量都是最低的,施秸秆较多、免耕或二者结合处理的土壤钾素含量相对较高,可见,秸秆还田和免耕可以减缓土壤钾素的耗竭,有利于培肥土壤,刘荣乐(1999)等的研究结果表明华北地区小麦-玉米种植制下,小麦秸秆全部还田能使作物吸收的近三分之一到一半的钾素归还土壤,不施化学钾肥,可以降低钾素亏损 46.8～86.6 kg·hm^{-2}。然而从图 7-3A、图 7-3B 和图 7-3C 的处理Ⅰ(对照)、Ⅱ、Ⅲ可以看出,随着氮、磷肥水平的增加,尽管秸秆施用量也在增加,但土壤 TK、MK、SK 都呈现出明显的下降趋势,其中对照最高,而且在 SK 中处理Ⅳ、Ⅴ、Ⅵ和Ⅶ、Ⅷ、Ⅸ以及底层土壤的 RK 中Ⅰ、Ⅱ、Ⅲ也都符合上述规律,说明在长期进行冬小麦-夏玉米轮作,不施化学钾肥,仅靠秸秆还田并不能实现土壤钾素的收支平衡。当然,仅仅通过施用化学钾肥来补充土壤钾素的亏损也是不可取的,一方面是因为我国钾矿资源缺乏;另一方面是因为化学钾肥进入土壤容易发生淋失和固定,造成资源浪费。周晓芳(2003)和谭德水(2007)等指出小麦秸秆钾素含量占植株中钾素总量的 70%～80%,在培肥土壤时是一种很好的有机物料,鉴于我国钾矿资源缺乏,从长期的、生态的和资源节约的角度来看,在华北平原冬小麦-夏玉米轮作体系中,可以通过麦秸秆还田结合适量的化学钾肥来实现土壤培肥,尤其是培肥土壤的钾营养。

比较三种耕作方式(M、T_1、T_2),免耕(M)处理(Ⅶ、Ⅷ、Ⅸ),表层土壤 SK 和 RK 含量平均值最高,分别为 833.11 mg·kg^{-1}和 68.61 mg·kg^{-1};T_1处理(Ⅰ、Ⅱ、Ⅲ),底层土层土壤 SK 和 RK 含量也是最高的,分别为 749.63 mg·kg^{-1}和 53.37 mg·kg^{-1},与 T_2处理(Ⅳ、Ⅴ、Ⅵ)比较,T_1处理表层土壤的 SK 含量较高;T_2处理,表层土壤的 RK 含量高于 T_1处理。通过三种耕作方式的比较,说明免耕最有利于减缓土壤有效钾(AK)的耗竭,与秸秆表施相比,秸秆深翻更有利于减缓 SK 的耗竭。

由长达 27 年的氮磷肥配比试验的结果可得知,长期不施钾肥,由于轮作体系内作物的不断吸收，土壤钾素明显下降，甚至底层土壤的钾素也受到胁迫，这促使土壤 MK 释放为 SK。在本试验中土壤 SK 是钾素耗竭的主体，是作物生长所需钾素的主要来源，对农业生产具有真正的实际意义，这与诸多学者的研究结果一致。可以认为在华北地区冬小麦-夏玉米轮作体系中，长期不施钾肥的情况下，土壤 MK 和 SK 分别是作物的“有效钾源”和“有效钾库”，M. Jalali (2006)和 A. Surapaneni (2002)等类似的结论和推断。

在长达 25 年的免耕培肥试验中，尽管减少氮、磷肥施用量，不投入化学钾肥，但采取了麦秸还田和免耕的保护性耕作措施，通过试验结果我们可以到以下结论：①麦秸还田和免耕都可以减缓土壤钾素的耗竭，但不能完全弥补土壤钾素的消耗，从农业持续发展和资源节约的角度出发，要想实现培肥土壤钾素营养，必须结合适量的化学钾肥，康轩(2009)等的研究也表明保护性耕作下的土壤钾素含量比传统耕作增加 0.57%～15.40%；②秸秆还田和免耕对土壤速效钾的影响最大，与刘树堂(2005)等和张会民(2007)等的研究结果一致；③秸秆表施可以明显地减缓表层土壤 RK 的耗竭，但是秸秆深翻更有利于 SK 消耗的减缓，从长期的角度来看，秸秆深翻为丰富土壤“有效钾库”贡献较大。

从农业可持续发展和资源有效利用的角度出发，秸秆翻耕配施适量的氮、磷、钾肥才是保持高产高效的同时培肥土壤的有效途径。

第三节 盐渍化土壤生态系统钾素的演变规律

一、土壤速效钾含量的动态变化

1. 不同年份土壤速效钾含量的变化情况

在 0～20 cm 土层中不同年份不同处理的土壤速效钾含量如图 7-4a 所示。在 2000 年处理 1 的速效钾含量为最高，达 96.6 mg·kg^{-1}，明显高于处理 2、3、5、9($P<0.05$)；处理 5 最低为 70.9 mg·kg^{-1}，其相差 25.7 mg·kg^{-1}。从图 7-4a 中可以明显看出处理 7 的土壤速效钾含量与处理 2、5、9 有显著性差异($P<0.05$)，处理 3、4、6、8 速效钾含量差异性不大($P>0.05$)。2005 年，土壤速效钾含量最高的是处理 1、4、6、7、8(74.8～77.7 mg·kg^{-1})，明显高于处理 2、3、5、9(62.3～64.1 mg·kg^{-1})($P<0.05$)。2010 年，处理 1 的土壤速效钾含量为最高(67.5 mg·kg^{-1})，明显高于处理 5 和处理 2(48.4、50.1 mg·kg^{-1})($P<0.05$)；其他处理之间差异性不显著($P>0.05$)。2014 年，在 0～20 cm 土层中，速效钾含量最高的是处理 4、1(68.1 mg·kg^{-1} 和 65.4 mg·kg^{-1})，明显高于处理 5、3、2(42.0、47.8 和 47.8 mg·kg^{-1})($P<0.05$)，其他处理之间差异不显著($P>0.05$)。

如图 7-4b 所示，2000 年在 20～40 cm 土层中，9 个处理的速效钾含量均没有显著性差异($P>0.05$)，变化 63.0～74.9 mg·kg^{-1}，仅仅相差 11.9 mg·kg^{-1}。2005 年，处理 8 的速效钾含量为最高，为 66.1 mg·kg^{-1}，明显高于处理 2 和处理 9(51.4 和 53.9 mg·kg^{-1})，其他处理之间差异不显著($P>0.05$)。2010 年，处理 6 土壤速效钾含量最高，为 68.3 mg·kg^{-1}，明显高于处理 9(53.8 mg·kg^{-1})($P<0.05$)；其他各处理之间，土壤速效钾含量差异不显著($P>0.05$)。2014 年速效钾含量最高的是处理 8(63.7 mg·kg^{-1})，明显高于处理 5

(41.2 mg·kg^{-1})、3(42.9 mg·kg^{-1})($P<0.05$)；其他处理之间的差异性不显著($P>0.05$)。

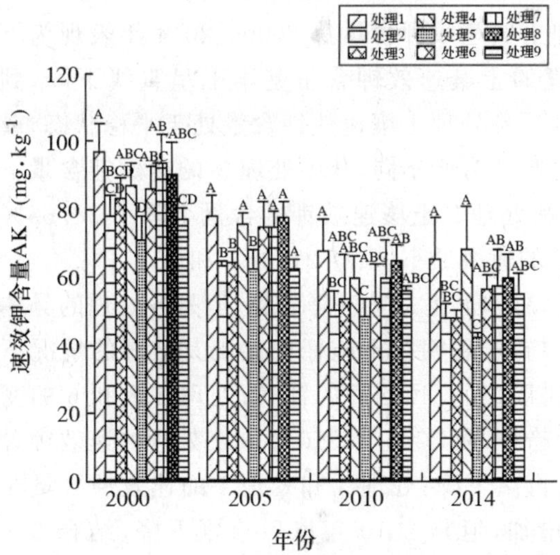

图 7-4a　0～20 cm 土层各个处理土壤速效钾含量图

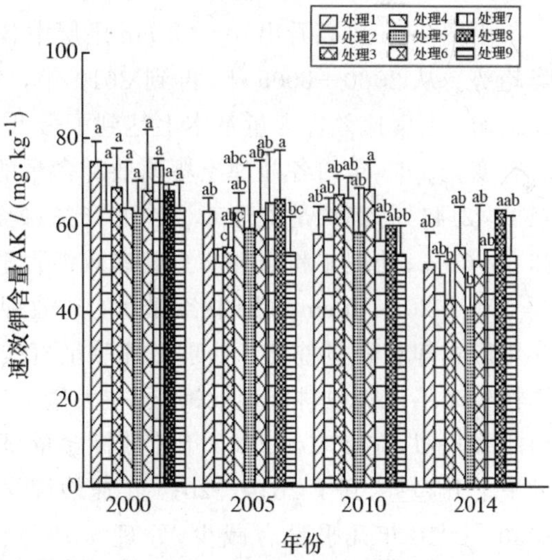

图 7-4b　20～40 cm 土层各个处理土壤速效钾含量

总之，从 4 个不同年份(2000 年、2005 年、2010 年和 2014 年)的各处理土壤速效钾含量变化来看，处理 1 与处理 5 都显著高于其他处理。处理 1(翻$_1$N$_1$P$_1$秆$_1$)的土壤速效钾含量普遍高于其他处理，说明不施用氮磷肥和秸秆的处理，土壤速效钾含量降低速度缓慢，其次处理 4、6、7、8 土壤速效钾含量也相对较高；而处理 2、3、5、9 土壤速效钾含量相对较低，其中处理 5 的速效钾含量最低。从不同土层来看，除了 2010 年以外，0～20 cm 土层中各个处理速效钾含量普遍高于 20～40 cm 土层中速效钾的含量，并且这种差距有逐渐变小的趋势。

2. 土壤速效钾的年际变化

从 1985 年试验开始至 2014 年，二个土层土壤速效钾含量表现出了逐渐降低的趋势。在 0～20 cm 土层，土壤速效钾含量由 92.6 mg·kg^{-1}(表 7-1)降到 2014 年的 42.0～68.1 mg·kg^{-1}，降低了 26.46%～54.64%(图 7-5a)；在 20～40 cm 土层，土壤速效钾含量也从 1985 年的 71.3 mg·kg^{-1}(表 7-1)降到 2014 年的 41.2～63.7 mg·kg^{-1}，降低了 10.66%～42.22%(图 7-5b)。进一步研究表明：从 1985 年至 2000 年的 15 年间，在 0～20 cm 的土层中，各处理的速效钾含量从 92.6 mg·kg^{-1}变化到 70.9～96.6 mg·kg^{-1}，其中处理 1 和处理 7 的速效钾含量略有增加，分别为 96.6 mg·kg^{-1}、93.4 mg·kg^{-1}，这可能是测试误差或者条件适宜的情况下土壤全钾释放所导致的；在 20～40 cm 土层，各处理的速效钾含量分别从 71.3 mg·kg^{-1}变化到 63.0～74.9 mg·kg^{-1}，其中处理 1 和处理 7 的速效钾含量略有增加，分别为 74.9 mg·kg^{-1}、73.9 mg·kg^{-1}。

从 2000 年至 2014 年的 15 年间，通过统计分析发现，在 0～20 cm 的土层中各处理土壤速效钾含量均发生显著性变化($P<0.05$)，从 70.9～96.6 mg·kg^{-1}下降到 62.3～77.7 mg·kg^{-1}，平均年均减少量是 2.09 mg·kg^{-1}左右，几乎是前 15 年年均减少量的 4 倍；在 20～40 cm 土层中，处理 1、处理 3、处理 5、处理 6 和处理 7 变化差异性显著($P<0.05$)，而处理 2、处理 4、处理 8 和处理 9 变化差异性不显著($P>0.05$)，各处理土壤速效钾含量从 63.0～74.9 mg·kg^{-1}下降到 51.4～66.1 mg·kg^{-1}，平均年均减少量是 1.15 mg·kg^{-1}左右，也是前 15 年年均减少量的4倍左右。由此可见,后15年(2000—2014年)土壤速效钾含量减少的速率比前15年(1985—2000年)的减少速率快得多,但不同土层速效钾含量年际变化情况不同。

由图7-5a可以看出:0～20 cm土层中各处理土壤速效钾含量从2000—2014年表现为下降趋势。从2000—2005年,再到2010年,各处理的土壤速效钾含量基本上呈直线下降,到2010年,土壤速效钾含量基本上达到了最低点,此后各处理土壤速效钾含量处于平稳状态,或略有变化。15年内各处理土壤速效钾含量的变化趋势有所不同,其中处理3的速效钾含量下降了42.41%;其次是处理5,为40.76%;处理7和处理2土壤速效钾的含量下降了38.65%和38.64%;处理4和处理9土壤速效钾含量降低的速率最小,只有21.81%和28.74%。

对于20～40 cm土层中各处理的速效钾含量,总体上也是呈下降趋势,但是各处理的具体变化形式却有明显差异。处理1几乎呈直线下降趋势,表明在不施任何化肥及秸秆的情况下作物生产不仅吸收耕层速效钾,还在大量消耗亚耕层(20～40 cm)的钾素;处理2、3和6的变动曲线相似,在2000—2005年速效钾含量呈减少趋势,而2005—2010年3个处理的速效钾含量呈上升趋势,到了2010—2014年速效钾含量又再次下降;处理4和处理5的速效钾含量在2000—2010年几乎没有减少,处理4甚至稍有增加,但是2010年以后急剧下降,结合0～20 cm该处理的速效钾变化情况可以发现作物最开始主要以耕层速效钾养分为主,但耕层速效钾减少到一定量时它们转为主要吸收亚耕层速效钾养分;处理7和处理9与0～20 cm该处理变化趋势相似,都是刚开始下降速率较快而后期几乎保持平稳,这表明长期来看免耕更有利于土壤钾素的释放,而使其表现为相对稳定状态;处理8在2000—2010年这10年间一直呈缓慢下降,从2010年开始在速效钾含量开展逐渐回升。从减少量来说,减少量最少的是处理8仅为4.3 mg·kg^{-1},减少量最多的是处理3为26.1 mg·kg^{-1},是处理8的6倍多。

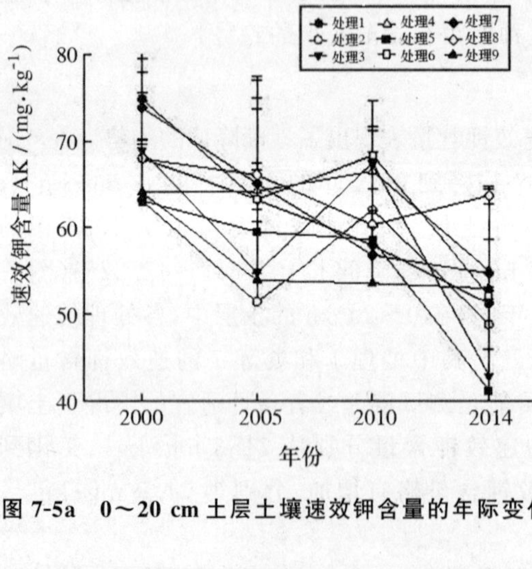

图7-5a　0～20 cm土层土壤速效钾含量的年际变化

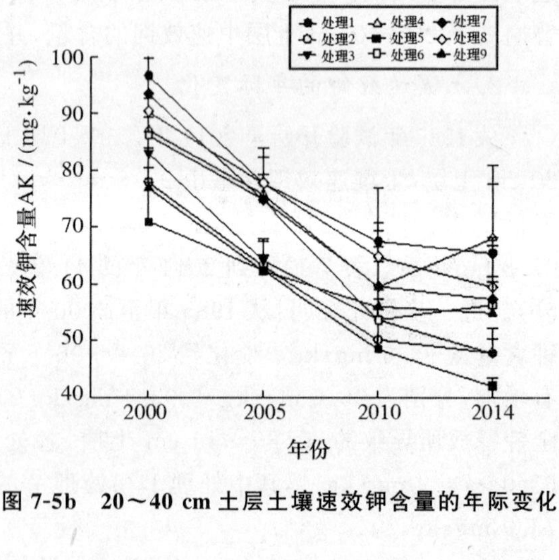

图7-5b　20～40 cm土层土壤速效钾含量的年际变化

二、施肥处理对粮食产量的影响

通过图7-5a和图7-6对比分析可以明显看出,2000年以来随着土壤速效钾的不断耗竭,小麦和玉米的产量总体呈不断下降的趋势,并且2010年以后下降的速率在加快,这表明不施钾肥仅靠土壤中存有的钾素已经不能满足作物生长的需求,并且钾素对于试验区来说已经成为制约粮食增产的一个重要因素。

从图 7-6 中可以看出：小麦和玉米总产量明显分为两组，产量较高的一组是处理 2、3、5、9，该组小麦和玉米总产量大部分在 10 000～16 000 kg·hm^{-2}，而这一组是速效钾含量减少速度较快的一组，其中总产量最高的是处理 3。总产量较低的一组是处理 1、4、6、7、8，该组总产量大多在 2 000～8 000 kg·hm^{-2}，而这一组是速效钾含量减少速度较慢的一组，其中总产量最低的处理 1，速效钾含量最高的也是处理 1。而总产量最高的一组处理 3 与总产量最低的一组处理 1 的产量差值达到 10 000 kg·hm^{-2}，分析表明，它们之间的差值也在逐渐减少，这主要是因为速效钾含量不足导致处理 3 的粮食生产能力在不断急剧下降。对于同一个年份来说，不同处理的总产量与速效钾含量成负相关关系，而与速效钾减少量呈正相关关系，即：土壤速效钾含量高的处理总产量就低，速效钾含量低的处理总产量就高，这说明作物生产带走了耕地土壤中的大量钾素，钾素的不断减少正严重制约着粮食产量的稳定及提高。

结合总产量的变化，对 9 个处理进一步分析可以得出：总产量较高的处理都是氮磷配比较高的处理，如处理 2(N_2P_2)、处理 3(N_3P_3)、处理 5(N_2P_3)、处理 9(N_3P_2)；而在施用氮素和磷素都较高的情况下，三种不同耕作方式的作物产量由高到低的排序为翻$_1$＞翻$_2$＞免耕；其次也可以看出在其他两个条件较有利的情况下，秸秆还田量对粮食产量的影响为秆$_3$＞秆$_2$＞秆$_1$。综合以上分析可以得出，四因素（施用氮、磷肥、耕作方式、秸秆还田）中，氮磷肥施用量的多少对作物产量的影响最大，其次是耕作方式；对作物产量影响最小的是秸秆还田。同时还可以得出相对于翻地后将秸秆覆盖于地表和免耕将秸秆覆盖于地表，翻地后将秸秆翻入土中更有利于粮食生产，这与前人研究结果相同；秸秆还田虽然能够补充一定的土壤养分，但是其补充的养分是非常有限的，对作物产量起不到很大的作用，所以处理 5 和处理 9 即使没有秸秆还田，相对于处理 4 和 6 及处理 7 和 8，它们的作物产量是最高的，所以要想作物增产还得多施肥。

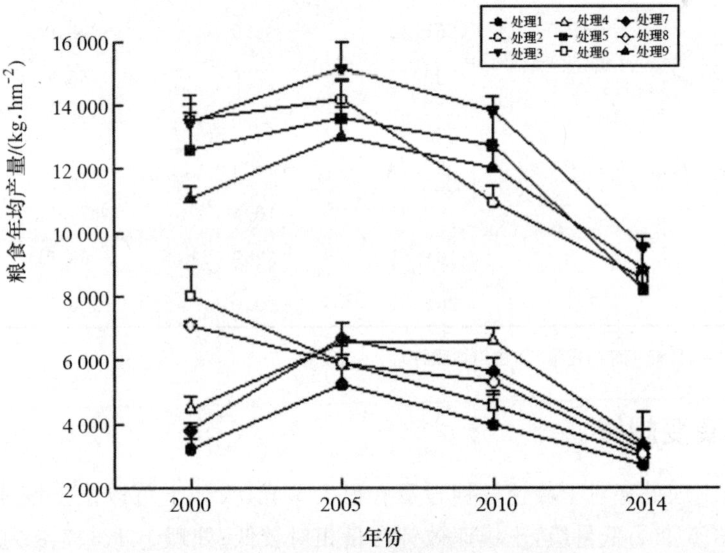

图 7-6　各个处理粮食产量年际变化趋势

注：粮食年均产量是指的玉米和小麦二者年均产量之和

三、土壤钾素平衡分析

由表 7-1 可知：30 年来，各处理土壤速效钾含量均呈现亏损状态，年均表观盈亏值在 −66.3～−228.6 kg·hm^{-2}，其中处理 3 是年均表观盈亏值最大的，达到 −228.6 kg·hm^{-2}，也是作物吸收钾量最大的处理，其次是处理 5 为 −227.3 kg·hm^{-2}，年均表观盈亏值最小的是处理 4 为 −66.3 kg·hm^{-2}，说明秸秆还田虽能在一定程度上缓解土壤钾素的减少速率，但是仅靠秸秆还田是远远不能维持土壤钾素平衡的；免耕相对于翻耕来说速效钾年均表观盈亏值较少，更有利于维持钾素稳定，这是因为在免耕条件下土壤中的干湿交替频率较慢，有利于缓效钾释放为速效钾；氮磷配比较高的处理（处理 2、3、5、9）的土壤速效钾年均表观盈亏值较大，作物吸收带走的钾量也较大，而当磷肥或氮肥施用量较少时，速效钾年均表观盈亏值较小，这表明高氮磷配比更多地消耗了土壤中的钾素。通过比较 30 年各处理土壤速效钾含量年均减少量与年均表观盈亏量发现，各个处理土壤速效钾含量年均减少量范围在 4～9 kg·hm^{-2}，而土壤钾素年均表观盈亏量是土壤速效钾含量年均减少量的 16.58～25.40 倍，这表示每年各处理都有大量的其他形态的钾素转化为速效钾供作物吸收利用，其中处理 2 和处理 5 钾素释放率最高，每年分别从土壤中释放至少速效钾 220 kg·hm^{-2}、218 kg·hm^{-2}，这同时也说明目前华北平原潮土区土壤供钾水平还是较高的，师江澜等也持相同的观点。

表 7-1　施肥对土壤钾素（K_2O）平衡的影响（1985—2014 年）　　kg·hm^{-2}

处理	作物年均吸钾量			秸秆年钾归还量	年均表观盈亏量	钾平衡系数
	小麦吸钾量	玉米吸钾量	总计			
1	31.0	51.1	82.14	0.0	−82.1	0.00
2	115.1	110.0	225.06	16.4	−208.6	0.07
3	142.3	119.1	261.42	32.9	−228.6	0.13
4	40.7	58.4	99.16	32.9	−66.3	0.33
5	119.2	108.1	227.27	0.0	−227.3	0.00
6	32.7	65.0	97.73	16.4	−81.3	0.17
7	33.9	56.7	90.61	16.4	−74.2	0.18
8	31.8	69.8	101.63	32.9	−68.8	0.32
9	103.2	103.1	206.31	0.0	−206.3	0.00

注：钾平衡系数 ＝ 秸秆年钾归还量/作物年均吸钾量。

四、土壤钾素演变规律

同一年份内不同处理对土壤速效钾含量有很大差异，大体上可以按土壤速效钾的含量分为两组：处理 2、3、5、9 为低量组，土壤速效钾含量相对较低；处理 1、4、6、7、8 为高量组，土壤速效钾含量较高，但是两组之间通常具有显著性差异。研究发现：除了 2010 年以外，其他年份耕层（0～20 cm）各处理土壤速效钾含量普遍高于亚耕层（20～40 cm）土壤速效钾含量，刘淑梅等也提出不同耕层土壤钾分布存在明显差异，不同耕作处理耕层（0～20 cm）速效钾含量均明显高于亚耕层（20～40 cm）土壤。

随着时间的演替,长期不施钾肥的土壤速效钾含量逐年下降,这与前人研究结果基本一致。但是在后15年(2000—2014年)速效钾年均减少量几乎是前15年(1985—2000年)年均减少量的4倍,速效钾开始大量减少主要是后15年(2000—2014年),这主要是由于农田土壤钾素主要通过作物吸收移出土体,随着农业科技的发展、良种的推广,相对前15年作物产量有所提高,进而使得作物带走的土壤钾素也更多,从速效钾来源方面说也可能与其他形态钾转化为速效钾的速率下降有关。从后15年的后半期,即2010年以后,0～20 cm土层中大部分处理的速效钾含量减少速率在逐渐变小,这可能与随着土壤钾素不断减少粮食产量开始下降有关,有学者研究也发现速效钾减少的速率在逐渐降低。随着耕层速效钾含量的减少,已经影响到了亚耕层土壤速效钾含量,特别是近几年亚耕层中速效钾含量大量减少。

孙伟红等研究表明在秸秆还田量相同条件下,增施氮磷肥可以促进小麦和玉米产量大幅度上升,同时增加了钾素的吸收量,使土壤速效钾降低明显;孙丽敏等的研究表明,在施氮、磷肥的基础上,配施钾肥或秸秆还田不仅能持续提高小麦、玉米的高产、稳产生产能力,而且对保持潮土土壤钾素平衡、有效改善耕层土壤钾素状况、提高土壤肥力有重要的作用。本研究发现,长期不施钾肥的情况下单施磷肥或者氮肥,速效钾含量减少量较少,作物产量也较低,但是当氮磷配比施用时,速效钾被大量消耗,作物产量提高。在长期不施钾肥的情况下,高氮磷配比将导致作物带走较多的速效钾,所以要想维持土壤钾素稳定、粮食高产,不仅要施氮、磷肥,也应该施用适量钾肥。

有效的秸秆还田不仅能够提供氮、磷、钾等速效养分,而且能为土壤中的微生物提供丰富的碳源,提高土壤肥力,进而增加作物产量。本研究发现随着秸秆还田量的增加可以补充一定的钾素,但是对钾素亏损量的影响却非常小,这表示秸秆还田虽然对钾素的平衡有一定的影响,但是仅靠秸秆还田是不能维持钾素平衡的,这与前人的研究结果相同。同时有学者研究发现秸秆配施钾肥能很好地维持速效钾平衡,有机肥以及有机无机配施相对于单施钾肥能显著地增加土壤速效钾库,所以考虑到施钾肥的经济投入和现有资源高效利用(如秸秆、有机肥),可持续地维持土壤钾素平衡及土壤肥力,秸秆全量还田是必要的。

本研究发现免耕秸秆覆盖还田相对于其他两个耕作方式(翻耕秸秆还田和翻耕秸秆覆盖还田)土壤速效钾亏损量较少,但是不利于粮食生产,免耕秸秆还田的粮食产量往往低于翻耕秸秆还田的粮食产量。刘世平等在研究不同耕作方式对土地生产力的影响时提出翻耕秸秆还田具较高产量生产力,赵亚丽等也表示秸秆还田的基础上深翻或深松是黄淮海地区适宜的耕作方式,但是也有学者研究发现免耕后粮食产量一般还高于传统耕种,投入产出效益也往往高于传统耕作,秸秆免耕覆盖的长期效果更加突出。

总之,在长期不施钾肥的情况下潮土速效钾含量呈逐渐减少,并且已经严重影响到了亚耕层土壤速效钾含量,虽然秸秆还田能在一定程度上缓解钾素的亏损,但是仅靠秸秆还田是远远不能维持钾素平衡的。在长期不施钾肥的情况下,高氮磷配比将促进作物对土壤钾素的吸收,提高作物产量,导致土壤速效钾大量亏损;秸秆免耕覆盖虽然对于维持土壤钾素亏损量较少,但作物产量却相对较低,翻耕秸秆还田的耕作方式较有利于华北平原农业生产。农业生产带走了大量土壤钾素,但是随着速效钾的不断消耗,作物产量也在逐渐降低,土壤速效钾含量已经成为华北平原粮食稳产和增产的一个制约因素,所以为了维持土壤钾素的稳定,土地生产力的可持续发展以及粮食产量的稳产与高产,以后华北平原平衡施肥以及秸秆全量还田是必要的。

参考文献

[1] 谢建昌,周建民.我国土壤钾素研究和钾肥使用的进展.土壤,1999,5:244-254.
[2] 杨振明,阎飞,韩丽梅.土壤钾素研究的新进展.吉林农业大学学报,1998,20(3):99-106.
[3] Sparks D L. Potassium dynamics in soil. Advances in Soil Science,1987,6:1-63.
[4] Kirkman J H,Basker A,Saurapaneni A. Potassium in the soils of New Zealand—A review. New Zealand Journal of Agricultural Research,1994,37(2):207-227.
[5] LYONS J M. Relationship between the physical nature of mitochondrial membranes and chilling sensitivity in plants. Amer Oil Chem Soe,1973,42: 1056-1058.
[6] 邢素丽,刘孟朝,韩保文.12年连续施用秸秆和钾肥对土壤 钾素含量和分布的影响.土壤通报,2007,38(3): 486-490.
[7] 王文忠,徐生瑞.施钾对两种土壤钾素动态变化影响的研究.土壤通报,2001,32(3): 120-122.
[8] 范钦祯,谢建昌.长期肥料定位试验中土壤钾素肥力的演变.土壤学报,2005,42(2): 591-599.
[9] 梁成华,魏丽萍,罗磊.土壤固钾与释钾机制研究进展.地球科学进展,2002,17(5): 679-684.
[10] 王改兰,段建南,贾宁凤,等.长期施肥对栗褐土钾素含量的影响.中国土壤与肥料,2008,(4): 26-29.
[11] 孔宏敏,何圆球,吴大付,等.长期施肥对红壤旱地作物产量和土壤肥力的影响.应用生态学报,2004,15(5): 782-786.
[12] 张宇铭,胡春胜,毛任钊,等.华北太行山前平原农田生态系统中氮、磷、钾循环与平衡.应用生态学报,2003,14(11): 1863-1867.
[13] 傅高明,李纯忠.土壤肥料的长期定位试验.世界农业,1989(112): 22-25.
[14] 谭德水,金继运,黄绍文,等.长期施钾对玉米连作土壤——作物系统钾素特征的影响.土壤通报,2009,40(6): 1376-1380.
[15] 陈防,鲁剑巍,万运帆.长期施钾对作物增产及土壤钾素含量及形态的影响.土壤学报,2000,37(2): 233-241.
[16] NIU Ling-An,HAO Jin-Min,ZHANG Bao-Zhong,NIU Xin-Sheng. Influences of Long-Term Fertilizer and Tillage Management on Soil Fertility of the North China Plain. 2011,21(6): 813-820.
[17] M. Jalali. Spatial variability in potassium release among calcareous soils of western Iran. Geoderma,2007(140): 42-51.
[18] 李祖章,刘光荣,袁福生,等.江西农田土壤钾素肥力的现状、发展趋势及其对策.江西农业学报,2003,15(1): 1-7.
[19] 周晓芬,张彦才,李巧云.有机肥料对土壤钾素供应能力及其特点研究.中国农业生态学报,2003,11(2): 61-63.
[20] 谭德水,金继运,黄绍文,等.不同种植制度下长期施钾与秸秆还田对作物产量和土壤钾素的影响.中国农业科学,2007,40(1): 133-139.
[21] 刘树堂,刘培利,王锋,等.冬小麦——夏玉米轮作中长期定位施肥的土壤钾素变化研究.

河北农业科学,2005,9(1):10-14.

[22] 农业化学.浙江农业大学,上海:上海科学技术出版社,1980,112-119.

[23] 张会民,徐明岗,吕家珑,等.长期施钾下中国3种典型农田土壤钾素固定及其影响因素研究.中国农业科学,2007,40(4):749-756.

[24] 徐晓燕,马毅杰,张瑞平.土壤中钾的转化及其与外源钾的相互关系的研究进展.土壤通报,2003(05):489-492.

第八章　盐渍化土壤生态系统中的微生物生物量

第一节　土壤微生物的种类、数量及功能

一、土壤微生物的定义

1. 土壤生物

土壤生物是指栖居在土壤中的活有机体的总称，即微生物、动物和植物根系等。土壤生物参与岩石的风化和原始土壤的形成，对土壤的发育、肥力的形成和演变、养分供应和环境保护均有重要作用。土壤的理化性质和农业技术也影响土壤生物的生命活动。

2. 土壤微生物

土壤微生物是指土壤中一切肉眼看不见或看不清楚的微小生物的总称，土壤中聚居着的微生物包括细菌、放线菌、古菌、真菌、病毒、原生动物和显微藻类等，一般只能在实验室借助于显微镜或电子显微镜观察，以微米或纳米作为测量单位。土壤微生物是土壤生物中数量最多的一类，且大部分在土壤中依靠现成的有机物取得能量和营养成分。它们在土壤中的数量常与土壤有机质的含量有关，因而在表层土壤中的发育量常高于其他层次。它们对于土壤肥力的形成，植物营养的转化，起着极重要的作用。

3. 土壤微生物的作用

土壤微生物在土壤中的作用主要表现为：

①作为土壤的活跃组成，土壤微生物的区系组成、生物量及其生命活动与土壤的形成和发育密切相关；

②参与土壤有机物质的矿化和腐殖质化过程，同时通过同化作用合成多糖类和其他复杂有机物质，影响土壤的结构和耕性。土壤微生物的代谢产物还能促进土壤中难溶性物质的溶解，并参与土壤中的各种物质的氧化还原反应，对营养元素的有效化也有一定的作用；

③参与土壤中的碳素循环、氮素循环和其他矿质元素循环，提高植物营养元素的有效性；

④某些微生物可借助其体内的固氮酶将空气中的游离氮分子转化为氮化物；

⑤与植物根部营养关系密切。植物根际微生物以及与植物共生的微生物，如根瘤菌、菌根真菌等能为植物提供氮素、磷素和其他矿质营养元素以及有机酸、氨基酸、维生素、生长激素等各种有机营养；

⑥能为工农业生产和医药卫生事业提供有效菌种，培育高校菌种，如已应用于农业的有根瘤菌剂、固氮菌剂和抗生菌剂等；

⑦某些抗生性微生物能防止土传病原菌对作物的为害；

⑧降解土壤中残留的有机农药、城市污物和工业废弃物等，降低残毒危害，以及用于沼气发酵、提供生物能源和有机肥料等。

土壤是微生物生长、发育的良好环境，溶解在土壤水中的有机质和矿物质为微生物提供丰富的营养来源和能量来源；土壤覆盖防止了太阳紫外线对微生物的杀害。因此，随着地球表面岩石风化和土壤形成过程，土壤中发育了各种各样的微生物。

二、土壤微生物的分类

土壤中的微生物不仅在形态特征上有各种差别，在生理特征上也具有多样性。一定的生理特征一方面表现其需要特定的生长条件；另一方面表现其在物质转化中具有特定的功能。按照不同生理特征可以将土壤中的微生物分成不同的生理群。创造不同的营养和生长条件可以对生理群作选择培养，并予以分离。例如，在无氮培养基上，可以选择培养出能固定分子态氮的微生物；在含无机盐和氮素的培养基上，以纤维素作唯一碳源，接种土粒，放在厌氧条件下培养，可以选择培养出厌氧纤维分解细菌。一个生理群常常包括不同形态类群中的微生物种类，但它们往往执行着同一种功能。因此，考查土壤微生物在物质转化中的作用时，常按生理群进行研究。但生理群的划分是相对的，由于研究目的不同，而有不同的组合。

根据营养和能源要求，土壤微生物分为以下四个大的生理群类型。

1.化能有机营养型

化能有机营养微生物又叫化能异养微生物，依靠化学能源，用有机质作碳源。这类微生物在土壤中无论数量和种类上都是最多的，它们是土壤中起主要作用的微生物。根据它们对 O_2 的需要，这一类型微生物又可分为不同类型：有些为严格厌气菌，有氧不能生长；而另一些为绝对好气菌，无氧则不能生长，还有一些为兼性厌气菌，在好气条件下进行有氧呼吸，在厌氧条件下进行无氧发酵。另外，有些微嗜氧微生物，仅在氧压低的情况下，才长得好，这类微生物也不少。

2.化能无机营养型

化能无机营养型微生物又叫化能自养菌，它们以 CO_2 为碳源，氧化某些无机盐或 H_2 从中得到能源。这类菌在土壤中数量不多，但在物质转化中却起着重要作用。

3. 光能无机营养型

光能无机营养型微生物又叫光能自养菌，以 CO_2 为碳源，以光能作能源。这类菌在土壤中数量也不大，但它们能行光合作用，积累有机质，并能固定空气中的氮素，有些在转化硫中起作用。

4.光能有机营养型

紫色非硫细菌的某些种及一些异核藻能进行光合作用，又能氧化有机物，称为光能有机营养型微生物，又叫光能异养菌。

5.优势种

土壤中微生物的种类虽很多。但在一定条件下，或者同一生理群中，常只有少数种在数量上占优势。它们在土壤稀释后平板培养的最高稀释皿中出现的数量多，对于土壤中相应的生化活性起决定性作用。

三、土壤环境条件对土壤微生物的影响

1. 土壤水分与微生物的关系

(1)土壤含水量对微生物生长发育的影响　随着水分在土壤中的含量不同,土壤固体对不同状态水分的吸引力也不一样。当土壤的中等空隙均充满水时,植物容易吸收土壤水分,满足其生长的要求,微生物也能利用这些水分。如果只有小孔隙充水,或水成为膜状包在土壤颗粒周围时,由于土壤固体对这种水吸引力很强,高等植物难于与土粒争夺膜状水,而微生物却能利用这部分水。

总之,细菌适宜在潮湿的土壤中生长,放线菌较耐干旱,真菌生长介于两者之间。但是很多种细菌、放线菌、真菌都有抗干旱的特殊构造,主要是各种休眠孢子。土壤水分百分数高时,真菌总数量大,孢子占的比例小;而土壤水分百分数低时,真菌总数减少,而孢子的比例大为增加。团粒结构好的土壤,尽管土壤水分含量低,但其团粒内部仍能有大量微生物存活。这说明即使在干旱条件下,团粒内还能使大量无抗旱结构的细菌存活。

(2)土壤溶液对微生物生长发育的影响　土壤水是一个很好的溶剂,水中溶解着可溶性有机质及大量无机盐,是微生物很好的营养来源与能量来源。在土壤颗粒与土壤溶液之间,以及土壤溶液和植物及微生物细胞之间,不断地进行营养物的交换。尽管不少微生物能分泌胞外酶,利用一些固体底物,但大部分营养元素来自水溶液。

因为土壤水是一种溶液,其溶液的浓度决定着它的渗透压,当溶质不变时,土壤水分愈少,溶液的浓度愈大,渗透压愈高,可能造成生理干旱,不利于微生物生长。土壤水分加大,溶液得到稀释。土壤溶液浓度为0.1%～1.0%时,其渗透压为0.5～5.0个大气压。土壤细菌细胞的渗透压大都在3～6个大气压,所以土壤细菌在这种溶液中发育适宜。真菌的不同种类细胞渗透压相差悬殊。放线菌细胞的渗透压较高,所以放线菌在盐碱土及干旱土中相对数量明显增高。

(3)土壤pH对微生物生长发育的影响　土壤溶液的pH由很多因子决定,包括溶液中盐浓度,CO_2含量及置换性阳离子浓度。当这些因素发生变化时,土壤pH一般也在1～2个单位内变动。我国南方的红壤、黄壤以及高山区灰化土、森林土为酸性,其余广大地区的土壤为中性或微碱性。微生物原生质的pH接近中性,土壤中大部分微生物在中性条件下生长好。一般来说,土壤细菌、放线菌在中性偏碱的土壤中生长较好,pH 5以下停止生长,但有例外,如硫杆菌属,它在pH 0.6的环境中还能生长。放线菌中也有链霉菌的耐酸种存在。真菌一般较耐酸,如灰化土中pH低至3,真菌占优势。真菌不同类群的适宜pH是不尽相同的,同一属的不同种最适pH也可能相差很大。

土壤中微环境的pH不尽同于大环境。当土壤胶体颗粒的负电荷吸引着H^+,还可能吸附微生物分泌的酶时,这种颗粒则比周围溶液pH低些;当土壤施入含蛋白质高的有机肥时,微生物分解蛋白质产生NH_4^+,因施肥的不均匀性,可能导致某些部位pH升高。

2. 土壤空气与微生物的关系

在土壤空隙中水和空气是互为消长的,一个沙土干至植物萎蔫点时,其孔隙中几乎全部充满空气;一个结构不好的潮湿黏土,则几乎没有空气。只有团粒结构较好的土壤,常常在中、小孔隙中充水,团粒间的大孔隙中充满空气,能较好调节空气与水的矛盾。

土壤空气与大气不同。首先，土壤空气是不连续的，它常被土壤固体分割在局部的土壤孔隙内，因此土壤中从一个部位至另一个部位的空气成分是不相同的；第二，土壤空气比大气所含水分高，当土壤湿度适宜时，土壤空气的相对湿度为100%；第三，土壤空气成不同于大气，常常含O_2少，含CO_2多，另外还含有微生物分泌的NH_3、CH_4等挥发性产物。

土壤空气中CO_2的浓度对微生物影响是多方面的，它影响微区的pH，给自养菌提供碳源；对异养菌产生不同程度的抑制。在通气不良的土壤中高浓度的CO_2比低浓度的O_2，对真菌影响更大。

3. 土壤矿物质与微生物的关系

土壤无机物部分包括岩石碎片及各种矿物质。矿物质颗粒大小不一。胶体颗粒小得要靠电子显微镜才能看得见。

土壤矿物质不断风化，给微生物提供矿质营养。而影响微生物最大的是土壤颗粒。土壤黏粒体积很小，具有胶体性质，但其总表面积却很大，与土壤腐殖质一起，决定着土壤物理和化学性状。微生物吸附在这些胶体颗粒上，共同成为土壤活性中心。

4. 土壤有机质与微生物的关系

由于土壤有机质是微生物营养和能量的主要来源，所以在土壤中微生物主要栖息在有机质颗粒上。

5. 土壤温度与微生物的关系

微生物按其生长对温度的适应范围分为三群：低温菌，能在5℃以下生长但其最适温度在5～10℃；中温菌，不能生长在5℃以下或50℃以上，最适温度为25～37℃；高温菌，能生长在70～80℃的高温下，最适温度为50～60℃，30℃以下很少生长。

温度适应范围不同的微生物并不一定是从相适应的温度区域中分离出来的。在低温土壤中能分离到中温菌，中温土壤中也能分离出高温菌。这可能是土壤微环境中温度不一致的原因造成的。低温降低微生物活性，但不一定致死。将土壤存储在低温下，微生物的潜在活性没有明显变化。

四、土壤微生物生物量的测定

1. 土壤微生物生物量

土壤微生物生物量是指土壤中个体体积小于5～10 μm^3活微生物总量。是土壤有机质转化和养分(C、N、P、S等)循环的动力，参与有机质的分解和腐殖质的形成，同时也是有机质库和速效养分的一部分，对植物养分转化、有机质代谢和污染物的降解具有十分重要的作用，是重要的植物养分储备库。土壤微生物生物量周转速度快，且对环境变化敏感，是土壤肥力和土壤环境质量变化的重要依据之一，被视为土壤生态系统变化的预警及敏感指标。可分为土壤微生物生物量碳、土壤微生物生物量氮、土壤微生物生物量磷、土壤微生物生物量硫等。

2. 土壤微生物生物量的测定方法

对土壤微生物的研究涉及土壤固相、液相和气相。自土壤微生物学创立以来，土壤微生物学家一直在探索各自研究领域中适宜的研究方法。在20世纪70年代，有关土壤微生物研究方法的专著很少。然而到90年代这种情况发生了很大的变化，不仅有许多关于土壤微生物研究方法的专著,且内容很丰富。这些研究方法的建立为研究土壤微生物提供了新的途径。

早在20世纪70年代,土壤微生物学家就提出了微生物细胞培养计数法,该方法的结果重复性较差,其优点是适合于对某些特殊土壤微生物的研究。

1976年,Jenkinson提出间接法测定微生物生物量,该方法称为熏蒸-培养法(FI)。Anderson等在1978年提出了基质诱导呼吸法(Substrate-induced respiration,SIR)。

Brooks等在1982年和1985年分别提出了更直接的估算土壤微生物生物量磷和氮的方法,即经氯仿熏蒸的土壤直接提取(即熏蒸-提取法,Fumigation-extration,FE)后测定土壤微生物生物量磷和氮。

根据1969年Odum的理论,当生态系统达到稳定时,呼吸量与生物量的比率(呼吸商)降低。已有的研究表明,采用呼吸商比单用微生物生物量或呼吸量更能有效地反映土壤微生物的活性。

麦角甾醇含量在一定程度上估算土壤中真菌群落生物量。至今仍用于土壤真菌生物量的测定。

近年来,荧光底物应用于研究土壤微生物的活性。Miller等1998年提出采用4-甲基-缴花烃基-N-乙酰基-*β*-*D*-氨基葡萄糖苷(4-methylumbelliferyl N-acety-*β*-*D*-glucosaminide),水解时生成可产生荧光的4-甲基缴花酮(4-methylumbelliferone),其检测灵敏度可达到毫微摩尔级浓度。该方法特别适合测定真菌甲壳素酶的活性。该方法的优点是利用微平板即可完成标记底物降解的直接测定,与传统的土壤酶测定比较仅需要少量的样品,且每个样品测定可作多次平行。

第二节　耕作与施肥对土壤微生物生物量的影响

一、施肥与耕作对土壤微生物生物碳的影响

多年施肥和采用不同的耕作方式会影响到土壤微生物生物碳量。由表8-1知,翻$_1$和施12.5 kg/亩纯氮、10 kg/亩纯磷及施用300 kg/亩麦秸的处理,生物碳量最高,达19.0 mg/100 g土,而翻$_2$N$_2$P$_3$秆$_1$和翻$_2$N$_3$P$_1$秆$_2$两处理的生物碳量依次为18.0和16.9 mg/100 g土;翻$_1$N$_2$P$_2$秆$_2$处理,由于其产量最高(表8-1),所施入的有限养分绝大多数被植物所吸收,因而形成微生物体的生物碳量最低,仅有7.2 mg/100 g土。综观3种不同的耕作方式可知;对土壤微生物生物碳量的影响以翻$_2$为最大。

二、施肥与耕作对土壤微生物生物氮量的影响

由表8-1可知,在免耕条件下,多年不施磷肥,而开沟施7.5 kg/亩纯氮和覆盖300 kg/亩麦秸的处理即免N$_2$P$_1$秆$_3$,土壤微生物氮量最高达2.67 mg/100 g土,含生物碳量最高的处理——翻$_1$N$_3$P$_3$秆$_3$的生物氮量也有较高水平为2.18 mg/100 g土,它们分别是免N$_3$P$_2$秆$_1$处理含生物氮量的2.75和2.25倍,由此可见,在相同的耕作条件下,施高量氮和高量麦秸可显著提高土壤微生物生物氮量,尤其是施用大量麦秸的处理,可以直接为活的微生物提供较多的有机态氮,对增加生物氮量效果明显,而不施麦秸,即使施再多氮肥的处理,土壤微生物氮量也不高,从不同的耕作制度来看,免耕处理土壤微生物氮量最高,3个免耕处理的生物氮量平均

值为 1.84 mg/100 g 土，其次是翻$_1$处理，其平均值为 1.75 mg/100 g 土，分别是翻$_2$处理的 117.95% 和 112.18%。

表 8-1　施肥和耕作对土壤微生物生物碳量及氮量的影响

处理	土壤微生物生物碳量/(mg/kg 土)	土壤微生物生物氮量/(mg/kg 土)
翻$_1$$N_1$$P_1$秆$_1$	—	1.37
翻$_1$$N_2$$P_2$秆$_2$	7.2	1.70
翻$_1$$N_3$$P_3$秆$_3$	19.0	2.18
翻$_2$$N_1$$P_2$秆$_3$	12.7	1.85
翻$_2$$N_2$$P_3$秆$_1$	18.0	1.33
翻$_2$$N_3$$P_1$秆$_2$	16.9	1.50
免 $N_1$$P_3$秆$_2$	11.9	1.88
免 $N_3$$P_1$秆$_3$	12.2	2.67
免 $N_3$$P_2$秆$_1$	12.7	0.97

三、施肥和耕作对土壤微生物生物磷量的影响

由表 8-2 可知：随着施磷肥数量和麦秸量的增加，土壤含磷量都有明显的增加，如翻$_1$$N_3$$P_3$秆$_3$处理的熏蒸土和对照土的含磷量分别为 15.50 和 15.43 mg/100 g 土，但进入微生物体内的生物磷量却不一定也呈增加趋势，相反，土壤微生物生物磷量则表现出了不太规则的趋势，如翻$_2$$N_1$$P_2$秆$_3$不仅土壤含磷量很高，而且土壤微生物生物磷量也最高，达 1.68 mg/100 g 土，而翻$_1$$N_3$$P_3$秆$_3$虽然其土壤含磷量很高，但其生物磷量却最低，仅有 0.07 mg/100 g 土，总的来说，在同样耕作条件下，土壤微生物生物磷量受麦秸施用量的影响较大，与化学磷肥的施用量关系不大。不同耕作对提高土壤微生物生物磷量的大小顺序为：翻$_2$＞免耕＞翻$_1$。

总之，长期大量施用麦秸并配合施用化肥对提高土壤微生物生物碳、氮、磷量起重要作用，单施化肥不能明显地提高土壤微生物量。耕地后覆盖麦秸对提高土壤微生物碳量和磷量有明显的作用，免耕有利于提高土壤微生物氮量。

表 8-2　施肥和耕作对土壤微生物生物磷量的影响　mg/kg 土

处理	土壤微生物生物磷量/(mg/kg 土)		
	熏蒸土	对照土	生物量
翻$_1$$N_1$$P_1$秆$_1$	0.91	0.61	0.30
翻$_1$$N_2$$P_2$秆$_2$	4.29	3.16	1.13
翻$_1$$N_3$$P_3$秆$_3$	15.50	15.43	0.07
翻$_2$$N_1$$P_2$秆$_3$	16.42	14.74	1.68
翻$_2$$N_2$$P_3$秆$_1$	9.99	9.90	0.09
翻$_2$$N_3$$P_1$秆$_2$	2.19	1.18	1.01
免 $N_1$$P_3$秆$_2$	1.47	1.30	0.17
免 $N_3$$P_1$秆$_3$	1.54	0.85	0.69
免 $N_3$$P_2$秆$_1$	3.02	2.26	0.76

第三节　玉米秸秆还田对土壤微生物碳量的影响

一、试验设计

随着盐碱地治理工作的深入，作物产量明显提高，秸秆的产生量也得到了相应增加，尤其是玉米秸秆更是成为当地的一大公害，每年秋收种麦时节，大量的玉米秸秆被焚烧，造成了严重的空气污染，甚至造成了飞机不能正常起降。

如何利用由于农业高产而造成的大量作物秸秆又成为农业科研单位的新的命题。秸秆作为青储饲料，发展养殖业是一条消化秸秆的出路，但是由于运输成本的问题、养殖业的规模问题、饲料青储场地问题、相应的技术问题等制约了秸秆的青储量不可能很大。秸秆压块作为枕木、秸秆炭化作为木炭、秸秆造纸等出路也受到许多条件的制约而不能大规模生产。

秸秆还田是作物秸秆的根本出路。在长期定位实验的基础上，课题组于 2002 年设计了玉米秸秆覆盖试验。试验设 4 个处理，三次重复，采用随机区组设置。小区面积为 18 m ×·6 m。

四个处理分别如下：

(1)清茬翻耕(本文中简写为清翻、英文简写为 TN)——小麦秸秆还田免耕播种夏玉米；玉米秸秆根茬还田，翻耕播种冬小麦。

(2)还田翻耕(本文中简写为还翻、英文简写为 TI)——小麦秸秆还田免耕播种夏玉米；玉米秸秆全量粉碎还田，翻耕播种冬小麦。

(3)清茬免耕(本文中简写为清免、英文简写为 NTN)——小麦秸秆还田免耕播种夏玉米；玉米秸秆根茬还田、免耕播种冬小麦。

(4)覆盖免耕(本文中简写为覆免、英文简写为 NTMS)——小麦秸秆还田免耕播种夏玉米；玉米秸秆全量覆盖还田，免耕播种冬小麦。

上述免耕播种机是由河北华勤机械股份有限公司生产的 2BMSF-5/10 型免耕覆盖施肥小麦播种机，该机械是 2004 年农业部推荐的 10 种小麦播种机之一。试验田肥水管理见表 8-3 和表 8-4。

表 8-3　试验田水的管理　　$m^3 \cdot hm^{-2}$

生育期	冬小麦			夏玉米	
	越冬期	返青期	灌浆期	抽雄期	吐丝期
灌水量	800	800	800	800	800

表 8-4　试验田肥料种类和施肥量　　$kg \cdot hm^{-2}$

作物	肥料管理	肥料种类	清茬翻耕	还田翻耕	清茬免耕	覆盖免耕
冬小麦	底肥	尿素	277.5	277.5	277.5	277.5
		磷酸二铵	375	375	375	375
	追肥	尿素	300	300	300	300

续表 8-4

作物	肥料管理	肥料种类	清茬翻耕	还田翻耕	清茬免耕	覆盖免耕
夏玉米	底肥	尿素	0	0	0	0
		磷酸二铵	0	0	0	0
	追肥	尿素	300	300	300	300

注：尿素：N%＝46.65；磷酸二铵：N%＝18.0，P_2O_5%＝46.0%。

二、不同处理对土壤微生物量碳含量的影响

1. 在不同取样时间内不同处理之间土壤微生物量碳的差异

不同处理不同取样时间内土壤微生物量碳含量如图 8-1 和图 8-2 所示。方差分析和 Duncan's 多重比较表明：

在 0～10 cm 土层，有 6 次土壤微生物量碳含量在处理之间差异显著。5 月 3 日，清翻处理微生物量碳含量为 80.8 mg·kg^{-1}，比覆免、还翻和清免处理分别降低了 37.4%、35.9%和 37.6%（P＜0.01），覆免、还翻和清免之间微生物量碳含量差异不显著；6 月 30 日，清翻处理为 105.9 mg·kg^{-1}，比覆免、还翻和清免处理含量分别降低了 51.8%、47.4%和 39.9%（P＜0.05），覆免、还翻和清免处理之间微生物量碳含量差异不显著；7 月 26 日，清翻处理为 148.6 mg·kg^{-1}，比覆免、还翻和清免处理分别降低了 42.2%、37.8%和 41.2%（P＜0.05），覆免、还翻和清免处理之间差异不显著；8 月 21 日，覆免为 271.2 mg·kg^{-1}，比清翻、还翻和清免处理分别增加 53.8%、19.3%和 20.0%（P＜0.01），还翻和清免处理之间无差异，清翻极显著降低（P＜0.01）；9 月 18 日，覆免处理微生物量碳含量为 210.1 mg·kg^{-1}，比清翻、还翻和清免处理分别增加 35.3%、20.7%和 26.9%（P＜0.01），清翻、还翻和覆免处理之间微生物量碳含量无差异；10 月和 11 月，处理之间没有差异；12 月 16 日，覆免为 204.1 mg·kg^{-1}，比清翻和清免处理分别增加 64.6%和 36.1%（P＜0.05），清翻、还翻和清免处理之间无差异，还翻和覆免处理之间无差异。

在 10～20 cm 土层，有 3 次土壤微生物量碳含量在处理之间差异显著。5 月 3 日，处理之间差异不显著；6 月 30 日，覆免为 200.3 mg·kg^{-1}，比清翻、清免和覆免处理分别增加 65.1%、61.5%和 49.4%（P＜0.05）；7 月 26 日，处理之间差异不显著；8 月 21 日，覆免和清翻处理分别为 181.3 mg·kg^{-1}和 183.2 mg·kg^{-1}，比清免分别降低了 15.9%和 15.0%（P＜0.05），还翻和清免处理之间无差异；9 月 18 日和 10 月 17 日，处理之间无差异；11 月 16 日，还翻处理为 204.9 mg·kg^{-1}，比清翻、清免和覆免处理分别增加 25.5%、41.1%和 62.2%（P＜0.05），清翻和清免处理之间无差异，清免和覆免处理之间无差异；12 月 16 日，四个处理之间微生物量碳含量均无差异。

5—9 月，覆免在 0～10 cm 土层土壤微生物量碳含量相对较高，这是因为上年玉米秸秆还田后在次年土壤温度上升后，在大量秸秆加速分解过程中，有大量的土壤微生物活动。在 9 月之后则相对降低，这是因为此时，土壤温度降低，土壤微生物活动减弱，新覆盖于土表的玉米秸秆又具有降低地温的作用，加之覆免处理土壤水分较高等减弱了微生物活动，致使在 10 月份以后覆免处理和其他处理差异性降低。在 10～20 cm 土层中，则有还翻微生物量碳相对较高的显著趋势，这可能是由于玉米秸秆被翻压于土壤下层而导致还翻土壤微生物量增加。

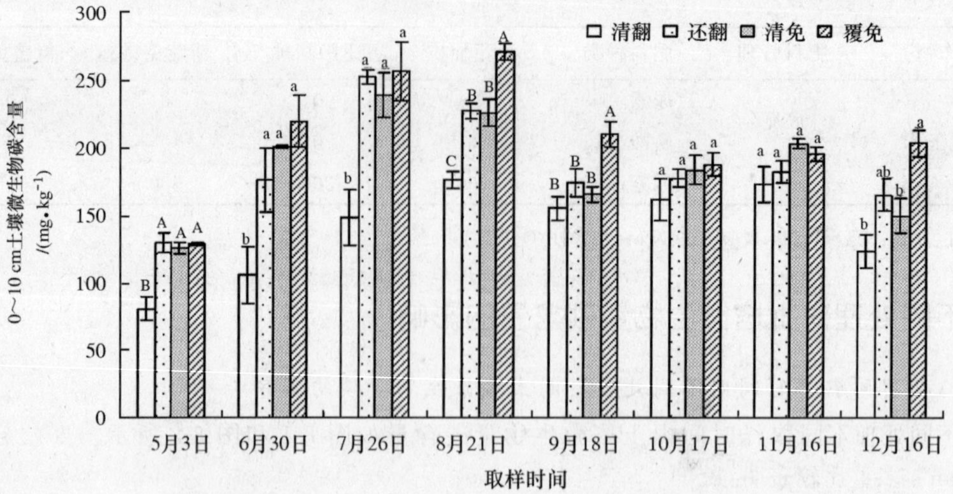

图 8-1　0～10 cm 土层不同处理微生物碳含量

注：根据 Duncan's 多重比较不同的字母表示处理之间差异显著（大写字母表示 $P<0.01$，小写字母表示 $P<0.05$）。

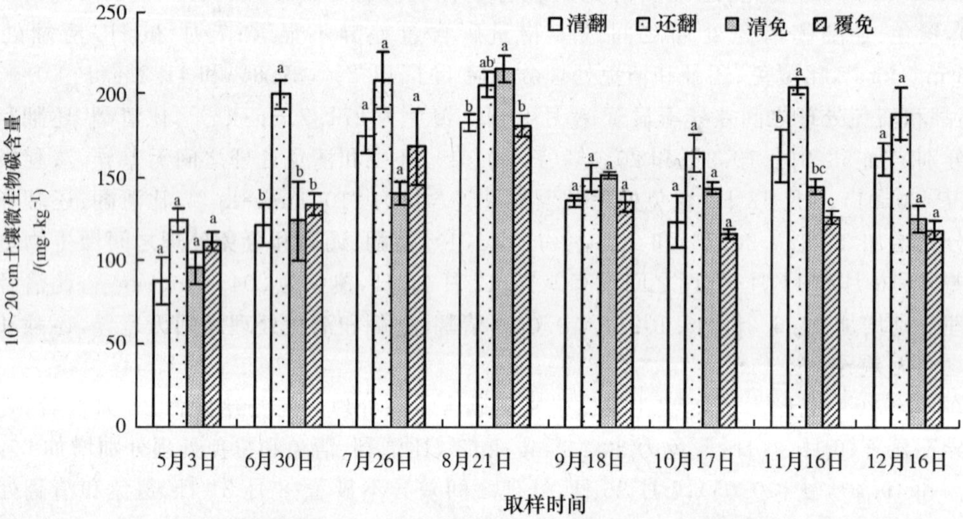

图 8-2　10～20 cm 土层不同处理土壤微生物量碳含量

注：根据 Duncan's 多重比较不同的字母表示处理之间差异显著（大写字母表示 $P<0.01$，小写字母表示 $P<0.05$）。

2. 不同处理土壤微生物量碳平均含量的差异

不同处理土壤微生物量碳平均（8 次测定平均值）含量如图 8-3 所示。数据方差分析和 Duncan's 多重比较表明：

在 0～10 cm 土层，微生物量碳含量平均结果在处理之间达到差异极显著水平。覆免处理微生物量碳含量平均值为 209.43 mg·kg^{-1}，比清翻处理的 140.75 mg·kg^{-1} 增加了 48.80%（$P<0.01$）。还翻和清免处理分别为 185.64 mg·kg^{-1} 和 186.90 mg·kg^{-1}，覆免、还翻和清免处理之间微生物量碳含量差异不显著。在该土层，不同的玉米秸秆处理水平和不同的耕作水平之间差异极显著（表 8-4），秸秆还田平均为 197.5 mg·kg^{-1} 比清茬的 163.8 mg·kg^{-1} 增加

20.6%；免耕平均为 198.16 mg·kg^{-1}比翻耕的 163.2 mg·kg^{-1}增加了 21.4%($P<0.01$)。

在 10～20 cm 土层，微生物量碳平均含量在处理之间达到差异显著水平(图 8-3)。覆免处理平均值为 136.57 mg·kg^{-1}，清免处理为 142.75 mg·kg^{-1}，清翻处理为 144.13 mg·kg^{-1}，比还翻处理分别降低 24.54%、21.13%和 20.37%($P<0.05$)；覆免、清翻和清免处理之间差异不显著。在该土层(表 8-5)，不同的耕作水平之间差异显著，免耕处理平均为 139.70 mg·kg^{-1}比翻耕处理降低 14.1%($P<0.05$)。不同的玉米秸秆处理水平之间差异不显著，秸秆还田平均为 158.8 mg·kg^{-1}，清茬为 143.4 mg·kg^{-1}。

在 0～20 cm 土层(即 0～10 cm 和 10～20 cm 微生物量碳含量平均值分析)，不同的处理之间微生物量碳含量差异极显著(图 8-3)。覆免处理土壤微生物量碳平均为 173.0 mg·kg^{-1}、还翻处理为 183.3 mg·kg^{-1}、清免处理为 164.8 mg·kg^{-1}，它们分别比清翻处理的 142.4 mg·kg^{-1}增加了 21.46%、28.70%和 15.72%($P<0.01$)，覆免、还翻和清免处理之间微生物量碳含量差异不显著。在土壤 0～20 cm 土层，不同的秸秆处理水平之间土壤微生物量碳含量差异极显著，秸秆还田平均为 178.2 mg·kg^{-1}，比清茬处理的 153.6 mg·kg^{-1}增加 16.0%；不同的耕作水平之间没有差异。

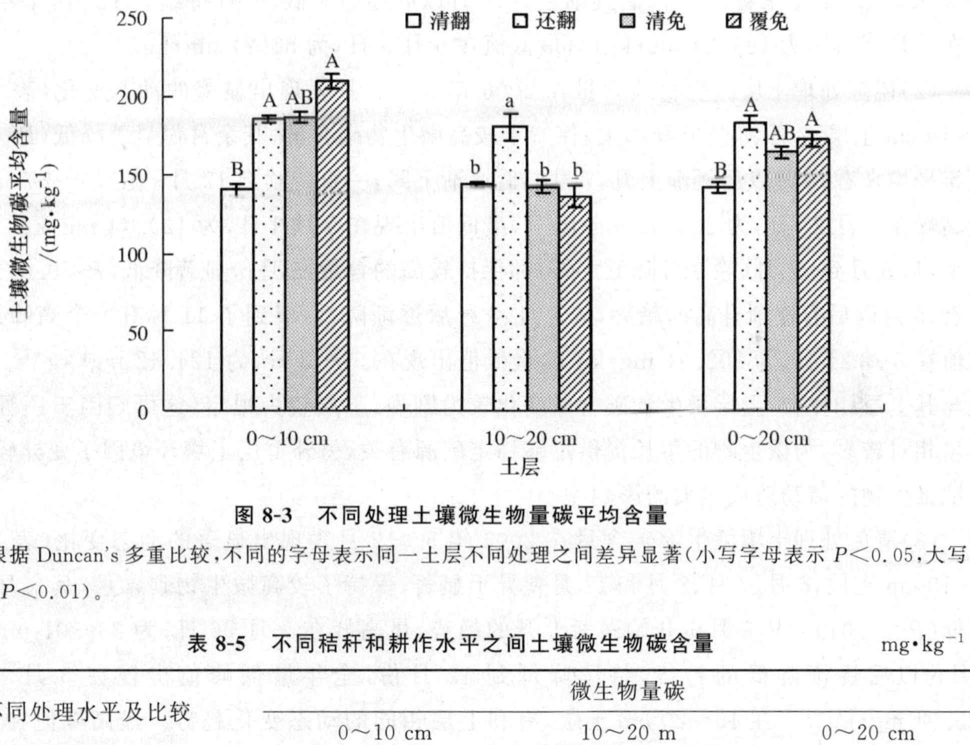

图 8-3　不同处理土壤微生物量碳平均含量

注：根据 Duncan's 多重比较，不同的字母表示同一土层不同处理之间差异显著(小写字母表示 $P<0.05$，大写字母表示在 $P<0.01$)。

表 8-5　不同秸秆和耕作水平之间土壤微生物碳含量　　mg·kg^{-1}

不同处理水平及比较		微生物量碳		
		0～10 cm	10～20 m	0～20 cm
秸秆水平	清茬	163.8±15.05	143.4±3.01	153.6±7.73
	秸秆还田	197.5±8.22**	158.8±15.6	178.2±5.32**
	比增加%	20.6		16.0
耕作水平	免耕	198.16±8.08**	139.7± 5.29b	168.9±4.58
	翻耕	163.2±14.54	162.6±12.9*	162.9±13.4
	比增加%	21.4	−14.1	

注：根据 Duncan's 多重比较，星号表示不同水平之间差异显著水平(* 表示在 $P<0.05$，** 表示在 $P<0.01$)，表中数值是六个小区的平均值±标准误。

不同处理8次平均微生物量碳含量上(0～10 cm)、下(10～20 cm)土层比较，清翻和还翻处理上下土层间微生物量碳没有差异，清免和覆免处理上下土层微生物量碳差异极显著($P<0.001$)，清免上土层平均含量为194.69 mg·kg^{-1}，比下土层增加26.66%；覆免处理上土层平均含量为221.12 mg·kg^{-1}，比下土层增加56.69 mg·kg^{-1}。

3.土壤微生物量碳含量的季节性变化

不同处理不同取样时间土壤微生物量碳含量分别列于表8-6。数据方差分析和Duncan's多重比较表明：

(1)清翻处理的土壤微生物量碳含量在2006年5—12月表现出显著的动态变化在0～10 cm土层，7—12月差异不大，保持较高微生物碳含量，其余月份显著降低($P<0.01$)。5月以后逐渐上升，最高峰在8月21日，为176.34 mg·kg^{-1}，从8月开始有逐渐降低的趋势，全年平均来看，最低值出现在5月3日，为80.79 mg·kg^{-1}。在10～20 cm土层，有和上层相同的动态变化，7月、8月、9月和11月保持较高的土壤微生物碳含量，其余月份显著降低($P<0.01$)。全年来看，5月以后逐渐上升，8月以后逐渐降低，一直持续到12月，全年最高峰值在8月21日，为183.24 mg·kg^{-1}，最低值在5月3日，为88.24 mg·kg^{-1}。

(2)还翻处理土壤微生物碳含量在2006年5—12月表现出显著的动态变化(表8-6)：在0～10 cm土层，7月、8月差异不大，保持了较高微生物碳含量，其余月份显著降低($P<0.01$)。全年平均来看，5月以后逐渐上升，7月以后逐渐下降，一直持续到12月。在10～20 cm土层，最高峰在7月26日，为252.56 mg·kg^{-1}，最低值出现在5月3日，为129.44 mg·kg^{-1}。总的看来，从6月到12月(除9月降低之外)都保持较高的含量，5月份显著降低($P<0.01$)。全年来看，5月以后有逐渐升高的趋势，从7月、8月后逐渐降低，但到了11月有一个高峰期，最高峰值在8月21日，为208.91 mg·kg^{-1}，最低值出现在5月3日，为124.42 mg·kg^{-1}。还翻处理与其上层相比较，上层微生物碳含量变化较为剧烈，下层较为恒定，这可归因于还翻下层秸秆量相对较多，为微生物的生长提供足够稳定碳源有关，另外上层土壤环境因子变异较大也给土壤微生物的活动造成很大的影响。

(3)清免处理土壤微生物碳含量在2006年5—12月表现出显著的动态变化(表8-6)：在0～10 cm土层，6月、7月、8月和11月差异不显著，保持了较高微生物碳含量，其余月份显著降低($P<0.01$)。从5月份开始逐渐上升的趋势，最高峰在7月26日，为239.01 mg·kg^{-1}，7月份以后逐渐降低的趋势，持续降低到12月份，全年最低峰值出现在5月3日，为125.94 mg·kg^{-1}。在10～20 cm土层，有和上层相同的动态变化趋势。最高峰值在8月21日，为215.54 mg·kg^{-1}，其余月份显著降低($P<0.01$)。全年来看，5月以后有逐渐升高的趋势，8月以后逐渐降低，持续降低到12月份，全年最低值出现在5月3日，为95.74 mg·kg^{-1}。

(4)覆免处理土壤微生物碳含量在2006年5—12月表现出显著的动态变化(表8-6)：在0～10 cm土层，全年平均来看，6月、7月和8月差异不显著，保持了较高微生物碳含量，其余月份显著降低($P<0.01$)。从5月份开始有逐渐上升的趋势，最高峰在8月21日，为271.24 mg·kg^{-1}，7月份以后逐渐降低的趋势，一直持续降低到12月份。全年最低峰值出现在5月3日，为129.05 mg·kg^{-1}。在10～20 cm土层，有和上层相同的动态变化趋势，全年来

看，7 月和 8 月差异不大，保持较高的微生物碳含量，其余月份极显著降低（$P<0.01$）。5 月以后逐渐上升，8 月以后逐渐下降，一直持续到 12 月份。全年来看，最高峰值在 8 月 21 日，为 181.28 mg·kg^{-1}，最低值出现在 5 月 3 日，为 111.78 mg·kg^{-1}。

4. 小结与分析

5 年的定位试验后，结果表明，土壤微生物量碳具有明显的季节变异，这和土壤微生物活动的季节性变异有关，从而在不同的处理间在不同的时期内差异不同。与清翻相比较，覆免在 0～10 cm 土层和 0～20 cm 土层，都提高了土壤微生物碳量碳，表明覆盖免耕农田土壤微生物量含较为丰富，这是由于大量的玉米秸秆还田的结果，大量的秸秆有机物为微生物的繁殖发育提供充足的能量和物质来源，极大地刺激微生物的生长和繁殖，从而提高了微生物量。与还翻相比较，覆免不论是在 0～10 cm 土层、10～20 cm 土层还是在 0～20 cm 土层，都没有差异，表明和玉米秸秆翻耕还田相比，玉米秸秆覆盖免耕并没有提高农田土壤微生物量。这表明微生物的活动受玉米秸秆覆盖免耕方式影响较小，从上述不同处理月动态变化的分析结果来看，微生物碳还受土壤温度的影响，虽然覆免土壤温度低于还翻，但是可能还不足以影响到微生物的活动。

秸秆和耕作的不同处理水平来看，在表层（0～10 cm）秸秆还田和免耕都提高了农田土壤微生物量，这是由于秸秆还田提供了土壤微生物丰富的碳源，免耕提供了土壤微生物活动较为稳定的土壤环境因子，微生物得以稳定生存和繁殖。在下层（10～20 cm），秸秆还田和清茬相比微生物量碳没有差异，这可能是因为覆免处理秸秆还田后在上层，而还翻秸秆在下层，而在这里则取覆免和还翻两处理的秸秆还田 6 个小区的平均值比较，可能导致在下层微生物量碳差异不显著。免耕降低了土壤微生物量碳含量，因为秸秆还田能显著增加微生物量碳含量，而免耕后下层土壤秸秆较少。而在整个 0～20 cm 土层，只有秸秆还田提高微生物量碳，翻耕和免耕之间则没有差异，这表明覆免仅提高了表层（0～10 cm）土壤微生物量。覆免秸秆大量存在于土表，在表层繁殖了大量的土壤微生物，这从上述上下层比较也可得以证明。清免和覆免处理上下层之间都差异常显著，其他的处理则没有这样的差别。

表 8-6　土壤微生物量碳含量月动态　　mg·kg^{-1}

时间	土层/cm	微生物量碳含量			
		清茬翻耕	还田翻耕	清茬免耕	覆盖免耕
3 May	0～10	80.80±8.90 C	129.4±7.20 D	126.0±4.2 E	129.1±1.0 D
30 Jun.		105.9±21.0 BC	176.3±23.3 CD	201.1±0.8 ABC	219.7±19.0 ABC
26 Jul.		148.6±20.4 AB	252.6±5.20 A	239.0±16.5 A	257.0±21.9 AB
21 Aug.		176.3±6.1 A	227.4±5.40 AB	226.0±9.7 AB	271.2±6.0 A
18 Sep.		155.3±9.1 AB	174.0±10.2 CD	165.6±5.5 CDE	210.1±9.3 BC
17 Oct.		162.0±15.6 AB	177.7±6.4 CD	184.0±11.1 BCD	188.0±8.6 C
16 Nov.		173.0±13.7 A	182.4±8.1 BC	203.5±3.7 ABC	196.2±5.2 C
16 Dec.		124.0±12.4 ABC	165.3±11.6 CD	150.0±13.2 DE	204.1±9.8 BC

续表 8-6

时间	土层/cm	微生物量碳含量			
		清茬翻耕	还田翻耕	清茬免耕	覆盖免耕
3 May	10～20	88.24±13.85 C	124.4±6.8 B	95.7±9.2 C	111.8±5.8 C
30 Jun.		121.3±12.1 BC	200.3±8.7 A	124.0±23.6 BC	134.1±6.5 BC
26 Jul.		175.3±10.1 AB	208.9±17.1 A	140.5±6.9 BC	168.6±23.1 AB
21 Aug.		183.24±4.82 A	205.8±7.8 A	215.5±8.2 A	181.3±5.8 A
18 Sep.		136.3± 3.55 ABC	149.8±8.5 B	151.9±1.6 B	135.3±5.5 BC
17 Oct.		123.85 ±15.70 BC	165.2±11.1 AB	144.0±3.8 BC	116.5±2.9 C
16 Nov.		163.3±16.0 AB	204.9±4.3 A	145.2±4.9 BC	126.3±4.0 BC
16 Dec.		124.0±12.4 BC	188.7±15.8 AB	125.2±8.0 BC	118.7±5.8 C

表注：根据 Duncan's 多重比较不同字母表示同一土层不同时间之间显著性差异(大写字母表示 $P<0.01$,小写字母表示 $P<0.05$),表中数值是三次重复的平均值±标准误。

参考文献

[1] 陈子明,等. 德国帕·劳斯特试验地施肥对土壤性质和作物产量的影响. 土壤学报,1993,30(1):106-110.

[2] 李阜棣. 当代土壤微生物学的活跃研究领域. 土壤学报,1993,30 (3):229-236.

[3] 陈文新. 土壤和环境微生物学. 北京:北京农业大学出版社.

[4] 辛德惠. 李维炯. 浅层咸水型盐渍化低产地区综合治理与发展. 北京:北京农业大学出版社,1990.

[5] 范丙全,刘巧玲. 保护性耕作与秸秆还田对土壤微生物及其溶磷特性的影响. 中国生态农业学报,2005,Vol. 13,No. 3:130-132.

[6] 高云超,朱文珊,陈文新. 耕作方法对土壤真菌数量和群落结构的影响. 华南师范大学学报(自然科学版),2001,No. 4:31-36.

[7] 高云超,蔡作新,朱文珊,等. 秸秆覆盖免耕对土壤氮素转化细菌曲系的影响. 生态科学,2003,22(2):150-152.

第九章　盐渍化土壤生态系统中的酶活性

第一节　土壤酶的活性、分类及其影响因素

一、土壤酶的定义

土壤酶是存在于土壤中的生物催化剂，具有加速土壤生化反应速率功能的一类蛋白质物质。土壤中的一切生化过程，包括各类植物残体的水解与转化、腐殖物质的合成与分解以及某些无机物质的氧化与还原，都是在土壤酶的参与下进行和完成的。土壤酶在参与生化反应的过程中有很强的专一性，在反应前后自身不发生任何变化。不同的土壤酶类多以酶-有机质复合体存在，故具有共同的作用底物。

土壤酶主要来自土壤微生物和高等植物，也来自土壤动物和进入土壤的有机物质，根据它的存在部位，可将其分为脱离活体的胞外酶和胞内酶两大类。前者存在于非增殖的和死亡的细胞内、土壤固体颗粒表面或土壤溶液中；后者存在于土壤生物的活细胞组织中。

二、土壤酶的分类

按照酶的催化反应类型和功能，国际酶学委员会于 1961 年提出了一个分类系统，把酶分为六大类型，即氧化还原酶、水解酶、转移酶、裂合酶、连接酶和异构酶，土壤中的酶活性主要涉及前四类酶。土壤酶活性能反映土壤生物活性和土壤生化反应强度，是评价土壤肥力、土壤质量及土壤健康的重要指标。近年来，土壤酶活性作为表征土壤性质的生物活性指标，已被广泛应用于评价土壤营养物质的循环转化，以及各种农业措施和肥料施用的效果评价。其中土壤过氧化氢酶、转化酶、磷酸酶、脲酶活性之间的关系及总体活性对评价土壤肥力水平有重要意义。

1. 土壤过氧化氢酶

过氧化氢酶是参与土壤中物质和能量转化的一种重要氧化还原酶，能酶促分解由生物呼吸和有机物的生物化学氧化反应产生的过氧化氢，从而解除过氧化氢对土壤在生物体的毒害作用。在一定程度上可以表征土壤生物氧化过程的强弱。

任祖淦等通过研究发现，无肥区土壤的过氧化氢酶活性与试验前相比有下降的趋势，但施不同种类的肥料又会不同程度地增强土壤的过氧化氢酶活性。邵兴华等研究表明，长期施无机肥尤其单施 N 肥可显著降低土壤过氧化氢酶活性，而有机无机肥配施可显著提高土壤过氧化氢酶活性。袁玲等研究则表明认为：长期施肥中过氧化氢酶活性在施肥处理间差异较小。也有研究证明长期施肥可降低土壤中过氧化氢酶活性。马忠明和杨阳等研究认为：单施有机

肥或有机肥与其他有机、无机肥配施能提高土壤中过氧化氢酶的活性。靳孟贵研究表明:采用不同土壤水利用技术的冬小麦田浅层土壤过氧化氢酶活性差异明显,以沟播不盖秸秆处理的过氧化氢酶活性最高,缩行密植处理的最低。

2. 土壤转化酶

转化酶属于土壤中的水解酶类,又名蔗糖酶,是土壤中碳素转化的主要酶类之一.它可将土壤的蔗糖转化为葡萄糖,增加土壤中易溶性营养物质利于微生物等利用。它广泛存在于高等植物和微生物体内,以胞外酶的形式存在于土壤中,相对较为稳定,活性测定较为简易,而且对农业技术措施的影响有较明显的反应,因而日益引起人们的重视。

土壤转化酶活性随肥料施用量增加有显著增加的趋势,且施有机肥能最大程度地提高转化酶活性,加快有机质的转化。王俊华等研究发现土壤转化酶活性在长期不同施肥处理之后产生了显著差异,而且随着年限延长而不断增大。孙瑞莲等研究结果证明磷肥在提高土壤转化酶活性方面起重要作用。姜小凤研究表明:无机氮总施用量一致的前提下,小麦秸秆和氮磷配施及氮磷配施在增加土壤转化酶活性方面要优于无机氮肥单施。王娟等研究认为:有机肥中秸秆或者秸秆与氮磷配合施用可以提高土壤转化酶的活性。

3. 土壤脲酶

脲酶属于土壤中的水解酶类,存在于大多数细菌、真菌和高等植物里。是一种酰胺酶,能酶促有机物质分子中肽键的水解。是唯一对尿素在土壤中转化及尿素利用率有重大影响的酶,尿素施入土壤后,在脲酶的催化作用下,迅速分解成 CO_2 和氨。所以,土壤脲酶活性的降低,不仅可使尿素水解减缓,令其水解产物更多地被土壤吸附而有效减少尿素水解产物氨的挥发损失,也能相应减少水解产物 NH_4^+ 硝化作用潜势。脲酶在土壤酶系研究中是比较深入的,其活性反映土壤有机态氮向有效态氮的转化能力和土壤无机氮的供应能力。

路磊对黄泥土酶活性研究表明:单施高量化肥明显降低土壤脲酶活性。徐金仁、张建忠等研究表明长期施肥可提高土壤脲酶活性。邱现奎等研究发现:花生全生育期内,不同施肥处理(对照、普通复合肥、纯控释肥、控释掺混肥)脲酶活性变化趋势相似,呈现出逐渐递增的趋势,各肥料处理土壤脲酶活性以控释掺混肥处理活性最高,其次为纯控释肥,普通复合肥处理。程冬娟等研究认为:有机无机肥料配施处理土壤脲酶活性明显高于单施化肥和有机肥处理的土壤脲酶活性。

4. 土壤磷酸酶

磷酸酶属于土壤中的水解酶类,是催化土壤中磷酸单酯和磷酸二酯水解的酶,它能将有机磷酯水解为无机磷酸,土壤中有机磷是在它的作用下才能转化成可供植物吸收的无机磷。研究表明,该酶是以无机磷形式存在的,该水解性酶的酶促作用能够加速有机磷的脱磷速度,提高土壤磷素的有效性。因此,其活性高低将影响土壤有机磷的分解转化及其生物有效性。

有学者研究表明:有机肥施入土壤后能够显著提高土壤碱性磷酸酶活性。但化肥施入土壤后降低了碱性磷酸酶活性。徐金仁,张建忠等研究认为:长期施 P 肥可提高土壤酸性磷酸酶活性。袁亮研究设施栽培土壤磷酸酶活性证明:设施栽培土壤磷酸酶活性比露地栽培高,且差异均达极显著水平;设施栽培土壤碱性磷酸酶活性与土壤主要养分因子均呈极显著正相关关系。

三、土壤酶的影响因素

影响土壤酶活性的因素主要有：

1. 土壤物理性质

土壤的质地和结构式影响土壤酶活性的重要物理因素。同一土类的黏重土壤比轻质土壤具有较高的酶活性。良好结构的土壤因其适宜的水、热状况和较好的通气条件而使酶活性较高。

2. 土壤化学性质

土壤酶活性在很大程度上取决于土壤酶的主要产生者——土壤微生物和高等植物的营养状况。土壤中的某些化学物质可通过激活或抑制作用来影响胞外酶的功能。酶在土壤的固定情况与活性强度还较多地取决于土壤的一系列化学物质，如 pH、阳离子代换量、盐基饱和度、腐殖物质的特征以及有机-矿质复合体的组成特征等。

3. 农业技术措施

施肥、耕作、灌溉、排水、轮作、连作等措施常能引起土壤理化性质的较大改变，从而使土壤—微生物—作物这一相互联系的整体发生变化并建立起新的动态平衡。这一过程中，土壤酶的活性必然会受到很大影响。

4. 有害物质

许多重金属、农药、工业废渣和废水等有害物质都是土壤酶的抑制剂，受其污染的土壤，其酶活性通常都较低。

第二节　施肥对土壤酶活性的影响

一、长期施用氮、磷肥对土壤过氧化氢酶活性的影响

1. 小麦生育时期不同施氮、磷处理土壤过氧化氢酶活性的变化

由图 9-1 可知，施氮、磷各处理土壤过氧化氢酶的活性随时间而变化，更确切地说是随气温的升高而增强，如 CK 处理，土壤过氧化氢酶的活性从返青期（3 月 19 日）的 1.96 $mL \cdot g^{-1}$，逐步增加到收获期（6 月 14 日）的 2.26 $mL \cdot g^{-1}$。这是因为春季随气温回升，地温也呈现上升趋势。地温是影响土壤酶活性的重要因素，在一定范围内温度增加了酶与底物的接触，增强了酶与底物的亲和力，从而也增加了酶的活性。马冬云等的研究也表明：随着小麦生育时期的推进，土壤过氧化氢酶活性呈增加的趋势。但高秀君等和马忠明等研究认为：小麦生育期内土壤过氧化氢酶呈现先上升，在灌浆期出现峰值后逐渐下降的变化规律，这可能和小麦的品种及土壤温度对微生物代谢的影响有关。

进一步研究表明：在小麦返青期，N_1P_1 处理过氧化氢酶活性最高（1.71 $mL \cdot g^{-1}$），明显高于 P_1、P_2、N_1P_2、N_2P_2 处理（$P<0.05$）；其次，CK、N_1、N_2、N_2P_1 处理的过氧化氢酶活性明显高

于 P_2、N_2P_2 处理（P<0.05）；其中 P_2 处理过氧化氢酶活性最低（1.42 $mL \cdot g^{-1}$）。

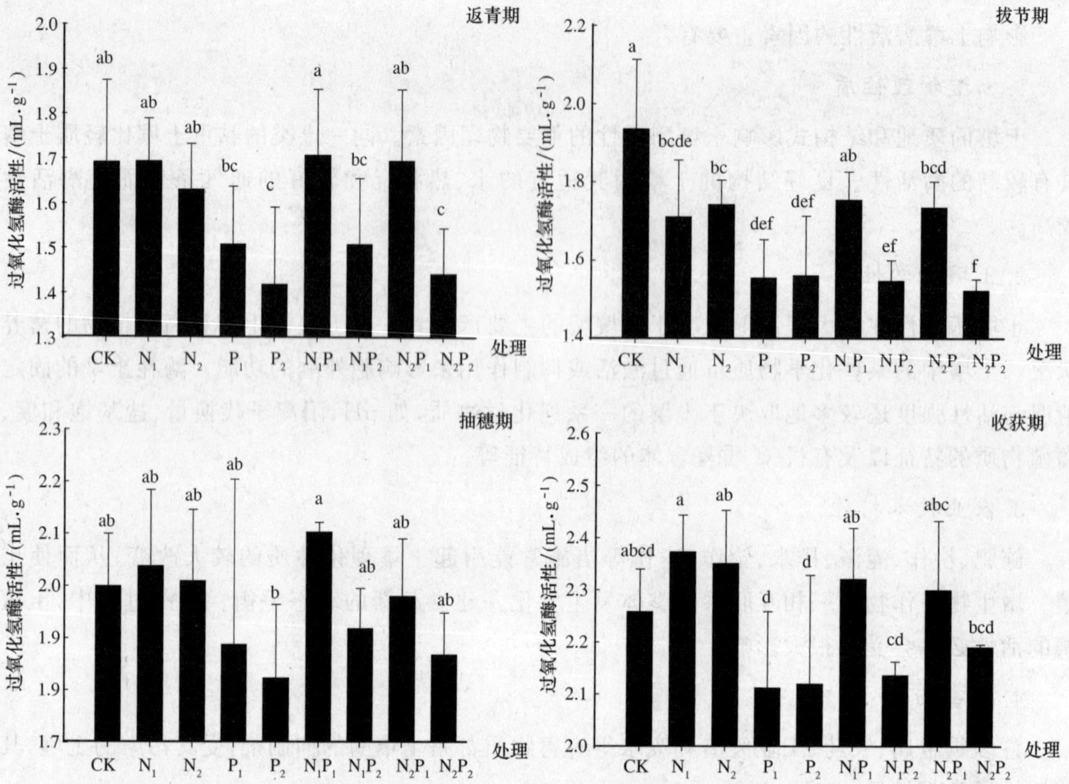

图 9-1　小麦各生育期土壤过氧化氢酶活性值(氮磷肥配比试验)

在小麦拔节期，CK 处理过氧化氢酶活性（1.94 $mL \cdot g^{-1}$）明显高于其他处理（P<0.05），N_1P_1 处理除外；N_1P_1 处理的过氧化氢酶活性高于 P_1、P_2、N_1P_2、N_2P_2 处理（P<0.05）；N_2 处理的过氧化氢酶活性明显高于 P_1、P_2、N_1P_2、N_2P_2 处理（P<0.05）；N_1 处理高于 N_2P_2 处理（P<0.05），其中 N_2P_2 过氧化氢酶活性最低（1.52 $mL \cdot g^{-1}$）。

在小麦抽穗期，N_1P_1 处理的过氧化氢酶活性明显高于 P_2 处理（P<0.05），且 N_1P_1 处理过氧化氢酶活性最高（2.10 $mL \cdot g^{-1}$），P_2 处理过氧化氢酶活性最低（1.82 $mL \cdot g^{-1}$），P_2 处理较 N_1P_1 处理过氧化氢酶活性降低了 13.29%。

在小麦收获期，N_1 处理过氧化氢酶活性最高（2.37 $mL \cdot g^{-1}$），明显高于 P_1、P_2、N_1P_2、N_2P_2 处理（P<0.05）；N_2、N_1P_1 处理的过氧化氢酶活性高于 P_1、P_2、N_1P_2 处理（P<0.05）；N_2P_1 处理明显高于 P_1、P_2 处理（P<0.05）；其中 P_1 处理过氧化氢酶活性最低（2.11 $mL \cdot g^{-1}$）。

由此可知，小麦氮磷配比试验中，土壤过氧化氢酶活性与温度有关，与施肥管理也有关。在小麦生育前期 P_1、P_2、N_1P_2、N_2P_2 处理对土壤过氧化氢酶活性抑制作用较强，生育后期其抑制作用减弱，其原因主要是小麦拔节后期追施尿素，使土壤中的氮含量增加，氮、磷肥的交互作用，减少了磷肥对土壤过氧化氢酶的抑制作用。氮肥对土壤过氧化氢酶活性是否有促进作用，还有待进一步的研究。

2. 玉米生育时期不同施氮、磷处理土壤过氧化氢酶活性的变化

从图 9-2 可知：施氮、磷各处理土壤过氧化氢酶的活性随时间而变化，更确切地说是随玉

米生长进程的推进呈现逐渐降低的趋势。如 CK 处理,土壤过氧化氢酶的活性从五叶期(7 月 24 日)的 2.18 mL·g^{-1},逐步减小到收获期(10 月 9 日)的 1.60 mL·g^{-1}。玉米生育前期气温逐渐升高,土壤过氧化氢酶活性应随温度的上升而增强,但本次试验中,玉米抽雄期处于该地区的雨季,且该雨季降雨量大,土壤中过量的水分抑制了土壤过氧化氢酶活性;玉米生育后期随气温降低,地温也呈现降低趋势,影响土壤过氧化氢酶与底物的接触,降低其活性。但李春霞等的研究认为:随着玉米的生长,土壤过氧化氢酶活性表现先升后降,在玉米大喇叭口期达到最高。本次试验与李春霞等的研究不同,可能和玉米的品种及玉米抽雄期降雨有关。

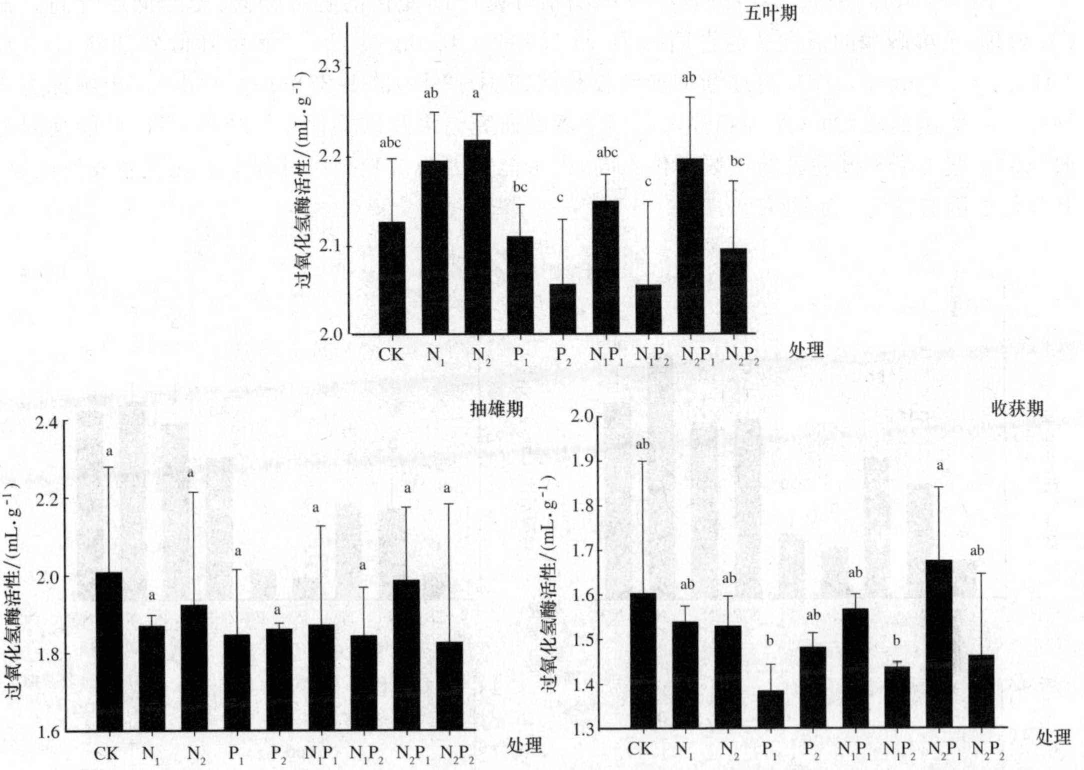

图 9-2　玉米各生育期土壤过氧化氢酶活性值(氮磷肥配比试验)

进一步研究表明:在玉米五叶期,N_2处理的过氧化氢酶活性最高(1.94 mL·g^{-1}),明显高于 P_1、P_2、N_1P_2、N_2P_2处理($P<0.05$);其次,N_1、N_2P_1处理的过氧化氢酶活性明显高于 P_2、N_1P_2 处理($P<0.05$);其中 N_1P_2处理过氧化氢酶活性最低(2.06 mL·g^{-1})。

在玉米抽雄期,各处理差异均不显著($P>0.05$),其中 CK 处理过氧化氢酶活性最高(2.01 mL·g^{-1}),N_2P_2处理过氧化氢酶活性最低(1.83 mL·g^{-1}),N_2P_2处理较 CK 处理过氧化氢酶活性降低了 9.08%。

在玉米收获期,N_2P_1处理的过氧化氢酶活性明显高于 P_1、N_1P_2处理($P<0.05$),其中N_2P_1处理过氧化氢酶活性最高(1.68 mL·g^{-1}),P_1处理过氧化氢酶活性最低(1.38 mL·g^{-1}),P_1处理较 N_2P_1处理过氧化氢酶活性降低了 17.4%。

由此可知,玉米氮磷配比试验中,土壤过氧化氢酶活性与温度有关,同时与施肥管理也有关,这与小麦氮磷配比试验的结果相同,说明土壤过氧化氢酶活性在冬小麦-夏玉米轮作体系中稳定存在,不受作物种类的影响。玉米生育期内 P_1、P_2、N_1P_2、N_2P_2 处理对土壤过氧化氢酶活性有抑制作用,但抑制作用明显低于小麦生育期中 P_1、P_2、N_1P_2、N_2P_2 处理对土壤过氧化氢酶活性的抑制作用,这是因为磷肥在小麦播种前以底肥的形式一次性施入,在玉米生育期土壤磷肥量减少,减弱了磷肥对过氧化氢酶活性的抑制作用。

二、不同施氮、磷处理土壤脲酶活性的变化

1.小麦生育时期不同施氮、磷处理土壤脲酶活性的变化

由图 9-3 可知,施氮、磷各处理土壤脲酶活性随时间变化的趋势相同:先降低后升高。如 CK 处理,土壤脲酶的活性从返青期(3 月 19 日)的 2.48 $mg \cdot g^{-1} \cdot d^{-1}$ 逐步降低到抽穗期(5 月 7 日)的 1.54 $mg \cdot g^{-1} \cdot d^{-1}$ 再逐渐增加到收获期(6 月 13 日)的 1.87 $mg \cdot g^{-1} \cdot d^{-1}$。土壤脲酶活性在返青期达到最大值,这种趋势与很多学者的研究结果及试验预期的结果不符,可能是因为研究的土壤类型和试验区的气候条件不同,也可能是因为试验操作过程中出现误差或失误等,其具体原因有待进一步研究。

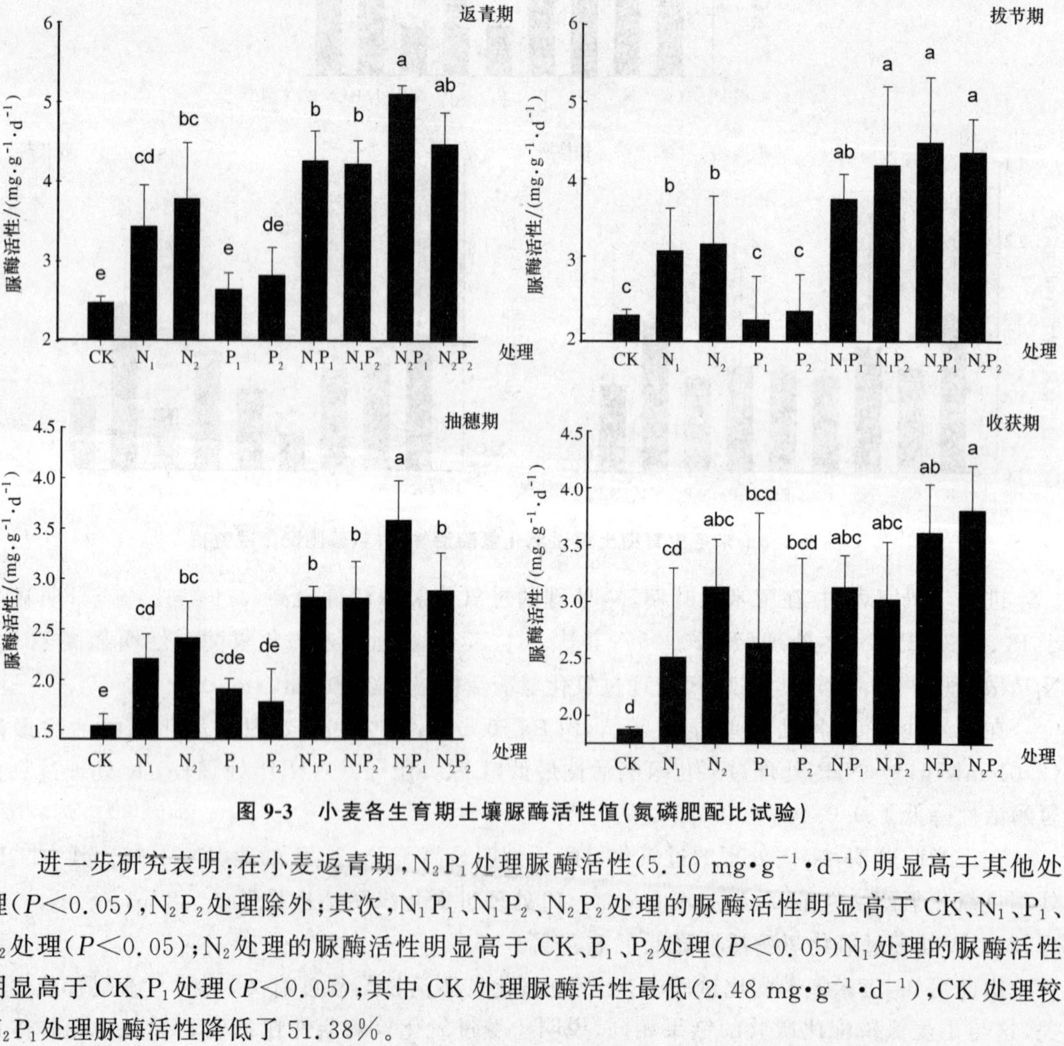

图 9-3 小麦各生育期土壤脲酶活性值(氮磷肥配比试验)

进一步研究表明:在小麦返青期,N_2P_1 处理脲酶活性(5.10 $mg \cdot g^{-1} \cdot d^{-1}$)明显高于其他处理($P<0.05$),$N_2P_2$ 处理除外;其次,N_1P_1、N_1P_2、N_2P_2 处理的脲酶活性明显高于 CK、N_1、P_1、P_2 处理($P<0.05$);N_2 处理的脲酶活性明显高于 CK、P_1、P_2 处理($P<0.05$)N_1 处理的脲酶活性明显高于 CK、P_1 处理($P<0.05$);其中 CK 处理脲酶活性最低(2.48 $mg \cdot g^{-1} \cdot d^{-1}$),CK 处理较 N_2P_1 处理脲酶活性降低了 51.38%。

在小麦拔节期，N_1P_2、N_2P_1、N_2P_2处理脲酶活性明显高于其他处理($P<0.05$)，N_1P_1处理除外；N_1P_1、N_1、N_2处理脲酶活性明显高于CK、P_1、P_2处理($P<0.05$)；其中，N_2P_1脲酶活性最高(4.47 $mg \cdot g^{-1} \cdot d^{-1}$)，$P_1$脲酶活性最低(2.18 $mg \cdot g^{-1} \cdot d^{-1}$)，$P_1$处理较$N_2P_1$处理脲酶活性降低了51.25%。

在小麦抽穗期，N_2P_1处理脲酶活性(3.58 $mg \cdot g^{-1} \cdot d^{-1}$)明显高于其他处理($P<0.05$)；$N_1P_1$、$N_1P_2$、$N_2P_2$处理的脲酶活性明显高于CK、$N_1$、$P_1$、$P_2$处理($P<0.05$)；$N_2$处理的脲酶活性明显高于CK、$P_2$处理($P<0.05$)；$N_1$处理的脲酶活性明显高于CK处理($P<0.05$)；其中，CK处理脲酶活性最低(1.54 $mg \cdot g^{-1} \cdot d^{-1}$)，CK处理较$N_2P_1$处理脲酶活性降低了56.92%。

在小麦收获期，N_2P_2处理脲酶活性最高(3.80 $mg \cdot g^{-1} \cdot d^{-1}$)，明显高于CK、$N_1$处理($P<0.05$)；$N_2$、$N_1P_1$、$N_2P_1$处理的脲酶活性高于CK处理($P<0.05$)；其中CK处理脲酶活性最低(2.11 $mg \cdot g^{-1} \cdot d^{-1}$)，CK处理较$N_2P_2$处理脲酶活性降低了50.70%。

由此可知，小麦氮磷配比试验中，土壤脲酶活性与温度有关，同一生育时期内与施肥管理有关。氮、磷肥配合施用的处理土壤脲酶活性(3.48～4.19 $mg \cdot g^{-1} \cdot d^{-1}$)要比对照和单施氮、磷肥处理土壤脲酶活性(2.03～2.81 $mg \cdot g^{-1} \cdot d^{-1}$)明显增多。进一步研究表明：不施肥的对照(CK)与磷肥的处理(P_1、P_2)之间差异不显著($P>0.05$)，即单施磷肥和对照处理之间土壤脲酶活性没有显著性差异；氮、磷肥配合的各处理(N_1P_1、N_1P_2、N_2P_1、N_2P_2)与CK、P_1、P_2处理之间有显著的差异($P<0.05$)，收获期除外；但是氮、磷肥配合的各处理之间没有显著性差异($P>0.05$)。这是由于氮、磷肥配合施用的处理(N_1P_1、N_1P_2、N_2P_1、N_2P_2)养分配比合理，促进了小麦的生长、根系发达、土壤微生物较多，有助于增强土壤脲酶活性，而单施磷肥和不施肥的处理由于养分含量较少，或者配比不合理，不利于小麦的生长，土壤脲酶活性也较弱。

2. 玉米生育时期不同施氮、磷处理土壤脲酶活性的变化

从图9-4可知：施氮、磷各处理土壤脲酶活性随时间变化的趋势相同：先升高后降低；更确切地说：土壤脲酶活性随温度的升高而增强，降低而减弱。如CK处理，土壤脲酶的活性从五叶期(7月24日)的0.42 $mg \cdot g^{-1} \cdot d^{-1}$，先逐步升高到抽雄期(8月16日)的2.84 $mg \cdot g^{-1} \cdot d^{-1}$，再减小到收获期(10月9日)的1.47 $mg \cdot g^{-1} \cdot d^{-1}$。这其中可能有部分原因是由作物生长时土壤表层温度决定的，土壤温度的变化必然引起土壤脲酶活性的变化，玉米生长的抽雄期一般是在8月，此时地表温度较高，因此这个时期土壤脲酶均表现较高的活性。

进一步研究表明：在玉米五叶期，N_1P_2、N_2P_1、N_2P_2处理的脲酶活性明显高于CK、N_1、P_1、P_2处理($P<0.05$)；其次，N_1P_1处理的脲酶活性明显高于CK、P_1、P_2处理($P<0.05$)；，N_2处理的脲酶活性明显高于CK、P_1处理($P<0.05$)；其中，N_2P_2处理脲酶活性最高(1.30 $mg \cdot g^{-1} \cdot d^{-1}$)，CK处理脲酶活性最低(0.42 $mg \cdot g^{-1} \cdot d^{-1}$)，CK处理较$N_2P_2$处理脲酶活性降低了68.83%。

在玉米抽雄期，N_2P_1、N_2P_2处理脲酶活性明显高于CK、N_1、N_2、P_1、P_2、N_1P_1处理($P<0.05$)；其次，N_1P_2处理脲酶活性明显高于CK、N_2、P_1、P_2处理($P<0.05$)；其中，N_2P_1处理脲酶活性最高(4.25 $mg \cdot g^{-1} \cdot d^{-1}$)，$P_1$处理脲酶活性最低(2.53 $mg \cdot g^{-1} \cdot d^{-1}$)，$P_1$处理较$N_2P_1$处理脲酶活性降低了40.51%。

在玉米收获期，N_2P_2处理脲酶活性最高(3.15 $mg \cdot g^{-1} \cdot d^{-1}$)，明显高于CK、$N_1$、$N_2$、$P_1$、$P_2$、$N_1P_2$处理($P<0.05$)；$N_2P_1$处理的脲酶活性明显高于CK、$N_1$、$N_2$、$P_1$、$P_2$处理($P<0.05$)；$N_1P_1$处理的脲酶活性明显高于CK、$N_1$、$P_1$、$P_2$、$N_1P$处理($P<0.05$)；$N_1P_2$处理的脲酶活性明

显高于 CK、P_1、P_2 处理($P<0.05$);其中,CK 处理脲酶活性最低(1.61 $mg·g^{-1}·d^{-1}$),CK 处理较 N_2P_2 处理脲酶活性降低了 53.20%。

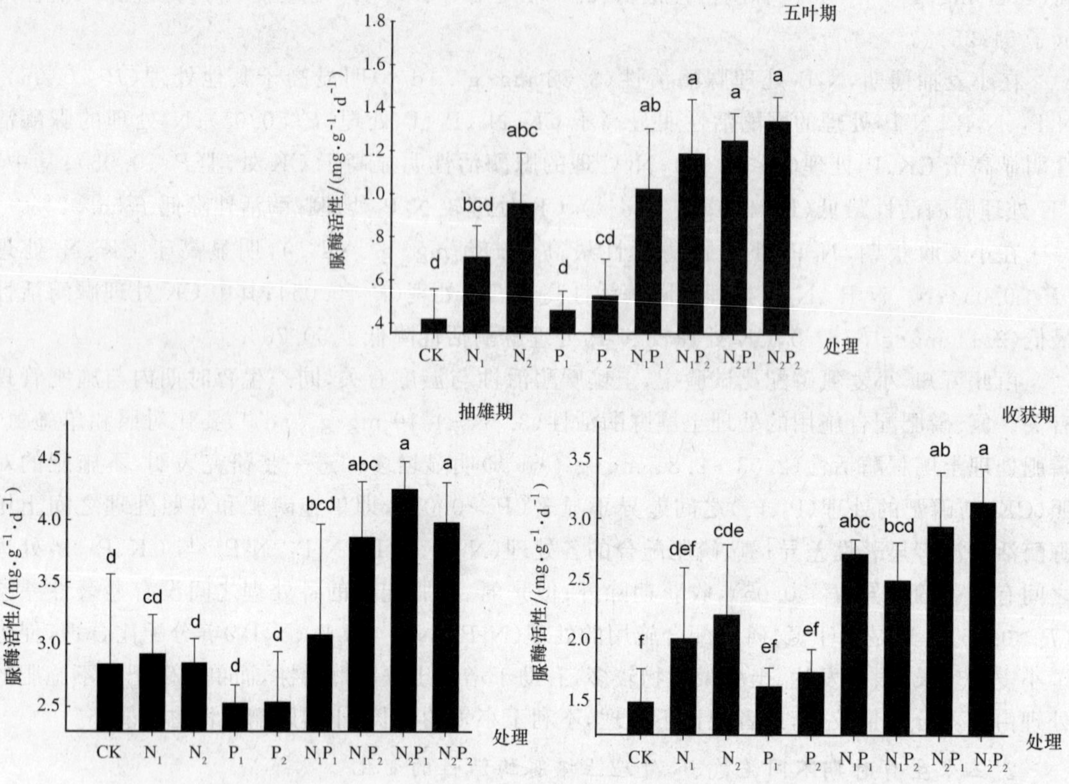

图 9-4　玉米各生育期土壤脲酶活性值(氮、磷肥配比试验)

由此可知,玉米氮、磷配比试验中,土壤脲酶活性与温度有关,同一生育时期内与施肥管理有关。这与小麦季氮、磷肥配比试验结果相同,说明土壤脲酶活性在冬小麦-夏玉米轮作体系中稳定存在,不受作物种类的影响。氮、磷肥配合施用的处理土壤脲酶活性(2.27~2.82 $mg·g^{-1}·d^{-1}$)要比对照和单施氮、磷肥处理土壤脲酶活性(1.53~2.00 $mg·g^{-1}·d^{-1}$)明显增多。进一步研究表明:不施肥的对照(CK)与磷肥的处理(P_1、P_2)之间差异不显著($P>0.05$),即单施磷肥和对照处理之间土壤脲酶活性没有显著性差异;氮、磷肥配合的各处理(N_1P_1、N_1P_2、N_2P_1、N_2P_2)与 CK、P_1、P_2 处理之间有显著的差异($P<0.05$);但是氮、磷肥配合的各处理之间没有显著性差异($P>0.05$)。

三、不同施氮、磷处理土壤碱性磷酸酶活性的变化

1. 小麦生育时期不同施氮、磷处理土壤碱性磷酸酶活性的变化

由图 9-5 可知,施氮、磷各处理土壤碱性磷酸酶活性随时间的变化趋势相同:先升高后降低。如 CK 处理,土壤碱性磷酸酶的活性从返青期(3 月 19 日)的 1.80 $mg·g^{-1}·d^{-1}$ 逐步增加到拔节期(4 月 13 日)的 4.21 $mg·g^{-1}·d^{-1}$,其原因主要是因为在小麦拔节期施入一定量的尿素,促进土壤中微生物的活动,同时拔节期是小麦生长时期内重要的时期,该时期小麦根系生长加快,吸收养分的速率很高,土壤中的有效磷的含量较少,刺激土壤碱性磷酸酶活性增强;随

后土壤中尿素含量逐渐减少，由于土壤碱性磷酸酶活性的增强，土壤中可供小麦根系利用的有效磷数量达到稳定水平，对土壤碱性磷酸酶的刺激减弱，其活性又逐渐降低到收获期(6 月 13 日)的 2.13 $mg \cdot g^{-1} \cdot d^{-1}$。

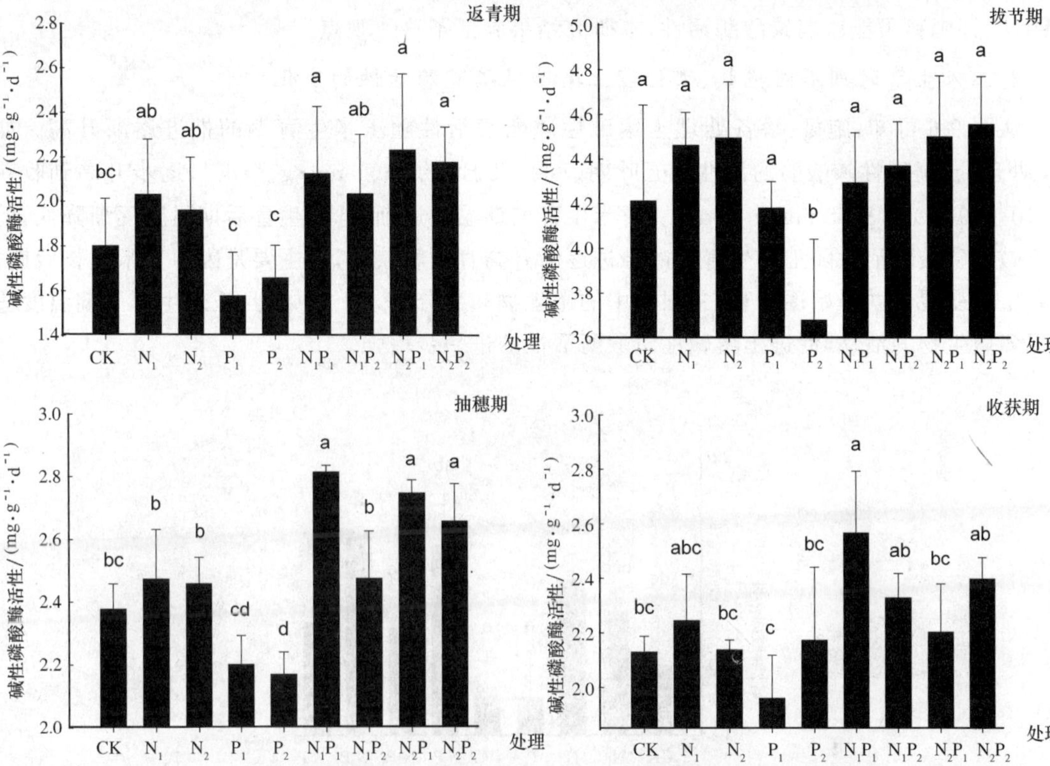

图 9-5　小麦各生育期土壤碱性磷酸酶活性值(氮磷肥配比试验)

进一步研究表明：在小麦返青期，N_1P_1、N_2P_1、N_2P_2 处理碱性磷酸酶活性明显高于 CK、P_1、P_2 处理($P<0.05$)；其次，N_1、N_2、N_1P_2 处理的碱性磷酸酶活性明显高于 P_1、P_2 处理($P<0.05$)；其中 P_1 处理碱性磷酸酶活性最低(1.58 $mg \cdot g^{-1} \cdot d^{-1}$)，$P_1$ 处理较 N_2P_1 处理碱性磷酸酶活性降低了 29.28%。

在小麦拔节期，P_2 处理碱性磷酸酶活性(3.68 $mg \cdot g^{-1} \cdot d^{-1}$)明显低于其他处理($P<0.05$)；其中，$N_2P_2$ 处理碱性磷酸酶活性最高(4.56 $mg \cdot g^{-1} \cdot d^{-1}$)，$P_2$ 处理较 N_2P_2 处理碱性磷酸酶活性降低了 19.27%。

在小麦抽穗期，N_1P_1、N_2P_1、N_2P_2 处理碱性磷酸酶活性明显高于 CK、P_1、P_2 处理($P<0.05$)；其次，N_1、N_2、N_1P_2 处理的碱性磷酸酶活性明显高于 P_1、P_2 处理($P<0.05$)；其中 N_1P_1 处理碱性磷酸酶活性最高(2.81 $mg \cdot g^{-1} \cdot d^{-1}$)，$P_2$ 处理碱性磷酸酶活性最低(2.17 $mg \cdot g^{-1} \cdot d^{-1}$)，$P_2$ 处理较 N_1P_1 处理碱性磷酸酶活性降低了 22.87%。

在小麦收获期，N_1P_1 处理碱性磷酸酶活性最高(2.57 $mg \cdot g^{-1} \cdot d^{-1}$)，明显高于 CK、$N_2$、$P_1$、$P_2$、$N_2P_1$ 处理($P<0.05$)；N_2P_1、N_2P_2 处理的碱性磷酸酶活性高于 P_1 处理($P<0.05$)；其中 P_1 处理碱性磷酸酶活性最低(1.96 $mg \cdot g^{-1} \cdot d^{-1}$)，$P_1$ 处理较 N_1P_1 处理碱性磷酸酶活性降低了 23.61%。

由此可知，小麦氮、磷配比试验中，单施磷肥处理土壤碱性磷酸酶活性低于CK处理，但其差异不显著（$P>0.05$）；单施磷肥处理（P_1、P_2）中土壤碱性磷酸酶活性明显低于氮、磷肥配施处理（N_1P_1、N_1P_2、N_2P_1、N_2P_2）（$P<0.05$），因为向土壤中施加氮肥时增强了核酸酶的活性，而核酸酶的降解产物中有无机磷，土壤中无机磷的增加是磷酸酶减弱的一个原因。有报道认为，施用磷、钾肥料可能减弱磷酸酶活性，本研究结果验证了这一观点。

2. 玉米生育时期不同施氮、磷处理土壤碱性磷酸酶活性的变化

从图9-6可知：施氮、磷各处理土壤碱性磷酸酶活性随玉米生育期的推进逐渐升高。如CK处理，土壤碱性磷酸酶的活性从五叶期（7月24日）的2.01 $mg \cdot g^{-1} \cdot d^{-1}$，逐步升高到收获期（10月9日）的3.08 $mg \cdot g^{-1} \cdot d^{-1}$。玉米生育前期温度逐渐升高，生育后期温度逐渐降低，但土壤碱性磷酸酶活性随玉米生育期的推进逐渐升高直到收获期，这主要是因为玉米生长后期，根系生长变缓慢并开始逐渐衰亡，根系中的微生物和养分进入土壤中，且玉米生育后期温度适宜很多微生物的活动，促进土壤碱性磷酸酶活性的进一步增强。

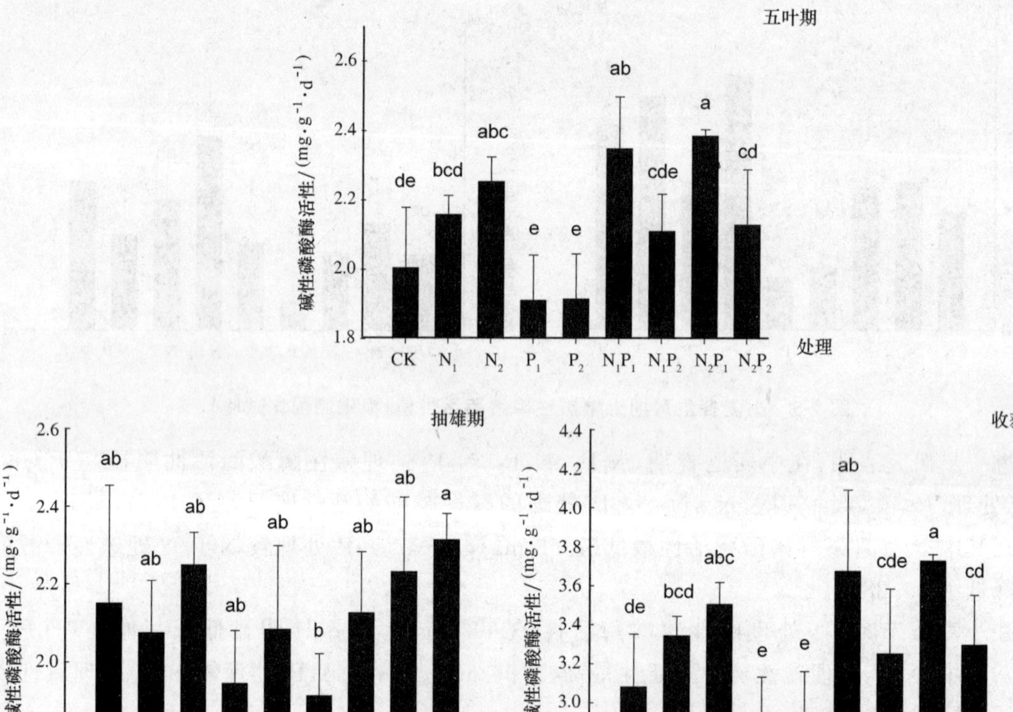

图9-6　玉米各生育期土壤碱性磷酸酶活性值（氮磷肥配比试验）

进一步研究表明：在玉米五叶期，N_2P_1处理的碱性磷酸酶活性最高（2.39 $mg \cdot g^{-1} \cdot d^{-1}$），明显高于其他处理（$P<0.05$），$N_2$、$N_1P_1$处理除外；$N_1P_1$处理的碱性磷酸酶活性明显高于CK、$P_1$、$P_2$、$N_1P_2$、$N_2P_2$处理（$P<0.05$）；$N_2$处理的碱性磷酸酶活性明显高于CK、$P_1$、$P_2$、处理；其中$P_1$处理碱性磷酸酶活性最低（1.91 $mg \cdot g^{-1} \cdot d^{-1}$），$P_1$处理较$N_2P_1$处理碱性磷酸酶活性降低了19.86％。

在玉米抽雄期，N_2P_2处理的碱性磷酸酶活性（2.32 $mg \cdot g^{-1} \cdot d^{-1}$）明显高于 N_1P_1处理（1.912 $mg \cdot g^{-1} \cdot d^{-1}$）（$P<0.05$）；其余各处理差异均不显著（$P>0.05$）；$N_1P_1$处理较 N_2P_2处理碱性磷酸酶活性降低了 17.31%。

在玉米收获期，N_2P_1处理的碱性磷酸酶活性最高（3.73 $mg \cdot g^{-1} \cdot d^{-1}$），明显高于其他处理（$P<0.05$），$N_2$、$N_1P_1$处理除外；$N_1P_1$处理的碱性磷酸酶活性明显高于 CK、$P_1$、$P_2$、$N_1P_2$、$N_2P_2$处理（$P<0.05$）；$N_2$处理的碱性磷酸酶活性明显高于 CK、$P_1$、$P_2$处理（$P<0.05$）；其中 P_1处理碱性磷酸酶活性最低（2.93 $mg \cdot g^{-1} \cdot d^{-1}$），$P_1$处理较 N_2P_1处理碱性磷酸酶活性降低了 21.48%。

由此可知，玉米氮磷配比试验中，单施磷肥处理土壤碱性磷酸酶活性明显低于单施氮肥和 N_2P_1、N_2P_2处理（$P<0.05$），抽雄期除外。单施磷肥处理土壤碱性磷酸酶活性低于 CK 处理，这是因为在不施肥条件下土壤的供磷能力太低，刺激作物根系分泌较多磷酸酶来促进有机磷的矿化，从而满足自身需要。这与王俊华等的研究的结果相同，但与袁玲等的研究结果不同，主要原因应是供试土壤的缺磷程度不同，致使土壤对施肥的响应不一致。因为磷酸酶活性对因环境或管理因素引起的变化较敏感，具有时效性。玉米生育期内 P_1、P_2处理对土壤碱性磷酸酶活性有抑制作用，但抑制作用明显低于小麦生育期中 P_1、P_2处理对土壤碱性磷酸酶活性的抑制作用，这是因为磷肥在小麦播种前以底肥的形式一次性施入，在玉米生育期土壤磷肥量减少，减弱了磷肥对碱性磷酸酶活性的抑制作用。这与小麦季氮磷肥配比试验结果相同，说明土壤碱性磷酸酶活性在冬小麦-夏玉米轮作体系中稳定存在，不受作物种类的影响。

四、不同施氮、磷处理土壤转化酶活性的变化

1. 小麦生育时期不同施氮、磷处理土壤转化酶活性的变化

由图 9-7 知，施氮、磷各处理土壤转化酶活性随时间的变化趋势相同：降低-升高-降低。如 CK 处理，土壤转化酶的活性从返青期（3 月 19 日）的 4.08 $mg \cdot g^{-1} \cdot d^{-1}$，逐步降低到拔节期（4 月 13 日）的 3.40 $mg \cdot g^{-1} \cdot d^{-1}$，升高到抽穗期（5 月 7 日）的 6.17 $mg \cdot g^{-1} \cdot d^{-1}$，再降低到收获期（6 月 13 日）的 4.52 $mg \cdot g^{-1} \cdot d^{-1}$。

进一步研究表明：在小麦返青期，N_1P_1处理转化酶活性最高（6.72 $mg \cdot g^{-1} \cdot d^{-1}$），明显高于 CK、$N_1$、$N_2$、$P_2$处理（$P<0.05$）；其次，$P_1$、$N_1P_2$、$N_2P_1$、$N_2P_2$处理的转化酶活性明显高于 CK、$N_2$处理（$P<0.05$）；其中 N_2处理转化酶活性最低（4.00 $mg \cdot g^{-1} \cdot d^{-1}$），$N_2$处理较 N_1P_1处理转化酶活性降低了 40.42%。

在小麦拔节期，N_1P_1、N_2P_2处理转化酶活性明显高于其他处理（$P<0.05$），N_1P_1、N_2P_1处理除外；其次，N_2P_1处理的转化酶活性高于 CK、N_2、P_1、P_2处理（$P<0.05$）；N_1P_2处理的转化酶活性高于 CK、N_2、P_2处理（$P<0.05$）；其中 N_2P_2处理转化酶活性最高（6.04 $mg \cdot g^{-1} \cdot d^{-1}$），$N_2$处理转化酶活性最低（3.74 $mg \cdot g^{-1} \cdot d^{-1}$），$N_2$处理较 N_2P_2处理转化酶活性降低了 38.14%。

在小麦抽穗期，N_1P_1、N_1P_2、N_2P_1、N_2P_2处理的转化酶活性明显高于其余处理（$P<0.05$），其中 N_2P_1处理转化酶活性最高（9.81 $mg \cdot g^{-1} \cdot d^{-1}$），$N_2$处理转化酶活性最低（6.13 $mg \cdot g^{-1} \cdot d^{-1}$），$N_2$处理较 N_2P_1处理转化酶活性降低了 37.50%。

在小麦收获期，N_2P_2处理转化酶活性最高（7.62 $mg \cdot g^{-1} \cdot d^{-1}$），明显高于其余处理（$P<0.05$），$N_1P_1$、$N_1P_2$处理除外；其次，$N_1P_2$处理转化酶活性明显高于 CK、$N_1$、$N_2$、$P_1$、$P_2$处理

($P<0.05$)；N_1P_1处理转化酶活性明显高于 CK、N_1、N_2处理($P<0.05$)；N_2P_1处理的转化酶活性高于 CK、N_2处理($P<0.05$)；其中 CK 处理转化酶活性最低(4.52 mg·g^{-1}·d^{-1})，CK 处理较 N_2P_2处理转化酶活性降低了 40.72%。

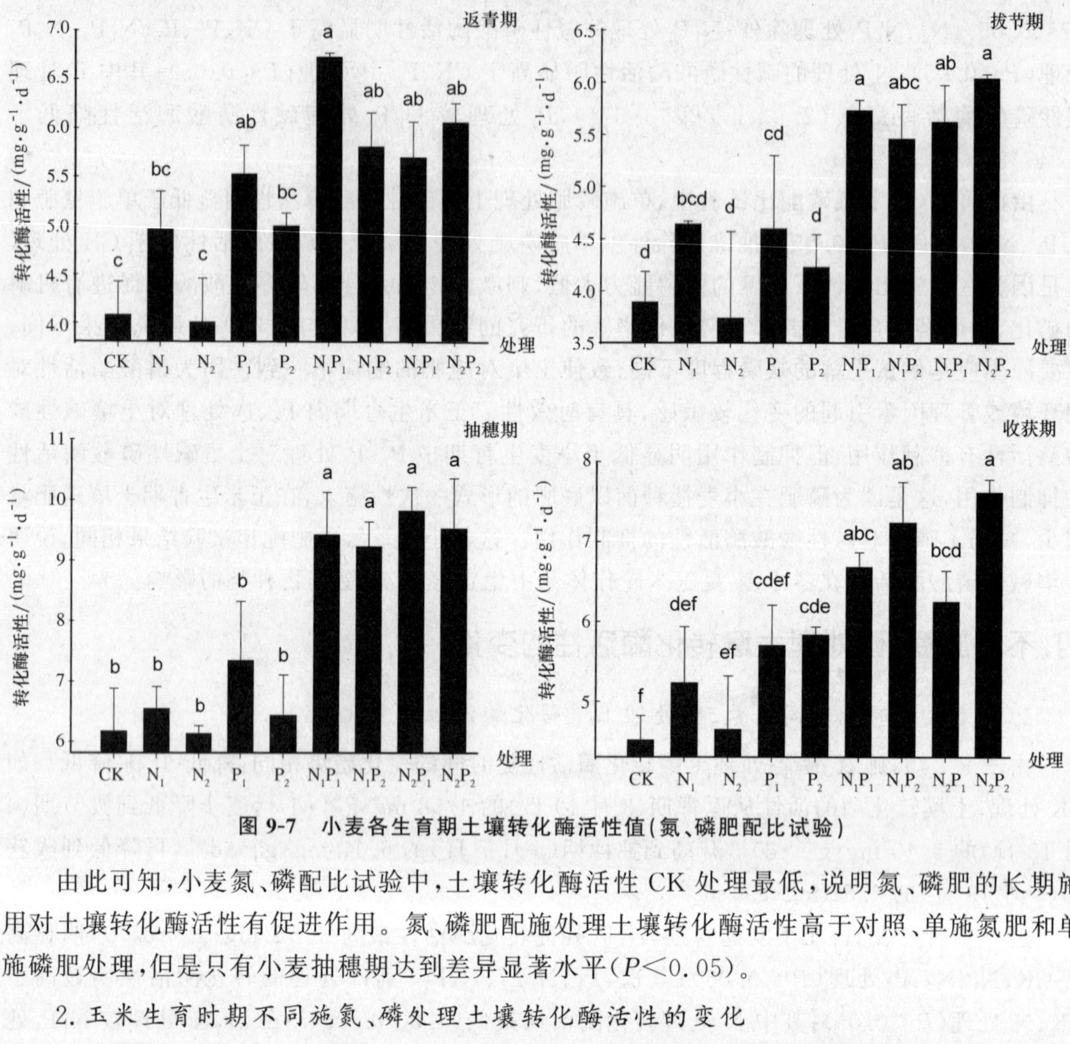

图 9-7　小麦各生育期土壤转化酶活性值(氮、磷肥配比试验)

由此可知，小麦氮、磷配比试验中，土壤转化酶活性 CK 处理最低，说明氮、磷肥的长期施用对土壤转化酶活性有促进作用。氮、磷肥配施处理土壤转化酶活性高于对照、单施氮肥和单施磷肥处理，但是只有小麦抽穗期达到差异显著水平($P<0.05$)。

2. 玉米生育时期不同施氮、磷处理土壤转化酶活性的变化

从图 9-8 可知：施氮、磷各处理土壤转化酶活性随玉米生育时期的推进呈现逐渐升高的趋势。如 CK 处理，土壤转化酶的活性从五叶期(7 月 24 日)的 1.38 mg·g^{-1}·d^{-1}，逐步升高到收获期(10 月 9 日)的 5.57 mg·g^{-1}·d^{-1}。五叶期到抽雄期土壤转化酶活性的增幅为 3.05～4.50 mg·g^{-1}·d^{-1}，抽雄期到收获期土壤转化酶活性的增幅为 0.38～2.70 mg·g^{-1}·d^{-1}，五叶期到抽雄期温度逐渐升高，土壤转化酶活性随之增强，而抽雄期到收获期温度逐渐降低，主要是因为玉米生育后期玉米根系生长缓慢并开始逐渐衰亡，向土壤中释放大量微生物和有机物，提高土壤转化酶活性。

进一步研究表明：在玉米五叶期，N_2P_2处理的转化酶活性最高(2.63 mg·g^{-1}·d^{-1})，明显高于 CK、N_2、P_1处理($P<0.05$)；其中 N_2处理转化酶活性最低(1.36 mg·g^{-1}·d^{-1})，N_2处理较 N_2P_2处理转化酶活性降低了 48.52%。

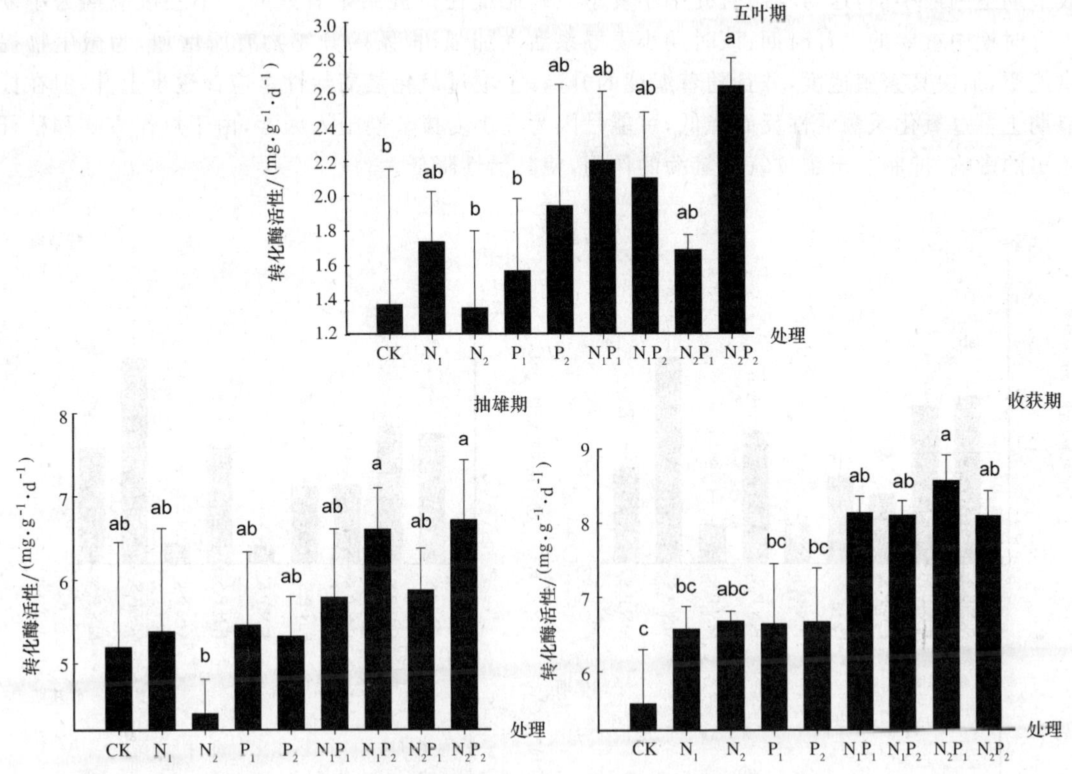

图 9-8　玉米各生育期土壤转化酶活性值(氮、磷肥配比试验)

在玉米抽雄期，N_1P_2、N_2P_2处理的转化酶活性明显高于 N_2处理(4.40 mg·g^{-1}·d^{-1})($P<0.05$)；其中 N_2P_2处理转化酶活性最高(6.72 mg·g^{-1}·d^{-1})，N_2处理较 N_2P_2处理转化酶活性降低了 34.47%。

在玉米收获期，N_2P_1处理的转化酶活性(8.57 mg·g^{-1}·d^{-1})明显高于 CK、N_1、P_1、P_2处理($P<0.05$)；其次，N_1P_1、N_1P_2、N_2P_2处理的转化酶活性明显高于 CK 处理(5.57 mg·g^{-1}·d^{-1})($P<0.05$)，CK 处理较 N_2P_1处理转化酶活性降低了 35.02%。

由此可知，玉米氮、磷配比试验中，土壤转化酶活性与温度有关，同时也与作物生长对土壤的作用有关。这与小麦季氮、磷肥配比试验结果相同，说明土壤转化酶活性在冬小麦-夏玉米轮作体系中稳定存在，不受作物种类的影响。玉米生育期内氮、磷配施处理土壤转化酶活性高于对照、单施氮肥和单施磷肥处理，但未达到差异显著水平($P>0.05$)。

第三节　耕作对土壤酶活性的影响

一、不同耕作方式、秸秆还田量处理土壤过氧化氢酶活性的变化

1. 小麦生育时期不同耕作方式、秸秆还田量处理土壤过氧化氢酶活性的变化

由图 9-9 可知：小麦生育期内各处理过氧化氢酶活性均呈现先降低后上升的趋势，在小麦

拔节期达到最小值，这与本次研究中小麦季氮磷肥配比试验结果有差异。小麦拔节期为小麦生育时期中重要的生育时期，该时期小麦根系活动加强，根系的分泌物有所增加，为微生物提供能源，加快其繁殖速度，并且随着温度的升高，土壤过氧化氢酶活性本应该逐步上升，但在拔节期土壤过氧化氢酶活性反而降低，可能是因为在小麦拔节期施入尿素，由于耕作方式和秸秆还田的影响，抑制了土壤过氧化氢酶的作用，使其活性降低。

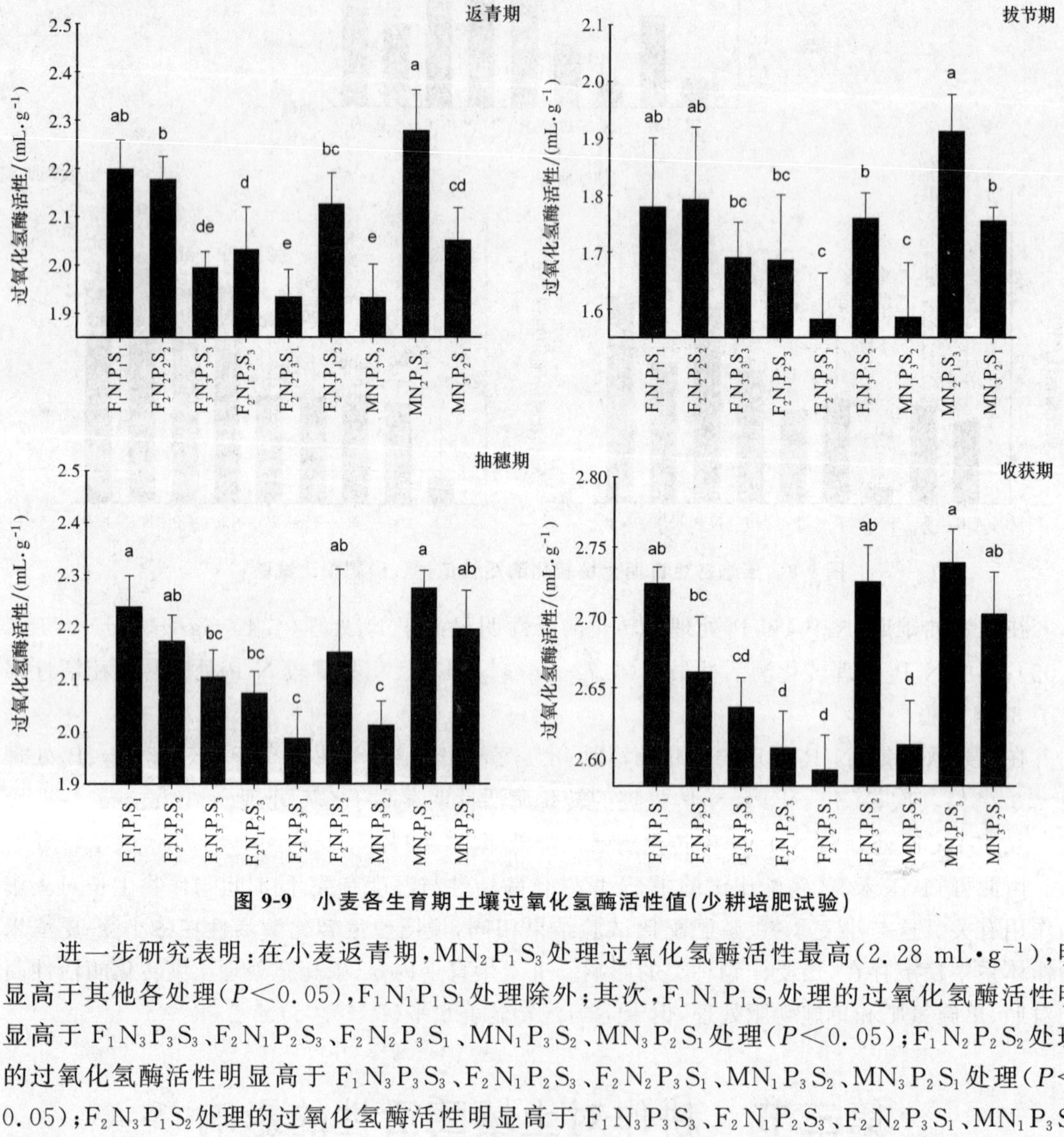

图 9-9 小麦各生育期土壤过氧化氢酶活性值(少耕培肥试验)

进一步研究表明：在小麦返青期，$MN_2P_1S_3$处理过氧化氢酶活性最高(2.28 $mL\cdot g^{-1}$)，明显高于其他各处理($P<0.05$)，$F_1N_1P_1S_1$处理除外；其次，$F_1N_1P_1S_1$处理的过氧化氢酶活性明显高于$F_1N_3P_3S_3$、$F_2N_1P_2S_3$、$F_2N_2P_3S_1$、$MN_1P_3S_2$、$MN_3P_2S_1$处理($P<0.05$)；$F_1N_2P_2S_2$处理的过氧化氢酶活性明显高于$F_1N_3P_3S_3$、$F_2N_1P_2S_3$、$F_2N_2P_3S_1$、$MN_1P_3S_2$、$MN_3P_2S_1$处理($P<0.05$)；$F_2N_3P_1S_2$处理的过氧化氢酶活性明显高于$F_1N_3P_3S_3$、$F_2N_1P_2S_3$、$F_2N_2P_3S_1$、$MN_1P_3S_2$处理($P<0.05$)；$MN_3P_2S_1$、$F_2N_1P_2S_3$处理的过氧化氢酶活性明显高于$F_2N_2P_3S_1$、$MN_1P_3S_2$处理($P<0.05$)；其中$MN_1P_3S_2$处理过氧化氢酶活性最低(1.93 $mL\cdot g^{-1}$)，$MN_1P_3S_2$处理较$MN_2P_1S_3$处理过氧化氢酶活性降低了15.17%。

在小麦拔节期，$MN_2P_1S_3$处理过氧化氢酶活性最高(1.91 $mL\cdot g^{-1}$)，明显高于其他各处理($P<0.05$)，$F_1N_1P_1S_1$、$F_1N_2P_2S_2$处理除外；$F_1N_1P_1S_1$、$F_1N_2P_2S_2$、$F_2N_2P_3S_1$、$MN_3P_2S_1$处理的过氧化氢酶活性高于$F_2N_2P_3S_1$、$MN_1P_3S_2$处理($P<0.05$)；其中$F_2N_2P_3S_1$处理过氧化氢酶活

性最低(1.58 mL·g^{-1}),$F_2N_2P_3S_1$处理较$MN_2P_1S_3$处理过氧化氢酶活性降低了17.25%。

在小麦抽穗期,$F_1N_1P_1S_1$、$MN_2P_1S_3$处理过氧化氢酶活性明显高于$F_1N_3P_3S_3$、$F_2N_1P_2S_3$、$F_2N_2P_3S_1$、$MN_1P_3S_2$处理($P<0.05$);$F_1N_2P_2S_2$、$F_2N_3P_1S_2$、$MN_3P_2S_1$处理的过氧化氢酶活性明显高于$F_2N_2P_3S_1$、$MN_1P_3S_2$处理($P<0.05$);其中$MN_2P_1S_3$处理过氧化氢酶活性最高(2.28 mL·g^{-1}),$F_2N_2P_3S_1$处理过氧化氢酶活性最低(1.99 mL·g^{-1}),$F_2N_2P_3S_1$处理较$MN_2P_1S_3$处理过氧化氢酶活性降低了12.64%。

在小麦收获期,$MN_2P_1S_3$处理过氧化氢酶活性最高(2.74 mL·g^{-1}),明显高于$F_1N_2P_2S_2$、$F_1N_3P_3S_3$、$F_2N_1P_2S_3$、$F_2N_2P_3S_1$、$MN_1P_3S_2$处理($P<0.05$);$F_1N_1P_1S_1$、$F_2N_3P_1S_2$、$MN_3P_2S_1$处理的过氧化氢酶活性高于$F_1N_3P_3S_3$、$F_2N_1P_2S_3$、$F_2N_2P_3S_1$、$MN_1P_3S_2$处理($P<0.05$);$F_1N_2P_2S_2$处理明显高于$F_2N_1P_2S_3$、$F_2N_2P_3S_1$、$MN_1P_3S_2$处理($P<0.05$);其中$F_2N_2P_3S_1$处理过氧化氢酶活性最低(2.59 mL·g^{-1}),$F_2N_2P_3S_1$处理较$MN_2P_1S_3$处理过氧化氢酶活性降低了5.38%。

由此可知,小麦少耕培肥试验中$MN_2P_1S_3$处理土壤过氧化氢酶活性最高,$F_2N_2P_3S_1$处理土壤过氧化氢酶活性最低(小麦返青期除外)。小麦季不同耕作水平和秸秆还田量处理土壤过氧化氢酶的活性值如表9-1所示。

表9-1　小麦季各生育时期不同耕作水平土壤过氧化氢酶活性值　　mL·g^{-1}

耕作水平	返青期	拔节期	抽穗期	收获期
F1	2.12 a	1.76 a	2.17 a	2.67 a
F2	2.03 a	1.68 a	2.07 a	2.64 a
M	2.09 a	1.75 a	2.16 a	2.68 a

注:表中显著性差异为各个生育时期内的土壤过氧化氢酶活性的显著性差异(P为0.05水平)。下同。

由表9-1可知,在小麦各生育时期内,F1、F2和M三个耕作水平处理之间差异不显著($P>0.05$)。说明各生育时期内F1、F2和M三种耕作方式对土壤过氧化氢酶活性影响不大。这与很多学者的研究不同,其原因是不同氮磷配比化肥的长期施用对土壤过氧化氢酶活性的影响。

表9-2　小麦季各生育时期不同秸秆还田量水平土壤过氧化氢酶活性值　　mL·g^{-1}

秸秆还田水平	返青期	拔节期	抽穗期	收获期
S1	2.06 a	1.71 a	2.14 a	2.67 a
S2	2.08 a	1.71 a	2.11 a	2.66 a
S3	2.10 a	1.76 a	2.15 a	2.67 a

由表9-2可知,在小麦各生育时期内,S1、S2和S3三个秸秆还田量处理之间差异不显著($P>0.05$)。说明各生育时期内S1、S2和S3三种秸秆还田量对土壤过氧化氢酶活性影响差异不大。这与韩新忠等的研究不同,一方面是所研究对象的不同,本试验的研究对象是小麦,而韩新忠等试验的研究对象是水稻;另一方面是因为本试验为四因素试验,不同氮磷肥配比的长期施用对土壤过氧化氢酶活性有影响。

2. 玉米生育时期不同耕作方式、秸秆还田量处理土壤过氧化氢酶活性的变化

由图 9-10 可知：玉米生育期内各处理过氧化氢酶活性随玉米生育期的推进呈现逐渐降低的趋势，如 $F_1N_1P_1S_1$ 处理，土壤过氧化氢酶的活性从五叶期(7 月 24 日)的 2.24 $mL \cdot g^{-1}$，逐步减小到收获期(10 月 9 日)的 2.15 $mL \cdot g^{-1}$。这与玉米季氮磷配比试验土壤过氧化氢酶活性变化趋势相同。

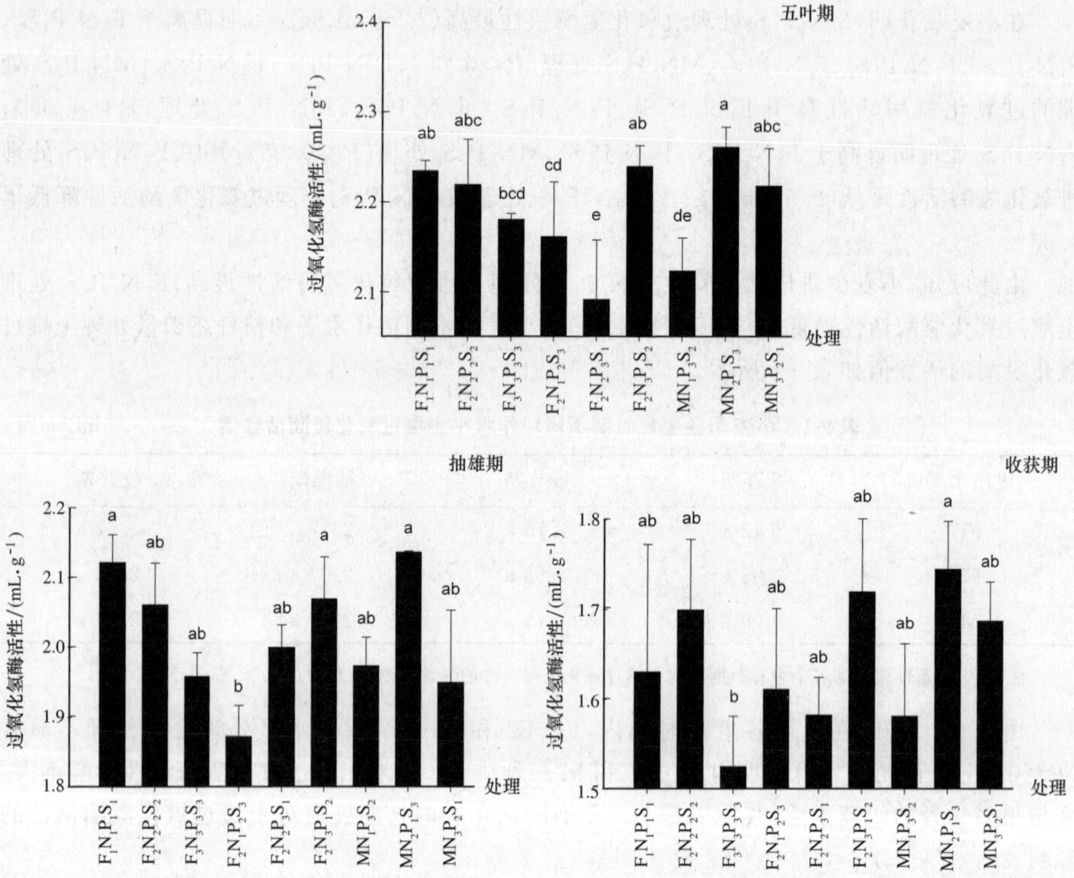

图 9-10　玉米各生育期土壤过氧化氢酶活性值(少耕培肥试验)

进一步研究表明：在玉米五叶期，$MN_2P_1S_3$ 处理过氧化氢酶活性最高(2.26 $mL \cdot g^{-1}$)，明显高于 $F_1N_3P_3S_3$、$F_2N_1P_2S_3$、$F_2N_2P_3S_1$、$MN_1P_3S_2$ 处理($P<0.05$)；其次，$F_1N_1P_1S_1$、$F_2N_3P_1S_2$ 处理的过氧化氢酶活性明显高于 $F_2N_1P_2S_3$、$F_2N_2P_3S_1$、$MN_1P_3S_2$ 处理($P<0.05$)；$F_1N_2P_2S_2$、$MN_3P_2S_1$ 处理的过氧化氢酶活性明显高于 $F_2N_2P_3S_1$、$MN_1P_3S_2$ 处理($P<0.05$)；$F_1N_3P_3S_3$、$F_2N_1P_2S_3$ 处理的过氧化氢酶活性明显高于 $F_2N_2P_3S_1$ 处理(2.09 $mL \cdot g^{-1}$)($P<0.05$)；$F_2N_2P_3S_1$ 处理较 $MN_2P_1S_3$ 处理过氧化氢酶活性降低了 7.50%。

在玉米抽雄期，$F_1N_1P_1S_1$、$F_2N_3P_1S_2$、$MN_2P_1S_3$ 处理过氧化氢酶活性明显高于 $F_2N_1P_2S_3$ 处理(1.87 $mL \cdot g^{-1}$)($P<0.05$)；其中，$MN_2P_1S_3$ 处理过氧化氢酶活性最高(2.14 $mL \cdot g^{-1}$)，$F_2N_1P_2S_3$ 处理较 $MN_2P_1S_3$ 处理过氧化氢酶活性降低了 12.35%。

在玉米收获期，$MN_2P_1S_3$ 处理过氧化氢酶活性(1.75 $mL \cdot g^{-1}$)明显高于 $F_1N_3P_3S_3$ 处理

(1.53 mL·g^{-1})(P<0.05);$F_1N_3P_3S_3$处理较$MN_2P_1S_3$处理过氧化氢酶活性降低了12.66%。

由此可知,玉米少耕培肥试验中$MN_2P_1S_3$处理土壤过氧化氢酶活性最高。玉米季各生育时期不同耕作水平和秸秆还田量处理土壤过氧化氢酶的活性值如表9-3所示。

表9-3　玉米季各生育时期不同耕作水平土壤过氧化氢酶活性值　　mL·g^{-1}

耕作水平	五叶期	抽雄期	收获期
F1	2.21 a	2.05 a	1.62 a
F2	2.17 a	1.98 a	1.64 a
M	2.20 a	2.02 a	1.67 a

由表9-3可知,在玉米各生育时期内,F1、F2和M三个耕作水平处理之间差异不显著(P>0.05)。

表9-4　玉米季各生育时期不同秸秆还田水平土壤过氧化氢酶活性值　　mL·g^{-1}

秸秆还田水平	五叶期	抽雄期	收获期
S1	2.18 a	2.02 a	1.63 a
S2	2.19 a	2.04 a	1.67 a
S3	2.20 a	1.99 a	1.63 a

由表9-4可知,在玉米各生育时期内,S1、S2和S3三个秸秆还田量处理之间差异不显著(P>0.05)。

可知不同耕作水平和秸秆还田量对玉米季土壤过氧化氢酶活性的影响不大,结合图9-10可知,影响土壤过氧化氢酶活性的主要因素是单施磷肥或高浓度磷肥的长期施用。

二、不同耕作方式、秸秆还田量处理土壤脲酶活性的变化

1.小麦生育时期不同耕作方式、秸秆还田量处理土壤脲酶活性的变化

由图9-11知,施氮、磷各处理土壤脲酶活性随时间变化的趋势相同:升高-降低-升高。如CK处理,土壤脲酶的活性从返青期(3月19日)的1.68 mg·g^{-1}·d^{-1},先逐步升高到拔节期(4月13日)的2.24 mg·g^{-1}·d^{-1},其原因一方面是因为温度升高,小麦根系生长加快,土壤微生物活动加剧,促进土壤脲酶活性;另一方面是因为在拔节期施入尿素,施加尿素后,脲酶反应底物浓度的增高,并且施加尿素后,土壤中氢氧化铵浓度升高,溶解或水解土壤有机质增加,提高了水溶性有机质含量,因而,脲酶活性也随之增加;随时间的推移,虽然温度逐渐升高,但土壤中脲酶的水解底物含量降低,从而导致脲酶活性的大幅降低,其活性在抽穗期(5月7日)降低到1.76 mg·g^{-1}·d^{-1},随后随着温度的逐渐升高其活性再逐渐增加到收获期(6月13日)的1.85 mg·g^{-1}·d^{-1}。

进一步研究表明:在小麦返青期,$F_1N_3P_3S_3$处理脲酶活性最高(4.08 mg·g^{-1}·d^{-1}),明显高于$F_1N_1P_1S_1$、$F_1N_2P_2S_2$、$F_2N_1P_2S_3$、$F_2N_3P_1S_2$、$MN_1P_3S_2$处理(P<0.05);其次,$F_2N_2P_3S_1$、$MN_2P_1S_3$、$MN_3P_2S_1$处理的脲酶活性明显高于$F_1N_1P_1S_1$、$F_2N_1P_2S_3$、$F_2N_3P_1S_2$、$MN_1P_3S_2$处理(P<0.05);$F_1N_2P_2S_2$处理的脲酶活性明显高于$F_1N_1P_1S_1$、$F_2N_3P_1S_2$、$MN_1P_3S_2$处理(P<0.05);$F_2N_3P_1S_2$处理的脲酶活性明显高于$F_1N_1P_1S_1$、$MN_1P_3S_2$处理(P<0.05);其中

$F_1N_1P_1S_1$处理脲酶活性最低(1.68 mg·g^{-1}·d^{-1}),$F_1N_1P_1S_1$处理较$F_1N_3P_3S_3$处理脲酶活性降低了58.92%。

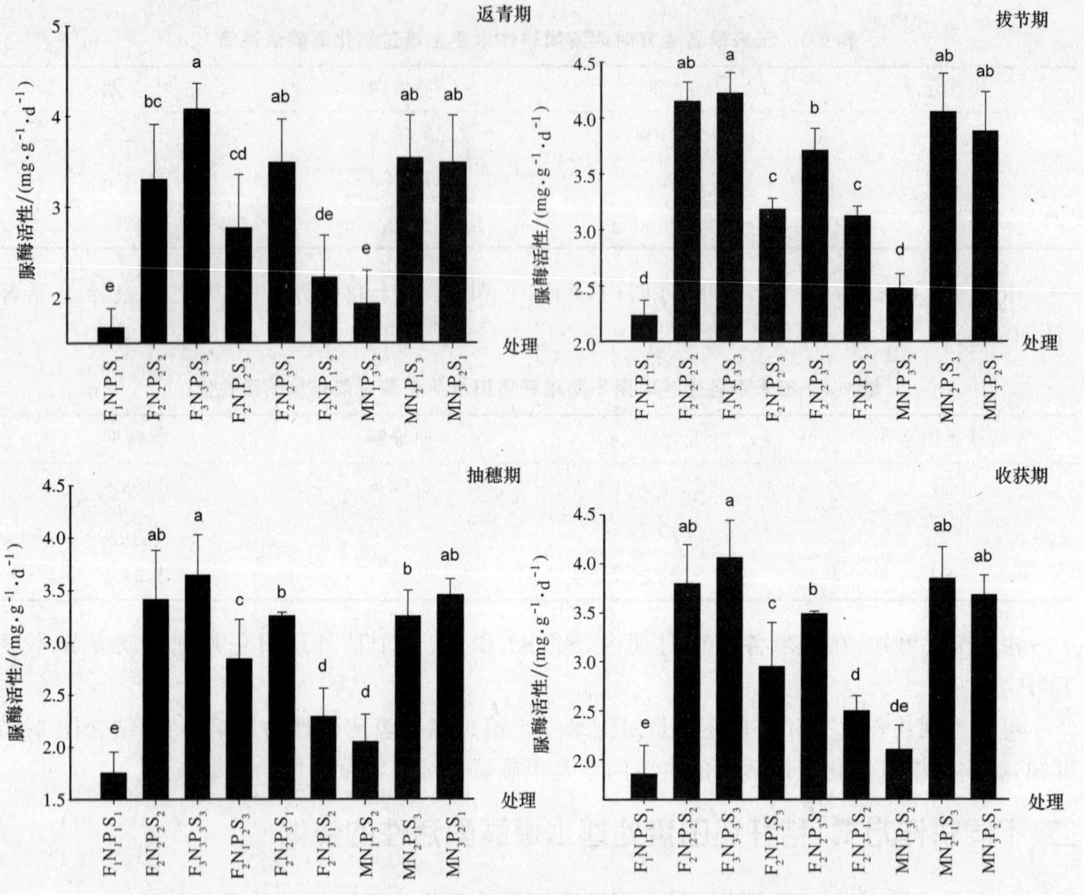

图 9-11　小麦各生育期土壤脲酶活性值(少耕培肥试验)

在小麦拔节期,$F_1N_3P_3S_3$处理脲酶活性最高(4.22 mg·g^{-1}·d^{-1}),明显高于$F_1N_1P_1S_1$、$F_2N_1P_2S_3$、$F_2N_2P_3S_1$、$F_2N_3P_1S_2$、$MN_1P_3S_2$处理($P<0.05$);其次,$F_1N_2P_2S_2$、$MN_2P_1S_3$、$MN_3P_2S_1$处理的脲酶活性明显高于$F_1N_1P_1S_1$、$F_2N_1P_2S_3$、$F_2N_3P_1S_2$、$MN_1P_3S_2$处理($P<0.05$);$F_2N_2P_3S_1$处理的脲酶活性明显高于$F_1N_1P_1S_1$、$F_2N_1P_2S_3$、$F_2N_3P_1S_2$、$MN_1P_3S_2$处理($P<0.05$);$F_2N_1P_2S_3$、$F_2N_3P_1S_2$处理的脲酶活性明显高于$F_1N_1P_1S_1$、$MN_1P_3S_2$处理($P<0.05$);其中$F_1N_1P_1S_1$处理脲酶活性最低(2.24 mg·g^{-1}·d^{-1}),$F_1N_1P_1S_1$处理较$F_1N_3P_3S_3$处理脲酶活性降低了47.01%。

在小麦抽穗期,$F_1N_3P_3S_3$处理脲酶活性最高(3.65 mg·g^{-1}·d^{-1}),明显高于$F_1N_1P_1S_1$、$F_2N_1P_2S_3$、$F_2N_2P_3S_1$、$F_2N_3P_1S_2$、$MN_1P_3S_2$、$MN_2P_1S_3$处理($P<0.05$);其次,$F_1N_2P_2S_2$、$MN_3P_2S_1$处理的脲酶活性明显高于$F_1N_1P_1S_1$、$F_2N_1P_2S_3$、$F_2N_3P_1S_2$、$MN_1P_3S_2$处理($P<0.05$);$F_2N_2P_3S_1$、$MN_2P_1S_3$处理的脲酶活性明显高于$F_1N_1P_1S_1$、$F_2N_1P_2S_3$、$F_2N_3P_1S_2$、$MN_1P_3S_2$处理($P<0.05$);$F_2N_1P_2S_3$处理的脲酶活性明显高于$F_1N_1P_1S_1$、$F_2N_3P_1S_2$、$MN_1P_3S_2$处理($P<0.05$);$F_2N_3P_1S_2$、$MN_1P_3S_2$处理的脲酶活性明显高于$F_1N_1P_1S_1$处理(1.76 mg·g^{-1}·d^{-1})($P<0.05$);$F_1N_1P_1S_1$处理

较 $F_1N_3P_3S_3$ 处理脲酶活性降低了 51.88%。

在小麦收获期，$F_1N_3P_3S_3$ 处理脲酶活性最高（4.07 $mg \cdot g^{-1} \cdot d^{-1}$），明显高于 $F_1N_1P_1S_1$、$F_2N_1P_2S_3$、$F_2N_2P_3S_1$、$F_2N_3P_1S_2$、$MN_1P_3S_2$ 处理（$P<0.05$）；其次，$F_1N_2P_2S_2$、$MN_2P_1S_3$、$MN_3P_2S_1$ 处理的脲酶活性明显高于 $F_1N_1P_1S_1$、$F_2N_1P_2S_3$、$F_2N_3P_1S_2$、$MN_1P_3S_2$ 处理（$P<0.05$）；$F_2N_2P_3S_1$ 处理的脲酶活性明显高于 $F_1N_1P_1S_1$、$F_2N_1P_2S_3$、$F_2N_3P_1S_2$、$MN_1P_3S_2$ 处理（$P<0.05$）；$F_2N_1P_2S_3$ 处理的脲酶活性明显高于 $F_1N_1P_1S_1$、$F_2N_3P_1S_2$、$MN_1P_3S_2$ 处理（$P<0.05$）；$F_2N_3P_1S_2$ 处理的脲酶活性明显高于 $F_1N_1P_1S_1$ 处理（1.85 $mg \cdot g^{-1} \cdot d^{-1}$）（$P<0.05$）；$F_1N_1P_1S_1$ 处理较 $F_1N_3P_3S_3$ 处理脲酶活性降低了 54.42%。

由此可知，小麦少耕培肥试验中 $F_1N_3P_3S_3$ 处理土壤脲酶活性最高，$F_1N_1P_1S_1$ 处理土壤脲酶活性最低。说明长期施肥、耕作和秸秆还田对土壤脲酶活性有促进作用。小麦各生育时期耕作水平和秸秆还田量处理土壤脲酶的活性值如表 9-5 所示。

表 9-5　小麦季各生育时期不同耕作水平下土壤脲酶活性值　　$mg \cdot g^{-1} \cdot d^{-1}$

耕作水平	返青期	拔节期	抽穗期	收获期
F1	3.02 a	3.54 a	2.94 a	3.24 a
F2	2.84 a	3.34 a	2.80 a	2.98 a
M	3.00 a	3.48 a	2.93 a	3.22 a

由表 9-5 可知，在小麦各生育时期内，F1、F2 和 M 三个耕作水平处理之间差异不显著（$P>0.05$）。

表 9-6　小麦季各生育时期不同秸秆还田量水平下土壤脲酶活性值　　$mg \cdot g^{-1} \cdot d^{-1}$

秸秆还田水平	返青期	拔节期	抽穗期	收获期
S1	2.89 a	3.28 a	2.83 a	3.01 a
S2	2.50 a	3.25 a	2.59 a	2.80 a
S3	3.47 a	3.82 a	3.25 a	3.63 a

由表 9-6 可知，在小麦各生育时期内，S1、S2 和 S3 三个秸秆还田量处理之间差异不显著（$P>0.05$）。

可知不同耕作水平和秸秆还田量对小麦季土壤脲酶活性的影响不大，影响土壤脲酶活性的主要因素是温度和氮、磷化肥的长期施用。

2. 玉米生育时期不同耕作方式、秸秆还田量处理土壤脲酶活性的变化

从图 9-12 可知：施氮、磷各处理土壤脲酶活性随时间变化的趋势相同：先升高后降低。如 CK 处理，土壤脲酶的活性从五叶期（7 月 24 日）的 0.43 $mg \cdot g^{-1} \cdot d^{-1}$，先逐步升高到抽雄期（8 月 16 日）的 2.14 $mg \cdot g^{-1} \cdot d^{-1}$，再减小到收获期（10 月 9 日）的 1.30 $mg \cdot g^{-1} \cdot d^{-1}$。这与玉米氮磷配比试验土壤脲酶活性随时间变化趋势相同。

进一步研究表明：在玉米五叶期，$F_1N_2P_2S_2$、$F_1N_3P_3S_3$ 处理脲酶活性明显高于其余各处理（$P<0.05$），$MN_2P_1S_3$ 处理除外；其次，$MN_2P_1S_3$ 处理的脲酶活性明显高于 $F_1N_1P_1S_1$、$F_2N_1P_2S_3$、$F_2N_3P_1S_2$、$MN_1P_3S_2$、$MN_3P_2S_1$ 处理（$P<0.05$）；$F_2N_2P_3S_1$ 处理的脲酶活性明显高于 $F_1N_1P_1S_1$、

$F_2N_1P_2S_3$、$F_2N_3P_1S_2$、$MN_1P_3S_2$处理（P<0.05）；$MN_3P_2S_1$处理的脲酶活性明显高于$F_1N_1P_1S_1$、$MN_1P_3S_2$处理（P<0.05）；$F_2N_3P_1S_2$处理的脲酶活性明显高于$F_1N_1P_1S_1$、$MN_1P_3S_2$处理（P<0.05）；其中，$F_1N_2P_2S_2$处理脲酶活性最高（1.42 $mg \cdot g^{-1} \cdot d^{-1}$），$F_1N_1P_1S_1$处理脲酶活性最低（0.43 $mg \cdot g^{-1} \cdot d^{-1}$），$F_1N_1P_1S_1$处理较$F_1N_2P_2S_2$处理脲酶活性降低了69.67%。

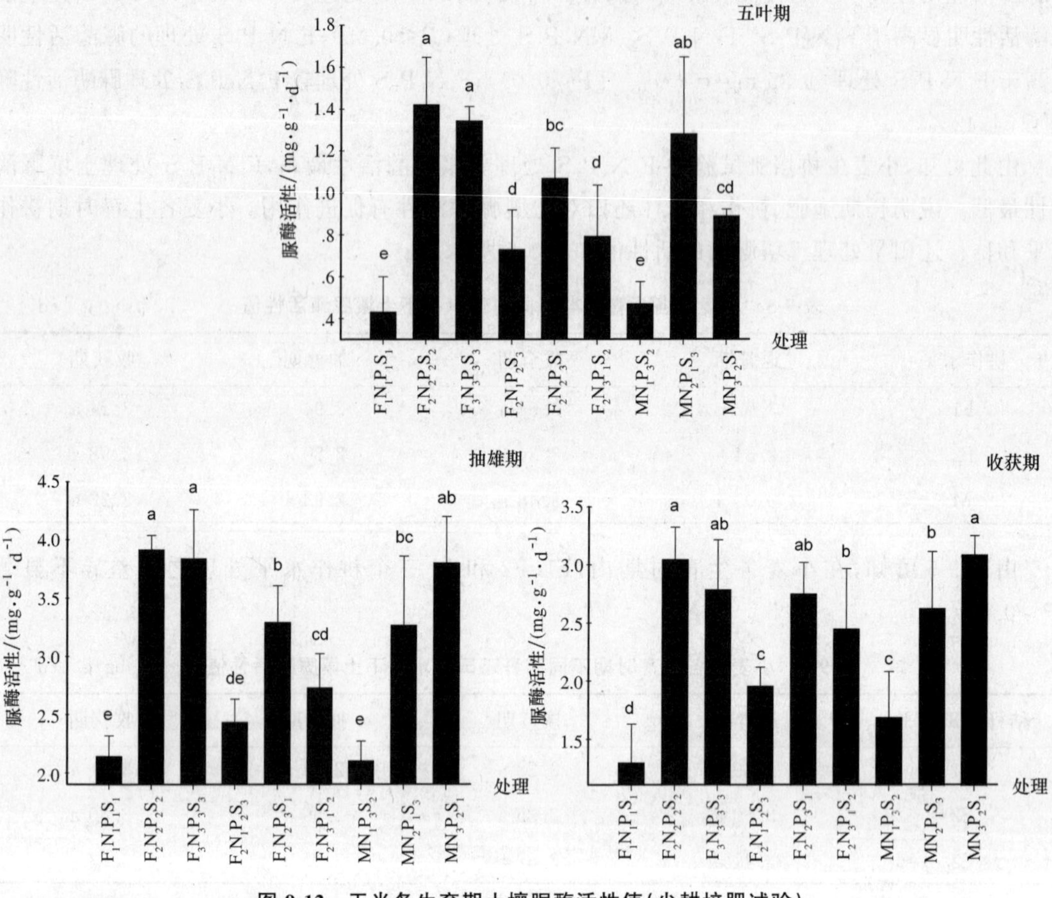

图 9-12　玉米各生育期土壤脲酶活性值（少耕培肥试验）

在玉米抽雄期，$F_1N_2P_2S_2$、$F_1N_3P_3S_3$处理脲酶活性明显高于其余各处理（P<0.05），$MN_3P_2S_1$处理除外；其次，$MN_3P_2S_1$处理的脲酶活性明显高于$F_1N_1P_1S_1$、$F_2N_1P_2S_3$、$F_2N_3P_1S_2$、$MN_1P_3S_2$处理（P<0.05）；$MN_2P_1S_3$处理的脲酶活性明显高于$F_1N_1P_1S_1$、$F_2N_1P_2S_3$、$MN_1P_3S_2$处理（P<0.05）；$F_2N_3P_1S_2$处理的脲酶活性明显高于$F_1N_1P_1S_1$、$MN_1P_3S_2$处理（P<0.05）；其中，$F_1N_2P_2S_2$处理脲酶活性最高（3.92 $mg \cdot g^{-1} \cdot d^{-1}$），$MN_1P_3S_2$处理脲酶活性最低（2.11 $mg \cdot g^{-1} \cdot d^{-1}$），$MN_1P_3S_2$处理较$F_1N_2P_2S_2$处理脲酶活性降低了46.18%。

在玉米收获期，$F_1N_2P_2S_2$、$MN_3P_2S_1$处理脲酶活性明显高于其余各处理（P<0.05），$F_1N_3P_3S_3$、$F_2N_3P_1S_2$处理除外；其次，$F_1N_3P_3S_3$、$F_2N_3P_1S_2$处理的脲酶活性明显高于$F_1N_1P_1S_1$、$F_2N_1P_2S_3$、$MN_1P_3S_2$处理（P<0.05）；$F_2N_3P_1S_2$、$MN_2P_1S_3$处理的脲酶活性明显高于$F_1N_1P_1S_1$、$F_2N_1P_2S_3$、$MN_1P_3S_2$处理（P<0.05）；$F_2N_1P_2S_3$、$MN_1P_3S_2$处理的脲酶活性明显高于$F_1N_1P_1S_1$处理（1.30 $mg \cdot g^{-1} \cdot d^{-1}$）（$P$<0.05）；其中，$MN_3P_2S_1$处理脲酶活性最高（3.09 $mg \cdot g^{-1} \cdot d^{-1}$，$F_1N_1P_1S_1$处理较$MN_3P_2S_1$处理脲酶活性降低了58.00%。

由此可知，玉米少耕培肥试验中 $F_1N_2P_2S_2$ 处理土壤脲酶活性最高（收获期除外），$F_1N_1P_1S_1$ 处埋土壤脲酶沽性最低（抽雄期除外）。玉米季各生育时期耕作水平和秸秆还田量处理土壤脲酶的活性值如表 9-7 所示。

表 9-7　玉米季各生育时期不同耕作水平下土壤脲酶活性值　　$mg \cdot g^{-1} \cdot d^{-1}$

耕作水平	五叶期	抽雄期	收获期
F1	1.07 a	3.30 a	2.38 a
F2	0.87 a	2.82 a	2.39 a
M	0.88 a	3.06 a	2.47 a

由表 9-7 可知，在玉米各生育时期内，F1、F2 和 M 三个耕作水平处理之间差异不显著（$P>0.05$）。

表 9-8　玉米季各生育时期不同秸秆还田水平下土壤脲酶活性值　　$mg \cdot g^{-1} \cdot d^{-1}$

秸秆还田水平	五叶期	抽雄期	收获期
S1	0.80 a	3.08 a	2.38 a
S2	0.90 a	3.92 a	2.40 a
S3	1.12 a	3.18 a	2.46 a

由表 9-8 可知，在玉米各生育时期内，S1、S2 和 S3 三个秸秆还田量处理之间差异不显著（$P>0.05$）。

可知不同耕作水平和秸秆还田量对玉米季土壤脲酶活性的影响不大，影响土壤脲酶活性的主要因素仍是温度和氮磷化肥的长期施用。

三、不同耕作方式、秸秆还田量处理土壤碱性磷酸酶活性的变化

1. 小麦生育时期不同耕作方式、秸秆还田量处理土壤碱性磷酸酶活性的变化

由图 9-13 可知：小麦生育期内各处理碱性磷酸酶活性变化趋势相同：升高-降低-升高。如 $F_1N_1P_1S_1$ 处理，土壤碱性磷酸酶的活性从返青期（3 月 19 日）的 2.30 $mg \cdot g^{-1} \cdot d^{-1}$ 逐步升高到拔节期（4 月 13 日）的 3.43 $mg \cdot g^{-1} \cdot d^{-1}$，降低到抽穗期（5 月 7 日）的 2.18 $mg \cdot g^{-1} \cdot d^{-1}$，逐步升高到收获期（6 月 13 日）的 2.54 $mg \cdot g^{-1} \cdot d^{-1}$。这与路怡青等的研究结果（土壤碱性磷酸酶活性在拔节期小幅上升，在孕穗期达到峰值，成熟期有所回落）不同，其原因应是本试验是四因素试验（氮肥、磷肥、秸秆还田量和耕作方式），且有报道认为，施用磷钾肥料可能减弱磷酸酶活性。

进一步研究表明：在小麦返青期，$F_2N_2P_3S_1$ 处理碱性磷酸酶活性最高（2.68 $mg \cdot g^{-1} \cdot d^{-1}$），明显高于 $F_1N_1P_1S_1$、$F_2N_1P_2S_3$ 处理（$P<0.05$）；其次，$F_1N_3P_3S_3$、$MN_2P_1S_3$、$MN_3P_2S_1$ 处理的碱性磷酸酶活性明显高于 $F_2N_1P_2S_3$ 处理（$P<0.05$）；其中 $F_2N_1P_2S_3$ 处理碱性磷酸酶活性最低（2.20 $mg \cdot g^{-1} \cdot d^{-1}$），$F_2N_1P_2S_3$ 处理较 $F_2N_2P_3S_1$ 处理碱性磷酸酶活性降低了 18.04%。

在小麦拔节期，$F_1N_2P_2S_2$ 处理碱性磷酸酶活性最高（4.14 $mg \cdot g^{-1} \cdot d^{-1}$），明显高于 $F_1N_1P_1S_1$、$F_2N_1P_2S_3$、$MN_1P_3S_2$ 处理（$P<0.05$）；其次，$F_2N_3P_1S_2$、$MN_2P_1S_3$、$MN_3P_2S_1$ 处理的碱性磷酸酶活性高于 $F_1N_1P_1S_1$、$F_2N_1P_2S_3$ 处理（$P<0.05$）；其中 $F_2N_1P_2S_3$ 处理碱性磷酸酶活

性最低(3.40 mg·g^{-1}·d^{-1})，$F_2N_2P_3S_1$处理较$F_1N_2P_2S_2$处理碱性磷酸酶活性降低了17.82%。

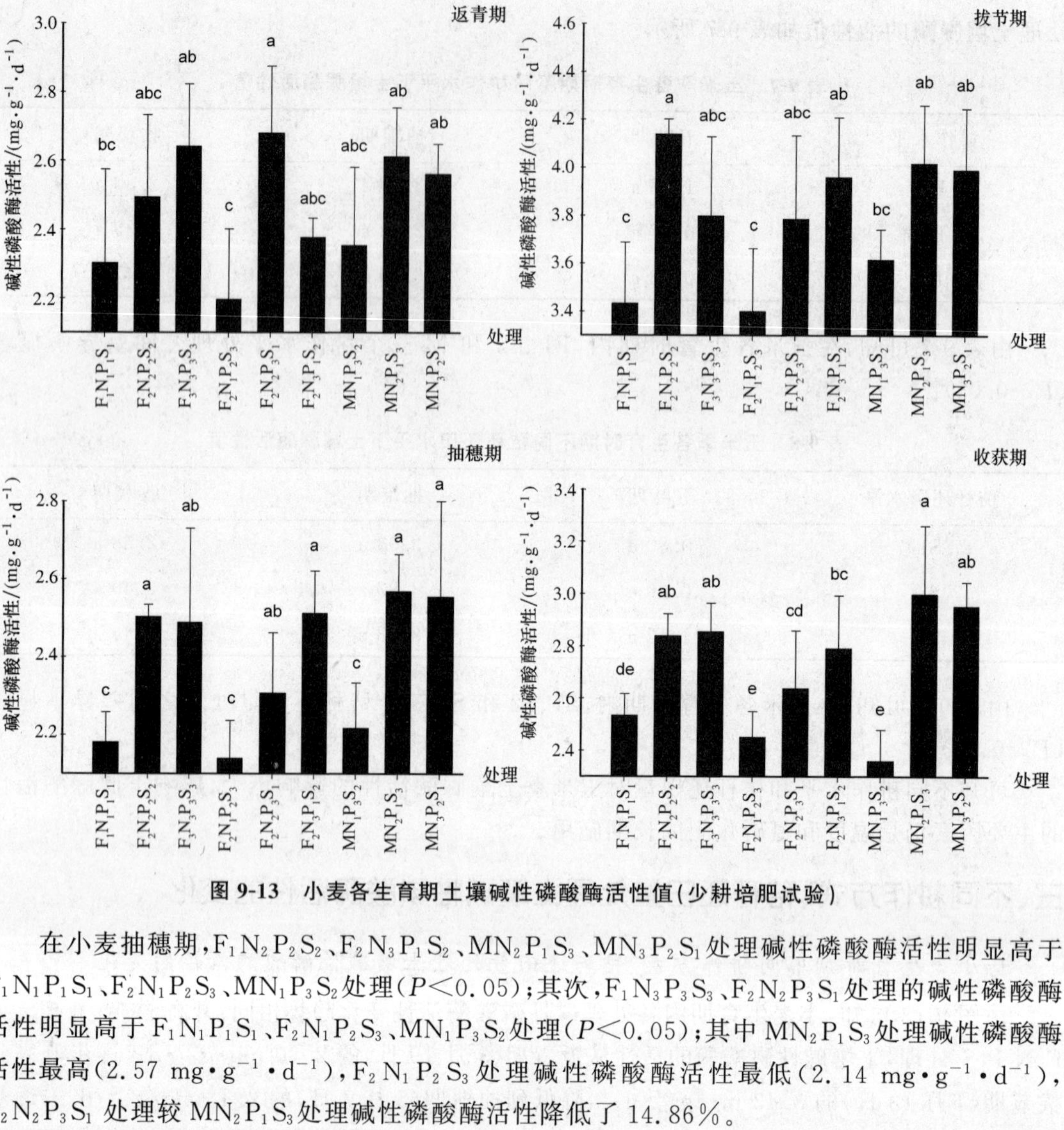

图 9-13 小麦各生育期土壤碱性磷酸酶活性值(少耕培肥试验)

在小麦抽穗期，$F_1N_2P_2S_2$、$F_2N_3P_1S_2$、$MN_2P_1S_3$、$MN_3P_2S_1$处理碱性磷酸酶活性明显高于$F_1N_1P_1S_1$、$F_2N_1P_2S_3$、$MN_1P_3S_2$处理($P<0.05$)；其次，$F_1N_3P_3S_3$、$F_2N_2P_3S_1$处理的碱性磷酸酶活性明显高于$F_1N_1P_1S_1$、$F_2N_1P_2S_3$、$MN_1P_3S_2$处理($P<0.05$)；其中$MN_2P_1S_3$处理碱性磷酸酶活性最高(2.57 mg·g^{-1}·d^{-1})，$F_2N_1P_2S_3$处理碱性磷酸酶活性最低(2.14 mg·g^{-1}·d^{-1})，$F_2N_2P_3S_1$处理较$MN_2P_1S_3$处理碱性磷酸酶活性降低了14.86%。

在小麦收获期，$MN_2P_1S_3$处理碱性磷酸酶活性最高(3.00 mg·g^{-1}·d^{-1})，明显高于$F_1N_1P_1S_1$、$F_2N_1P_2S_3$、$F_2N_2P_3S_1$、$F_2N_3P_1S_2$、$MN_1P_3S_2$处理($P<0.05$)；其次，$F_1N_2P_2S_2$、$F_1N_3P_3S_3$、$MN_3P_2S_1$处理的碱性磷酸酶活性高于$F_1N_1P_1S_1$、$F_2N_1P_2S_3$、$F_2N_2P_3S_1$、$MN_1P_3S_2$处理($P<0.05$)；$F_2N_3P_1S_2$处理明显高于$F_1N_1P_1S_1$、$F_2N_1P_2S_3$、$MN_1P_3S_2$处理($P<0.05$)；$F_2N_2P_3S_1$处理明显高于$F_2N_1P_2S_3$、$MN_1P_3S_2$处理($P<0.05$)；其中$MN_1P_3S_2$处理碱性磷酸酶活性最低(2.59 mg·g^{-1}·d^{-1})，$MN_1P_3S_2$处理较$MN_2P_1S_3$处理碱性磷酸酶活性降低了21.30%。

由此可知，小麦少耕培肥试验中$F_2N_1P_2S_3$处理土壤碱性磷酸酶活性最低(小麦收获期除外)，土壤碱性磷酸酶活性最高值各个时期为不同处理。小麦各生育时期耕作水平和秸秆还田量处理土壤碱性磷酸酶的活性值如表9-9所示。

表 9-9　小麦季各生育时期不同耕作水平下土壤碱性磷酸酶活性值　$mg \cdot g^{-1} \cdot d^{-1}$

耕作水平	返青期	拔节期	抽穗期	收获期
F1	2.48 a	3.79 a	2.39 a	2.74 a
F2	2.42 a	3.72 a	2.32 a	2.63 a
M	2.51 a	3.88 a	2.45 a	2.77 a

由表 9-9 可知，在小麦各生育时期内，F1、F2 和 M 三个耕作水平处理之间差异不显著（$P>0.05$）。

表 9-10　小麦季各生育时期不同秸秆还田量水平下土壤碱性磷酸酶活性值　$mg \cdot g^{-1} \cdot d^{-1}$

秸秆还田水平	返青期	拔节期	抽穗期	收获期
S1	2.52 a	3.74 a	2.35 a	2.71 a
S2	2.41 a	3.91 a	2.41 a	2.67 a
S3	2.49 a	3.74 a	2.40 a	2.77 a

由表 9-10 可知，在小麦各生育时期内，S1、S2 和 S3 三个秸秆还田量处理之间差异不显著（$P>0.05$）。

可知不同耕作水平和秸秆还田量对小麦季土壤碱性磷酸酶活性的影响不大，影响土壤碱性磷酸酶活性的主要因素是温度和氮、磷肥的长期施用。

2. 玉米生育时期不同耕作方式、秸秆还田量处理土壤碱性磷酸酶活性的变化

从图 9-14 可知：各处理土壤碱性磷酸酶活性随玉米生育期的推进逐渐升高。如 $F_1N_1P_1S_1$ 处理，土壤碱性磷酸酶的活性从五叶期（7 月 24 日）的 2.25 $mg \cdot g^{-1} \cdot d^{-1}$，逐步升高到收获期（10 月 9 日）的 2.79 $mg \cdot g^{-1} \cdot d^{-1}$。

进一步研究表明：在玉米五叶期，$F_1N_2P_2S_2$、$F_1N_3P_3S_3$、$MN_2P_1S_3$ 处理碱性磷酸酶活性明显高于其余各处理（$P<0.05$），$MN_3P_2S_1$ 处理除外；其次，$MN_3P_2S_1$ 处理的碱性磷酸酶活性明显高于 $F_1N_1P_1S_1$、$F_2N_1P_2S_3$、$MN_1P_3S_2$ 处理（$P<0.05$）；$F_2N_2P_3S_1$、$F_2N_3P_1S_2$ 处理的碱性磷酸酶活性明显高于 $F_2N_1P_2S_3$ 处理（2.16 $mg \cdot g^{-1} \cdot d^{-1}$）（$P<0.05$）；其中 $MN_2P_1S_3$ 处理碱性磷酸酶活性最高（2.61 $mg \cdot g^{-1} \cdot d^{-1}$），$F_2N_1P_2S_3$ 处理较 $MN_2P_1S_3$ 处理碱性磷酸酶活性降低了 17.21%。

在玉米抽雄期，$F_1N_2P_2S_2$ 处理碱性磷酸酶活性最高（2.88 $mg \cdot g^{-1} \cdot d^{-1}$），明显高于 $F_1N_1P_1S_1$、$F_2N_1P_2S_3$、$F_2N_2P_3S_1$、$F_2N_3P_1S_2$、$MN_1P_3S_2$ 处理（$P<0.05$）；其次，$F_1N_3P_3S_3$、$MN_2P_1S_3$ 处理的碱性磷酸酶活性明显高于 $F_1N_1P_1S_1$、$F_2N_1P_2S_3$ 处理（$P<0.05$）；其中，$F_2N_1P_2S_3$ 处理碱性磷酸酶活性最低（2.34 $mg \cdot g^{-1} \cdot d^{-1}$），$F_2N_1P_2S_3$ 处理较 $F_1N_2P_2S_2$ 处理碱性磷酸酶活性降低了 22.37%。

在玉米收获期，$F_1N_2P_2S_2$ 处理碱性磷酸酶活性最高（3.71 $mg \cdot g^{-1} \cdot d^{-1}$），明显高于 $F_1N_1P_1S_1$、$F_1N_3P_3S_3$、$F_2N_1P_2S_3$、$MN_1P_3S_2$、$MN_2P_1S_3$ 处理（$P<0.05$）；其次，$MN_3P_2S_1$ 处理的碱性磷酸酶活性明显高于 $F_1N_1P_1S_1$、$F_1N_3P_3S_3$ 处理（$P<0.05$）；$F_2N_2P_3S_1$、$F_2N_3P_1S_2$ 处理的碱性磷酸酶活性明显高于 $F_1N_1P_1S_1$ 处理（2.79 $mg \cdot g^{-1} \cdot d^{-1}$）（$P<0.05$）；$F_1N_1P_1S_1$ 处理较 $F_1N_2P_2S_2$ 处理碱性磷酸酶活性降低了 24.94%。

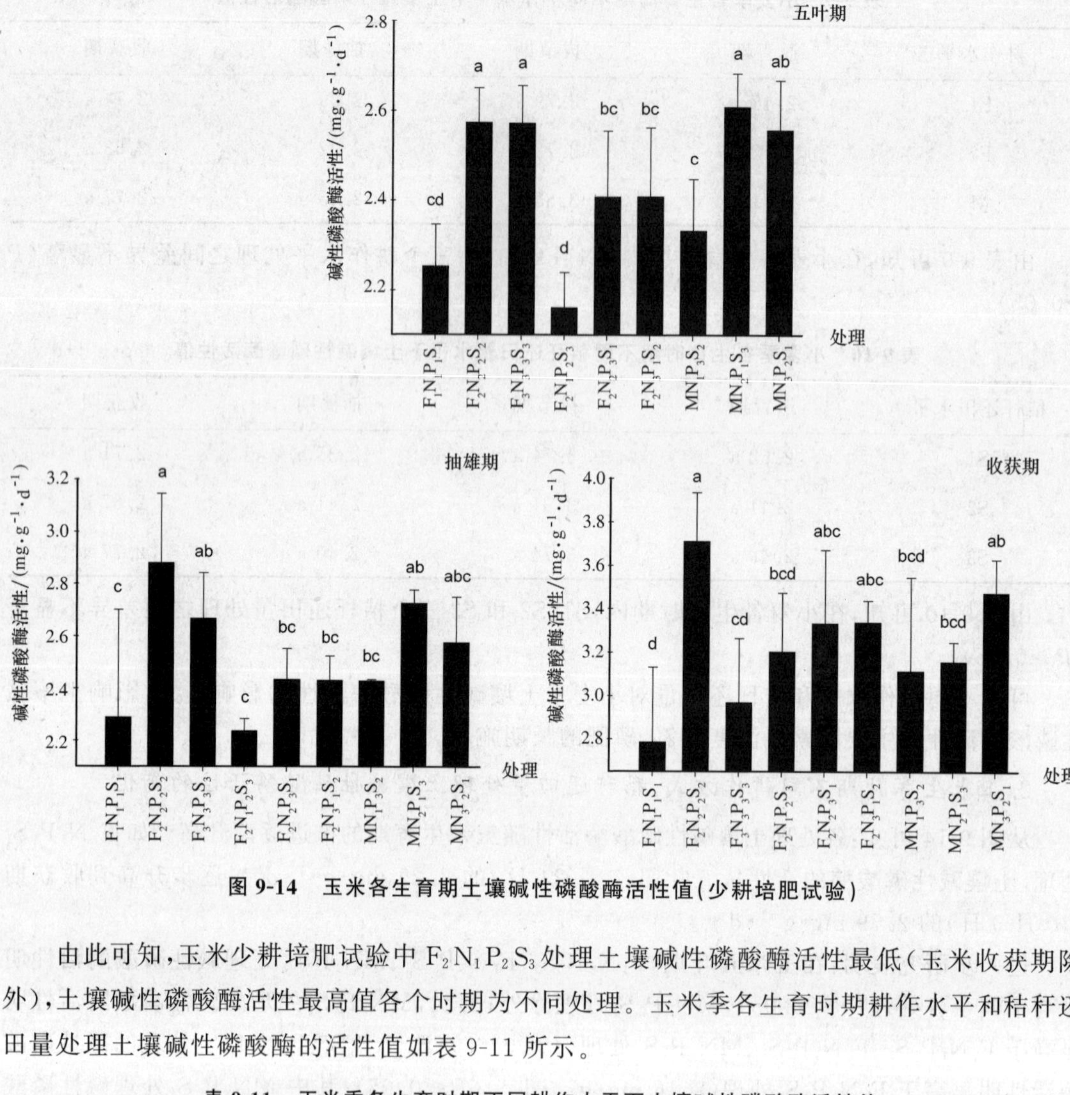

图 9-14　玉米各生育期土壤碱性磷酸酶活性值(少耕培肥试验)

由此可知,玉米少耕培肥试验中 $F_2N_1P_2S_3$ 处理土壤碱性磷酸酶活性最低(玉米收获期除外),土壤碱性磷酸酶活性最高值各个时期为不同处理。玉米季各生育时期耕作水平和秸秆还田量处理土壤碱性磷酸酶的活性值如表 9-11 所示。

表 9-11　玉米季各生育时期不同耕作水平下土壤碱性磷酸酶活性值　$mg \cdot g^{-1} \cdot d^{-1}$

耕作水平	五叶期	抽雄期	收获期
F1	2.47 a	2.61 a	3.16 a
F2	2.33 b	2.37 b	3.29 a
M	2.50 a	2.58 ab	3.25 a

由表 9-11 可知,在玉米五叶期,F2 耕作水平处理土壤碱性磷酸酶活性明显低于 F1 和 M 耕作水平处理($P<0.05$);在玉米抽雄期,F2 耕作水平处理土壤碱性磷酸酶活性明显低于 F1 耕作水平处理($P<0.05$);在玉米收获期,F1、F2 和 M 三个耕作水平处理之间差异不显著($P>0.05$)。进一步研究表明:F2 耕作水平处理对土壤碱性磷酸酶活性的促进作用低于 F1 和 M 两个耕作水平处理。

表 9-12　玉米季各生育时期不同秸秆还田水平下土壤碱性磷酸酶活性值　$mg\cdot g^{-1}\cdot d^{-1}$

秸秆还田水平	五叶期	抽雄期	收获期
S1	2.41 a	2.43 a	3.20 a
S2	2.44 a	2.58 a	3.39 a
S3	2.45 a	2.55 a	3.11 a

由表 9-12 可知，在玉米各生育时期内，S1、S2 和 S3 三个秸秆还田量处理之间差异不显著（$P>0.05$）。

可知不同秸秆还田量对玉米季土壤碱性磷酸酶活性的影响不大，不同耕作水平对玉米季土壤碱性磷酸酶活性有影响，且玉米五叶期和抽雄期差异显著（$P<0.05$），影响土壤碱性磷酸酶活性的主要因素是温度和不同的耕作方式。

四、不同耕作方式、秸秆还田量处理土壤转化酶活性的变化

1. 小麦生育时期不同耕作方式、秸秆还田量处理土壤转化酶活性的变化

由图 9-15 可知：小麦生育期内各处理转化酶活性均呈现先降低后上升的趋势。在小麦拔节期达到最小值。路怡青等的结果表明：各处理转化酶活性都呈现在拔节期大幅度升高而后降低的变化趋势。两者土壤转化酶活性随时间变化趋势不同可能是因为本试验在小麦拔节期施入尿素，由于耕作措施和秸秆的影响，抑制了土壤转化酶的作用，使其活性降低。

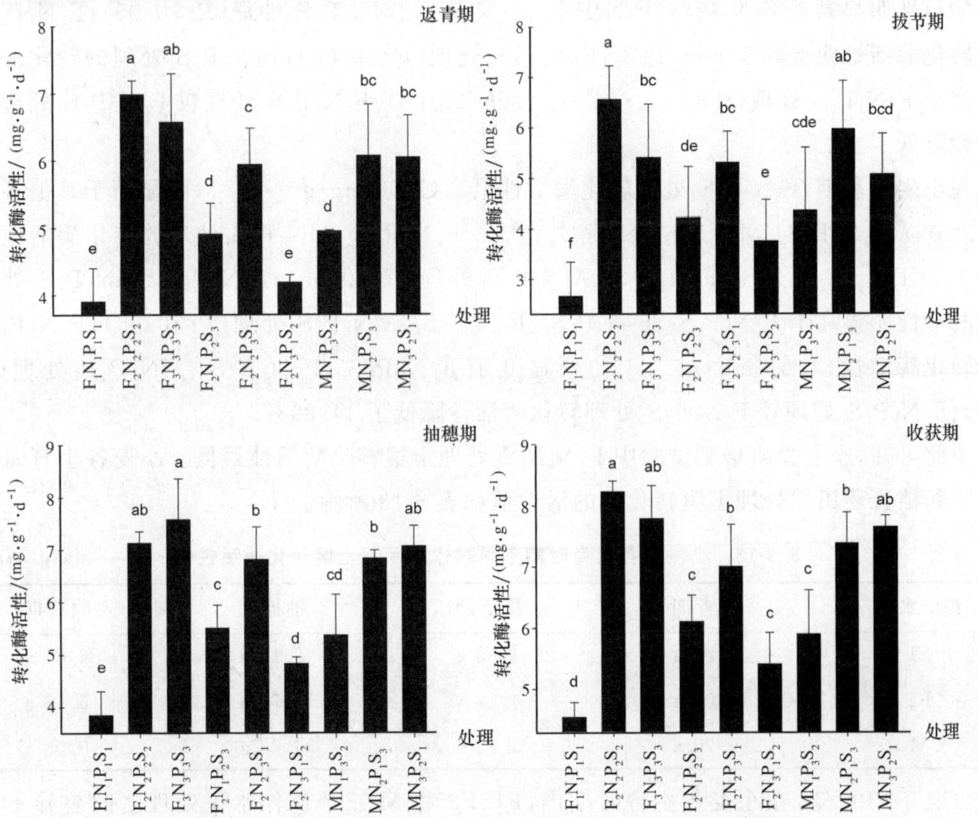

图 9-15　小麦各生育期土壤转化酶活性值(少耕培肥试验)

进一步研究表明：在小麦返青期，$F_1N_2P_2S_2$处理转化酶活性最高（6.99 mg·g^{-1}·d^{-1}），明显高于其他各处理（P<0.05），$F_1N_3P_3S_3$处理除外；其次，$F_1N_3P_3S_3$处理的转化酶活性明显高于$F_1N_1P_1S_1$、$F_2N_1P_2S_3$、$F_2N_2P_3S_1$、$F_2N_3P_1S_2$、$MN_1P_3S_2$、$MN_2P_1S_3$、$MN_3P_2S_1$处理（P<0.05）；$MN_2P_1S_3$、$MN_3P_2S_1$处理的转化酶活性明显高于$F_1N_1P_1S_1$、$F_2N_1P_2S_3$、$F_2N_3P_1S_2$、$MN_1P_3S_2$处理（P<0.05）；$F_2N_3P_1S_2$处理的转化酶活性明显高于$F_1N_1P_1S_1$、$F_2N_1P_2S_3$、$F_2N_3P_1S_2$、$MN_1P_3S_2$处理（P<0.05）；$F_2N_1P_2S_3$、$MN_1P_3S_2$处理的转化酶活性明显高于$F_1N_1P_1S_1$、$F_2N_3P_1S_2$处理（P<0.05）；其中$F_1N_1P_1S_1$处理转化酶活性最低（1.93 mg·g^{-1}·d^{-1}），$F_1N_1P_1S_1$处理较$F_1N_2P_2S_2$处理转化酶活性降低了44.11%。

在小麦拔节期，$F_1N_2P_2S_2$处理转化酶活性最高（6.57 mg·g^{-1}·d^{-1}），明显高于其他各处理（P<0.05），$MN_2P_1S_3$处理除外；其次，$MN_2P_1S_3$处理的转化酶活性明显高于$F_1N_1P_1S_1$、$F_2N_1P_2S_3$、$F_2N_2P_3S_1$、$MN_1P_3S_2$处理（P<0.05）；$F_1N_3P_3S_3$、$F_2N_2P_3S_1$处理的转化酶活性明显高于$F_1N_1P_1S_1$、$F_2N_1P_2S_3$、$F_2N_3P_1S_2$处理（P<0.05）；$MN_3P_2S_1$处理的转化酶活性明显高于$F_1N_1P_1S_1$、$F_2N_3P_1S_2$处理（P<0.05）；其中$F_1N_1P_1S_1$处理转化酶活性最低（2.66 mg·g^{-1}·d^{-1}），$F_1N_1P_1S_1$处理较$F_1N_2P_2S_2$处理转化酶活性降低了59.45%。

在小麦抽穗期，$F_1N_3P_3S_3$处理转化酶活性最高（7.58 mg·g^{-1}·d^{-1}），明显高于其他各处理（P<0.05），$F_1N_2P_2S_2$、$MN_3P_2S_1$处理除外；其次，$F_1N_2P_2S_2$、$MN_3P_2S_1$处理的转化酶活性明显高于$F_1N_1P_1S_1$、$F_2N_1P_2S_3$、$F_2N_3P_1S_2$、$MN_1P_3S_2$处理（P<0.05）；$F_2N_2P_3S_1$、$MN_2P_1S_3$处理的转化酶活性明显高于$F_1N_1P_1S_1$、$F_2N_1P_2S_3$、$F_2N_3P_1S_2$、$MN_1P_3S_2$处理（P<0.05）；$F_2N_1P_2S_3$处理的转化酶活性明显高于$F_1N_1P_1S_1$、$F_2N_3P_1S_2$处理（P<0.05）；$F_2N_3P_1S_2$处理的转化酶活性明显高于$F_1N_1P_1S_1$处理（3.85 mg·g^{-1}·d^{-1}）（P<0.05）；$F_1N_1P_1S_1$处理较$F_1N_3P_3S_3$处理转化酶活性降低了49.28%。

在小麦收获期，$F_1N_2P_2S_2$处理转化酶活性最高（7.58 mg·g^{-1}·d^{-1}），明显高于其他各处理（P<0.05），$F_1N_3P_3S_3$、$MN_3P_2S_1$处理除外；其次，$F_1N_3P_3S_3$、$MN_3P_2S_1$处理的转化酶活性明显高于$F_1N_1P_1S_1$、$F_2N_1P_2S_3$、$F_2N_3P_1S_2$、$MN_1P_3S_2$处理（P<0.05）；$F_2N_2P_3S_1$、$MN_2P_1S_3$处理的转化酶活性明显高于$F_1N_1P_1S_1$、$F_2N_1P_2S_3$、$F_2N_3P_1S_2$、$MN_1P_3S_2$处理（P<0.05）；$F_1N_1P_1S_1$处理的转化酶活性（4.54 mg·g^{-1}·d^{-1}）明显低于$F_2N_1P_2S_3$、$F_2N_3P_1S_2$、$MN_1P_3S_2$处理（P<0.05）；$F_1N_1P_1S_1$处理较$F_1N_2P_2S_2$处理转化酶活性降低了44.80%。

由此可知，小麦少耕培肥试验中$F_1N_1P_1S_1$处理土壤转化酶活性最低。小麦各生育时期耕作水平和秸秆还田量处理土壤转化酶的活性值如表9-13所示。

表9-13 小麦季各生育时期不同耕作水平下土壤转化酶活性值 mg·g^{-1}·d^{-1}

耕作水平	返青期	拔节期	抽穗期	收获期
F1	5.82 a	4.88 a	6.19 a	6.85 a
F2	5.02 a	4.44 a	5.72 a	6.18 a
M	5.70 a	5.15 a	6.43 a	6.98 a

由表9-13可知，在小麦各生育时期内，F1、F2和M三个耕作水平处理之间差异不显著（P>0.05）。

表 9-14　小麦季各生育时期不同秸秆还田量水平下土壤转化酶活性值　$mg \cdot g^{-1} \cdot d^{-1}$

秸秆还田水平	返青期	拔节期	抽穗期	收获期
S1	5.30 a	4.36 a	5.91 a	6.40 a
S2	5.38 a	4.90 a	5.78 a	6.52 a
S3	5.86 a	5.21 a	6.65 a	7.10 a

由表 9-14 可知，在小麦各生育时期内，S1、S2 和 S3 三个秸秆还田量处理之间差异不显著（$P>0.05$）。

可知不同耕作水平和秸秆还田量对小麦季土壤转化酶活性的影响不大，影响土壤转化酶活性的主要因素是温度和氮磷肥的长期施用。

2. 玉米生育时期不同耕作方式、秸秆还田量处理土壤转化酶活性的变化

由图 9-16 可知：玉米生育期内各处理转化酶活性随玉米生育期的推进呈现逐渐升高的趋势。如 $F_1N_1P_1S_1$ 处理，土壤转化酶的活性从五叶期（7 月 24 日）的 1.52 $mg \cdot g^{-1} \cdot d^{-1}$，逐步升高到收获期（10 月 9 日）的 7.72 $mg \cdot g^{-1} \cdot d^{-1}$。

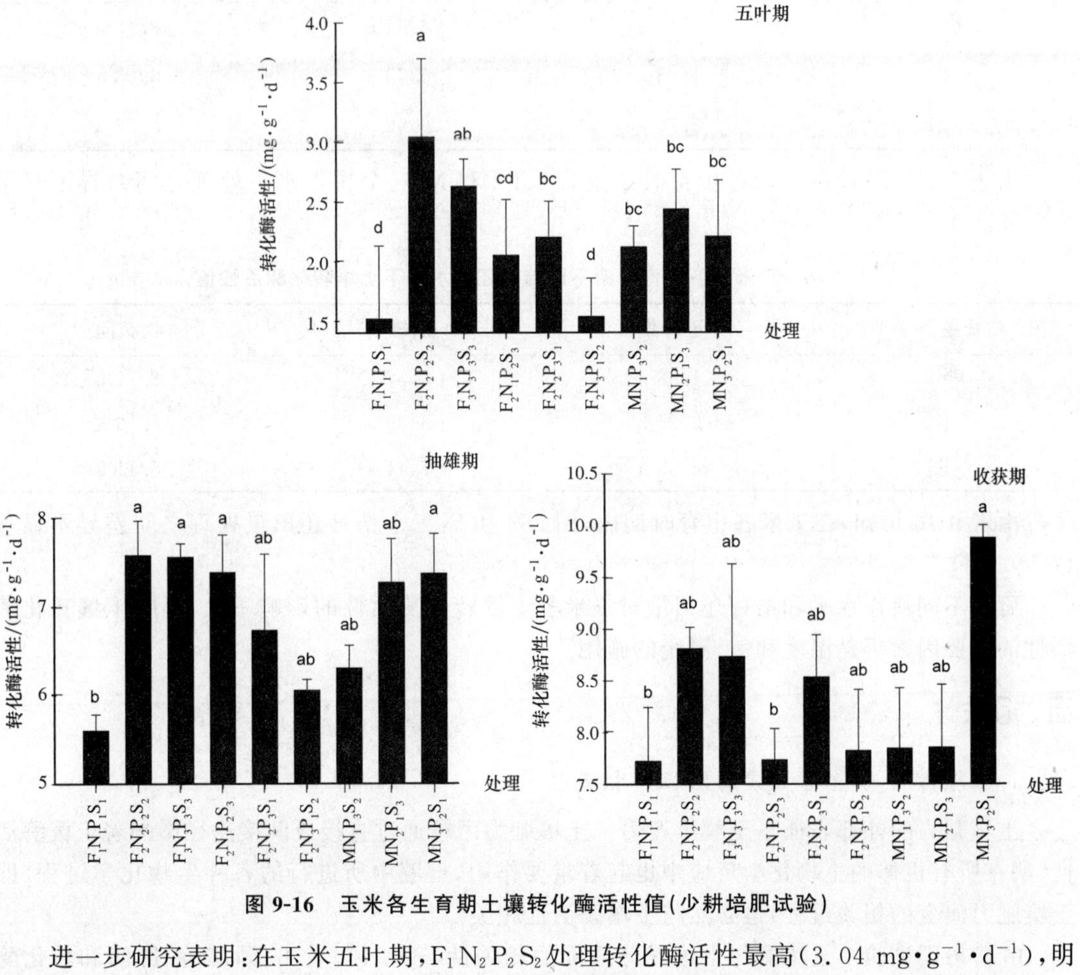

图 9-16　玉米各生育期土壤转化酶活性值（少耕培肥试验）

进一步研究表明：在玉米五叶期，$F_1N_2P_2S_2$ 处理转化酶活性最高（3.04 $mg \cdot g^{-1} \cdot d^{-1}$），明显高于其他各处理（$P<0.05$），$F_1N_3P_3S_3$ 处理除外；其次，$F_1N_3P_3S_3$ 处理的转化酶活性明显高

于 $F_1N_1P_1S_1$、$F_2N_1P_2S_3$、$F_2N_3P_1S_2$ 处理($P<0.05$)$F_2N_2P_3S_1$、$MN_1P_3S_2$、$MN_2P_1S_3$、$MN_3P_2S_1$ 处理的转化酶活性明显高于 $F_1N_1P_1S_1$、$F_2N_3P_1S_2$ 处理($P<0.05$);其中,$F_1N_1P_1S_1$ 处理转化酶活性最低(1.52 $mg\cdot g^{-1}\cdot d^{-1}$),$F_1N_1P_1S_1$ 处理较 $F_1N_2P_2S_2$ 处理转化酶活性降低了 50.05%。

在玉米抽雄期,$F_1N_1P_1S_1$ 处理转化酶活性最低(5.60 $mg\cdot g^{-1}\cdot d^{-1}$),明显低于 $F_1N_2P_2S_2$、$F_1N_3P_3S_3$、$F_2N_1P_2S_3$、$MN_3P_2S_1$ 处理($P<0.05$);其中,$F_1N_2P_2S_2$ 处理转化酶活性最高(7.58 $mg\cdot g^{-1}\cdot d^{-1}$),$F_1N_1P_1S_1$ 处理较 $F_1N_2P_2S_2$ 处理转化酶活性降低了 26.10%。

在玉米收获期,$MN_3P_2S_1$ 处理转化酶活性(9.88 $mg\cdot g^{-1}\cdot d^{-1}$)明显高于 $F_1N_1P_1S_1$、$F_2N_1P_2S_3$ 处理($P<0.05$);其中,$F_1N_1P_1S_1$ 处理转化酶活性最低 7.72 $mg\cdot g^{-1}\cdot d^{-1}$),$F_1N_1P_1S_1$ 处理较 $MN_3P_2S_1$ 处理转化酶活性降低了 21.85%。

由此可知,玉米少耕培肥试验中 $F_1N_1P_1S_1$ 处理土壤转化酶活性最低,说明施肥、耕作和秸秆还田对土壤转化酶活性有促进作用。玉米季各生育时期耕作水平和秸秆还田量处理土壤转化酶的活性值如表 9-15 所示。

表 9-15　玉米季各生育时期不同耕作水平下土壤转化酶活性值　　$mg\cdot g^{-1}\cdot d^{-1}$

耕作水平	五叶期	抽雄期	收获期
F1	2.40 a	6.91 a	8.43 a
F2	1.93 a	6.73 a	8.03 a
M	2.26 a	6.99 a	8.53 a

由表 9-15 可知,在玉米各生育时期内,F1、F2 和 M 三个耕作水平处理之间差异不显著($P>0.05$)。

表 9-16　玉米季各生育时期不同秸秆还田水平下土壤转化酶活性值　　$mg\cdot g^{-1}\cdot d^{-1}$

秸秆还田水平	五叶期	抽雄期	收获期
S1	1.98 a	6.57 a	8.71 a
S2	2.24 a	6.65 a	8.16 a
S3	2.38 a	7.41 a	8.11 a

由表 9-16 可知,在玉米各生育时期内,S1、S2 和 S_3 三个秸秆还田量处理之间差异不显著($P>0.05$)。

可知不同耕作水平和秸秆还田量对玉米季土壤转化酶活性的影响不大,影响土壤转化酶活性的主要因素仍是温度和氮、磷肥的施用。

五、相关性

1. 土壤养分含量与土壤酶活性的相关性

土壤肥力的外部表征是土壤生产力。土壤肥力因子通过直接或间接途径影响着土壤酶活性,酶在所有机体的生物化学反应中也起着重要作用,土壤中所进行的各种生物化学过程(即土壤肥力演变的相关过程)也必然与土壤酶活性相关。

少耕培肥试验中土壤酶与土壤养分之间的相关性(表 9-17)看出:磷酸酶、脲酶和转化酶的活性与有机质、全 N 的含量均呈极显著相关,表明磷酸酶、脲酶和转化酶能促进土壤中氮、磷的循环转化;脲酶活性与速效P含量呈显著相关;转化酶活性与速效K含量呈极显著相关;而过氧化氢酶与土壤各养分因子之间却无明显的相关性。有文献报道,过氧化氢酶不能表征肥料对于土壤肥力的影响,可能是由于过氧化氢酶的辅基遭到了肥料中的阴离子的封阻。总之,土壤酶活性的增强与土壤养分含量的提高有密切关系,土壤酶活性的高低可作为评价土壤肥力的指标。

表 9-17　土壤酶的活性与土壤养分含量之间的相关系数(少耕培肥试验)

项目	有机质	全氮	速效磷	速效钾
过氧化氢酶	0.004	0.050	0.045	0.107
碱性磷酸酶	0.209**	0.203**	0.138	0.107
脲酶	0.709**	0.584**	0.153*	0.033
转化酶	0.575**	0.564**	0.007	0.215**

注:* 显著相关($P<0.05$),** 极显著相关($P<0.01$)。(下同)

氮磷配比试验中土壤酶与土壤养分之间的相关性(表9-18)看出:磷酸酶、脲酶和转化酶的活性与有机质、全N的含量均呈极显著相关;碱性磷酸酶、脲酶活性与速效P含量呈显著相关;转化酶活性与速效K含量呈极显著相关;而过氧化氢酶只与速效K含量呈极显著相关,与其他土壤养分因子之间却无明显的相关性。

表 9-18　土壤酶的活性与土壤养分含量之间的相关系数(氮磷配比试验)

项目	有机质	全氮	速效磷	速效钾
过氧化氢酶	0.063	0.062	0.085	0.163**
碱性磷酸酶	0.152**	0.159**	0.146**	0.073
脲酶	0.602**	0.495**	0.160**	0.045
转化酶	0.587**	0.516**	0.072	0.182**

注:* 著相关($P<0.05$),** 极显著相关($P<0.01$)。(下同)

由上可知:土壤酶活性与土壤养分含量之间存在着显著的相关性,这与以往的研究结果相同。土壤酶活性作为目前研究的热点问题,不仅仅对评价耕地质量有重要的研究意义,同时在环境保护方面也有很大的研究价值。

2. 土壤酶活性之间的相关性

长期定位施肥、不同耕作方式结合秸秆还田土壤的酶活性之间表现出不同的相关性。

从表9-19可以看出,过氧化氢酶与碱性磷酸酶和转化酶之间呈负相关,相关性均达到显著负相关水平($P<0.05$);碱性磷酸酶与脲酶和转化酶、脲酶与转化酶之间呈正相关,且相关性均达到极显著正相关水平($P<0.01$),说明土壤中多糖的转化对微生物的活动及N素的转化、N素的转化与P素的转化密切相关并相互影响。而过氧化氢酶与脲酶之间呈负相关,但相关性未达到显著水平($P>0.05$)。

表 9-19　土壤酶的活性之间的相关性(少耕培肥试验)

项目	过氧化氢酶	碱性磷酸酶	脲酶	转化酶
过氧化氢酶	1			
碱性磷酸酶	−0.461**	1		
脲酶	−0.021	0.425**	1	
转化酶	−0.152*	0.248**	0.623**	1

注：* 显著相关($P<0.05$)，** 极显著相关($P<0.01$)。(下同)

从表 9-20 可以看出，过氧化氢酶与碱性磷酸酶、脲酶和转化酶之间呈负相关，与脲酶相关性达到显著负相关水平($P<0.05$)，与碱性磷酸酶和转化酶相关性均达到极显著负相关水平($P<0.01$)；碱性磷酸酶与脲酶和转化酶、脲酶与转化酶之间相关性均达到极显著正相关水平($P<0.01$)。

表 9-20　土壤酶的活性之间的相关性(氮、磷配比试验)

项目	过氧化氢酶	碱性磷酸酶	脲酶	转化酶
过氧化氢酶	1			
碱性磷酸酶	−0.330**	1		
脲酶	−0.116*	0.293**	1	
转化酶	−0.153**	0.225**	0.553**	1

注：* 显著相关($P<0.05$)，** 极显著相关($P<0.01$)。(下同)

土壤酶活性之间的相关性表明，不同土壤酶之间关系密切，不是孤立存在的，它们共同影响着土壤肥力的变化。

本研究通过对两个分别长达 29 年和 27 年的长期定位试验的土壤酶活性和土壤养分的研究得出以下结论：

(1)与 1983 年相比，不论是氮、磷肥配比试验还是少耕培肥试验，表层土壤(0～20 cm)的 TN 和 SOM 都大幅度提高，由原来的 0.37 $g\cdot kg^{-1}$、7.0 $g\cdot kg^{-1}$到现在的 0.71～0.97 $g\cdot kg^{-1}$、10.39～14.64 $g\cdot kg^{-1}$。由于秸秆还田和减少土壤耕作的原因，在少耕培肥试验中土壤养分含量明显高于氮磷肥配比试验，这说明秸秆还田和减少耕作是培肥土壤的有效措施。

(2)土壤酶活性随时间有不同的变化趋势，且与温度有密切的相关性。

(3)氮、磷配比试验中：P_1、P_2、N_1P_2、N_2P_2处理抑制土壤过氧化氢酶活性，其抑制作用在小麦生育前期较强；氮、磷肥配合施用处理土壤脲酶活性显著提高，与 CK、P_1、P_2处理之间有显著的差异($P<0.05$)，小麦收获期除外；单施磷肥处理(P_1、P_2)土壤碱性磷酸酶活性低于 CK 处理，但其差异不显著($P>0.05$)；单施磷肥处理(P_1、P_2)中土壤碱性磷酸酶活性明显低于 N_2P_1、N_2P_2处理($P<0.05$)；说明施用磷肥可能减弱土壤碱性磷酸酶活性。土壤转化酶活性 CK 处理最低，说明氮磷肥的长期施用对土壤转化酶活性有促进作用，以氮、磷配施效果最佳。

(4)少耕培肥试验中：不同耕作水平和秸秆还田量对土壤过氧化氢酶、脲酶和转化酶活性都有促进作用，但未达到差异显著水平($P>0.05$)，影响其活性的主要因素是温度和氮、磷肥的长期施用；不同秸秆还田量对土壤碱性磷酸酶活性有促进作用，但未达到差异显著水平

($P>0.05$);不同耕作方式对土壤碱性磷酸酶活性有影响,F2 耕作水平处理的土壤碱性磷酸酶活性明显低于 F1 和 M 两个耕作水平处理,说明秸秆表施不利于秸秆腐熟及秸秆养分的归还。进一步研究证明:氮磷肥不同配比的长期施用比不同耕作方式和秸秆还田量对土壤酶活性的影响大。

(5)土壤脲酶、碱性磷酸酶、转化酶活性与土壤养分含量存在相应的相关性,其中以与有机质和全氮含量的相关性最好;四种土壤酶之间有很好的相关性,表明不同土壤酶之间关系密切,不是孤立存在的,它们共同影响着土壤肥力的变化。对科学合理的施肥和耕作具有重要的指导意义。

参考文献

[1] 周礼恺. 土壤酶活性的总体在评价土壤肥力水平中的作用. 土壤学报,1983,20(4):413-417.

[2] 郑洪元,周礼恺,张德生. 土壤酶活性. 北京:科学出版社,1976.

[3] 关松荫. 土壤酶及其研究法. 北京:农业出版社,1986.

[4] Burns R G (ed.). Soil Enzymes. Academic Press,New York,1978.

[5] 曹慧,孙辉,杨浩,等. 土壤酶活性及其对土壤质量的指示研究进展. 应用与环境生物学报,2003,9(1):105-109.

[6] 邱莉萍,刘军,王益权,等. 土壤酶活性与土壤肥力的关系研究. 植物营养与肥料学报,2004,10(3):277-280.

[7] 孙波,赵其国,张桃林. 土壤质量与持续环境Ⅲ. 土壤质量评价的生物学指标. 土壤,1997,29(5):225-234.

[8] 万忠梅,吴景贵. 土壤酶活性影响因子研究进展. 西北农林科技大学学报(自然科学版),2005,33(6):87-91.

[9] 陈华癸,樊庆笙. 微生物学. 北京:农业出版社,1980.

[10] 任祖淦,陈玉水,张逸清,等. 有机无机丑巴料配施对土壤散生物和酶活性的影响. 植物营养与肥料学报,1996,2(3):279-283.

[11] 邵兴华,徐金仁,张建忠,等. 长期施肥对旱地红壤肥力和酶活性的影响. 生态环境学报,2011,20(2):266-269.

[12] 袁玲,邦俊,郑兰君,等. 长期施肥对土壤酶活性和氯磷养分的影响. 植物营养与肥料学报,1997,3(4):300-306.

[13] 孙瑞莲,赵秉强,朱鲁生,等. 长期定位施肥对土壤酶活性的影响及其调控土壤肥力的作用. 植物营养与肥料学报,2003,9(4):406-410.

[14] 马忠明,杜少平,王平,等. 长期定位施肥对小麦玉米间作土壤酶活性的影响. 核农学报,2011,25(4):0796-0801.

[15] 杨阳,吴左娜,张宏坤,等. 不同培肥方式对盐碱土脲酶和过氧化氢酶活性的影响. 中国农学通报,2013,29(15):84-88.

[16] 靳孟贵,赵俊英,罗泽娇. 采用土壤水利用技术的冬小麦田土壤过氧化氢酶活性分析. 水文地质工程地质,2003(2).

[17] 王恒飞,张永清,吴忠红. 长期免耕对褐土理化性质和酶活性的影响. 干旱地区农业研究,

2011,29(3):136-137.
[18] 杨鹏鸣,周俊国.不同肥料对土壤蔗糖酶和过氧化氢酶活性的影响.广东农业科学,2011,(11):78-80.
[19] 王俊华,尹睿,张华勇,等.长期定位施肥对农田土壤酶活性及其相关因素的影响.生态环境,2007,16(1):191-196.
[20] 姜小凤,王淑英,丁宁平,等.施肥方式对旱地土壤酶活性和养分含量的影响.核农学报,2010,24(1):0136-0141.
[21] 王娟,刘淑英,王平,等.不同施肥处理对西北半干旱区土壤酶活性的影响及其动态变化.土壤通报,2008,39(2):299-303.
[22] 金继运,刘荣乐,等,译.土壤肥力与肥料.北京:中国农业科技出版社,1998:95-155.
[23] 路磊,李忠佩,车玉萍.不同施肥处理对黄泥土微生物生物量碳氮和酶活性的影响.土壤(Soils),2006,38(3):309-314.
[24] 邱先奎,董元杰,胡庆国,等.不同施肥处理对土壤养分含量及土壤酶活性的影响.土壤,2010,42(2):249-255.
[25] 程冬娟,刘树庆,王殿武,等.长期定培肥对土壤酶活性及土壤养分动态变化影响.河北农业大学学报,2003,26(3):33-45.
[26] 郑存德,依艳丽,黄毅.耕作模式对棕壤酶活性的影响研究.水土保持学报,2011,25(3):176-177.
[27] 朱同彬,诸葛玉平,刘少军.不同水肥条件对土壤酶活性的影响.山东农业科学,2008,(3):74-78.
[28] 贾伟,周怀平,解文艳,等.长期有机无机肥配施对褐土微生物量碳、氮及酶活性的影响.植物营养,2008,14(4):700-705.
[29] 袁亮,李絮花,李润,等.设施栽培土壤磷酸酶活性及其与土壤养分的关系.山东农业科学,2007(2):80-83.
[30] 杨文平,王春虎,茹振钢.秸秆还田对冬小麦根际土壤酶活性及产量的影响.河南农业科学,2011,40(7):41-43.
[31] 路怡青,朱安宁,张佳宝,等.免耕和秸秆还田对小麦生长期内土壤酶活性的影响.生态与农村环境学报,2013,29(3):329-334.
[32] BANDICKAK,DICKRO. Field Management Effection Soil Enzyme Activities. Soil Biology&Biochemistry,1999,31(11):1471-1479.
[33] 张伟,龚久平,刘建国.秸秆还田对连作棉田土壤酶活性的影响.生态环境学报,2011,20(5):881-88.
[34] 高瑞,吕家珑.长期定位施肥土壤酶活性变化及其肥力变化研究.中国生态农业学报,2005,13(1):143-145.
[35] 丁永亮.不同秸秆还田方式对土壤生物学特性的影响.西安:西北农林科技大学,2013.
[36] Mackie Dawson L A,Mullins C E,Goss M J,et al. 1989. Seasonal changes in the structure of clay soils in relation to soil management and crop type Ⅱ. Effects of Cultivation and Cropping at Compton Beauchamp. J Soil Sci,40(2):283-292.
[37] Shipitalo M J,Protz R. 1987. Comparison of morphology and porosity of a soil under

conventional and zero tillage. Can J Soil Sci，67(3)：445-456.

[38] 苗琳，王立，李登航，等. 保护性耕作对旱地麦田土壤酶活性的影响. 干旱地区农业研究，2009，27(1)：6-11.

[39] 杨招弟，蔡立群，李爱宗，等. 不同耕作方式对旱地土壤酶活性的影响，2008，39(3)：514-519.

[40] Madejon E，Moreno F，Murillo J M. Soil Biochemical Response to Long-Term Conservation Tillage Under Semiarid Mediterranean Conditions . Soil & Tillage Research，2007，94(2)：346-352.

区域研究篇

英国地理学家 R. Hartshore 指出，区域概念是用来研究各种现象（物质的、生物的和人文的）在地表特定地区结合成复合体的趋向的。这种结合在一定意义上说，将给予这类地区以区别于其周围地区的特点。这些复合体有一个场所、一个核心和它们边缘地区的、明确程度不同的变化梯度。区域是一个多侧面、多层次、相对性较强的概念，而且区域的规模根据研究问题的范围与类型可大可小，大到跨国或跨洲的区域，小到一个小的居民点。

不同区域的自然条件是有差别的，这些自然条件是指对人类活动——产业发展与布局有影响的各个自然要素及其组成的自然综合体，它包括地质、地貌、水文、气候、生物、土壤等各种要素。作为生产力重要组成部分的自然条件，随着生产力的发展和科学技术的进步，其范围不断扩大，开发的深度和广度也不断向前拓展。

关于区域自然条件的研究方法，尤其是土壤空间变异性一直困扰着土壤学家。经过几十年的研究，土壤空间变异性的研究已经形成了多种方法，常见的有 Fisher 传统统计法、多元统计法、时序分析法、频谱分析法、随机模拟法、地统计学方法和分形学。其中，地统计学方法是土壤空间变异性研究的最常用的方法。

本篇对两个不同区域的土壤肥力进行时空变异性的研究。一个是在对曲周实验站长期定位试验研究的基础上，将研究成果应用到曲周全县，从时间和空间上对曲周县土壤养分的变异性进行了全面的分析；一个是将有关的成果进一步应用到邯郸地区这个大的区域中，并对邯郸地区土壤生态系统进行了预测。

第十章　县域土壤肥力时空变异性

第一节　县域农业生产概况

一、曲周县地理位置与行政区划

曲周县位于河北省南部，属于太行山山前平原南段、漳河冲积扇下缘，邯郸地区的东北部，北和邢台地区的广宗、平乡两县相连，南与广平、肥乡接壤，东与邱县、馆陶相邻，西和永年、鸡泽搭界，本县从东经 114°50′30″至 115°13′30″，从北纬 36°34′45″至 36°57′57″，全县面积共 667 km²（图 10-1 和图 10-2）。

图 10-1　邯郸市行政区划图

图 10-2　曲周县地图

全县辖 10 个乡镇（其中四个建制镇），342 个行政村。全县总户数 952 68 个，总人口 39.4 万人，其中农业人口 37.14 万人，劳动力 158 261 人（2000 年）。

二、土地资源概况

全县总面积 67 669.5 hm²，占河北省总土地面积的 0.36%（表 10-1）。其中已利用土地面积 66 273.4 hm²，占 98.0%，未利用、难利用土地面积 1 396.1 hm²，占 2.0%，其中盐碱地所占比重较大，主要分布在槐桥乡、河南疃乡和四疃乡等乡镇。耕地占土地总面积的75.5%，牧草地稀少，林地比例相当低，只存在零星的四旁树，说明土地利用主要是以粮食生产为主。近几年，菜地有所发展，农民在解决了温饱之后，经济效益开始成为追求的目标之一。

表 10-1 曲周县土地利用结构表(2000 年)

用地类型	耕地	园地	林地	牧草地	居民点及工矿用地	交通用地	水域	未利用地	全县总面积
面积/hm^2	51 091.71	999.07	710.48	14.79	8 109.60	1 301.95	4 045.78	1 396.11	67 669.49
比例/%	75.50	1.48	1.05	0.000 2	11.98	1.92	5.98	2.02	100

三、自然气候与水文地质条件

气候属暖温带半湿润大陆性季风气候区，年平均气温13.1℃。冬春季节寒冷干燥，夏季温暖多雨，明显地表现出干湿季节的更替。境内光、热资源比较丰富，无霜期年平均201 d，0℃以上积温4 472℃。七月份最热，平均气温为26.8℃，极端最高气温为41.1℃，1月份最冷，平均气温为－2.9℃，极端最低气温为－19.9℃。无霜期年平均201 d，10℃以上积温4 472.0℃。年平均降雨量为556.2 mm，降水主要集中在7至9月份，占全年降雨量的2/3，雨热同期，对农业生产十分有利，土地生产潜力大。但春季干旱多风、冬季寒冷、雨量稀少、旱灾和病虫害是对农业生产危害最大的自然灾害。年平均蒸发量是年平均降水量的3.3倍。气候具有四季分明、春季干旱多风、十年九旱、夏季炎热多雨、秋季温和凉爽、冬季寒冷、雨量稀少的特点。

曲周县位于漳河冲积扇、漳河——滏阳河冲积平原和黄河冲积平原交汇处。漳河冲积扇的北缘居于县境的西南部，地貌类型包括废河道及河床砂地、河泛高平地及外缘微倾平地，河间槽形低地等；冲积扇向北逐渐过渡到漳河滏阳河冲积平原。平原地貌包含漳河故道自然堤缓岗及列布于两侧的古决口扇形地、河间微倾平地、黏质低平地及滏阳河沿岸高岗地和两侧决口扇形地；黄河支流古河床砂地、古河漫低平地以及故道高平地占据曲周县的东南角。

地势平坦，地面海拔高程45.4～32.7 m，相对高差12.7 m，地面坡降1/2 500～1/8 000，排水不畅造成盐渍化土壤广布，涝灾在历史上影响很大。

自然河流——滏阳河，发源于邯郸峰峰矿区，由永年进入曲周县塔寺桥，向东北流经南桥口村折向北经曲周城关、霍桥、马疃流入鸡泽县境，县内总长26.8 km。大型排灌渠系河道有老漳河、老沙河、王封干渠等骨干工程22条，总长度266 km。经过多年的工程建设，排涝骨干工程系统排涝标准已达连续三日降雨250 mm不淹地。

地下水资源丰富，灌溉有保障。机井发展很快，水浇地面积稳步增加，现有耕地中，水浇地39 769 hm^2，已占83.23%，农业生产有保证。经过近几年节水灌溉技术的大面积推广，已建为全国节水增产重点县。

据第二次土壤普查资料，曲周县地下水常年3～10 m，矿化度为2～4 $g\cdot L^{-1}$，最高7 $g\cdot L^{-1}$，水质为钠质氯化物重碳酸盐水（HCO_3^--Cl^--Na^+），钙镁质硫酸盐氯化物水（Cl^--SO_4^{2-}-Ca^{2+}-Mg^{2+}），钠钙质氯化物重碳酸盐水（HCO_3^--Cl^--Na^+-Ca^{2+}），钠质氯化物硫酸盐水（SO_4^{2+}-Cl^--Na^+），地下水在多数地区参与成土过程，是本县盐化土形成的又一主要原因。

四、农村经济概况

曲周县2000年耕地面积51 091.71 hm^2，其中水浇地39 769 hm^2，旱涝保收高产稳产面积为 27 204 hm^2，水浇地和高产稳产田分别占 77.84% 和 53.25%，农业人口人均耕地 0.138 hm^2，属华北农区典型农业县。

种植作物主要有小麦、玉米、棉花、谷子、高粱，其他作物有花生、芝麻、薯类、豆类、蔬菜等，各种作物播种面积所占比例各不相同，2000 年曲周全县粮食播种面积 62 761 hm^2，总产量 307 606 t，其中种植小麦 35 227 hm^2，平均产量达 4 845 kg/hm^2；夏玉米播种 20 628.5 hm^2，平均单产 5 355 kg/hm^2。

截至 2000 年底，共拥有农业用动力机械 693 921 kW，其中大中型拖拉机 210 台，小型拖拉机 5 600 台；全县有农业排灌动力 38 141 台，折合 402 633 kW；运输用机械 14 858 台，折合 174 844 kW；植保机械 2 985 台，折合 3 285 kW；农用水泵 15 799 台。基本能满足农业生产的需要。

全县牧业中，大牲畜年底存栏 45 300 头，其中牛 33 800 头，马 2 800 匹，驴 4 700 头，骡 4 000 头；猪年末存栏 199 100 头，羊 233 400 只，家禽 9 387 000 只，兔 309 400 只。为调整人们的饮食结构提供了物质基础，为培肥地力提供了大量的肥源。

曲周县国民经济快速发展，2000 年全县国内生产总值达到 18.23 亿元，比 1999 年增长 10.9%，人均国内生产总值为 4 690 元，财政收入 6 267 万元，农民纯收入达到 2 568 元。在国内生产总值中，第一产业 45 018 万元、第二产业 55 698 万元、第三产业 27 650 万元。第一、二、三产业占国民生产总值的比率分别为：35.07%、43.39%、21.54%。其来源以农业生产及其加工为主，农林牧渔业总产值 13.38 亿元，占国内生产总值的 73.4%，说明曲周县还是以农业为主的农业大县。

经过几十年的建设，曲周县已经实现了村村通电、通电话和通路。其中国道——邯临路横跨县境南部，曲魏省级公路纵穿曲周县，乡乡通柏油路，形成了通往四面八方的公路网络体系，为各种农产品和生产资料运往全国各地提供了方便，对农业生产的进行和农村商品经济的发展起到了不可或缺的支撑作用。

五、曲周县农业发展历史

历史上曲周是有名的老碱窝，据《汉书》中的《地理志》记载："漳水出治北，入黄河，其因斥卤，故曰斥章"，斥章即今曲周。由此可见，曲周土地盐碱，已有 2 000 年的历史。清朝乾隆十二年版，《县志·盐政》也记载着："曲邑北乡一带，咸碱浮卤，几成废壤，民间赋税无出。"盐碱地低洼不平，盐土丘林立，春天多旱，盐碱上返，大地白茫茫一片，播种而少出，苗出而少活，到了夏秋又多涝，因此在群众中流传着："春天白茫茫，夏季水汪汪，只听楼声响，不见粮归仓"的民谣。由于庄稼无多大收成，人们为了谋生，只好以淋小盐、熬卤水为业，因此又有"斥卤荒滩千百年，人们代代淋硝盐，有雨对付撒点籽，没有雨水就荒田"的俗语在流传。即使在新中国成立后，有党和政府关怀，生活有所好转，但仍相当贫困，吃粮靠救济，花钱靠贷款。在 1949—1979 年的 30 年间、共吃国家返销粮 7 000 多万 kg，花国家救济款近 3 000 万元。

1973 年周恩来总理做出"北方干旱半干旱地区水利资源合理开发利用"的指示，河北省黑龙港地区地下水合理开发利用被列为国家重点科研项目。遵照周总理的指示，北京农业大学承担了"旱涝碱咸综合治理研究"课题，建立以张庄为中心的 2 000 hm^2 旱涝碱咸综合治理区，随即进行实地调查并制定综合治理工程规划。立即开始以张庄为中心的第一代 266.7 hm^2 利用改造咸水综合治理旱涝碱咸重点试验，通过打浅井、旱季和雨季两期抽水、冬季引河水压盐补淡，经过初步治理试验效果良好。北京农大科研组写出了“利用改造咸水，综合治理旱涝碱咸试验工作初报”。以利用改造咸水为中心的浅井深沟体系是综合治理旱涝碱咸的关键措施，加强林、路、电、机等配套，实行综合治理，发展当地农业生产。使粮食亩产由 1 500 kg·hm^{-2} 增长到近 4 500 kg·hm^{-2}，总产达到 197.2 万 kg，比治理前的 1972 年增长 2.3 倍。

八十年代开始，曲周县与世界粮食计划署签订了“2672”项目，同时利用“农发”贷款资助的“河北农业发展项目”。河北省农业利用外资办公室分配曲周县项目区总投资额为 4 887 万元，进行了夏、秋粮中、低产攻关、病虫害防治、肥料试验、耐盐树种调查、深井水越冬养殖尼罗罗非鱼等九个科研项目和小麦叶龄指数促控、规范化栽培、棉花化控等 10 个推广项目；对农业、林业、畜牧、农机、农电、财会、项目管理等方面进行了专业培训，共计培训 9 000 多人次；扶持养殖大牲畜及猪、羊、兔、鸡等畜禽专业户 454 个，促进了畜牧养殖业的发展。1987 年底的畜禽存栏分别为：大牲畜 15 007 头，猪 17 900 头，羊 35 816 只，兔 111 469 只，鸡 480 354 只，与执行项目前相比分别增加 80%、36%、91%、519%、354%。与非项目区相比增长速度分别高出 2.4%、15.5%、66.8%、107.5%、21%。同期利用回收资金先后扶持县办企业 25 家，提供贷款 1 446 万元；四级乡镇企业 484 家。提供贷款 545 万元，促进了项目区和全县的经济发展。

综合治理项目的完成，从根本上改变了曲周县的农业生产条件，为全县经济的发展奠定了扎实的基础，修渠筑路、植树、蓄水灌溉、办电、通信等基础设施建设成效显著，使农业生产条件大幅度改善，农业生产后劲明显增强，吨粮田面积猛增。

随着综合治理阶段攻关研究任务的完成，曲周试验区攻关研究的重点由综合治理转向综合发展，研究内容不断扩展，试验区边界也不断延伸，以曲周县域试验示范区，以周边邱县、鸡泽、广平、肥乡四县综合农业开发区为主体的扩散区，产品辐射瞄准国内外市场。形成了试验、示范、扩散、辐射的区域农业科技攻关研究模式。1988 年 6 月 14 日国务院总理李鹏等国家领导视察曲周试验区，对攻关试验区的盐碱地治理给予了高度评价。

在河北省科委的支持下，建立了以曲周试验区为核心园区的曲周农业科技产业园区，为试区攻关成果与各项技术转化为生产力提供了动力、结合机制和结合场地，使得试区发展进入到更高的水平。“九五”期间，不仅完成了园区的规划设计、园区运转机制策划等，而且一批适应市场需要、多种所有制形式和运行机制的项目企业落户园区，如特种养殖示范场、饲料酵母及预混料厂、精炼油加工厂、农用化工厂、磷肥厂、种鸡场、高效日光温室示范、节水农业喷灌——滴灌示范以及农业技术服务一条街等项目，促进曲周县的农业产业化与社会经济的全面发展。

六、曲周县农业发展现状

曲周县地处冀南平原，是国家批准的对外开放县、全国粮棉生产基地县和节水基地县。曲周县面貌由“盐碱浮卤几成废壤”（明崇祯曲周县志）的不毛之地，变成了林茂粮丰的新景观，农业农业生产基本条件得到了根本的改善，形成了果、林、水、田、路、渠协调配置的平原农区景观。

2000 年粮食总产 307 606 t、棉花总产 9 120 t、油料总产 4 140 t、猪牛羊肉 35 360 t、蔬菜 237 988 t、禽蛋 72 833 t、水果 13 016 t，粮食产量高达 10 200 kg/hm^2，农民人均纯收入提高到 2 568 元。

种植作物主要有小麦、玉米、棉花、谷子、高粱，其他作物有花生、芝麻、薯类、豆类、蔬菜等，各种作物播种面积所占比例各不相同，2000 年曲周全县粮食播种面积 62 761 hm^2，其中小麦 35 227 hm^2，平均产量达 4 845 kg/hm^2；夏玉米播种 20 628.5 hm^2，平均单产 5 355 kg/hm^2。根据调查，1999 年曲周县户均农地面积 0.60 hm^2，人均 0.138 hm^2。地块面积较小，不利于机械作业，在一定程度上制约着农业机械的普及。

轮作倒茬方式：一般小麦——玉米、谷子、豆子，玉米——谷子、高粱、棉花，棉花——小麦，一般为一年二作或二年三作。近几年来，大力改革耕作制度，提高复种指数，间作套种形式有粮粮套种、粮棉套种、粮油间作、粮菜套种、粮肥轮作。实践证明，凡合理进行间作套种的地方，不但增产幅度大，而且有利培肥地力。

土壤耕作整地，因作物种类不同而不同。主要内容有耕、耙、轧，中耕除草，平整土地等，以机耕为主。秋作物收获后，进行玉米秸秆还田，边施肥，边耕翻整地播种小麦，这次耕翻整地，施入有机肥和化肥作基肥，为小麦玉米两茬作物所利用。耕地主要是秋作物收获后，种麦耕翻，及春白地的冬耕和春耕。

耕作质量随着农业生产水平的提高，越来越好，如全县播种小麦 35 227 hm^2，达到精细整地，畦田化种植的约 90%。有的村播种棉花，精耕整畦。但在地多人少，土质黏重的村，耕作质量较差。

20 世纪 90 年代以来，曲周县农业农村发展面临着一系列的挑战。归纳起来首先由于农产品相对过剩，此引发一系列的问题，如“卖粮难”“卖果难”“卖菜难”“卖肉难”等，农民收益下降，种田积极性下降；其次，农产品质量不高，严重地影响了农产品的市场竞争力；再次，信息闭塞，农民素质低，农业生产的组织化程度低，难以把握多变的市场。同时，由于经济发展相对落后，投资能力不足。这些问题都严重地制约了当地农业生产的发展。

县委、县政府根据曲周县的实际，提出了建立绿色产业，发展绿色经济的发展思路，变工业发展不快的劣势，为农业资源环境优良的优势，举绿色旗帜，走产业化之路。找到了一条正确的农业发展道路。

七、曲周县耕地利用与保养管理

根据曲周县第二次土壤普查，曲周县土壤类型分潮土、盐土和褐土性土等土类，包括了褐土化潮土、典型潮土、盐化潮土、草甸盐土、褐土性土等亚类。盐渍化土壤占到了很大的比例。盐渍土、沙化土等中低产田占到绝大多数。旱、涝、碱、咸、薄综合危害制约了全县的农业生产，经过长期的综合治理特别是农业综合开发和农业结构调整，农业生产基本条件得到了根本的改善，土壤肥力和耕地生产力有了较大的提高。

曲周县由于长期受蒙古高压反气旋形成的强大季风的影响，春旱秋涝已成规律，其地势由西南向东北缓缓低平，河流沉积物质逐渐变细，地下水流也渐趋滞缓和潜水位升高。当潜水位达到浅水蒸发和土壤积盐的临界深度时，地下水以垂直排泄的形式，不断通过土壤的毛细管作用上升到地面被蒸发，其所含盐分却滞留地表，因此造成了土壤的盐渍化和地下水的矿质化。夏涝抬高了潜水位，春旱加剧了土壤的蒸发，这就更加速了土壤的盐渍化和地下水的矿质化过程。同时，土地的高低不平和缺少肥料也是形成盐碱地的重要因素。

曲周县盐碱地属大陆盐碱化浓缩型，在盐渍土中以盐化为主，主要类型是氯化物盐化土、硫酸盐盐化土和潮湿盐土，群众分别称其为盐碱、白碱(硝碱)和卤碱。盐渍化土壤分布很广，除依庄乡外，其余乡(镇)均有不同程度的分布。其中尤以河南疃镇、第四疃乡面积最大，曲周、槐桥乡次之(表 10-2)。

表 10-2　试验区建立之初的盐碱地面积分布表　　hm^2

乡(镇)	土壤面积	盐碱地分类面积					盐碱地占土壤面积/%	备注
		轻碱地	中碱地	重碱地	荒碱地	合计		
合计	56 732.13	7 237.19	2 410.43	1 146.43	1 798.1	1 2591.89	22.20	
河南疃镇	6 052.67	2 139.53	266.37	627.817	110.24	3 010.62	49.74	
第四疃乡	7 050.93	1 075.29	425.91	368.57	1 014.67	3 961.79	56.19	
曲周镇	5 858.23	1 067.31	539.3	32.57	314.75	1 953.93	33.35	拿苗 7 成以上为轻碱，拿苗 5～7 成为中碱，拿苗 4 成以下为重碱
槐桥乡	4 689.64	1 182.51	373.11		320.61	1 876.23	40.01	
南里岳乡	4 439.55	640.51	83.14	60.2	34.23	818.08	18.43	
白寨乡	5 271.31	118.77	315.25	0	0	241.31	4.58	
大河道乡	3 221.25	69.96				69.96	2.17	
安寨镇	7 582.44	195.57	0	107.52	0	303.09	4.00	
侯村镇	8 633.63	747.75	0	0	0	830.85	9.62	
依庄乡	3 932.48							

曲周县历代劳动人民在治理盐碱地的过程中，做过许多尝试，采取过沟播、起碱土、造台田、围捻蓄水、种植红荆和苜蓿等方法。由于受小农经济限制，缺乏科学知识，均收益不大。新中国建立后，党和政府对盐碱地治理非常重视。但是也因为缺乏科学技术做指导和缺乏资金，使治碱工作时续时断，进展缓慢，所挖沟渠，时挖时填，收效不大。

1973 年周恩来总理做出“北方干旱半干旱地区水利资源合理开发利用”的指示，河北省黑龙港地区地下水合理开发利用被列为国家重点科研项目。遵照周总理的指示，北京农业大学承担了“旱涝碱咸综合治理研究”课题，开始了科学的盐碱地综合治理的研究与实践。建立以张庄、王庄等一代、二代、三代试验区为中心的 2 000 hm^2 旱涝碱咸综合治理区，形成了以利用改造咸水为中心的浅井深沟体系是综合治理旱涝碱咸的关键措施，发展当地农业生产的新局面。

经过十年的努力，盐渍化综合治理研究与实践取得可喜的成绩与效果。采用了盐渍化综合治理的指导方针和技术方法。浅井与深沟结合，农、林、水并举。达到改善水盐运动状况，切断盐分来路；减少土壤积盐量，促进地下浅层咸水淡化；使潜水位保持在返盐临界深度以下，以减少地下水的蒸发量。具体方法为：①采用竖井排水，开沟挖渠汛期排涝，控制地下水位升高。平整土地，防止盐斑。加强田间管理及时中耕松土，防止土地板结，减少地面蒸发；②淡水灌溉，在重碱地里适当加大春灌水量，改变水盐运动规律，使土壤由积盐变为脱盐状态；③提高土壤肥力，增施有机肥料，使土壤中钙质活化而增强凝聚能力，形成团粒结构，提高保水保肥能力，同时加强林、路、电、机等配套，实行综合治理。经过治理的第一代试验区的盐碱地所占比例由原来的 70%下降到 50%以下，咸水矿化度由 5～7 $g \cdot L^{-1}$ 下降到 0.005 $g \cdot L^{-1}$ 以下，耕层含盐量由 10%下降到 4%以下，粮食产量由 1 500 $kg \cdot hm^{-2}$ 增长到近 4 500 $kg \cdot hm^{-2}$，总产达到 197.2 万 kg，比治理前的 1972 年增长 2.3 倍。

北京农业大学在曲周县治理盐碱地所取得的成绩和经验，引起各级政府和国内外专家的关注，农业部、河北省、邯郸地区的领导和有关方面的专家先后考察了两代试验区的成果，一致认为北京农业大学综合治理盐碱地的经验是成功的，具备了利用外资、推广经验、进行大面积试验的基础。1980 年，国际农业发展基金会助理总裁阿基斯、亚洲处处长本杰明和美国密执安大学经济学家斯太美维斯等专家在试验区考察后，认为北京农大综合治理技术是可行的，经济效益是合算的，表示愿意合作，给予贷款资助。随后建立了 18 667 hm^2 盐碱地综合治理项目区，成为我国农业利用外资的第一次。随着外资项目区综合治理工程的完成，从根本上改变了曲周县的农业生产条件，土壤肥力不断提高，土地生产力不断增长。

1989 年开始的全国农业综合开发进一步为曲周全县的农业生产条件改善和土地生产力提高提供了机遇。通过农业开发项目的实施，在全县范围内修渠筑路、植树、蓄水灌溉、办电、通信等基础设施建设成效显著，使农业生产条件大幅度改善，农业生产后劲明显增强，吨粮田面积猛增。通过"增施有机肥，合理化肥投入"的土壤培肥措施得到了广泛的推广，根据不同的条件采取相应的措施提高土壤有机质含量，培肥土壤。在新开发的盐渍土上，种植绿肥牧草，如紫花苜蓿等，因其具有较深的植物根系活动层和庞大的生物量，促进了土体脱盐，同时较快地增加了有机质含量，种植两年后土壤有机质含量可提高到 7～8 g/kg。开始种植作物的土壤，依靠施用一定量的化肥，以提高作物的生物产量，通过秸秆还田，主要是作物地下部分的归还，实现土壤有机质含量的提高。可以使土壤有机质含量可提高到并维持在 8～9 g/kg；随着作物产量的提高，作物秸秆量也随之大幅度增加。这为土壤培肥和畜牧业发展奠定了重要的基础。因此，曲周县把发展畜牧业作为重要的农业结构调整的手段，一方面极大地促进了区域经济的发展，同时也为土壤培肥提供了大量的优质有机肥料。

长期以来，当地所采取的还田措施主要有田外堆沤腐熟还田、养殖业过腹还田和近几年发展的机械粉碎直接还田等方法。在传统农业时代，由于没有化肥的使用，秸秆有机肥便是作物施肥的唯一肥源。随着化肥工业的发展，化肥的使用较秸秆堆制的有机肥具有省工、省时、速效的优点，所以现代农业在施肥上就基本依赖于化肥，取代了有机肥。这样，这种田外堆沤腐熟的传统秸秆还田方法，因费时，费力，还田效率低，难以推广，目前农村几乎不再采用此法；随着机械化的发展，农区喂养的役畜越来越少，牛、羊等草食动物的养殖受各种因素的影响，也还不发达，秸秆的消耗量也很少；近几年大力推广机械粉碎还田，虽然克服了堆沤腐熟还田的费工、费力、效率低的缺点，但是也受到许多因素制约：①大中型拖拉机数量不足。目前生产的秸秆粉碎还田机必须与大中型拖拉机配套使用，而农村现行的经济体制，购买大中型拖拉机的农民较少，而且种麦期间，耕地与还田争机矛盾突出；②秸秆还田机价格昂贵，农民难以承受。1992 年河北省每台大中型配套的秸秆粉碎还田机售价 3 046 元，1995 年提高到 5 500 元，1999 年每台售价 6000～7 000 元，农民购买资金不足，生产厂家以销定产，发展很慢；③秸秆粉碎还田机作业费用高。随着柴油价格的不断上涨，作业费用由 1992 年的 120～150 元/hm^2 提高到现在的每亩 300～450 元/hm^2，农民使用的积极性不高；④目前生产的与小型拖拉机配套的秸秆切碎机，作业效率低，小型玉米秸秆立式粉碎机反而会增加农民的劳动强度（玉米摘穗时，要求保持秸秆直立，增加运穗的难度），农民也难接受。所以大部分玉米秸秆不能利用还田，而弃之于路边地头，付之一炬。为此，中国农业大学曲周实验站和曲周县合作进行了大量的秸秆还田的技术研究，特别是开发了玉米秸秆整株还田技术。经几年的小区试验和大面积示范应用，玉米秸秆整株还田和机械粉碎还田相比，具有省工、省时、省力、省钱、节能增产的良好效果，很受农民的欢迎，可以说是秸秆还田技术的一项重大改革，已经在全县大面积推广。

这些土壤培肥措施收到了良好的效果，全面耕地土壤有机质含量有了比较大的提高，土壤肥力和耕地生产力也相应大幅度提高。

第二节　县域土壤有机质时空变异性

盐渍化土壤中肥盐之间存在着相互制约的关系。土壤中高的含盐量将抑制作物的生长发育，生物产量不高，遗留在土壤中的有机物不多。反之，当土壤有机质含量多时，能调和以至消除盐害，二者相互制约，形成所谓"肥大吃碱，碱大吃肥"的现象。盐渍化土壤经过改良和利用以后，土壤盐分含量明显降低，盐分不再是限制作物生长的制约因素了。在这种情况下，外源物质的投入、作物布局的调整及农业管理措施将影响到土壤养分的变化。

盐碱地经过工程的、生物的和化学的方法改良以后，农业生产面貌发生了很大变化，土壤的盐渍化得到了治理，生态环境得到了改善，基本具备了种植农作物的条件。在此基础上，随着肥料投入量的增加、复种指数的提高，生物产量相应增加，土壤主要养分(有机质、全氮、速效磷和速效钾)含量在时间和空间上的变化有其特有的规律性。本文在 1980 年全国第二次土壤普查的基础上，于 2002 年对河北省曲周县耕地地力进行了全面的调查和分析，系统地研究了盐渍土改造区土壤养分的特征及其时空变化规律，为盐渍化土壤的持续利用奠定了理论和实践基础。

有机质是构成土壤有机无机复合胶体的核心物质，也是土壤养分的储藏库。因此，土壤有机质数量的消长反映出土壤肥力的水平。盐渍土经过改良和治理后，土壤有机质发生了根本的变化。

一、土壤有机质的时间变异性

经过 20 余年的综合治理和培肥，曲周县耕地土壤有机质含量由 20 世纪 80 年代初的 8.4 $g \cdot kg^{-1}$ 增加到 2002 年的 13.89 $g \cdot kg^{-1}$，增加了 60.7%(表 10-3)。80 年代初曲周县农民生活处在脱贫的边缘，燃料的主要来源是作物秸秆，耕地土壤有机质的积累只能靠作物根茬及少部分秸秆的还田，因此其有机质含量以≤10.0 $g \cdot kg^{-1}$ 为主，占全县的 63.56%，而含量在 10.0～12.0 $g \cdot kg^{-1}$ 的仅占 35.73%。随着农民生活水平和环保意识的逐步提高，秸秆不再是燃料的主体，小麦和玉米秸秆都能全部或绝大部分还田，从而增加了其有机质的含量。结合郝晋珉等的研究，曲周县耕地土壤有机质含量的提高主要是秸秆还田和农家肥的施用，但是只能维持在 12.0～15.0 $g \cdot kg^{-1}$ 的水平上；施用人畜粪尿和厩肥等优质有机肥料的耕地土壤有机质的含量普遍大于 15.0 $g \cdot kg^{-1}$，说明人畜粪尿依然是优质的有机肥源，是今后土壤培肥的主要肥源。由表 10-4 可以看出，现今已经不存在有机质含量≤10.0 $g \cdot kg^{-1}$ 的耕地，全县的耕地土壤有机质平均含量达到了 13.89 $g \cdot kg^{-1}$，变化幅度在 10.26～16.04 $g \cdot kg^{-1}$，标准差 1.062 3，方差 0.011 3，变异系数为 0.076 5。其有机质含量变化在 12.0～15.0 $g \cdot kg^{-1}$ 的占绝大多数(表 10-4),达 80%以上。

表 10-3　曲周县耕地土壤有机质含量变化(1980—2002 年)

年份 Years	样本数 Sample	区间 Range	平均值 Average	标准差 SD	方差 Variance	变异系数 C. V.
2002	263	10.3～16.0	13.89	0.11	0.011 3	0.076 5
1980	958	0.8～13.6	8.40	0.23	0.051 8	0.272 2

表 10-4　曲周县耕地土壤有机质平均含量分级[1)]

分级标准 Grade standard	区间 Range (g·kg^{-1})	平均值 Average	标准差 SD	方差 Variance	变异系数 C. V.	面积 Area /hm^2
15.0～20.0	15.0～16.0	15.34	0.260 3	0.000 7	0.017 0	5 146.4
12.0～15.0	12.0～14.9	13.81	0.644 7	0.004 2	0.046 7	41 197.7
10.0～12.0	10.3～11.9	11.24	0.479 3	0.002 3	0.042 6	4 747.6

1) 2002 年 9 月所测数据

二、土壤有机质的空间变异性

按照辛德惠的农业发展三阶段理论,曲周县正处在综合农业发展阶段,农业结构有了大幅度的调整,其中种植业总产值占农林牧副渔总产值的 47.85%,畜牧业占 42.15%(2001 年统计资料)。畜牧业的大力发展,一方面为种植业提供了大量的优质有机肥源,另一方面也消耗了大量的种植业副产品,进而促进了种植业的发展。农业生产的布局也发生了根本的变化。农村的"三料"问题得到了很好解决,大量肥料投入,促使作物生物产量的大幅度提高,秸秆及饲料用于畜牧业发展,畜牧的排泄物又反过来用于肥田,从而促进了农业生产的良性循环。耕地土壤有机质含量以曲周镇为最高,并以曲周镇为中心向外逐步降低,以依庄乡为最低,只有 3 级(图 10-3A)。

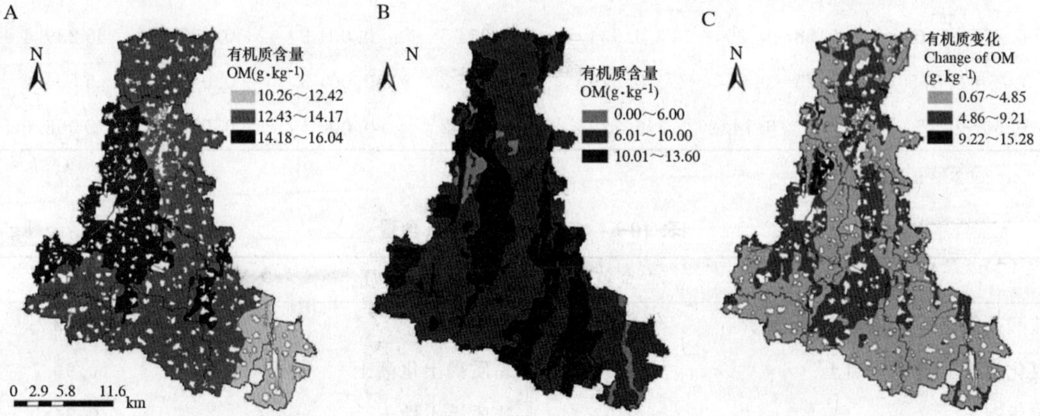

图 10-3　2002 年(A)和 1980 年(B)曲周县土壤有机质分布及其变化(C)

1980 年土壤普查时,曲周县农业集约化程度较低,有机质含量的变化基本上与土壤质地成正相关,即土壤质地越黏重,有机质含量越高(图 10-3B)。从 1980 年到 2002 年耕地土壤有机质含量变化值的变化规律基本上与 2002 年耕地土壤有机质的变化规律相一致:有机质含量增幅较大和较集中的乡镇仍然是曲周镇,变化规律也是以曲周镇为中心向外逐步降低(图 10-3C)。这一变化规律说明,耕地土壤有机质的变化在某种程度上与农业的集约化程度有直接的关系,尤其是种植结构的调整、外源物质的投入等有利于提高耕地土壤有机质的含量。

第三节　县域土壤氮素时空变异性

氮素在土壤中主要以有机态存在,土壤全氮量的多少主要取决于土壤有机质的含量。土壤中的无机氮主要是铵盐、硝酸盐和极少量的亚硝酸盐,它们容易被作物吸收利用,一般只占全氮量的 1%～2%。水解性氮(碱解氮)包括无机态氮和一部分有机态氮中易分解的氨基酸、酰胺和易水解的蛋白质,代表土壤有效性氮素,是土壤养分和土壤质量的最主要指标之一。

土壤全氮量的多少主要取决于土壤有机质的含量。曲周县耕地土壤氮素含量变化在 0.703～1.058 $g \cdot kg^{-1}$之间,平均值为 0.937 $g \cdot kg^{-1}$,标准差 0.065 6,方差 0.004 3,变异系数为 0.070。

全氮含量大于 1.0 $g \cdot kg^{-1}$的耕地主要分布在菜地集中、农家肥施用量大、集约化程度较高的中部地区,如曲周镇(占 63.1%)和白寨乡(占 17.2%)。全氮含量小于 0.75 $g \cdot kg^{-1}$的耕地主要分布在沙壤质土集中分布、土壤漏水漏肥的东南部地区,如依庄乡。全县大多数耕地土壤全氮含量在 0.88～1.0 $g \cdot kg^{-1}$,占全县总耕地面积的近 70%,其分布趋势与其有机质分布相吻合。各耕地土壤全氮含量分级见表 10-5,分布情况见图 10-4,各土壤类型全氮含量见表 10-6。

表 10-5　曲周县各耕地土壤全氮含量分级[1)]

全氮分级 Total nitrogen grade	区间 Range /($g \cdot kg^{-1}$)	平均值 Average	标准差 SD	方差 Variance	变异系数 C. V.	面积 Aera /hm^2
1.00～1.50	1.00～1.06	1.017	0.014 5	0.000 2	0.014 2	7 179.5
0.875～1.0	0.88～0.99	0.934	0.034 5	0.001 2	0.037 0	35 239.1
0.75～0.875	0.75～0.87	0.829	0.036 2	0.001 3	0.043 7	6 604.4
0.50～0.75	0.7～0.74	0.729	0.011 2	0.000 1	0.015 3	2 068.6

1)2002 年 9 月所测数据

表 10-6　各土壤类型全氮含量　　g/kg

土属	全氮	土属	全氮
硫酸盐氯化物盐化潮土	0.94	黏质潮土	0.95
氯化物硫酸盐盐化潮土	0.94	黏质褐土化潮土	0.90
壤质潮土	0.93	沙质褐土性土	0.74
壤质褐土化潮土	0.90	壤质硫酸盐氯化物内陆盐土	0.96

曲周县耕层全氮含量与有机质含量之间普遍存在显著的正相关关系，相关系数 $r=0.856^{**}$，其回归方程为 $y=0.052x+0.212$，达到了极显著相关。因此全县耕地土壤全氮含量分布趋势与有机质含量分布趋势一致。有机质含量高的耕地土壤，全氮含量较高。

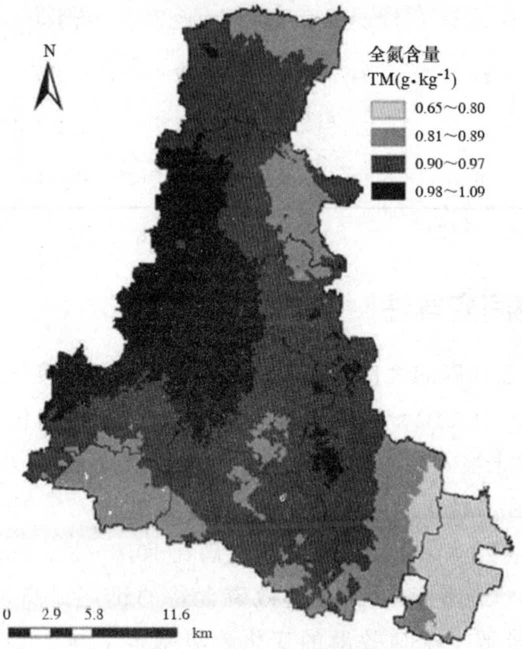

图 10-4　曲周县土壤全氮含量图

第四节　县域土壤磷素时空变异性

一、土壤速效磷的时间变异性

土壤中速效性磷包括水溶性磷〔如 $Ca(H_2PO_4)_2$ 等〕和弱酸溶性磷（如 $CaHPO_4$ 等），是可以被作物直接吸收利用的形态。土壤速效磷含量由 20 世纪 80 年代初的 5.45 mg·kg^{-1}增加到 2002 年的 23 mg·kg^{-1}。80 年代初曲周县正处于盐碱地综合治理阶段，其典型的盐渍土肥力特征使其速效磷含量以≤5.0 mg·kg^{-1}为主，占全县土地面积的 71.79%；5.0～10.0 mg·kg^{-1}占 27.37%，全县的土壤速效磷含量偏低。随着农业集约化程度的提高，尤其是磷肥投入的增加，现今已经不存在≤10.0 mg·kg^{-1}的耕地，全县的耕地土壤速效磷含量变化在 11.37～50.41 mg·kg^{-1}，平均可达 23.0 mg·kg^{-1}，标准差 8.478，方差 71.872，变异系数为 0.368 6。进一步研究表明，曲周县耕地土壤速效磷含量主要在 10.0～20.0 mg·kg^{-1}、20.0～30.0 mg·kg^{-1}两个等级上，共占 94.31%（表 10-7）。

表 10-7　曲周县耕地土壤速效磷平均含量分级[1)]

速效磷分级 Rapidly available P grade	区间 Range /($g \cdot kg^{-1}$)	平均值 Average	标准差 SD	方差 Variance	变异系数 C. V.	面积 Aera /hm^2
＞40	40.41～50.41	43.59	2.312	5.344	0.053 0	1 113.8
30.0～40.0	30.73～39.71	34.52	2.842	8.075	0.082 3	1 794.9
20.0～30.0	20.01～29.50	23.51	2.564	6.574	0.109 1	20 600.0
10.0～20.0	11.37～19.70	16.96	2.126	4.521	0.125 3	27 583.0

1)2002 年 9 月所测数据

二、土壤速效磷的空间变异性

1980 年曲周县土壤速效磷的含量基本上是随着土壤质地而变化的，在全县范围内呈条带状分布，无区域性特征(图 10-5B)。随着农业产业化的发展、集约化程度的提高，尤其是磷肥投入的增加，曲周县耕地土壤磷素的分布表现出了区域性特征：速效磷含量＞40.0 $mg \cdot kg^{-1}$ 的富磷区耕地主要分布在菜地集中的中部地区，如曲周镇(占 70.9%)和白寨乡(占 29.1%)，面积仅 1 100 多 hm^2；全县绝大多数耕地土壤速效磷在 10.0～30.0 $mg \cdot kg^{-1}$，占全县总耕地面积的 94.3%(图 10-5A)。20 多年来，由于速效磷含量的迅速提高，掩盖了速效磷随质地变化的规律，因此曲周县耕地土壤速效磷的变化趋势基本上与 2002 年的分布趋势相同(图 10-5C)。

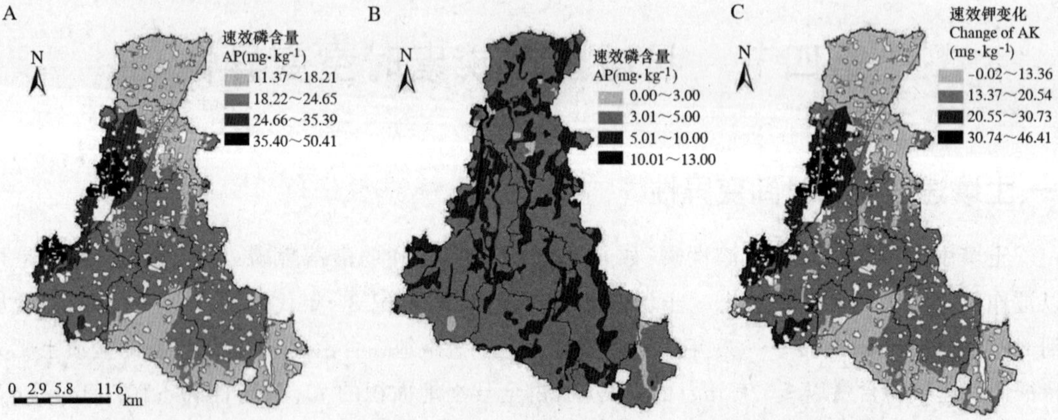

图 10-5　2002 年(A)和 1980 年(B)曲周县土壤速效磷含量及其变化(C)

耕层速效磷含量与有机质含量之间存在正相关关系，相关系数 $r=0.486^{**}$，回归方程为 $y=2.342x-13.228$。

第五节　县域土壤钾素时空变异性

一、土壤速效钾的时间变异性

土壤速效钾的含量水平不仅反映土壤的供钾能力和程度，而且在一定程度上是土壤质量的主要指标之一。

20 世纪 80 年代初，土壤母质中速效钾含量较高，曲周县土壤速效钾含量变幅为 34.00～285.00 mg·kg^{-1}之间，≥200 mg·kg^{-1}的占全县 41.79%；100～200 mg·kg^{-1}的占全县 52%；≤100 mg·kg^{-1}的仅占 6.21%，全县土壤速效钾含量总体上是很高的，况且作物产量较低，作物从土壤中带走的钾素较少，土壤中的速效钾完全可以达到动态平衡。2002 年曲周县耕地土壤速效钾含量变化在 67.08～190.85 mg·kg^{-1}，平均值 132.30 mg·kg^{-1}，标准差 19.153 5，方差 366.858，变异系数为 0.1448。≤100 mg·kg^{-1}的耕地面积占总耕地面积的6.35%，100～150 mg·kg^{-1}的占 71.85%，150～200 mg·kg^{-1}的占 21.80%。随着复种指数的提高、作物根茬残留在土壤中的增多、以及农家肥和化学钾肥的施用，低钾土壤中的含钾量呈现出增加的趋势，如全县最低含钾量由 80 年代初的 34.00 mg·kg^{-1}增加到 2002 年的67.08 mg·kg^{-1}。同时随着化学氮肥和磷肥的增多、作物产出的增加，作物吸收钾素的能力和数量相应增加，土壤钾素处于掠夺式减少状态，从而造成速效钾含量降低，由 80 年代初的 285.00 mg·kg^{-1}降低到了 190.85 mg·kg^{-1}，降低了 33.04%（表 10-8）。

表 10-8　曲周县耕地土壤速效钾平均含量分级[1)]

速效钾分级 Rapidly available K grade	区间 Range /(mg·kg^{-1})	平均值 Average	标准差 SD	方差 Variance	变异系数 C. V.	面积 Aera /hm^2
150～200	150.00～190.85	157.6	7.594	57.67	0.048 2	11 137.7
100～150	102.07～149.97	129.4	13.30	176.80	0.102 8	36 707.9
50～100	67.08～98.80	86.5	9.189	84.43	0.106 3	3 246.1

1) 2002 年 9 月所测数据

二、土壤速效钾的空间变异性

土壤钾素含量水平主要取决于成土母质及其地球化学过程。由图 10-6A 可以看出，20 世纪 80 年代初，曲周县土壤钾素集中分布在两个呈南北走向并行排列的河间洼地。经过 20 年的集约利用以后，曲周县耕地土壤速效钾含量的分布趋势基本上没有变化（图 10-6B）。从 1980 年到 2002 年的 20 多年来土壤速效钾变化幅度则较大，总的趋势是大面积减少，减少幅度在 1～80 mg·kg^{-1}（图 10-6C）。

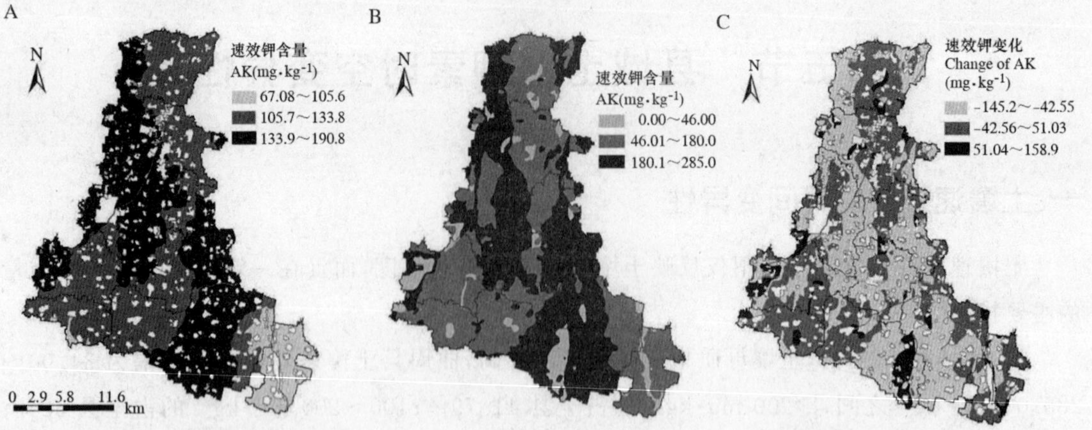

图 10-6 2002 年(A)和 1980 年(B)曲周县土壤速效钾含量及其变化(C)

由此可见:①经过 20 余年的综合治理和培肥,曲周县耕地土壤有机质含量由 8.4 $g \cdot kg^{-1}$ 增加到 12.0～15.0 $g \cdot kg^{-1}$,增加了 60.7%。有机质含量的变化在某种程度上与农业的集约化程度和作物布局有直接的关系,尤其是种植结构的调整、外源物质的投入等有利于提高耕地土壤有机质的含量。②土壤全氮含量与有机质含量之间存在着显著的正相关关系,相关系数 $r=0.856^{**}$。因此土壤全氮含量分布趋势与有机质含量分布趋势一致。有机质含量高的土壤类型,全氮含量较高。③土壤速效磷含量由 5.45 $mg \cdot kg^{-1}$ 增加到 11.37～50.41 $mg \cdot kg^{-1}$。随着农业产业化的发展和集约化程度的提高,尤其是磷肥投入的增加,曲周县耕地土壤磷素的分布表现出了区域性特征:速效磷含量>40.0 $mg \cdot kg^{-1}$ 的富磷区耕地主要分布在菜地集中的地区。全县绝大多数耕地的有效磷含量在 10.0～30.0 $mg \cdot kg^{-1}$,占全县总耕地面积的 94.3%。④20 世纪 80 年代初,曲周县土壤速效钾含量的变幅在 34.00～285.00 $mg \cdot kg^{-1}$ 之间,≥200 $mg \cdot kg^{-1}$ 的占全县的 41.79%。随着复种指数的提高、作物根茬残留在土壤中的增多及农家肥和化学钾肥的施用,低钾土壤中的含钾量表现出增加的趋势,曲周县最低含钾量由 34.00 $mg \cdot kg^{-1}$ 增加到 67.08 $mg \cdot kg^{-1}$。而随着化学氮、磷肥施用量的增加,作物吸收钾素的能力和数量相应增加,土壤钾素处于掠夺式减少状态,从而造成土壤速效钾含量的降低,土壤最高含钾量降低了 33.04%。

参考文献

[1] 辛德惠,李维炯. 浅层咸水型盐渍化低产地区综合治理与发展. 北京:北京农业大学出版社,1990.

[2] 郝晋珉,牛灵安. 盐渍土持续利用过程中土壤有机质演化的阶段特征. 中国农业大学学报,1996,1(1):55-60.

[3] 张旭辉,李恋卿,潘根兴. 不同轮作制度对淮北白浆土团聚体及其有机碳的积累与分布的影响. 生态学杂志,2001,20(2):16-19..

[4] 金继运,白由路. 精准农业与土壤养分管理. 北京:中国大地出版社,2001.

[5] 牛灵安,郝晋珉. 盐渍化土壤肥力演变规律研究. 土壤通报,2001,32(增):41-45.

[6] Cahn M D ,Hummel J W,Brouer B H. Spatial analysis of soil fertility for site-specific

crop management. Soil Sci. Soc. Am. J. ,1994,58: 1 240-1 248

[7] 白由路,李保国,胡克林. 黄淮海平原土壤盐分及其组成的空间变异特征研究. 土壤肥料,1999,21(3):22-26.

[8] Assadian N W,Esparra L C,Fenn L B,et al. Spatial variability of heavy metals in irrigation alfalfa field in the upper Rio Grand River basin. Agricultural Water Management,1998 ,36 (2):141-156.

[9] 周慧珍,龚子同. 土壤空间变异性研究. 土壤学报,1996,33 (3):232-241.

[10] 孙洪泉. 地质统计学及其应用. 北京:中国矿业大学出版社,1990.

[11] Yost R S,Uehara G,Fox R L. Geostatistical of soil chemical properties of large land areas. I. Semivariograms. Soil Sci. Soc. Am. J. ,1982,46:1 028-1 037.

[12] 石元春,李韵珠,陆锦文. 盐渍土的水盐运动. 北京:北京农业大学出版社,1986.

[13] 石元春,李保国,李韵珠,等. 区域水盐运动监测预报. 石家庄:河北科学技术出版社,1991.

第十一章　市域土壤生态系统概况

第一节　研究市域地理位置概况

一、研究市域→地理位置

本研究以河北省邯郸市为研究区域。邯郸市位于河北省的最南部(图 11-1 和图 11-2)，地处太行山东麓。东与山东省接壤，南与河南省交界，西与山西省毗邻，北与本省邢台市相连，是晋、冀、鲁、豫的交通要冲，地理位置在北纬 36°04′至 37°01′，东经 113°28′至 115°28′，全市面积 12 047 km²。本区辖 19 个县、市、区。本研究区域详细情况见表 11-1 和表 11-2。

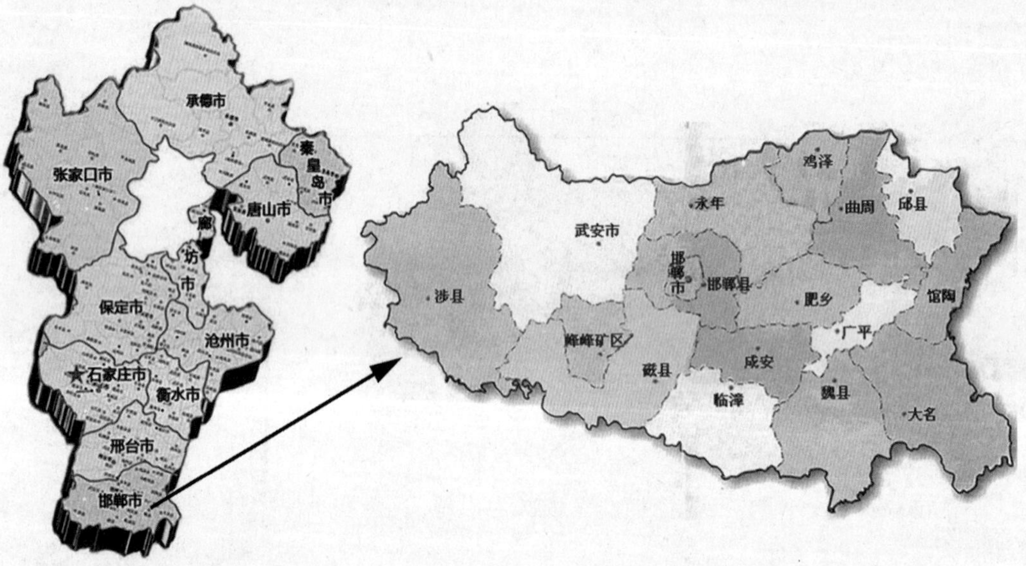

图 11-1 河北省简图　　　　图 11-2　邯郸市简图

表 11-1　邯郸市各区所辖乡镇分布情况

分区	所辖乡镇
西部山地农林牧区	涉县；武安的西寺庄、冶陶、活水、贺进、阳邑、管陶、徘徊、石洞、马庄；磁县的陶泉
中西部低山丘陵农林牧渔区	峰峰；武安的武安镇、午汲、上团城、磁山、康二城、淑村、邑城、北安庄、大同、矿山、北安乐、西土山、伯岩；磁县的白土、林坦、路村营、西固义、贾壁、台城、南城、时村营、岳城、观台、都党、黄沙；邯郸县的户村、康庄、三陵、北张庄；永年县的永合会

续表 11-1

分区	所辖乡镇
中部山麓平原粮棉菜区	临漳；邯山；丛台；复兴；邯郸县的黄梁梦、南吕固、尚壁、兼庄、代召、河沙镇、南堡；磁县的磁州、高臾、西光禄、辛庄营、花官营、讲武城；成安的成安镇、商城、道东堡、辛义、柏寺营、李家疃、长巷；肥乡县的天台山、大西韩、辛安镇；鸡泽县的鸡泽镇、风正、双塔、店上；永年县的临洺关、大北汪、界河店、西苏、刘营、刘汉、曲陌、讲武、小龙马、东杨庄、辛庄堡、正西、西阳城
东部低平原粮棉油杂区	大名县；邱县；曲周县；魏县；广平县；鸡泽县的吴官营、小寨、曹庄；永年县的小西堡、西河庄、张西堡、广府、姚寨、南沿村；肥乡县的肥乡镇、毛演堡、旧店、屯庄营、东漳堡、元固；成安县的漳河店、北乡义

资料来源：邯郸市农业大全　河北人民出版社　2000 年

表 11-2　邯郸市农业资源分区基本情况(1997)

项目	单位	西部山地农林牧区	中西部低山丘陵农林牧渔区	中部山麓平原粮棉菜区	东部低平原粮棉油杂区	合计
乡镇数	个	27	39	58	90	214
总人口	万人	63.6	134.71	296.77	312.48	807.56
农业人口	万人	57.82	97.36	209.45	296.76	661.39
土地总面积	km^2	2 598.54	2 031.24	2 731.72	4 700.50	12 062.00
耕地面积	hm^2	44 740	92 773	190 153	344 634	672 300

资料来源：邯郸市农业大全　河北人民出版社　2000 年

二、市域地貌特征

邯郸市地貌可分为两大单元：西部为山地丘陵，属于太行山地的一部分；东部为平原，属于华北平原的组成部分。二者基本以京广铁路为界，平原区面积略大，占全市总土地面积的 60%；山丘区占全市面积的 40%。其地貌的基本特征有两个：一是西部山丘区层峦叠嶂、岗丘起伏与东部平原区的广阔平坦形成强烈对照和显著差异，划分为两大区域；二是总地势西高东低、层层梯降，并形成规律的地势阶梯。

全市可分为三个地势梯级，由西向东依次为山地、丘陵和平原。最高一级为中低山，其山峰高度大都在 500～1 200 m，相对高差一般为 300～800 m。最高峰在武安市青岩寨，海拔高度 1 898.7 m。中间一级为低山和黄土丘陵，山丘海拔高度为 300～500 m，相对高差 50～200 m，水土流失较严重。第三级，即地势梯级的最低一级为海拔高度 90 m 以下的平原，由西南向东北倾斜，总坡降为 1/1 500，最低点为东北角曲周县麻庄村海拔高度为 32.7 m。这种明显的地域差异和分布规律，对全市气候、水文、土壤、植被种类的形成和分布有着很大的影响，也决定了农林牧副渔多种经营的生产格局。

1. 山地

本市山地属太行山南端，较北部低缓。山峰高度一般在 500～1 200 m，高差 300～500 m，坡度 20°～40°，山地岩石以石灰岩为最多，其次是砂页岩，也有部分花岗岩和闪长岩。石灰岩山地土层浅薄，以石质土为主，花岗岩、闪长岩、砂岩、页岩区多为粗骨土。山地原始森林植被已被破坏，自然植被以灌林、草灌代替，坡麓土层稍深厚处栽有各种果树，多为花椒、核桃、柿子、苹果等。

2. 丘陵及岗坡地

丘陵为山地与平原之间的过渡带，地形比较复杂，有黄土丘陵，也有遭受切割的洪冲积物岗坡地形。海拔高度一般在100～500 m，相对高差20～200 m，地表物质组成也比较多样化，除大部分为黄土外，也有基岩风化的坡积、残积物，还有部分粗骨土的古洪积物。该区水土流失比较严重，干旱缺水是主要矛盾。土壤以石灰性褐土为主，其发育程度与侵蚀状况有关。石质丘陵有一些粗骨土和石质土。农作物主要是粮食、棉花、油料、果树等。

3. 河谷与盆地

漳河发源于山西省晋东南地区，自西南向东北，切穿太行山流下，有清漳、浊漳二支流，在涉县合漳村汇合，经磁县的观台入岳城水库。在涉县盆地中，河谷较为宽浅，除河床与漫滩外，还有较发育的两级阶地。高阶地地表为黄土，土壤为石灰性褐土；低阶地与高河漫滩为洪冲积物，部分为潮褐土，引洪灌淤者为淤灌潮土，种植水稻时间较长者变为水稻土。河谷盆地为涉县主要的高产粮区，素有“百里千斤川，涉县小江南”之称。漳河在出山口处，即涉县与磁县交界处河谷狭窄而曲折，谷坡陡峭，无阶地发育。岳城水库被建在漳河出山口处。

洺河上游有南北两个支流，流经武安市南部和北部。洺河有较宽的干河床，中上游主要是卵石和粗沙，下游以沙土为主，属初育土纲的新积土。武安盆地为本市最大的山间盆地，为构造下陷盆地，堆积了深厚的黄土，盆地中部比较平坦，边缘为岗坡地或切割的黄土丘陵台地。盆地海拔高度为100～200 m，土壤以石灰性褐土为主，为武安市主要农业基地。武安盆地与南部和村盆地连成一体，和村盆地也是主要以石灰性褐土为主。阳邑盆地较武安盆地地势高，范围小，也是以黄土堆积为主，土壤为石灰性褐土。

4. 山麓洪冲积平原

京广铁路两侧，为早期的洪冲积平原，由于洪水切割侵蚀，沟壑发育，坡降较大，约1/500。土壤以石灰性褐土为主。林木稀少，耕层浅薄，水源奇缺，生态条件不佳。

5. 现代冲积扇形平原

(1)漳河　是流经本市的较大河流之一。漳河上游发源于山西省晋东南地区的黄土、红土丘陵地区，泥沙携带量大，下游以水猛沙多、善淤善摆而著称，历史上决口泛滥频繁，形成很典型的冲积扇形地。其顶端在岳城水库下方，扇面向东偏北方向张开，占据了平原的大部。漳河冲积扇极为典型，古河道高于地面，呈倒树枝状，愈往下游分支愈多，规模愈小，皆为历史上决口改道而成。因此，扇面上微地貌十分发育，河流故道自然堤形成带状高岗地。河间为低洼地，岗洼之间则为二坡地。另外，在河流决口处还形成许多小扇形冲积锥。这些微地貌的规模和沉积物及土壤特征在冲积扇的上、中、下部有所不同，冲积扇上部的磁县、临漳和成安一带，地面坡降较大，约1/1 500，自然堤高岗地宽度可达2 000 m以上，沉积物为砂土，河间洼地面积比较小，土壤有潮褐土、潮土，农业生产条件较好。冲积扇中部的肥乡、魏县及广平县的西南部，地面坡降为1/2 000～1/2 500，壤质沉积物最为普遍，地下水位较上部高，土壤以潮土面积最大。冲积扇下部的曲周县南部、广平县东北部及大名县，地面坡降为1/3 000，微地貌河间洼地占很大比例。土壤以黏质潮土最为普遍，并有较多的盐渍土分布，农业生产条件较差。

(2)洺河　是子牙河的支流，其南、北洺河分别发源于武安市列江和阳鄄乡，在武安市的永和村汇合后为洺河，向东北方向流去。其冲积扇与北部邢台境内的沙河冲积扇合为一体，规模较大，正好镶嵌在漳河冲积扇的西北空档内，二者之间有一条扇间洼地。洺河冲积扇从临洺关西部开始，向东扩展。尾部呈扫帚状折向东北，扇面中上部坡度较大，为1/200～1/400。河床稍有下切，地势高平，沉积物以壤质为主，土壤为石灰性褐土和潮褐土，地下水位较高，水质较好，是全市很好的井灌农业区。该冲积扇中下部即永年县东部，土壤由潮褐土过渡为潮土和盐化潮土。

邯郸市东部平原历史上受黄河影响较大。邱县、馆陶县、大名县一带为黄河矩形冲积扇的西北角，沉积物颗粒以细砂和粉砂为主，保水保肥性能较差。目前地表遗留的故道，为宋代之前的黄河遗迹，部分地段河形尚还明显。原河床砂土已经风力吹扬搬运，堆积为小型沙垄或沙丘地形，高差1～3 m，成为冲积平原上的风沙土，在大名县卫东面积较大，在馆陶、邱县一线为明显的带状分布。由于砂质较粗且地表尚不稳定，农业生产条件差。地表的黄河冲积物及河流故道只表现为以上的一小部分。但实际上黄河对本市的影响范围还要大大向西延伸。据文献记载：春秋战国之前，黄河主要是向北漫溢泛滥，邯郸市内魏县、广平、曲周、邱县有多条黄河故道由南向北流入邢台地区。东汉至北宋间，黄河经广平、馆陶后入山东，并首先在馆陶决口。目前，邱县境内黄河故道为北宋时期黄河北支所遗。而更早期的在魏县、广平、曲周及肥乡东部的黄河故道已被后来的漳河冲积物所覆盖，所以，本市东南部实际是黄河冲积扇与漳河冲积扇的叠加区域，没有扇缘交接洼地发育，盐渍土较少，农业生产条件也比东北部的邱县、曲周要好。

由磁县向北至永年县城关，即滏阳河沿岸，有一狭长的条带状洼地，是漳河冲积扇西部边缘及西北部与洺河冲积扇交接地带。地下水位很浅，甚至接近地表，但与前边所述的交接洼地不同之处是地下水质较好，适于水稻及莲藕生产。沿滏阳河堤永年县南沿村一带人工多年引河水灌溉和施肥，土壤肥沃，是本市较为集中的蔬菜区。

6. *扇缘交接洼地及扇间洼地*

漳、洺河太行山前冲积扇形平原与黄河冲积平原之间在广平、邱县、鸡泽、曲周一带发育有扇缘交接洼地，为本市的黑龙港流域。蝶形洼地和半封闭洼地十分明显，地下水位较高，含盐量大，沉积物以黏质土为主，坡降只有1/3 000～1/8 000，排水不畅，蒸发强烈，促使土壤向盐化发展。因此，是洪涝旱碱严重、生产条件很差的区域。但由于人均占有耕地多，只要搞好以农田水利为重点的基本建设，采用先进的科学技术，增产潜力在本市还是显著的。

三、市域水系特征

邯郸市境内的河流除马颊河外均属海河流域南系，为漳卫河水系和子牙河水系，以及两水系间的黑龙港流域平原排水河道。大多发源于西部山区，自西流向东或东北，主要有卫河、漳河、卫运河、滏阳河、洺河、留垒河、老漳河、老沙河和马颊河。

卫河、漳河是卫运河的两大支流，在馆陶县徐万仓汇合后称卫运河，流经河北邢台，于天津入海河。卫河发源于河南省新乡、焦作的太行山南麓，于魏县北善村入市境，沿魏县和河南南乐县界下行至大名县龙王庙乡北张集入市境，于馆陶县徐万仓与漳河相汇。漳河发源于山西省太行山腹地，上游分清漳、浊漳两大支流，流经涉县及本市南部各县，在馆陶、大名两县交界处汇入卫河，境内流长250 km。卫河、漳河、卫运河在邯郸市境内流域面积共为3 624 km^2。

滏阳河属子牙河水系，是子牙河的两大支流之一。发源于峰峰矿区，是多泉汇入的河流，流经磁县、永年、曲周、鸡泽后出市境入邢台，经衡水在献县与滹沱河汇合后称子牙河。河道流经磁县建有东武仕水库，在磁、邯两县及市区，先后有牤牛河、渚河、沁河、输元河汇入。此外在永年县莲花口下游附近，由生产团结湖控制的滏东平原，包括临漳北部、成安、肥乡西部，都属于滏阳河流域范围，共控制面积 2 650 km^2，其中山丘区 806.0 km^2。

洺河为季节性河流，是滏阳河最大的支流，上源分南洺河、北洺河、马会河、淤泥河 4 条支流在武安、永年交界处汇合成洺河，流经永年、鸡泽后出市境入邢台市南和县，在任县入大陆泽。南、北洺河分别发源于武安市西北部的管陶乡荒庄和活水乡的老牛巷，流域面积为 2 051 km^2。

留垒河是 1976 年利用牛尾河扩挖的行洪排涝河道，上起永年洼滞洪区借马庄泄洪闸，在张西堡镇堡店村西流入鸡泽境内后入大陆泽。该河为洺河、滏阳河之间的排水主干，同时兼负排泄永年洼滞洪区的洪水。

老漳河、老沙河和马颊河均为平原排水河系。老漳河、老沙河属于黑龙港流域排水区系。老漳河在曲周境内连接支漳河，支漳河从永年县赵寨起经曲周县后入邢台，邯郸境内流域面积 378 km^2，主要支流有罗官营渠、辛集排干、合义渠等。老沙河上段于 1977 年扩建后改线走原安寨渠，上起东风一排支口，经曲周南部、邱县中部后入威县，主要支渠有卫西干渠、沙东干渠、王封干渠、西支渠，流域面积 1 040 km^2。

马颊河是一个独立的排水区系。干流发源于河南省濮阳县金堤闸，入本市大名县，流经马陵、埝头、束馆、冢北等地出境入冠县，在大名县有老柴河、红雁江、刘店渠等支流汇入，境内流域面积 361 km^2。

邯郸市水资源匮乏，为全国严重缺水地区之一，水资源总量 19.78 亿 m^3，人均占有水资源量 252.9 m^3，是河北省人均水平 386 m^3 的 65%，是全国人均水平 2 695 m^3 的 9%。每 hm^2 耕地平均水资源量为 2 920.5 m^3，是河北省每 hm^2 耕地平均水资源量 3 645 m^3 的 80%，是全国每 hm^2 耕地平均水资源量 26 325 m^3 的 11%。水资源的供需矛盾日益突出。

邯郸市水资源在地区分布也是很不均匀的。从流域分区看，滏阳河山区的产水模数最大，为 20.39 万 $m^3 \cdot km^{-2}$；其次是马颊河平原，为 18.43 万 $m^3 \cdot km^{-2}$；滏西平原产水模数最小，为 16.72 万 $m^3 \cdot km^{-2}$。从行政分区看，邯郸市内三区、峰峰矿区、武安市产水模数较大，分别为 30.79 万 $m^3 \cdot km^{-2}$、27.08 万 $m^3 \cdot km^{-2}$ 和 21.49 万 $m^3 \cdot km^{-2}$；邱县、曲周的产水模数最小，分别为 7.48 万 $m^3 \cdot km^{-2}$、9.16 万 $m^3 \cdot km^{-2}$。各县(区)产水模数最大值与最小值之比为 4∶1，说明邯郸市资源分布极不均衡。

1. 地表水资源

地表水资源的多少，决定降水量和径流模数。邯郸市多年平均年降水量为 558.8 mm，多年平均径流深 57.4 mm，自产总径流量 69 108 万 m^3。这些径流量主要来源于汛期七、八月份的降雨。从地区分布来讲，西部山区的武安、涉县、峰峰产流量较大，而平原区产流相对较小。

入境地表水资源是指邯郸市区域外通过河流入本区的水量。邯郸市入境水资源来源于清漳河、浊漳河、淤泥河、马会河、卫河、马颊河等。邯郸市多年平均入境水量总计 306 673 万 m^3。但因水利工程所限，这些水量在邯郸市利用程度还很低。

2. 地下水资源

地下水资源系指水分循环中逐年更新和恢复的动态水量，具体表现在补给量的大小。在其自然排泄或被人工开采消耗过程中，由于降水入渗和河流渗漏等补给，处于一种长期变化的动态平衡过程。

根据山区地下水在不同含水岩组中的赋存状况，邯郸市可分为变质岩类裂隙水、碎屑岩类裂隙水、岩浆岩类裂隙水和碳酸盐类岩溶裂隙水四种类型。其中前三种类型地下水均属坚硬岩石中的裂隙水，由于受岩石裂隙发育不均匀性的影响，这类地下水在岩石中一般不能形成统一的地下水流动场，且在岩层中的分布也不均匀。第四种类型的地下水即碳酸盐类岩溶裂隙受统一碳酸盐岩岩溶裂隙系统的控制，可形成较统一的地下水流动场，但又由于岩溶裂隙发育的不均匀性，此类地下水的透水、富水性在空间上又呈现平面方向上中、东部强、西部、西南部弱的分区性。无论哪一类型地下水，其补给来源主要为大气降雨，并以河川基流、侧向径流、人工开采的形式排泄。碳酸盐类岩溶裂隙含水岩组由于受地质构造及地形的控制，在邯郸市形成了两个相对独立的岩溶地下水系统，即黑龙洞泉域及东风湖泉域。

黑龙洞泉域总面积约 2 680 km^2，为一均质状构造岩溶水文地质结构，其主要含水岩组为岩溶裂隙化的寒武、奥陶系的灰岩、白云岩及白云质灰岩。该泉域多年平均地下水资源量为 3.387 亿 m^3。黑龙洞泉群多年平均天然排泄量为 10.4$m^3 \cdot t^{-1}$。该泉域岩溶地下水的开发利用始于 1965 年，大规模开发利用则是 80 年代初期，并随区域内工农业生产的发展呈急剧增加的趋势。人工开采量 1984 年为 2.62 亿 m^3；1990 年为 3.16 亿 m^3；1993 年为 3.36 亿 m^3。因开采量的增加，该泉群在 1987 年 1 月至 1988 年 7 月出现首次断流。

东风湖泉域总面积约为 2674 km^2。该泉域主要含水岩系为寒武纪、奥陶纪灰岩及第四纪沙砾层。本泉域多年平均地下水资源量为 1.75 亿 m^3，较大规模的开采始于 1970 年，1984 年人工开采量 3 519 万 m^3，1987 年为 4 095 万 m^3，1990 年为 4 047 万 m^3，1993 为年 5 436 万 m^3，呈逐年增加的趋势。邯郸市平原区第四系地下水均属松散岩类孔隙含水岩组。由于不同地区水文地质条件的差异，中、东部为有咸水区，西部山前平原为全淡区。平原区浅层地下水补给条件较好，接受大气降水、地表水体渗漏、侧向径流及井灌回归的补给，地下水资源量 11.56 亿 m^3。

3. 水资源质量

在 70 年代以前，邯郸市水质普遍较好，不少地方的群众直接饮用河水。随着工农业和城市的发展，流经邯郸市的滏阳河、漳河、卫河等河流水质都出现了不同程度的恶化。滏阳河黑龙洞泉水类别评价结果为Ⅰ类水，级别评价结果为清洁水；随着水流的下移，水质逐步恶化，到东武仕水库类别评价结果为Ⅲ类水，级别评价结果为尚清洁水；从石桥至永年莲花口段为Ⅴ类水。清漳河刘家庄类别评价结果为Ⅳ类至Ⅴ类水，级别评价属尚清洁到轻污染之间，匡门口类别评价为Ⅴ类水，级别评价在中污染至重污染之间。浊漳河天桥段，类别评价为Ⅴ类水，级别评价为轻污染。卫河大名段龙王庙、赵站两个监测点，水质均为Ⅴ类。

浅层地下水质评价按照生活饮用水及农田灌溉两种标准进行。经对 92 眼机井的监测，超过生活饮用标准的有 35 眼，灌溉水质评价选用了 11 个因子，有 21 眼机井的水质超过灌溉水质标准。邯郸市各主要河流入河污水总量为 33 500 m^3，各类污染物总量 641 t。其中，化学需氧量 60 524 t，挥发酚 12.18 t，氰化物 33.57 t，氨氮 3 027 t，硫化物 569.5 t，超过地面水环境质量标准。因此，必须加大污水处理的力度，改善水环境。

四、市域气候特征

邯郸市属于暖温带半湿润地区向半干旱地区过渡的大陆型季风气候区，年平均气温 11～

14℃，最热月（7 月份）的平均气温 26～27℃，最冷月（1 月份）的平均气温 －2℃左右，极端最高气温 40～42℃，极端最低气温 －21～－22℃，年平均降水量 500～720 mm，其中东部平原降水量在 500～600 mm。年最大降水量 1 575.3 mm（1963 年），年最小降水量 217.1 mm（1986 年），无霜期平均 200 d 左右，初霜期一般在 10 月中下旬，终霜期一般在 4 月上中旬，最大冻土深度达 46 cm（出现在 1970 年临漳）。

邯郸市大陆型气候明显，四季分明，春、秋两季短，冬、夏两季长，按自然季节划分，春季 54 d，夏季 110 d，秋季 58 d，冬季 143 d。春季天气晴朗，气候干燥，降水少，升温快，盛吹偏南风，风速较大；初夏天气干热，每年的最高气温极值出现在这段时间，盛夏闷热，潮湿多雨，盛行偏南风，全年降水的 60％集中在 7、8 月份，形成汛期；秋季晴朗少云，温湿度适中，秋高气爽，气候宜人，但降温快，秋季较短，深秋西北风较多；冬季气温低，降水少，盛行西北风，气候干燥，12 月至 2 月的月平均气温均在 0～1℃，1 月上中旬系最寒冷的时期。

邯郸市年平均实际日照时数地域分布在 2 410～2 760 h，占可照时数的 52％～62％，其地理分布与日照时数的地理分布相一致，日照时数随季节的变化和地区的分布与太阳总辐射量一致。邯郸市年平均太阳辐射总量地域分布为 110～126 $kcal \cdot cm^{-2}$，5、6 月份最多，每日总辐射量为 440～480 $cal \cdot cm^{-2}$，12、1 月份最少，7 至 9 月份棉花开花到吐絮期日照时数为 630 h 左右，平均每天有 7 h 左右的日照，太阳辐射量为 34.5 $kcal \cdot cm^{-2}$，生理辐射量为 16.9 $kcal \cdot cm^{-2}$，适合棉花高产对光资源的要求。邯郸市的太阳辐射资源比较丰富，多于华南，少于西北和华北部分地区，光能资源的年变化节律对农作物生育节律极为有利，其光能资源利用潜力大。

总之，邯郸市气候的特点是：光照资源充足，多数县、市可种植喜温中温作物，且当温度最高时，正是多雨季节，高温与多雨季节相结合，对于作物生长极为有利，但是春季干旱，且多风沙，七、八月份易发生洪涝，初秋和暮春常有霜冻。此外还有低温连阴雨、干热风、冰雹等，这些灾害性天气，均给农业生产带来不同程度的危害。

第二节　市域土壤生态系统构成的历史回顾

一、悠久的农业发展史

邯郸市农业源远流长，是我国农耕文化发展最早的地区之一。1972 年在武安磁山发现了距今 7 000 多年的新石器时代遗址，出土的生产工具有石斧、石刀、石铲、石镰、石碾盘等，农畜产品有粮食窖穴近 300 处，动物遗骨 23 种。从霉烂的粮食中鉴定出的粟，是我国古代北方主要粮食品种。它的发现改写了世界植粟的历史，使我国成为世界上最早由人工栽培粟的国家。新石器时代生产工具、粮食作物、家畜家禽的发现，证明远在新石器时代，邯郸先民即已从事农耕，种植谷物，饲养家畜家禽，捕食鱼类，已具有一定水平的原始种植业和畜牧业，即使用简陋粗笨的各种石器进行刀耕火种，“撂荒”经营。

从夏朝（前 2 070—前 1 600 年）开始，到西周（前 1 046—前 771 年）结束的将近 1 300 多年的奴隶社会，农业生产上主要特点之一就是从“撂荒”形式的刀耕火种，逐步向休闲农作制和轮种农作制过渡。奴隶们在生产中注意到土、水、种、肥的作用，放弃了撩荒阶段中的“放任”做法，采取适当措施进行人工干预。首先选择适当时期播种，历法就在这一需要下应运而生；为了满足作物的水、肥需要，出现了施肥、灌溉的措施；为了保障作物良好的生存生长，除整地之外，继而创造了中耕除草、消灭害虫等技术。

春秋战国期间(前770年—前221年)，邯郸是当时最发达的冶铁业中心之一，因此带动了铁制农具广泛使用，牛耕逐渐推广，社会生产力有很大提高。当时，秦、齐、楚、燕、赵等国都实行"奖励耕战"的政策，对"辟草莱"、修水渠进行灌溉很重视。"数口之家"的自给自足小农经济开始出现。《孟子·梁惠王》上记载："五亩之宅，树之以桑，五十者可以衣帛矣。鸡豚狗彘之畜，无失其时，七十者可以食肉矣。百亩之田，勿夺其时，数口之家，可以无饥矣。"即是说，一个数口之家的农业生产单位，除了生产自己所需的粮食以外，还要生产一定数量的肉蛋副食，以及供衣着所需的纤维和种植一些果木。由此看来，在我国持续了2 000多年的以生产谷物为主，种植桑麻和饲养鸡、犬、豕小家畜家禽为辅的农业构成，就是肇基于战国时期。至战国晚期，邯郸一带的劳动人民精心发展了冬麦栽培，不仅解决了青黄不接问题，更重要的是由此导致了农作制度的变革，开辟了以复种轮作谋求增产的一条道路。

公元前221—公元220年，秦和两汉是邯郸农业迅速发展的时期，作为封建社会农业特征的个体小农生产得到很大发展。据《汉书·食货志》和《管子·治国》篇载，正常年份一般田地每个农业劳动力年产粮数在1 000 kg左右，每个农业人口每年食粟200多kg，每个农业人口年占有粮食300多kg，表明汉代农业生产已达到了相当的水平。东汉末年至三国、魏晋、南北朝时期(公元200—公元589年)，黄河流域由于长期战乱，邯郸成为兵家必争之地，中原逐鹿的战场，民不聊生，土地荒芜，农业生产遭到严重破坏，此后农业劳动生产率出现长期徘徊的局面。

1945年邯郸解放。在中国共产党领导下，邯郸广大农村先后实行了土地改革，劳动农民世世代代梦寐以求的"耕者有其田"的理想变成了现实，从此开辟了邯郸农业振兴的新的历史时期。

1949—1957年为国民经济恢复和"一五"时期。这一阶段，农业合作化完成，生产条件有所改善，种植制度由传统的一年一熟制稳步向二年三熟制发展，重点增加以小麦为主的夏粮作物，恢复棉花、油料等经济作物。1957年，全区小麦种植面积38.7万hm^2，比1949年增加5.1万hm^2。棉花种植面积21.4万hm^2，比1949年增加68.9%；油料作物1.8万hm^2，呈恢复性增长。粮食、棉花、油料总产量分别为77万t、7.18万t和2.45万t，比1949年增长30.5%、244%和9.9%。

1977年全区粮田复种率高达176%以上。1978年小麦面积恢复到36.0万hm^2，比1965年增长15.2%，全年粮食总产量172.46万t，比1965年增长120%。1981年，邯郸结束了吃粮靠外调的缺粮历史，实现了粮食自给有余。1983年，粮食总产量214.59万t，首次登上200万t台阶。1988年，粮食作物播种面积76.6万hm^2，比1978年减少7.8万hm^2，棉花播种面积15.7万hm^2，比1978年增加5.1万hm^2，增长48.6%，油料播种面积3.0万hm^2，比1978年增加1.8万hm^2，增长152.7%。粮食总产量232.65万t，棉花总产量11.94万t，油料总产量3.01万t，分别比1978年增长34.9%、3倍和3.4倍。在粮食作物播种面积基本稳定的情况下，1990年总产量达到260.18万t，登上250万t台阶。1994年单产突破250 kg、总产量突破300万t，分别达到262 kg和304.86万t。1997年，粮食播种面积82.7万hm^2，平均单产320 kg，总产量397万t，跨过350万t的台阶，直逼400万t，单产、总产再创历史新高。油料播种面积4.3万hm^2，总产量10.99万t，也创历史最高水平。与1988年比，粮食作物播种面积增加6.2万hm^2，增长8%；粮食单产增加118 kg，增长58.4%；总产量增加164.35万t，增长70.6%。油料播种面积增加1.4万hm^2，增长46%；总产量增加7.98万t，增长2.65倍。

二、区域土壤生态系统利用的历史演变

1. 耕地土壤生态系统

耕地是国土资源中的精华，是生产粮食、蔬菜等基本农产品的物质基础。邯郸市1984年耕地面积为750 361.5 hm^2，占土地总面积的62.11%，2002年有耕地面积668 595.4 hm^2，占土地面积的55.38%（表11-3），18年来，随着国家基本建设规模的增加、城乡居民住宅条件的改善以及产业结构的调整，邯郸市耕地面积减少了近10 000 hm^2，相当于减少了一个峰峰矿区。出生人口的增加、耕地面积的锐减导致了人均耕地面积接近警戒线（0.053 hm^2），且各县之间差异较大，有的县人均耕地面积较多，如邱县，人均耕地面积达0.177 hm^2，相当于丛台区人均耕地面积（0.018 hm^2）的10倍。人均耕地面积大于0.1 hm^2的县还有肥乡县（0.133 hm^2）、曲周县（0.129 hm^2）、馆陶县（0.124 hm^2）、大名县（0.115 hm^2）、成安县（0.109 hm^2）、鸡泽县（0.104 hm^2）、广平县（0.103 hm^2）。人均耕地面积小于0.1 hm^2，但大于警戒线的有临漳县（0.095 hm^2）、磁县（0.092 hm^2）、邯郸县（0.091 hm^2）、武安市（0.086 hm^2）、永年县和魏县（同为0.082 hm^2）、峰峰矿区（0.064 hm^2）、涉县（0.056 hm^2）；其他各县的人均耕地面积均低于警戒线，其中复兴区人均耕地面积为0.044 hm^2、其次是邯山区（0.034 hm^2）和丛台区（0.018 hm^2），见表11-4。

表11-3 邯郸市土地利用系统构成的历史变化 hm^2，%

利用类型	1984年		1997年		2000年		2002年	
	面积	比例	面积	比例	面积	比例	面积	比例
耕地土壤生态系统	750 361.5	62.11	672 347.0	55.74	675 937.9	56.00	668 595.4	55.38
园地土壤生态系统	9 567.4	0.79	63 813.33	5.29	27 947.4	2.32	27 497.2	2.28
林地土壤生态系统	36 767.3	3.04	93 200.0	7.73	104 891.2	8.69	110 631.9	9.16
牧草地土壤生态系统	96 147.7	7.96	13 985.3	1.16	13 801.7	1.14	13 736.5	1.14
未利用土壤生态系统	156 203.7	12.93	156 680.4	12.99	172 900.6	14.32	173 490.4	14.37

注：资料来源于邯郸市土地管理局

2. 园地土壤生态系统

园地是种植以采集果、叶、根、茎等为主的集约经营的多年生木本和草本植物的土地。全市果园面积从1984年的9 567.4 hm^2，发展到1997年的63 813.33 hm^2，达到顶峰，然后随着果品价格的低下，到2002年果园面积锐减到27 497.2 hm^2，占总土地面积的2.28%。从园地的分布来看，邯郸市园地主要分布在魏县和大名县，分别占邯郸市园地面积的15.84%和15.17%；其次是邯郸县和馆陶县，分别占9.45%和8.35%；而鸡泽县的园地面积最小，只有139.2 hm^2（图11-3）。

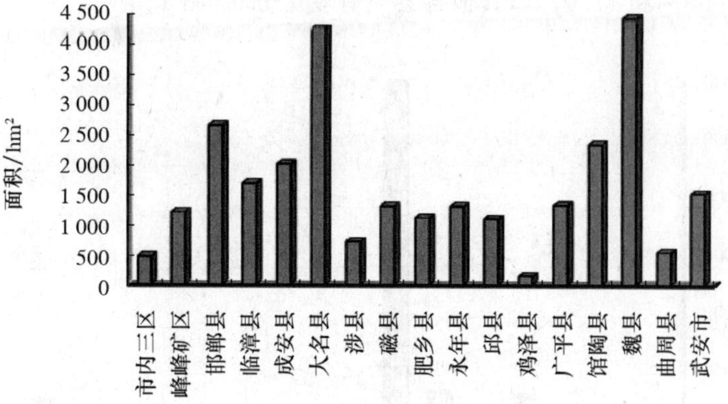

图 11-3　1996 年邯郸市各县园地面积

果园品种主要是苹果、梨、桃、葡萄等。苹果、梨为本市鲜果的主栽树种，但多为幼树，栽植 10 年以下的苹果幼树占苹果面积的 68.2%，梨树栽植 40 年以下的占梨树面积的 96%，随着树龄的增长和管理技术的提高，果品产量也会随之大幅度地增加。

表 11-4　邯郸市各县耕地土壤状况(2002 年)

县名	乡村人口	年末耕地面积/hm²	人均耕地面积/hm²
武安市	642 535	55 548	0.086
鸡泽县	251 179	26 139	0.104
邱县	187 392	33 252	0.177
永年县	769 154	63 424	0.082
曲周县	397 643	51 189	0.129
邯郸县	365 716	33 118	0.091
肥乡县	291 128	38 765	0.133
馆陶县	256 169	31 672	0.124
涉县	343 945	19 194	0.056
广平县	223 597	23 125	0.103
成安县	339 721	36 920	0.109
魏县	753 523	62 050	0.082
磁县	560 662	51 685	0.092
临漳县	544 638	51 686	0.095
大名县	664 764	76 772	0.115
丛台区	28 887	518	0.018
复兴区	23 349	1 023	0.044
邯山区	29 469	992	0.034
峰峰矿区	184 802	11 817	0.064

注：资料来源于《邯郸市统计年鉴》，2003 年

3. 林地土壤生态系统

林地是生长乔木、灌木等林木的土地。邯郸市有林地面积从 1984 年的 36 767.3 hm²，发展到 2002 年的 110 631.9 hm²，占全市总土地面积的比重也由 1984 年的 3.04%提高到 2002 年的 9.16%，18 年来有林地面积增加了 3 倍多。林地主要分布在涉县和武安市，分别占邯郸

市林地面积的 57.88%和 17.07%，其他各县只有零星分布(图 11-4)。

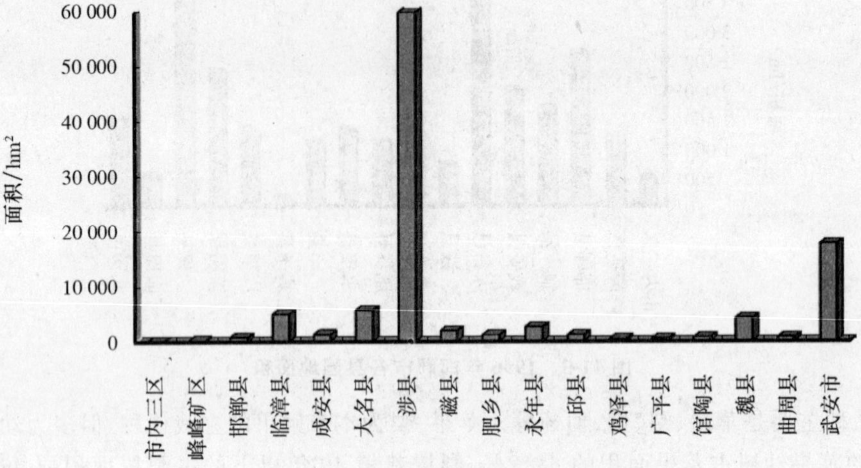

图 11-4　1996 年邯郸市各县林地面积

十一届三中全会以来，全市林业资源走出了一条具有邯郸特色的林业建设道路，探索出一批适合本地林业发展的新模式，在促进林业增长方式转变上取得了一定成绩。邯郸市发展林业的潜力还很大。

(1)牧草地子系统　牧草地主要指生长草类可供放牧或刈割饲养牧畜的土地。从 1997 年以来，全市人工牧草地 13 985.6 hm²，占全市总土地面积 1%左右。集中分布在西部的太行山区，包括涉县和磁县，其中涉县的牧草地面积为 13 297.8 hm²，磁县的有 687.7 hm²。

(2)未利用土壤生态系统　未利用土地是指目前还未利用的土地，包括难利用的土地。改革开放以来，农村实行了联产承包责任制，调动了农民开荒造田的积极性，全市未利用土地的面积在 1984 年为 156 203.7 hm²，随着农村劳动力流向城市及从事其他行业人数的增加，从事农业的劳动力数量逐步减少，因此许多已开垦的三荒地又重新被撂荒，致使 2002 年的未利用土地达到了 173 490.4 hm²(图 11-5)。

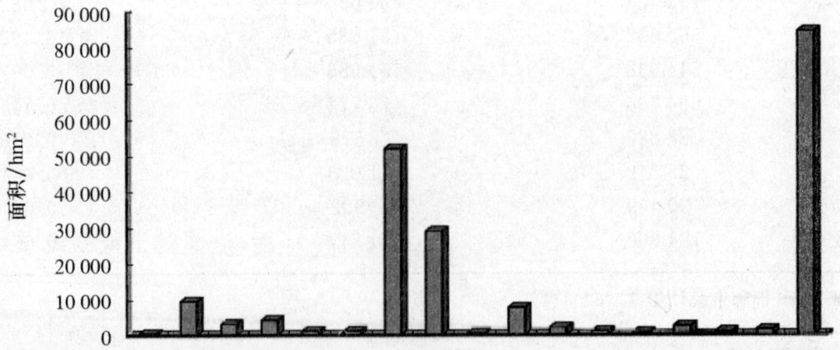

图 11-5　1996 年邯郸市各县未利用土地面积

未利用土壤作为土地的后备资源具有十分重要的战略地位，为土地的占补平衡提供了条件。位于邯郸西部的武安市、涉县、磁县及峰峰矿区和永年县西部的未利用土地大多是不能被农业利用的山地、丘陵地，但可以发展林业、畜牧业等非农用地行业。

耕地、园地、林地、牧草地等的土壤生态系统功能主要是其生产植物产品的功能，同时也兼具保护生态、恢复地力的功能。不同利用类型的土壤生态系统数量的增减和内部结构的变化将直接影响到该系统的稳定性，因此在一个区域内构建一个合理的系统结构，并使其发挥更大的功能是该区域科研人员和政府领导的共同目的。

第三节　土壤生态系统数量构成演变的驱动力分析

一、法规对土地界定的模糊与土地作为资产的观念在农村得到强化的矛盾

国务院在《关于发展房地产若干问题的通知》中规定："集体土地必须先行征用转为国有后才能出让。"《农业法》(第 26 条)："农村集体可以土地为条件联营、入股"。《城市房地产管理法》(第 8 条)："城市规划区内的集体所有土地，经依法征用转为国有后，该幅国有土地的使用权方可有偿转让"。《土地管理法》："国有土地和集体所有土地的使用权可以依法转让"。由此可见：由于法律规定得较为原则，造成各种以联营、入股、出租买卖厂房之名，行出租、买卖土地之实的现象大量出现，从而使土地的流转有机可乘。

随着经济体制改革和土地使用制度改革的深化以及土地市场的建立和完善，土地由过去的无偿、无限期、无流动的使用制度改革成为有偿、有限期、可流动的使用制度。土地是商品、是财富，并能生财的观念，已为人们所认识，再加上人类对土地的投入量增加，土地周围环境的改善，使土地自身不断增值。

二、工业化、城镇化引起农地资源变化

土地资源的转化是普遍的经济规律，尤其是在工业化和城镇化的过程中，农耕地转向非农用地更为突出。经济建设的高速发展，带动城郊和农村投资的大量增加，也带动乡镇企业、私营企业的迅猛发展，客观上形成了对土地的需求日益增长，是拉动集体建设用地进入市场的根本原因。

首先，改革开放使我国经济建设一直以较高速度发展，必然需要更多的(包括土地在内的)生产要素的投入(表 11-5)。其次，随着经济的发展，城市、乡镇及农村的市政、公用、交通、通信等设施逐步配套齐全，改善了城市、乡镇及农村的投资环境，进而对土地的需求量也越来越大，从而使土地向建设用地流转成为必然。

表 11-5　邯郸市历年国民经济建设投资情况

指标	1980 年	1985 年	1990 年	1995 年	2000 年	2001 年
全社会固定资产投资总额/亿元	4.05	11.39	15.86	99.00	210.11	212.15
生产性投资/亿元	3.15	5.77	12.83	66.79	142.43	123.66

续表 11-5

指标	1980 年	1985 年	1990 年	1995 年	2000 年	2001 年
非生产性投资/亿元	0.90	5.62	3.04	32.2	67.67	88.49
住宅/亿元	0.45	1.82	1.59	14.24	32.97	38.29
邮电业务总量/万元	303	547	1 322	30 496	67 759	79 506
社会消费品零售总额/亿元	9.58	18.55	33.89	89.52	171.50	189.52
城市居民人均居住面积/m^2	5.3	6.6	7.7	8.7	13.9	14.6
农村居民人均居住面积/m^2	10.0	15.7	18.4	19.2	24.6	25.1

注:资料来源于《邯郸市统计年鉴》

三、比较经济利益引起土地资源变化

单位面积土地用于农业、林业和商业的产出的价值比为 1∶100∶10 000。根据我国 1985 年产业普查资料计算,各产业每万元产值占用土地的差距相当悬殊,如林业为 125 hm^2、畜牧业为 50.8 hm^2、种植业为 7.26 hm^2、建材业为 0.054 5 hm^2、化学工业为 0.016 hm^2、有色金属采矿业为 0.015 2 hm^2、食品工业为 0.006 6 hm^2、纺织业为 0.003 9 hm^2。

在市场经济条件下,由于受比较经济利益的驱动,土地总是从低值向高值转移,农用土地也是由低值粮田向高值果园、鱼塘转移,这在农业产业结构调整中尤为突出,如邯郸市耕地比重由 1984 年的 62.11%,下调到 2002 年的 58.38%;而居民点及工矿用地则由 1984 年的 86 953.5 hm^2,增加到 2002 年的 132 968.7 hm^2。

随着农业现代化和市场经济的发展,在农业产业结构调整中占用部分耕地是正常的。从种养业的比较利益来看,种菜、种果、养鱼的经济效益均比种粮食要高,以珠江三角洲的顺德、南海市为例:种 1 hm^2 水稻的年纯收入大约 1.5 万元;种菜,1 hm^2 可收入 7.5～9.0 万元;种柑橘的纯收入为 12～18 万元;养鳗鱼可收入 120～135 万元。由此可见,农业内部结构调整对农村基层经济组织和农民个人都会带来较大的收益。但由于调整的随意性很大,只受市场的价格和效益波动的驱动,有些地方政府在这些问题上也起到了误导的作用,从而使土地的流转带有很大的盲目性。

四、国内生产总值的变化

改革开放以来,邯郸市国内生产总值从 1980 年的 30.47 亿元增长到 2001 年的 653.17 亿元,增长了 20.44 倍。第一、二、三产业产值在国内生产总值中的比重也发生了明显的变化:第一产业占国内生产总值的比重由 1985 年的 23.21%,逐步下降到 16.01%;第二产业的比重也由 1980 年的 53.69%,下降到 2001 年的 48.83%;而第三产业的比重则由 1980 年的 24.45%增加到 2001 年的 35.15%(表 11-6)。各产业产值所占比重的变化促使土地向相应的产业流转。

表 11-6 邯郸市国内生产总值的年际变化

项目	1980 年		1985 年		1990 年		1995 年		2000 年		2002 年	
	亿元	%	亿元	%	亿元	%	亿元	%	亿元	%	亿元	%
国内生产总值	30.47		60.76		105.46		289.86		542.35		653.17	
第一产业	6.66	21.86	14.10	23.21	24.97	23.68	73.91	25.50	95.18	17.55	104.57	16.01
第二产业	16.36	53.69	30.33	49.92	48.77	46.25	127.89	44.12	258.27	47.62	318.97	48.83
第三产业	7.45	24.45	16.33	26.88	31.72	30.08	88.06	30.38	188.90	34.83	229.62	35.15

注:资料来源于《邯郸市统计年鉴》

五、人均粮食占有量的变化

1980 年至 2002 年,邯郸市人口净增 239.70 万人,增长了 39.28%,耕地面积减少了 2.57 万 hm^2,而粮食产量则增加了 1.26 倍,人均粮食占有量从 270.47 kg 增加到 439.36 kg,从 1995 年就超过 400 kg 的警戒线。人均耕地占有量从 1980 年的 0.11 hm^2,减少到 2002 年的 0.08 hm^2,但依然高于人均 0.053 hm^2(0.8 亩)的 FAO 人均耕地临界值,为土地的流转提供了可能(表 11-7)。

表 11-7 邯郸市历年人均耕地及人均粮食占有量变化

项目	1980 年	1985 年	1990 年	1995 年	2000 年	2002 年
人口/万人	610.24	662.70	753.49	794.28	838.48	849.94
耕地/万 hm^2	68.37	63.96	67.79	67.54	67.04	65.80
粮食产量/万 t	165.05	213.78	260.18	325.92	391.89	373.43
人均耕地/hm^2	0.11	0.10	0.09	0.09	0.08	0.08
人均粮食/kg	270.47	322.59	345.30	410.33	467.38	439.36

注:资料来源于《邯郸市统计年鉴》

邯郸市农业源远流长,可以追溯到距今 7 000 多年前的新石器时代,是我国农耕文化发展最早的地区之一。邯郸农业在某种程度上带动了中国农业的发展。

邯郸有优越的农业发展条件:齐全的地貌类型、肥沃的土地、充沛的水资源、有利的气候资源,养育了勤劳的邯郸人民,并供养了周边的灾民。

土地利用系统构成的变化取决于国家对土地流转的政策、产业结构的调整、各土地类型比较效益的变化。耕地面积的减少是土地利用系统构成变化的主导形式。

人口数量的增加、耕地面积的减少促使人地矛盾日益尖锐。深入地研究土地利用系统中,尤其是研究耕地利用系统中主要营养元素的平衡、系统内外物质和能量的输入和输出、及时预测当地土地利用系统中的主要输入物和输出物的数量变化,对于维持土地利用系统平衡和结构优化将具有重要的理论和现实意义。

参考文献

[1] 张文生. 邯郸农业大全. 石家庄:河北人民出版社,2002.
[2] 邯郸地区农业局. 邯郸土壤. 1986.
[3] 李承绪. 河北土壤. 石家庄:河北科学技术出版社,1990.
[4] 熊毅,李庆逵. 中国土壤. 2版. 北京:科学出版社. 1990.
[5] 邯郸市统计局. 邯郸农村统计年鉴. 北京:中国统计出版社,1996.
[6] 邯郸市统计局. 邯郸统计年鉴. 北京:中国统计出版社,2000.
[7] 邯郸市统计局. 邯郸统计年鉴. 北京:中国统计出版社,2002.
[8] 邯郸市统计局. 邯郸统计年鉴. 北京:中国统计出版社,2003.

第十二章　市域土壤生态系统中有机质时空变异性

土壤系统是土地利用系统的子系统,土壤本身又是一个能量转换器。土壤形成无一不包括能量的转换,如有机质复合体的形成、离子交换、水分的蒸发和凝结、热的传导和对流等,但其中以有机质的输入和输出(分解)最为重要。鉴于能量在生命中的作用,生态学家都认为系统中能量的固定和转化是系统动能的核心问题。从土壤子系统水平看,有机质(包括土壤微生物活体、藻类)是唯一的能源物质。有机质不仅是储存能量的物质,而且也是自然元素循环的中间产物,它作为一种中介物,使营养物质在植物和土壤之间周转。有机物是生命残余物,其中含有生命所需要的一切元素,它能缓慢而均衡地释放,以最佳的比例形式消除各种拮抗作用,从而最能满足植物生长的需要,它在土壤肥力、环境保护、农业可持续发展等方面都有着很重要的作用和意义。在不同的土地利用系统中,有机质含量差异很大,不同的有机质含量与当地的自然条件、轮作制度、施肥制度、耕作制度等有密切的关系。

第一节　市域土壤生态系统有机质空间变异性

一、全国土壤有机质含量分级标准

第二次土壤普查期间,国家土壤普查办公室制定了全国的养分含量分级标准,其中有机质含量分级标准为(表 12-1):

表 12-1　有机质含量分级标准　　$g \cdot kg^{-1}$

分级	一级	二级	三级	四级	五级	六级
含量范围	>40	≥30	≥20	≥10	≥6	<6
评价	丰	富	高	中	低	少

第二次土壤普查期间,邯郸市共采集了 994 个土样,测出了 994 个有机质含量数据,将这些数据制成属性数据库,然后对其进行 kriging 插值,生成有机质含量分布图(图 12-1),在图 12-1 中,按照国颁标准将有机质含量分成了 6 个等级。结合我们对盐渍化区土壤有机质的长期研究,在第四级中可将其细分为三个亚级($10\sim12\ g \cdot kg^{-1}$、$12\sim15\ g \cdot kg^{-1}$、$15\sim20\ g \cdot kg^{-1}$)。

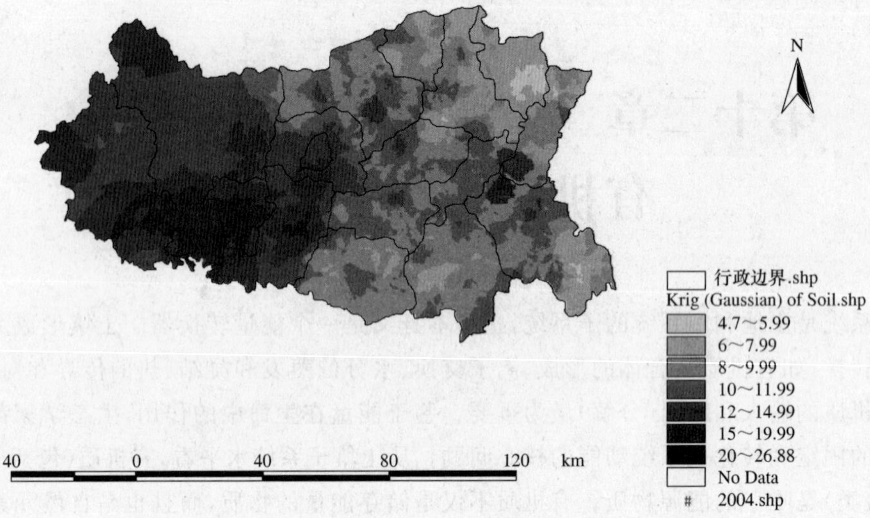

图 12-1　1980 年邯郸市土壤有机质含量分布图

二、1980 年有机质含量的空间变异性

结合图 12-1 和表 12-2，可以看出：邯郸市西半部丘陵和山区土地利用系统有机质含量普遍较高，如峰峰矿区有机质含量平均值为 20.366 4 $g\cdot kg^{-1}$，变化范围在 13.815 1～26.884 $g\cdot kg^{-1}$；磁县有机质含量平均值为 17.632 5 $g\cdot kg^{-1}$，变化范围在 8.2615～25.382 $g\cdot kg^{-1}$；涉县有机质含量平均值为 15.735 3 $g\cdot kg^{-1}$，变化范围在 11.589 3～22.805 7 $g\cdot kg^{-1}$；市内三区有机质含量平均值为 14.538 7 $g\cdot kg^{-1}$，变化范围在 12.145 5～16.623 4 $g\cdot kg^{-1}$；武安市有机质含量平均值为 14.288 7 $g\cdot kg^{-1}$，变化范围在 8.990 9～21.690 7 $g\cdot kg^{-1}$。东部平原区土地利用系统的有机质含量普遍较低，绝大多数在 10 $g\cdot kg^{-1}$ 以下，变化范围也多在 6.768 9～10.466 4 $g\cdot kg^{-1}$，只有永年县的南大堡一带和广平、魏县、大名县三县交界地区有机质含量较高。

综上所述，在改革开放初期的 20 世纪 80 年代，邯郸市主要以传统农业为主，“日出而作，日落而息”，农村虽然也推广一些新的技术，如“5406”菌肥的制作及施用，但化肥和农药还没有被人们认识，粮食产量仍然没有过“黄河”（播亩产量 200 kg），很少跨过“长江”（播亩产量 400 kg）去，粮食平均产量为 2 028.2 $kg\cdot hm^{-2}$（1980 年），人们的生活停留在警戒线（人均占有粮食 400 kg）以下。有机质的含量随地貌类型而变化，其变化趋势为：山地高，丘陵低，平原更低，表现出了明显的区域性分布规律，究其原因是在西部地区土地利用系统中的有机物输出量小于其输入量，有机质在系统内逐步积累。只是有局部地区表现异常，如永年县的南大堡一带和广平、魏县、大名县三县交界地区由于长年种植蔬菜，有机肥的施用量较大和土质黏重，使得蔬菜地系统中的有机质含量高于其他土地利用系统。

三、1993 年有机质含量的空间变异性特征

改革开放以来，随着农业政策的调整（包括家庭联产承包责任制的推行），农业科普知识的推广，农民种田积极性的普遍高涨，农民对土地系统的物质投入（包括肥料、种子、农药）普遍增加，能量投入（机耕、机播、机收）也普遍提高，良种更新速度普遍加快，土地系统的产出大幅度

提高，1993 年全市粮食平均产量达到了 3 664.53 $kg\cdot hm^{-2}$（邯郸统计年鉴），土地系统中根茬的归还量也相应增加，从而为有机质含量的提高提供了物质基础。

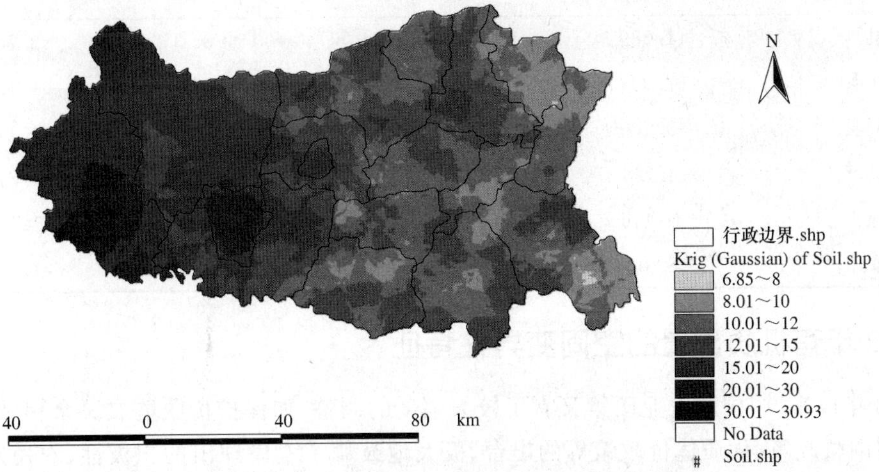

图 12-2　1993 年邯郸市土壤有机质含量分布图

结合表 12-2 和图 12-2，可以看出：1993 年邯郸各县土地利用系统中有机质的平均含量变化在 9.744 4～22.495 5 $g\cdot kg^{-1}$，最小值出现在大名县，为 6.850 5 $g\cdot kg^{-1}$；最大值出现在涉县，为 30.926 5 $g\cdot kg^{-1}$。按照全国分级标准，邯郸市各县 1993 年有机质含量变化在五级到二级之间。峰峰矿区的平均含量为最高，达到了 22.495 5 $g\cdot kg^{-1}$；其次是涉县，为 19.505 5 $g\cdot kg^{-1}$；大于 15 $g\cdot kg^{-1}$ 的还有武安市（16.684 9 $g\cdot kg^{-1}$）、市内三区（15.836 7 $g\cdot kg^{-1}$）、磁县（15.116 1 $g\cdot kg^{-1}$）；以丘县最低，只有 9.744 4 $g\cdot kg^{-1}$，相当于国家标准的五级，其变化范围也只有国家标准的五级到四级（7.866 6～12.117 $g\cdot kg^{-1}$），其他各县的有机质平均含量变化在 10.445 7～13.501 5 $g\cdot kg^{-1}$。

表 12-2　1980 年各县有机质平均含量、标准差统计结果

县名	有机质含量/($g\cdot kg^{-1}$)			标准差
	最小值	最大值	平均值	
临漳县	6.497 4	14.921 2	9.367 8	1.050 5
魏县	5.616 5	12.226 3	9.382 8	1.18
成安县	8.381 7	13.356 4	10.466 4	1.001 1
大名县	5.276 8	17.149 1	9.579 9	2.108 3
峰峰矿区	13.815 1	26.884	20.366 4	2.888 1
磁县	8.261 5	25.382	17.632 5	3.605 1
广平县	6.506 8	15.298 4	10.395 7	1.212
市内三区	12.145 5	16.623 4	14.538 7	1.084 4
肥乡县	6.423 6	13.071 8	9.921 3	1.257 3
邯郸县	8.024 5	16.812 4	12.250 6	1.778 6
馆陶县	5.596 3	16.954 3	9.206 4	2.118 3

续表 12-2

县名	有机质含量/(g·kg⁻¹)			标准差
	最小值	最大值	平均值	
涉县	11.589 3	22.805 7	15.735 3	2.762 9
永年县	7.102 8	15.101 7	10.202 4	1.195 9
曲周县	5.906 1	11.704 5	8.262 6	1.147
丘县	4.701 7	8.747 5	6.768 9	0.819 5
鸡泽县	6.416 7	11.822 8	8.569 6	1.143 5
武安市	8.990 9	21.690 7	14.288 7	1.925 9

四、2003 年有机质含量的空间变异性特征

1993 年以来，中国的农业政策又有了较大幅度的调整，如保护价收购农民余粮政策、农业产业结构调整政策、优质优价政策等的出台，极大地鼓舞了农民种田的积极性，农民对土地系统投入(包括肥料、种子、农药)的理智性增加，有条件的地方基本普及了农业机械化(机耕、机播、机收)，使土地系统的能量投入得到最大化，良种更新速度明显加快，土地系统的输入大幅度提高，2002 年全市粮食平均产量达到了 5 675.23 $kg \cdot hm^{-2}$(邯郸统计年鉴 2003)；农业产业结构进一步趋于合理，2002 年全市种植业总产值占农业总产值的 57.9%、畜牧业占 39.9%、林业和渔业占 2.8%(邯郸统计年鉴 2003)，畜牧业为土地系统输入了大量优质的有机肥源，从而使土地系统的功能和结构进一步优化。

土地利用系统状况有哪些变化？2003 年 9 月，我们对邯郸市 19 个县、市、区的耕地系统进行了全面的抽查，共采集 125 个土样。采用常规分析方法对其有机质、全氮、碱解氮、全磷、速效磷、速效钾含量做了全面的分析。

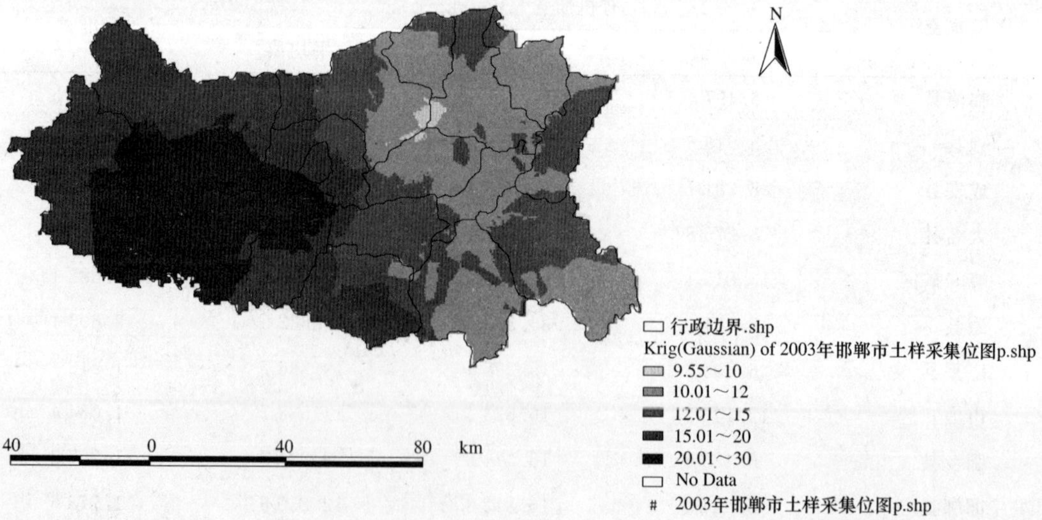

图 12-3 2003 年邯郸市土壤有机质含量分布图

由图 12-3 可以看出：邯郸市西南部的有机质含量较高，而东部地区的则较低。进一步研究表明，涉县东南部、武安市南部、磁县西北部、峰峰矿区大部、邯山区西南部土地系统有机质含量较高，在 20.01～29.51 $g\cdot kg^{-1}$；而邱县大部、曲周县中南部、鸡泽县大部、永年县东部、肥乡县东部、广平县绝大部分、魏县大部、大名县南部及馆陶县北部和南部土地系统有机质含量较低，基本上处于 10.01～12.00 $g\cdot kg^{-1}$；其他各土地系统有机质含量基本上在12.01～20.00 $g\cdot kg^{-1}$。有机质含量的等级只有 5 个，比 1980 年和 1993 年的 7 个等级少了 2 个，表明各土地系统中有机质含量表现出了趋同性。

表 12-3　1993 年各县有机质平均含量、标准差统计结果

县名	有机质含量/($g\cdot kg^{-1}$)			标准差
	最小值	最大值	平均值	
临漳县	8.844 9	14.571 6	11.800 4	1.224 3
魏县	8.466 8	15.105 6	11.956 8	1.320 3
成安县	8.479 3	14.814 3	11.494 6	0.998 8
大名县	6.850 5	14.958 2	10.742 5	1.406 5
峰峰矿区	13.888 7	29.492	22.495 5	3.625 6
磁县	10.035 5	22.768 2	15.116 1	1.969 2
广平县	8.905	14.300 7	10.793 6	1.058 2
市内三区	13.735 6	16.973 7	15.836 7	0.7551
肥乡县	9.227 7	14.402	11.696 6	1.0187
邯郸县	9.052 1	18.896 5	13.501 5	1.746 1
馆陶县	7.867 4	12.713 3	10.445 7	0.928 2
涉县	14.583 3	30.926 5	19.505 5	3.584 8
永年县	9.155 4	16.946	12.592 7	1.321 2
曲周县	9.115 5	17.013 6	12.877 5	1.644 3
丘县	7.866 6	12.117	9.744 4	0.726 8
鸡泽县	9.673 2	15.042 9	11.797 5	1.059 5
武安市	12.174 6	23.661 2	16.684 9	1.748 4

结合表 12-4，我们发现：各土壤系统有机质含量的最小值有所提高，已从 1993 年的 7.866 6 $g\cdot kg^{-1}$ 提高到 9.547 9 $g\cdot kg^{-1}$；而最大值则由 1993 年的 30.926 5 $g\cdot kg^{-1}$ 下降到 29.320 1 $g\cdot kg^{-1}$，其平均值为 11.101 4～24.116 $g\cdot kg^{-1}$，各县的情况见表 12-4。

表 12-4　2003 年各县有机质平均含量、标准差统计结果

县名	有机质含量/($g\cdot kg^{-1}$)			标准差
	最小值	最大值	平均值	
临漳县	11.818 6	19.468 3	15.517	1.823 1
魏县	10.838 7	15.492 1	11.950 4	0.792 6
成安县	11.757 2	21.888 5	13.394 5	1.365 3
大名县	10.315 3	13.577 4	12.054 9	0.610 3

续表 12-4

县名	有机质含量/($g \cdot kg^{-1}$)			标准差
	最小值	最大值	平均值	
峰峰矿区	19.509 9	29.512 1	24.116	2.422
磁县	16.476 2	27.322 2	21.285 9	2.336 4
广平县	10.344 3	12.470 8	11.584 4	0.440 9
市内三区	14.384 3	20.7	17.063 2	1.500 1
肥乡县	9.883 1	15.202 6	11.750 4	0.968 9
邯郸县	11.693 8	22.426 6	16.567 6	2.396 2
馆陶县	10.866 2	13.283 4	12.225 3	0.444 3
涉县	15.036	26.945 7	19.609 7	2.953 4
永年县	9.547 9	16.906 4	12.839 1	1.863 2
曲周县	9.584 7	13.732	11.553 8	1.014
丘县	10.093 5	13.802 4	11.101 4	0.859 7
鸡泽县	9.879 2	13.618 2	11.369 4	0.874 7
武安市	15.943 1	29.320 1	20.310 5	3.822

峰峰矿区的有机质含量为最高，达到了 24.116 $g \cdot kg^{-1}$；其次是磁县和武安市，分别达到了 21.285 9 $g \cdot kg^{-1}$和 20.310 5 $g \cdot kg^{-1}$；涉县的有机质含量为 19.609 7 $g \cdot kg^{-1}$；市内三区的平均值为 17.063 2 $g \cdot kg^{-1}$；邯郸县的平均值为 16.567 6 $g \cdot kg^{-1}$；临漳县的为 15.517 $g \cdot kg^{-1}$。有机质含量在 12.01～15.00 $g \cdot kg^{-1}$的县有成安县、永年县、馆陶县和大名县，其有机质含量分别达到 13.394 5 $g \cdot kg^{-1}$、12.839 1 $g \cdot kg^{-1}$、12.225 3 $g \cdot kg^{-1}$和 12.054 9 $g \cdot kg^{-1}$。有机质含量在 10.01～12.00 $g \cdot kg^{-1}$的县有魏县(11.950 4 $g \cdot kg^{-1}$)、肥乡县(11.750 4 $g \cdot kg^{-1}$)、广平县(11.584 4 $g \cdot kg^{-1}$)、曲周县(11.553 8 $g \cdot kg^{-1}$)、鸡泽县(11.369 4 $g \cdot kg^{-1}$)和邱县(11.101 4 $g \cdot kg^{-1}$)。

五、有机质含量空间变异性系统分析

在 1980 年、1993 年、2003 年的 3 个时间段，有机质含量在空间上的分布总是表现出西高东低的区位性趋势。西部低山丘陵区，土地系统的环境条件恶劣，系统内的结构简单，系统输出普遍较低(图 12-4)，如 2002 年涉县粮食单产为 2.71 $t \cdot hm^{-2}$、武安市为 2.68 $t \cdot hm^{-2}$，分别只有单产最高的临漳县(6.21 $t \cdot hm^{-2}$)的 43.64％和 43.16％，加上西部地区年平均降雨量高于东部地区，如涉县的年平均降雨量为 557.7 mm(1961—2000 年)，比永年县(503.5 mm)多 54.2 mm；而年平均气温则较低，如涉县的年平均气温为 12.5℃，比邯郸市区(13.8℃)的低 1.3℃。这些自然因素的差异促使西部地区作物生长量大、生育期长，以根茬形式归还土地利用系统的物质和能量也比较多。换句话说，环境向土地系统提供的诸如阳光、水、动植物等资源的能力，即“汇源能力”进一步增强，使得土地系统中有机质的积累量明显高于东部地区。

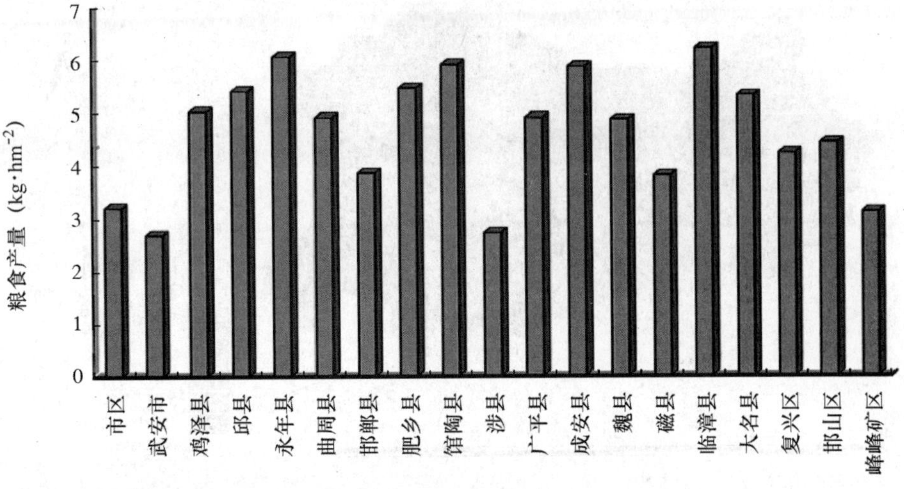

图 12-4　2002 年邯郸市各县粮食单产

第二节　市域土壤有机质时间变异性

一、1980—1993 年有机质含量的时间变异性特征

从 1980 年到 1993 年的 13 年间，邯郸市各县的农业生产状况发生了较大的变化，主要表现在：总人口由 1980 年的 610.23 万人，增加到 1993 年的 781.77 万人，增加了 28.11%；投入土地系统的化肥（按实物量计算）从 38.1 万 t，增加到 125.2 万 t，增加了 228.61%；有效灌溉面积从 42.0 万 hm^2，增加到 49.5 万 hm^2；粮食总产量从 1980 年的 165.1 万 t，增加到 1993 年的 287.5 万 t，增加了 74.14%，相应地作物的生物产量明显增加；农业总产值（按当年价格计算）从 1980 年的 108 919 万元，增加到 1993 年的 419 333 万元，增加了 285%；畜牧业产值占农林牧渔业总产值的比例由 1980 年的 7.16%，增加到 1993 年的 23.98%。所有这些，都为有机质的增加，也为环境对土地系统的"汇源能力"提供了可能和前提：化肥施用量的增加为作物经济产量和生物产量，尤其是土地系统中根茬量的提高奠定了基础；有效灌溉面积的增加，使系统的功能发生了变化，主要表现在：一方面有利于增加作物产量，另一方面也为保持土壤水分，促进有机质的生成提供了条件；农业总产值的增加和畜牧业产值占农林牧渔业总产值比例的增加，为土地提供了大量优质的有机肥料，为有机质含量的增加奠定了基础（图 12-5）。从而使有机质含量由 1980 年的 6.768 9～20.366 4 $g\cdot kg^{-1}$，增加到 1993 年的 9.744 4～22.495 5 $g\cdot kg^{-1}$，有机质平均含量的变化值区间减小（表 12-5）；各县有机质含量的最小值从 1980 年的 4.701 7～13.815 1 $g\cdot kg^{-1}$ 变化到 1993 年的 6.850 5～14.583 3 $g\cdot kg^{-1}$；其最大值从 1980 年的 11.704 5～26.884 $g\cdot kg^{-1}$ 变化到 1993 年的 12.117～30.926 5 $g\cdot kg^{-1}$，同样表现出了变化值区间缩小的趋势；从大区域来看，邯郸西部低山丘陵区有机质含量有下降趋势，而东部平原区的有机质含量则表现出了明显的增加趋势，有机质含量表现出了明显的趋同性，土地利用系统中腐殖质的质量也明显变好（中国农业大学学报），土地利用系统结构不断优化。

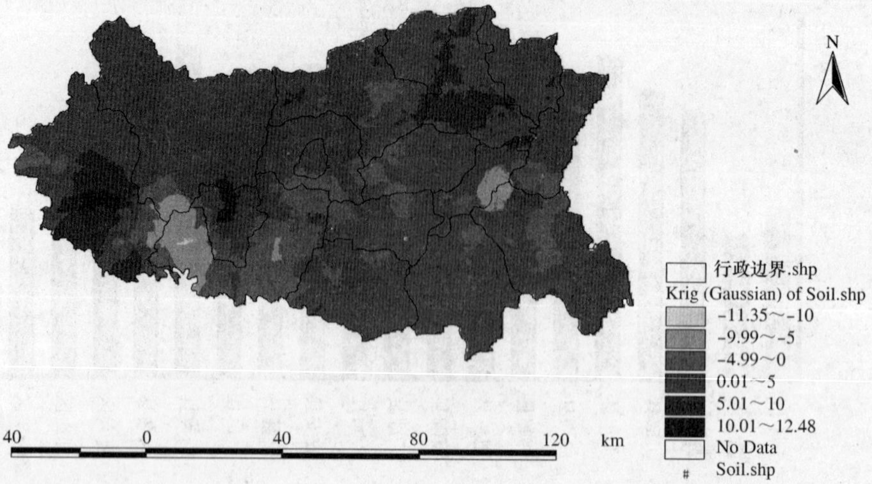

图 12-5　1980—1993 年邯郸市土壤有机质含量变化

表 12-5　1980—1993 年各县有机质含量变化、标准差统计结果

县名	有机质含量变化/(g·kg⁻¹)			标准差
	最小值	最大值	平均值	
临漳县	－2.213 9	5.692 4	2.361 5	1.4
魏县	－1.025 2	5.716 5	2.350 1	1.155 7
成安县	－2.888 5	4.584 1	1.086	1.341 4
大名县	－6.891 7	5.207 5	1.458 3	2.119 5
峰峰矿区	－7.166 5	7.642 9	2.067 6	2.797 9
磁县	－11.349 6	3.599 2	－2.546 4	2.990 1
广平县	－7.368 3	5.826 1	－0.046 4	3.479 3
市内三区	－2.189 5	3.158 8	1.28	1.169 8
肥乡县	－2.600 4	5.401 1	1.735 7	1.651
邯郸县	－3.375 3	4.523 4	1.180 6	1.456 9
馆陶县	－6.090 7	5.078 4	1.186 3	1.775 7
涉县	－7.021	12.477 6	3.760 4	3.463 2
永年县	－2.027 7	8.050 4	2.322 1	1.804 2
曲周县	1.216 8	8.828 4	4.729 1	1.521 8
丘县	1.386 5	5.6	3.09	0.787 2
鸡泽县	－0.427 7	7.182 2	3.467	1.448 3
武安市	－6.967 8	7.109 3	2.344 2	1.891 1

从各县土地系统有机质含量变化来看，除了磁县的有机质含量有明显的下降(－2.546 4 $g\cdot kg^{-1}$)，广平县有轻微的下降(－0.046 4 $g\cdot kg^{-1}$)以外，其他县土地系统有机质含量都有不同程度的增加，以曲周县有机质增加的幅度为最大，由 1980 年的 9.503 5 $g\cdot kg^{-1}$(6.508 4～11.843 4 $g\cdot kg^{-1}$)

增加到 1993 年的 12.877 5 g·kg^{-1}(9.115 5～17.013 6 g·kg^{-1})，这主要是曲周县在中国农业大学技术力量和国家资金的资助下，通过工程、生物、农业和化学等措施，使昔日的“旱天白茫茫，雨天水汪汪，下种不见苗，十年九灾荒”的盐碱荒地，变成了“米粮川”，从而使土地系统的物理、化学和生物学性质发生了明显的改善，系统中的结构得到优化，功能得到发挥，使有机质含量得到了明显的提高。其次是涉县(3.760 4 g·kg^{-1})，改革开放以来，涉县农民兴修水利，土地系统的环境条件得到改善，在有限的土地上人们投入了大量的人力和物力，同时也开发了一些可以耕作的废弃土地，从而使得土地系统有机质含量趋于合理。鸡泽县和丘县也在曲周县成功技术的支持下，使其昔日的盐碱荒地和低产田得到了系统培肥，有机质含量也有明显的增加，分别为 3.467 g·kg^{-1} 和 3.09 g·kg^{-1}。有机质含量增加 2～3 g·kg^{-1}的县有临漳县(2.361 5 g·kg^{-1})、魏县(2.350 1 g·kg^{-1})、武安市(2.344 2 g·kg^{-1})、永年县(2.322 1 g·kg^{-1})、峰峰矿区(2.067 6 g·kg^{-1})；其他各县有机质含量的增加值小于 2 g·kg^{-1}(表 12-6)，如磁县，1980 年农林牧渔业总产值占国内生产总值的比例为 90.35%，改革开放以后，人们注重了采矿业的发展，忽视了对农业的投入和管理，从而出现了较多的撂荒地或弃耕开矿地，到 1995 年农林牧渔业总产值占国内生产总值的比例下降为 34.60%，导致了有机质含量急剧下降，土地系统进一步恶化，尤其是磁县西部地区更为明显。

表 12-6　1993—2003 年各县有机质含量变化统计结果

县名	有机质含量变化/(g·kg^{-1})		
	最小值	最大值	平均值
临漳县	2.973 7	4.896 7	3.716 6
魏县	2.371 9	0.386 5	−0.006 4
成安县	3.277 9	7.074 2	1.899 9
大名县	3.464 8	−1.380 8	1.312 4
峰峰矿区	5.621 2	0.020 1	1.620 5
磁县	6.440 7	4.554	6.169 8
广平县	1.439 3	−1.829 9	0.790 8
市内三区	0.648 7	3.726 3	1.226 5
肥乡县	0.655 4	0.800 6	0.053 8
邯郸县	2.641 7	3.530 1	3.066 1
馆陶县	2.998 8	0.570 1	1.779 6
涉县	0.452 7	−3.980 8	0.104 2
永年县	0.392 5	−0.039 6	0.246 4
曲周县	0.469 2	−3.281 6	−1.323 7
丘县	2.226 9	1.685 4	1.357
鸡泽县	0.206	−1.424 7	−0.428 1
武安市	3.768 5	5.658 9	3.625 6

二、1993—2003 年有机质含量的时间变异性特征

从 1993 年到 2003 年的 10 年间，邯郸市农业生产的变化在进一步增产的基础上，农业生

产结构更加趋于合理，主要表现在：总人口由1993年的781.77万人，增加到2002年的849.94万人，增加了8.72%；化肥施用量由125.2万t，增加到168.24万t，增加了34.38%；有效灌溉面积由49.5万hm^2，增加到52.9万hm^2，增加了6.87%；粮食总产量由287.5万t，增加到373.43万t，增加了29.89%；农业生产总值由419 333万元增加到2 108 090万元，增加了402.72%；畜牧业产值占农林牧渔业总产值的比例由1993年的23.98%，增加到2002年的39.28%，从而促进了优质有机肥料的施用，邯郸市有机质含量整体上是一个增加的趋势，且变化区间也在缩小。磁县、临漳县、武安市和邯郸县4个县、市的耕地，近年来在秸秆还田、农家肥施用方面力度较大，因而其有机质平均含量的增加值都超过了3.0 $g\cdot kg^{-1}$(3.066 1～6.169 8 $g\cdot kg^{-1}$)，其变化范围也较大(2.641 7～6.440 7 $g\cdot kg^{-1}$)；成安县、馆陶县、峰峰矿区、邱县、大名县、市内三区的有机质含量的增加值变化在1.899 9～1.226 5 $g\cdot kg^{-1}$，其变化范围在7.074 2～0.648 7 $g\cdot kg^{-1}$；其增加值小于1.0 $g\cdot kg^{-1}$的有广平县、永年县、涉县、肥乡县(0.790 8～0.053 8 $g\cdot kg^{-1}$)；而魏县、鸡泽县、曲周县的有机质含量则出现了负增长(−0.006 4～−1.323 7 $g\cdot kg^{-1}$)。

三、有机质含量变化的系统分析

有机质含量的变化决定于其年生成量和年矿化量的相对大小。当二者相等时，有机质含量将保持不变；当生成量大于矿化量时，有机质含量将逐渐增加，反之则逐渐减少。我国华北地区的耕地系统有机质含量大多偏低，提高这些地区的有机质含量将可有效地提高土地系统的生产力。对于有机质含量即使达到适宜值的土地系统来说，也须不断地补充适量的有机质，以保证其含量和生物降解性不致下降(中国土壤)。

有机质的年矿化量决定于生物气候条件、耕作制度以及有机质的含量等因素。一般说来，温度较低的土地系统，有机质的年矿化量较低；耕作频繁的土地系统其年矿化量较高。

有机质的年生成量决定于每年投入系统的有机物质的数量及单位有机物质所能转化成的有机质的多少。系统的各种物理化学性质及水分、温度状况等环境因素均对有机质的生成量产生影响。

将1980年、1993年和2003年三个时间段的土壤样品采样点，用GPS定位，以有机质的测定值为基础进行Kriging插值并求各县的平均值。以相关年份邯郸统计年鉴的统计数据为依据，选择对各县有机质含量可能产生影响的本县人口数量、耕地面积、化肥用量、粮食总产量、有效灌溉面积、农业总产值、单位耕地供养人数及人均农业总产值，用SPSS统计软件对上述指标与有机质含量的相关性进行统计分析，得出表12-7的数据。

表12-7　1980—2003年邯郸市有机质含量与主要经济指标的相关系数

有机质含量与各指标的相关系数	人口	耕地面积	单位耕地供养人数	化肥	粮食总产	有效灌溉面积/耕地面积	农业总产值	单位面积产值
1980	0.272	−0.330	0.806**	0.316	−0.263	−0.163	0.070	0.719**
1993	0.197	−0.410	0.857**	−0.496	−0.381	−0.584*	−0.340	−0.011
2003	0.184	−0.358	0.790**	−0.342	−0.415	−0.771*	−0.424	−0.363

注："*"表示显著性水平达到0.05；"**"表示显著性水平为0.01。$n=16$

按照耗散结构理论，结合表 12-7 可以看出：1980 年只有单位耕地供养人数与有机质含量之间存在着明显的正相关性，达到了极显著水平，$r=0.806^{**}$；1993 年和 2003 年的二者的相关系数分别为 $r=0.857^{**}$、$r=0.790^{**}$，都达到了极显著水平。这充分说明，对于耕地利用系统来说，其有机质水平是通过人与系统的物质交换关系表现出来的，在人口急剧增长的现代，人工活动已成为控制土地利用系统状态的主要因素，从而使一切生态系统都在向人工生态系统演变。人类向系统所取得食物越多，对系统的压迫也越强烈。我们不妨想象土地利用系统中的人是一些布朗运动的分子，分子密度越高，对土地的撞击越频繁，分子压力也越强。因为密集的人口对有机质的更新要求很强烈，从而投入了大量的能量，所以人口密集区的土地都很肥沃，由此可以进一步证实了土壤学中的肥力定律：农业肥力是人口密度的函数。有机质是肥力的重要指标之一，因此它也可以看作单位面积供养人口的函数。

单位面积产值与有机质含量的相关性，只有 1980 年的数据达到了极显著水平，而 1993 年和 2003 年的数据出现负相关；有效灌溉面积与耕地面积的比值和有机质含量的相关性，1993 年和 2003 年的数据达到显著的负相关，而 1980 年的数据相关性不显著，这说明这两个指标作为有机质含量的评价指标还有待进一步探讨。其他指标与有机质含量之间相关性不显著，不能作为有机质含量的评价指标。

总之，作为土地利用系统中主要元素的有机质含量受到环境与系统内物质和能量输入、输出量的直接影响。从 1980 年到 2003 年的 23 年间，其含量基本表现为西部高东部低，且有级别逐步减少和含量稳步提高的趋势。有机质的分级由 1980 年的 7 个等级，减少到 2003 年的 5 个等级(在第 4 级中细分了 3 个等级)，其含量也从 1980 年的 6.768 9～20.366 4 $g\cdot kg^{-1}$，变化到 2003 年的 11.101 4～21.285 9 $g\cdot kg^{-1}$。

单位耕地供养人数与系统内有机质含量之间存在着明显的正相关性：1980 年、1993 年和 2003 年二者的相关系数分别为：$r=0.806^{**}$、$r=0.857^{**}$、$r=0.790^{**}$，达到了极显著水平，这充分说明，对于耕地利用系统来说，其有机质水平是通过人与系统的物质交换关系表现出来的。

参考文献

[1] 张文生. 邯郸农业大全. 石家庄：河北人民出版社，2002.
[2] 邯郸地区农业局. 邯郸土壤. 1986.
[3] 李承绪. 河北土壤. 石家庄：河北科学技术出版社，1990.
[4] 熊毅，李庆逵. 中国土壤. 2 版. 北京：科学出版社，1990.
[5] 邯郸市统计局. 邯郸农村统计年鉴. 北京：中国统计出版社，1996.
[6] 邯郸市统计局. 邯郸统计年鉴. 北京：中国统计出版社，2000.
[7] 邯郸市统计局. 邯郸统计年鉴. 北京：中国统计出版社，2002.
[8] 邯郸市统计局. 邯郸统计年鉴. 北京：中国统计出版社，2003.
[9] 贾文竹，赵振勋. 河北省土壤耕层养分变化与调控. 北京：中国科学技术出版社，1995.
[10] 叶荣. 从系统论看区域经济发展. 财会研究，1999，5：40-42.
[11] 米险峰. 从系统论看我国区域经济布局和特区经济. 系统辩证学学报，1994，1：23-27.
[12] 邬莉，许有鹏，彭补拙，等. 基于 GIS 的洪泛平原土地利用规划. 土壤，2002，2：104-108.
[13] 吕新，魏亦农，李少昆. 基于 GIS 的土壤肥力信息管理及棉花施肥推荐支持决策系统研

究.中国农业科学,2002,35(7):883-887.

[14] 孙艳玲,郭鹏,刘洪斌,等.基于 GIS 的土壤肥力综合评价.西南农业大学学报,2003,25(2):176-179.

[15] 东野光亮,赵文武,张银辉.基于 MAPGIS 的土壤制图研究.土壤通报,2002,33(5):321-323.

[16] ESRI INC. ArcView GIS 使用手册(曲国胜,李亦纲,黄向荣,等).北京:地震出版社,2000.

[17] 汤国安,陈正江,赵牡丹,等.ArcView 地理信息系统空间分析方法.北京:科学出版社,2002.

[18] 王政权.地统计学及在生态学中的应用.北京:科学出版社,1999.

[19] 金继运,白由路.精准农业与土壤养分管理.北京:中国大地出版社,2001.

[20] 周慧珍,龚子同.土壤空间变异性研究.土壤学报,1996,33(3):232-241.

[21] 孙洪泉.地质统计学及其应用.北京:中国矿业大学出版社,1990.

第十三章　市域土壤生态系统中氮素时空变异性

氮素是植物生长发育过程中最重要的元素之一，其迁移不仅影响区域大气和水体环境，也影响着各种生态过程，在生态系统中有着极其重要的作用。目前，土壤氮素研究的指导思想已从围绕提高粮食单产发展到提高单产与环境保护相协调的思路上来。区域尺度上，由于地表环境及人为活动差异，土壤氮素存在着明显的空间异质性，这种异质性不仅是农田精确施肥管理的基础，也是引起区域氮素迁移转化不确定性的一个重要因素，因而，研究区域土壤氮素空间变异特征及其影响因素对农业生产及环境保护均具有重要意义。

近年来，许多学者对不同区域土壤氮素的空间分布特征进行了研究，如利用地统计学方法揭示平原区、黄土高原、南方红壤丘陵区、典型湿地、荒漠草原及不同流域等不同环境背景下土壤氮素的空间变异特征。这些研究表明，不同区域内土壤氮素表现出明显不同的空间变异特征，成土母质、土壤类型、地形条件、土地利用方式以及人类耕作施肥等结构因素和随机因素均会在不同程度上影响土壤氮素的空间变异。但较少研究在一个大的(地市级)区域内各种因素(如地貌类型、农业利用方式等)对土壤氮素空间变异的影响程度，量化不同因素对区域土壤氮素空间变异的影响程度，有利于理解区域土壤氮素空间分布格局形成，为区域氮肥管理和环境保护提供更准确的依据。

第一节　市域土壤全氮时空变异性

一、全氮含量的分级标准

氮素是构成一切生命体的重要元素。在作物生产中，作物对氮的需求量较大，土地利用系统供氮不足是引起农产品产量下降和品质降低的主要限制因子。氮素是土地利用系统中的主要元素之一，其含量与当地的环境条件(自然条件、轮作制度、施肥制度、耕作制度等)有密切的关系。第二次土壤普查期间，国家土壤普查办公室制定了全国的养分含量分级标准，其中全氮含量分级标准如表 13-1 所示：

表 13-1　全氮含量分级标准　　$g\cdot kg^{-1}$

分级	一级	二级	三级	四级	五级	六级
含量范围	＞2	≥1.5	≥1	≥0.75	≥0.5	＜0.5
评价	丰	富	高	中	低	少

二、1980 年全氮含量的空间变异性特征

由图 13-1 和表 13-2 可知，邯郸市全氮含量普遍存在着西部高、东部低的总趋势。最高的是涉县，其含量的平均值为 0.988 6 g·kg^{-1}，变化范围为 0.791～1.245 2 g·kg^{-1}；其次是峰峰矿区、磁县和武安市，它们的平均值分别是：0.935 6 g·kg^{-1}（0.710 7～1.137 7 g·kg^{-1}）、0.901 g·kg^{-1}（0.516 4～1.350 5 g·kg^{-1}）、0.860 3 g·kg^{-1}（0.493 5～1.228 8 g·kg^{-1}）。全氮含量最低的县分别是：邱县，0.527 1 g·kg^{-1}（0.418 4～0.706 7 g·kg^{-1}）；曲周县，0.527 2 g·kg^{-1}（0.383 3～0.768 9 g·kg^{-1}）；鸡泽县，0.572 5 g·kg^{-1}（0.41～0.788 4 g·kg^{-1}）。进一步研究表明：涉县全氮含量普遍较高，级差较小，只有 0.454 2 g·kg^{-1}，峰峰矿区的级差也只有 0.427 g·kg^{-1}，说明涉县和峰峰矿区全氮含量没有较大的变化；磁县全氮平均含量虽然不高，但其级差较大，达到了 0.834 1 g·kg^{-1}，并且以磁县的西部山区为最高；武安市也存在着较大的级差，其值为 0.735 3 g·kg^{-1}，且以西部中山区为最高。东部平原区，全氮含量普遍较低，只有局部地区，如永年县的南大堡菜地和大名、魏县、广平三县交界地区的黏土地，由于土地利用方式主要是蔬菜地，全氮含量较高。总之，1980 年邯郸市各土地利用系统中全氮分布具有明显的区域性分布规律。

图 13-1　1980 年邯郸市土壤全氮含量分布图

从地域上看：邯郸市由西向东，无论是有机质含量还是全氮含量都表明出了明显的下降趋势。在西部地区以自然植被为主，土地利用系统是以自然利用为主，全氮含量和有机质含量的消长，主要取决于自然生物积累和分解作用的相对强弱，人为因素所占比重较小，因此，植被类型以及影响植物生长和微生物活动的诸因素，特别是水热条件对于全氮和有机质含量具有显著的影响。在耕地利用系统，全氮和有机质含量明显下降，随后又缓慢回升并维持在相对较低的水平上，这主要是因为：在耕种条件下，收获物取走了大部分或一部分生物积累的有机物质和氮素（因利用方式不同，数量相差很大），但施肥又予以补充，耕地利用系统中有机质和全氮含量是在这种条件下的一个平衡值。随着耕作制度的发展，其数量也处于变化之中，人在该系统中起决定作用。进一步研究表明，土地利用系统中的全氮含量与有机质含量之间存在着明显的相关性，其回归方程为：

$$Y=-1.889+0.235x\ (r=0.504^{**}, n=992)$$

表 13-2　1980 年邯郸市各县全氮平均含量、标准差统计结果

县名	全氮含量/(g·kg⁻¹)			标准差
	最小值	最大值	平均值	
临漳县	0.354 7	0.809 9	0.614 4	0.090 1
魏县	0.406 7	0.907 5	0.685	0.088 9
成安县	0.486 2	0.913 4	0.699 7	0.073 2
大名县	0.553 5	1.017 8	0.724 7	0.073 9
峰峰矿区	0.710 7	1.137 7	0.935 6	0.117
磁县	0.516 4	1.350 5	0.901	0.149 3
广平县	0.407 6	0.797 5	0.702 7	0.057 5
邯郸市	0.548	0.903 1	0.789 5	0.070 6
肥乡县	0.528 9	0.938 6	0.765 2	0.077 9
邯郸县	0.419	0.903 2	0.696 7	0.107 3
馆陶县	0.512	0.785 2	0.711 2	0.044 6
涉县	0.791	1.245 2	0.988 6	0.093 4
永年县	0.406 9	1.048 4	0.618 8	0.106 8
曲周县	0.383 3	0.768 9	0.527 2	0.082 8
丘县	0.418 4	0.706 7	0.527 1	0.054 8
鸡泽县	0.41	0.788 4	0.572 5	0.081 5
武安市	0.493 5	1.228 8	0.860 3	0.183 4

三、1993 年全氮含量的空间变异性特征

邯郸市地、市合并之前，土壤抽查的时间是不一致的，邯郸市（合并前）是在 1992 年进行的，且没有测定全氮含量；邯郸地区（合并前）是按照河北省的统一部署，于 1993 年 3 月 15 日至 3 月 25 日统一时间采集样品并统一化验有关项目。

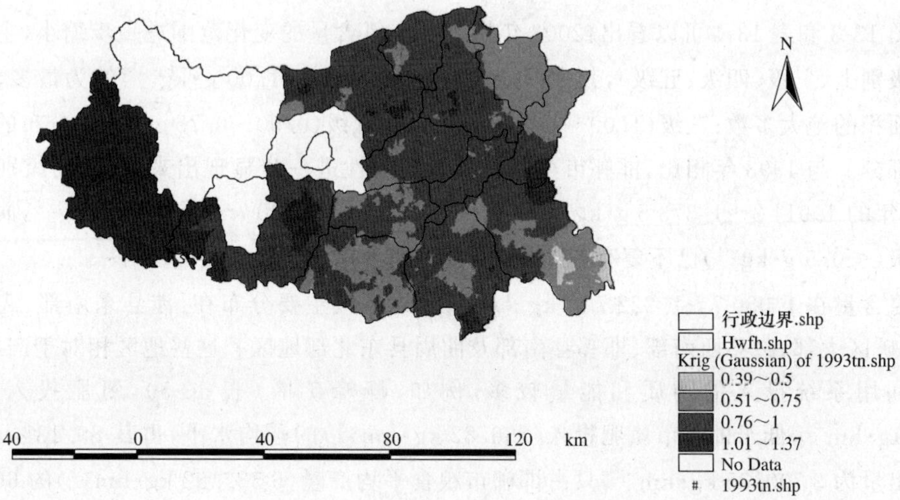

图 13-2　1993 年邯郸市全氮含量分布图

表 13-3　1993 年邯郸市各县全氮平均含量、标准差统计结果

县名	全氮含量/(g·kg⁻¹)			标准差
	最小值	最大值	平均值	
临漳县	0.542 5	0.963 3	0.743 9	0.067 2
魏县	0.592 4	1.059 3	0.847 9	0.097 3
成安县	0.587 7	0.939 7	0.772 7	0.068 2
大名县	0.387 9	1.109 8	0.728 8	0.164 9
磁县	0.724 4	1.370 6	0.964 4	0.131 7
广平县	0.717 6	0.903 2	0.821 7	0.035
肥乡县	0.604 9	1.017	0.830 7	0.063 6
馆陶县	0.579 2	1.108 2	0.754 2	0.151 9
涉县	1.014 2	1.373 5	1.121 2	0.061 6
永年县	0.705 4	1.049 8	0.882 4	0.078 4
曲周县	0.620 6	1.073 1	0.850 3	0.087 8
丘县	0.579 1	0.839 1	0.668 5	0.05
鸡泽县	0.685	1.004	0.842 4	0.062 3

由图 13-2 和表 13-3 可以看出：邯郸市各县全氮含量区域性差异在缩小，东西部差异不大。结合表 13-2，1993 年邯郸各县的全氮平均含量只有三、四、五、六级 4 个等级，全氮含量最高的县是涉县，其全氮含量为 1.121 2 $g\cdot kg^{-1}$，变幅为 1.014 2～1.373 5 $g\cdot kg^{-1}$，全县达到三级；其次是磁县（0.964 4 $g\cdot kg^{-1}$，0.724 4～1.370 6 $g\cdot kg^{-1}$）、永年县（0.882 4 $g\cdot kg^{-1}$，0.705 4～1.049 8 $g\cdot kg^{-1}$）、曲周县（0.850 3 $g\cdot kg^{-1}$，0.620 6～1.073 1 $g\cdot kg^{-1}$）、魏县（0.847 9 $g\cdot kg^{-1}$，0.592 4～1.059 3 $g\cdot kg^{-1}$）、肥乡县、广平县、成安县、馆陶县等属于四级；邱县、大名县和临漳县的全氮含量小于 0.75 $g\cdot kg^{-1}$，属于五级。

四、2003 年全氮含量的空间变异性特征

从图 13-3 和表 13-4 可以看出：2003 年邯郸市全氮含量的变化范围进一步缩小，主要分布在三个级别上（三级、四级、五级），其中以变化在四级（0.75～1.00 $g\cdot kg^{-1}$）的为最多，占邯郸市耕地面积的绝大多数；三级（1.00～1.50 $g\cdot kg^{-1}$）和五级（0.50～0.75 $g\cdot kg^{-1}$）分布的地区占很小一部分。与 1993 年相比，邯郸市全氮含量的趋同性进一步显现出来了，最高级别的三级由 1993 年的 1.014 2～1.373 5 $g\cdot kg^{-1}$，下降到 2003 年的 1.030 7～1.222 7 $g\cdot kg^{-1}$，而最低级别的六级（<0.5 $g\cdot kg^{-1}$）已不复存在，最小值也达到了 0.684 7 $g\cdot kg^{-1}$。

全氮含量在 1.030 7～1.222 7 $g\cdot kg^{-1}$（三级）的区域主要分布在：涉县东南部、武安市南部、峰峰矿区大部、磁县西南部、邯郸县南部及曲周县东北部地区。这些地区相对于产出来说，向土地利用系统投入的物质和能量较多，例如，峰峰矿区（表 13-5），氮肥投入量只有 255.65 $kg\cdot hm^{-2}$，低于邯郸市氮肥投入（286.82 $kg\cdot hm^{-2}$）的平均水平，占其 89.13%，但其粮食的产出量为 3 700.35 $kg\cdot hm^{-2}$，只占邯郸市粮食平均产量（5 582.82 $kg\cdot hm^{-2}$）的 66.28%，多余的氮素保留在土地利用系统中，从而增加了其氮素的含量。

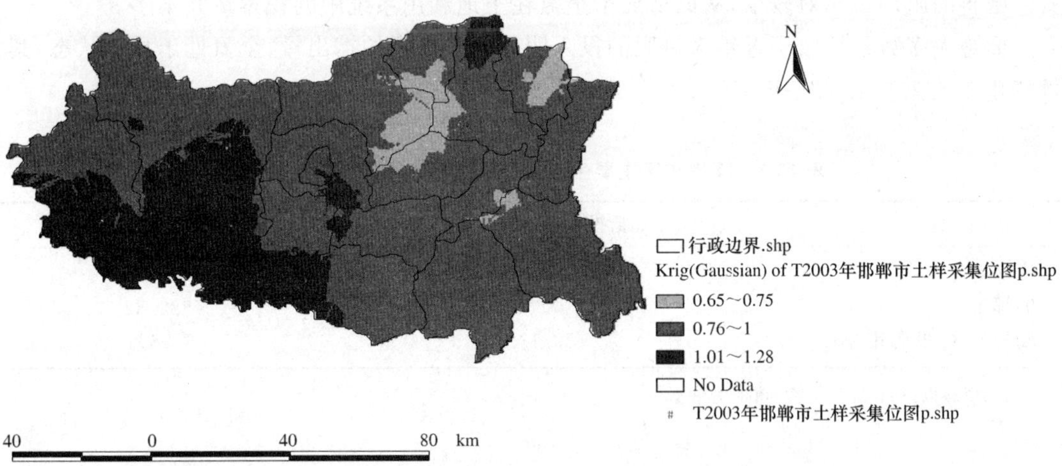

图 13-3　2003 年邯郸市土壤全氮含量分布图

表 13-4　2003 年邯郸市各县全氮平均含量、标准差统计结果

县名	全氮含量/($g\cdot kg^{-1}$)			标准差
	最小值	最大值	平均值	
邯郸县	0.824	1.034 5	0.926 3	0.062 7
邱县	0.749 8	0.928 4	0.789 5	0.056 2
馆陶县	0.806 8	0.868 1	0.842	0.020 3
成安县	0.848 5	0.852	0.850 4	0.001 6
广平县	0.761 4	0.858 8	0.812 3	0.026 4
肥乡县	0.763 3	0.827 3	0.781 1	0.023 7
永年县	0.731 1	0.906 3	0.795 5	0.051 7
鸡泽县	0.684 7	0.959 8	0.772 4	0.085 2
大名县	0.803 3	0.884 3	0.845 5	0.030 5
魏县	0.796 5	0.856 9	0.822 4	0.023 7
临漳县	0.821 3	1.030 7	0.908 1	0.056 9
磁县	0.931 7	1.061 4	1.005 8	0.049 1
涉县	0.904 7	1.082 3	0.979 8	0.056 3
武安市	0.929 2	1.079 1	0.952 6	0.045
峰峰矿区	1.144 5	1.222 7	1.177 6	0.033
曲周县	0.838 5	1.009 2	0.938 7	0.058 7

全氮含量在 0.684 7～0.75 $g\cdot kg^{-1}$（五级）的区域主要分布在：永年县东南部、鸡泽县南部、曲周县西南部、肥乡县北部、丘县东部地区。这些地区是邯郸市的主要蔬菜种植区，一年多熟制决定了这些土地利用系统中氮素的携出量较大，但氮肥的投入量与携出量基本持平，系统内氮素的积累速度明显迟缓。以永年县蔬菜地较为集中，蔬菜常年种植面积达 2.53 万 hm^2，年产量达 19 亿 kg，产值达 18 亿元，如此大的产量，全氮的携出量及流失量是相当可观的，而

氮素肥料的施用量相对较少，从而造成了全氮在土地利用系统中的积累量并不多。

而绝大多数系统由于近年来氮肥的投入明显大于氮素的携出量，全氮处于积累状态，其含量变化在 0.75～1.00 $g \cdot kg^{-1}$。

表 13-5　峰峰矿区主要生产指标及占邯郸市的平均值的比重

地区	氮肥投入量/($kg \cdot hm^{-2}$)	平均产量/($kg \cdot hm^{-2}$)
峰峰矿区	255.65	3 700.35
邯郸市	286.82	5 582.82
峰峰矿区/邯郸市	89.13%	66.28%

注：资料以《邯郸统计年鉴 2003》为依据。

第二节　市域土壤全氮时间变异性分析

从 1980 年到 1993 年的 13 年间，邯郸市各县的农业生产发生了明显的改观。以曲周县为主、辐射鸡泽县和丘县的盐碱地综合治理工作全面展开，在工程措施和农业措施的联合作用下，土地利用系统中的盐碱成分随水流失，排出系统或压到作物不能吸收到养分的底层，进而降低了根系密集活动层中的盐碱含量，改善了土地利用系统中的物理、化学和生物学性质，从而使系统中元素性能和系统的结构进一步优化，有机质含量明显增加，有机质结构进一步优化(牛灵安，2001)，全氮含量也相应提高。由图 13-4 和表 13-6 可以看出：曲周县全氮含量增加了 0.327 9 $g \cdot kg^{-1}$(变幅为 0.051 3～0.56 $g \cdot kg^{-1}$)、鸡泽县全氮含量增加了 0.28 $g \cdot kg^{-1}$(变幅为 0.094～0.518 5 $g \cdot kg^{-1}$)、丘县全氮含量增加了 0.135 7 $g \cdot kg^{-1}$(0.042 6～0.360 4 $g \cdot kg^{-1}$)。

作为华北地区最大的蔬菜基地——永年县，以大蒜和蔬菜为特产，1995 年蔬菜种植面积达到了 1.57 万 hm^2，占全县耕地面积的 24.48%，蔬菜产值占种植业总产值的 42.5%。永年县将蔬菜产业做为本县的龙头产业，在政策、资金和基础设施等方面都给予了支持或扶持。为了使蔬菜达到高产优质，近年来永年县加大了对土地利用系统的肥水投入和管理，从而使其有机质含量和全氮含量达到比较高的水平，全氮平均含量从 1980 年到 1993 年的 13 年间增加了 0.266 3 $g \cdot kg^{-1}$，年平均增加 0.02 $g \cdot kg^{-1}$。

魏县、临漳县、馆陶县、涉县等全氮含量 13 年来也增加了 0.160 5～0.131 5 $g \cdot kg^{-1}$；成安县、磁县、大名县、肥乡县等 4 个县的全氮含量相应增加了 0.079 $g \cdot kg^{-1}$、0.052 8 $g \cdot kg^{-1}$、0.045 5 $g \cdot kg^{-1}$、0.044 8 $g \cdot kg^{-1}$；只有广平县的全氮含量基本持平(－0.000 4 $g \cdot kg^{-1}$)。

从 1993 年到 2003 年的 10 年间，邯郸各县全氮的最小值除涉县有所降低(－0.109 5 $g \cdot kg^{-1}$)和鸡泽县基本持平(－0.000 3 $g \cdot kg^{-1}$)外，其他各县均有不同程度的提高；而全氮含量的最大值则除了临漳县(0.067 4 $g \cdot kg^{-1}$)和丘县(0.089 3 $g \cdot kg^{-1}$)有所提高外，其他各县的含量均表现出了下降趋势；全氮含量的平均值则有升有降，进一步证明了邯郸市全氮含量表现出了趋同性(表 13-7)。

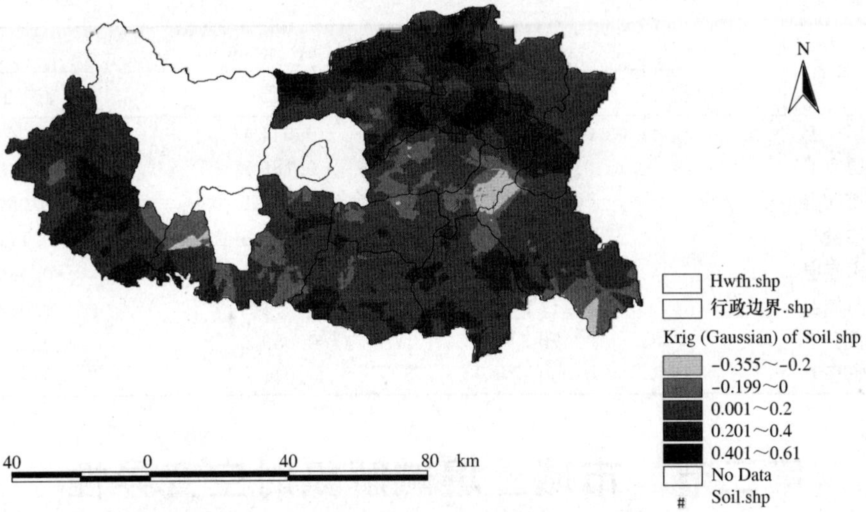

图 13-4　1980—1993 年邯郸市土壤全氮含量分布图

表 13-6　1980—1993 年邯郸市各县全氮含量变化、标准差统计结果

县名	全氮含量/(g·kg⁻¹)			标准差
	最小值	最大值	平均值	
临漳县	−0.103 8	0.452 3	0.152 4	0.087 2
魏县	−0.121 5	0.407 3	0.160 5	0.088 5
成安县	−0.223 2	0.278 6	0.079	0.082 8
大名县	−0.284 2	0.470 9	0.045 5	0.113 8
磁县	−0.338 6	0.415 1	0.052 8	0.109
广平县	−0.354 6	0.383 3	−0.000 4	0.202 8
肥乡县	−0.260 5	0.432 1	0.044 8	0.091 9
馆陶县	−0.261 4	0.383 6	0.151 7	0.097 7
涉县	−0.099 9	0.536 5	0.131 5	0.094 4
永年县	−0.097 6	0.609 8	0.266 3	0.143 7
曲周县	0.051 3	0.56	0.327 9	0.099 2
丘县	0.042 6	0.360 4	0.135 7	0.054 8
鸡泽县	0.094	0.518 5	0.28	0.083 5

表 13-7　1993—2003 年邯郸市各县全氮含量变化

县名	全氮含量/(g·kg⁻¹)		
	最小值	最大值	平均值
临漳县	0.278 8	0.067 4	0.164 2
魏县	0.204 1	−0.202 4	−0.025 5
成安县	0.260 8	−0.087 7	0.077 7
大名县	0.415 4	−0.225 5	0.116 7
磁县	0.207 3	−0.309 2	0.041 4

续表 13-7

县名	全氮含量/(g·kg⁻¹)		
	最小值	最大值	平均值
广平县	0.043 8	−0.044 4	−0.009 4
肥乡县	0.158 4	−0.189 7	−0.049 6
馆陶县	0.227 6	−0.240 1	0.087 8
涉县	−0.109 5	−0.291 2	−0.141 4
永年县	0.025 7	−0.143 5	−0.086 9
曲周县	0.217 9	−0.063 9	0.088 4
丘县	0.170 7	0.089 3	0.121
鸡泽县	−0.000 3	−0.044 2	−0.07

第三节　市域土壤碱解氮时空变异性

一、碱解氮含量的分级标准

第二次土壤普查期间，国家土壤普查办公室制定了全国的养分含量分级标准，其中碱解氮含量分级标准如表 13-8 所示：

表 13-8　全国碱解氮含量分级标准　mg·kg⁻¹

分级	一级	二级	三级	四级	五级	六级
含量范围	>150	≥120	≥90	≥60*	≥30	<30
评价	丰	富	高	中	低	少

注："*"表示缺素临界值

由图 13-5 和表 13-9 可以看出：1980 年邯郸市各土地利用系统中碱解氮含量普遍高于 30 mg·kg⁻¹，只有丘县处于六级。

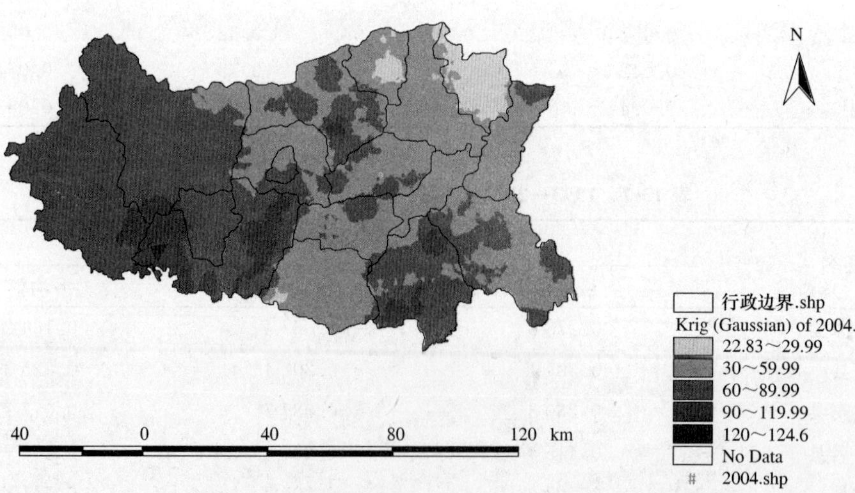

图 13-5　1980 年邯郸市土壤碱解氮含量分布图

表 13-9　1980 年邯郸市各县碱解氮含量、标准差统计结果

县名	碱解氮含量/($mg \cdot kg^{-1}$)			标准差
	最小值	最大值	平均值	
临漳县	24.738 3	85.941 4	43.707 2	9.107 2
魏县	42.594 9	104.677	76.277	13.178 3
成安县	37.767 4	84.241 2	55.588 1	9.409 7
大名县	35.716	89.791 1	58.246 3	8.943 9
峰峰矿区	63.889 9	104.883 7	77.325 7	6.908 4
磁县	48.225 8	124.602 6	90.101 4	14.634 6
广平县	36.100 3	66.261 3	45.366 9	5.162 3
市内三区	39.134	85.484	62.184 7	9.514 8
肥乡县	34.940 8	77.075 6	54.180 1	9.974 7
邯郸县	33.327 3	90.062 4	54.476 7	11.676 8
馆陶县	28.256 4	82.308 8	46.278 7	11.964 8
涉县	62.301 3	118.546 4	79.707 3	7.692 1
永年县	34.158 8	113.009 6	60.585 7	13.326 4
曲周县	26.177 2	58.023 3	39.867	6.895 4
丘县	22.834	39.896 3	27.927 1	2.919 4
鸡泽县	24.516	66.110 9	36.667	8.260 1
武安市	42.032 4	110.649 3	74.537 9	9.808 6

二、1980 年碱解氮含量的空间变异性特征

由图 13-5 和表 13-9 可以看出：邯郸市各土地利用系统中碱解氮含量总的趋势是西南高东北低，尤其是西部的山区自然生态系统中的碱解氮含量高。磁县的平均含量最高，达到 90.101 4 $mg \cdot kg^{-1}$，变化范围在 48.225 8～124.602 6 $mg \cdot kg^{-1}$；其次是涉县、峰峰矿区、魏县和武安市，其碱解氮含量的平均值分别为：79.707 3、77.325 7、76.277、74.537 9 $mg \cdot kg^{-1}$，其变化范围分别是：62.301 3～118.546 4 $mg \cdot kg^{-1}$、63.889 9～104.883 7 $mg \cdot kg^{-1}$、42.594 9～104.677 $mg \cdot kg^{-1}$、42.032 4～110.643 9 $mg \cdot kg^{-1}$。东部平原区土地利用系统中碱解氮含量普遍较低（魏县除外），含量最小的是丘县，其碱解氮平均含量为 27.927 1 $mg \cdot kg^{-1}$（22.834～39.896 3 $mg \cdot kg^{-1}$）；其次是鸡泽县和曲周县，其平均值分别为 36.667（24.516～66.110 9 $mg \cdot kg^{-1}$）和 39.867 $mg \cdot kg^{-1}$（26.1772～58.023 3 $mg \cdot kg^{-1}$）。处于中部丘陵低山向山麓平原过渡区的永年县、市内三区，其碱解氮平均含量变化在 60.585 7～62.1847 $mg \cdot kg^{-1}$。进一步研究表明：邯郸市各县碱解氮含量的变化较大，从最低的 22.843 $mg \cdot kg^{-1}$，到最高的 124.602 6 $mg \cdot kg^{-1}$，相差达 4.45 倍，尤其以西部山区的变化较大，而东部平原区碱解氮含量变化较小，鸡泽县、曲周县、馆陶县、邯郸县、大名县、临漳县、广平县、肥乡县和成安县等 9 个县的碱解氮含量基本上在一个档次（第五级）内，只有丘县碱解氮含量处于六级。由此可以看出：

碱解氮含量在自然生态系统中处于积累状态，而在农业土地利用系统中，尽管人们也通过施肥对系统补充一些氮素，但由于人们频繁的大田作业，对系统产生扰动作用，而使氮元素处于混乱状态、高产出又使系统中氮元素以作物蛋白质的形式从土地利用系统中移出，速效氮素也通过其他渠道移出土地利用系统，进而使得土地利用系统中的氮素处于耗竭状态或低水平的稳定状态。

三、1993 年碱解氮含量的空间变异性特征

由图 13-6 和表 13-10 可以看出：1993 年邯郸市各土地利用系统中碱解氮含量普遍增加，全市没有国标中的六级，而且表现出了西高东低的总趋势。以涉县碱解氮含量为最高，达到了 136.625 4 $mg\cdot kg^{-1}$，变化幅度为 81.018 9～183.520 5 $mg\cdot kg^{-1}$，处于 2 级水平；其次是武安市，其碱解氮含量为 92.173 8 $mg\cdot kg^{-1}$(60.165 5～138.824 1 $mg\cdot kg^{-1}$)，处于 3 级水平；以馆陶县碱解氮含量最低，只有 46.346 3 $mg\cdot kg^{-1}$，其次是广平县的碱解氮含量为 48.724 5 $mg\cdot kg^{-1}$(同处于 5 级)，同处于 5 级的还有临漳县(59.941 2 $mg\cdot kg^{-1}$)、成安县(53.127 6 $mg\cdot kg^{-1}$)、大名县(57.948 9 $mg\cdot kg^{-1}$)、市内三区(57.214 4 $mg\cdot kg^{-1}$)、邯郸县(58.009 4 $mg\cdot kg^{-1}$)、曲周县(58.332 5 $mg\cdot kg^{-1}$)、丘县(51.828 4 $mg\cdot kg^{-1}$)。魏县(62.700 9 $mg\cdot kg^{-1}$)、肥乡县(61.764 8 $mg\cdot kg^{-1}$)、永年县(68.304 9 $mg\cdot kg^{-1}$)、峰峰矿区(77.627 9 $mg\cdot kg^{-1}$)、磁县(78.854 8 $mg\cdot kg^{-1}$)等处于 4 级水平。

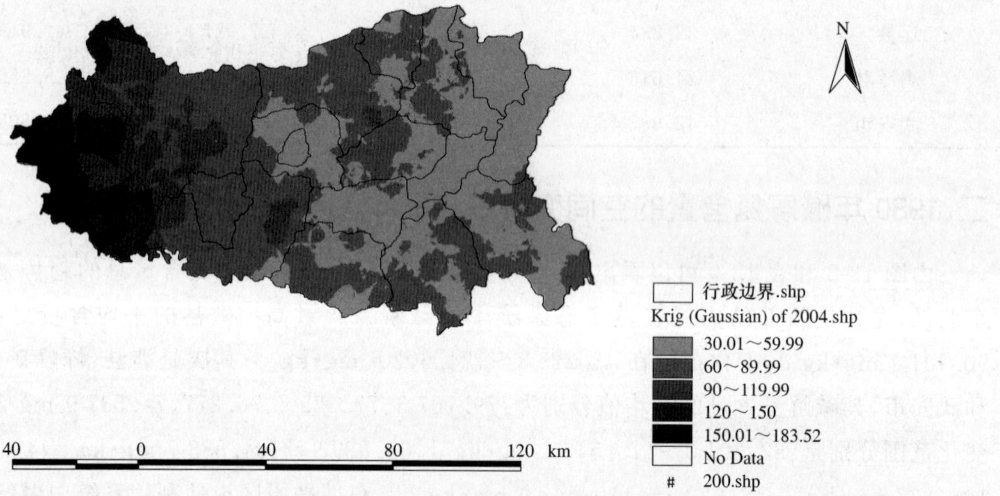

图 13-6 1993 年邯郸市土壤碱解氮含量分布图

表 13-10 1993 年邯郸市各县碱解氮含量、标准差统计

县名	碱解氮含量/($mg\cdot kg^{-1}$)			标准差
	最小值	最大值	平均值	
临漳县	33.318 9	83.232	59.941 2	7.229 4
魏县	42.212 5	81.336 7	62.700 9	7.190 1
成安县	31.125 2	81.752	53.127 6	6.577 2

续表 13-10

县名	碱解氮含量/(mg·kg⁻¹)			标准差
	最小值	最大值	平均值	
大名县	42.088 1	82.151 6	57.948 9	7.523
峰峰矿区	68.784 7	93.638 1	77.627 9	5.090 5
磁县	51.400 4	133.204 7	78.854 8	13.598 4
广平县	36.966 7	60.221 4	48.724 5	4.806 3
市内三区	50.919 7	61.592 9	57.214 4	1.564 7
肥乡县	44.771 9	90.958 9	61.764 8	6.103 6
邯郸县	45.587 5	74.315 4	58.009 4	5.043 9
馆陶县	36.586 2	75.434 3	46.346 3	6.029 1
涉县	81.018 9	183.520 5	136.625 4	19.891 2
永年县	45.610 9	98.673 1	68.304 9	9.088 4
曲周县	37.480 4	86.711 9	58.332 5	8.789
丘县	37.681 6	67.371	51.828 4	4.474 4
鸡泽县	47.640 5	82.697 7	64.272 3	6.969 7
武安市	60.165 5	138.824 1	92.173 8	16.255

四、2003 年碱解氮含量的空间变异性特征

由图 13-7 可以看出：2003 年邯郸市碱解氮含量只有两个级别，即四级（60.00～89.99 mg·kg⁻¹）和五级（30.00～59.99 mg·kg⁻¹），且大部分属于五级水平。属于四级水平的主要分布在：涉县东南部、武安市南部、峰峰矿区大部、磁县西部、临漳县西部、永年县西部、曲周县北部及邯郸县大部分地区。

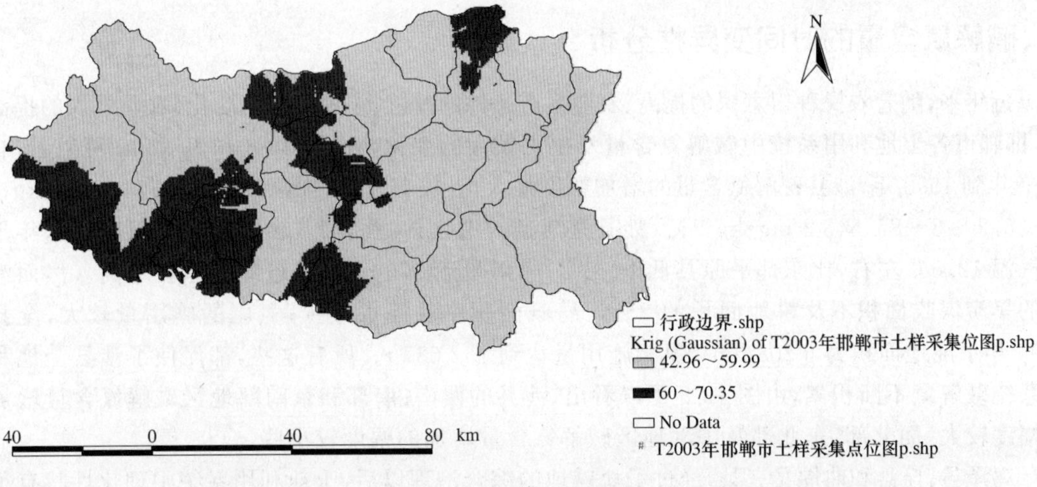

图 13-7　2003 年邯郸市土壤碱解氮含量分布图

表 13-11　2003 年邯郸市各县碱解氮含量、标准差统计

县名	碱解氮含量/($mg\cdot kg^{-1}$)			标准差
	最小值	最大值	平均值	
邯郸县	54.117 5	62.282 4	59.302 4	2.326 5
邱县	42.963 4	58.103 9	46.632 9	4.589 7
馆陶县	47.823 4	53.763 8	52.137 5	2.014 8
成安县	54.409 1	54.985 9	54.627 6	0.261 1
广平县	48.685 2	55.539 3	51.027	2.034 9
肥乡县	54.403 4	56.884 2	55.477 8	0.726
永年县	50.008 7	63.706 3	53.969	3.945 5
鸡泽县	47.080 6	59.820 6	49.839	4.197 3
大名县	53.133 1	55.552 7	54.743 8	0.792 2
魏县	47.964 8	52.832	50.49	1.863
临漳县	54.603 7	61.628 8	57.676 5	1.944 9
磁县	52.884 2	60.559 7	56.924 9	3.117 7
涉县	51.212 1	65.425 8	58.676 3	5.258 4
武安市	51.446 7	57.803 3	53.562 6	1.722 7
峰峰矿区	60.635 3	63.891 1	62.083 4	1.353 2
曲周县	51.687 6	62.003 6	58.908	4.1679

结合表 13-11 可以看出：2003 年邯郸市各县碱解氮含量的平均值变化在 46.632 9～62.083 4 $mg\cdot kg^{-1}$，相差无几，说明在暖温带半湿润半干旱季风气候区，作物的种植模式较为固定，农民习惯了常规施肥措施，减少了盲目施肥。2002 年邯郸市平均施氮量为 291.5 $kg\cdot hm^{-2}$，而大田作物的平均产量（小麦＋玉米）为 10.43 $t\cdot hm^{-2}$，进而使碱解氮处于低水平平衡或在下降，也有一定的趋同性，即使其最小值（丘县，42.963 4 $mg\cdot kg^{-1}$）和最大值（涉县，65.425 8 $mg\cdot kg^{-1}$）之间也相差不多。

五、碱解氮含量的时间变异性分析

近年来，随着农民种田意识的提高、农业生产条件的改善、作物布局的变化、农业投入的提高等，邯郸市各土地利用系统中碱解氮含量发生了较大的变化。由图 13-8 和表 13-12 可以看出：1980 年到 1993 年，涉县碱解氮含量的增加幅度最大，且较普遍，增加幅度达 56.970 1 $mg\cdot kg^{-1}$（－26.803 3～85.543 2 $mg\cdot kg^{-1}$）。涉县是典型的山区县，素有“八山半水分半田”之说，年平均气温 12.5℃左右，比东部平原县低 1～2℃；降雨量近 570 mm，比东部平原县略高。然而涉县的旱涝保收面积不及耕地面积的 25%，灌溉面积小且灌水量少；氮肥的施用量较大，全县 1995 年水浇地面积为 5 208 hm^2，氮肥施用量达到了 2 687 t。所有这些，都促使了涉县土地利用系统碱解氮不断积累，由图 13-8 可以看出，涉县的西南、南部和东南部地区碱解氮含量增加的幅度较大，而北部、东北部及中部地区碱解氮含量增加的幅度较小些。

鸡泽县、丘县和曲周县三县，经过了盐碱地的综合治理以后，土地利用系统中理化性状有了显著改善，保水保肥能力明显提高，在增施氮肥的基础上，促使碱解氮含量增加。临漳县从 1980 年以来，水浇地面积大幅度增加，到 1995 年全县水浇地面积占耕地总面积的 75.16%，氮肥施用量达到了 294.18 $kg\cdot hm^{-2}$(1995)，因此其碱解氮含量增加了 18.614 8 $mg\cdot kg^{-1}$，并表现出了西南部增幅(20.01～40 mg·kg^{-1})大于东北部的增幅(0.01～20 mg·kg^{-1})；武安市是邯郸市面积最大的县级市，总面积达 1 806 km^2，区内地形复杂，有中山、低山、丘陵、盆地等，海拔从 200 m 到近 2 000 m 不等，年平均温度 12.8℃，年均降雨量 590 mm，水浇地面积只占耕地总面积的 16.89%(1995)，农业生产基本上是雨养农业，而氮肥的施用量则高达 1.493 t·hm^{-2}，从而使武安市碱解氮含量从 1980 年到 1993 年增加了 16.165 6 mg·kg^{-1}，而且表现出西部增幅大(20.01～40 mg·kg^{-1})，东部增幅小，甚至出现局部地区反而减少现象(图 13-8)。

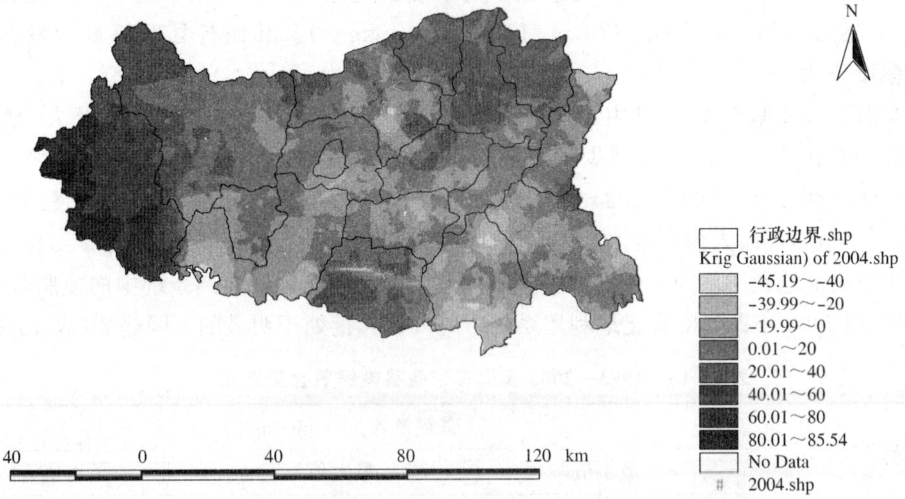

图 13-8　1980—1993 年邯郸市碱解氮含量变化

表 13-12　1980—1993 年邯郸市各县碱解氮含量变化及其标准差的统计结果

县名	碱解氮含量/(mg·kg^{-1})			标准差
	最小值	最大值	平均值	
临漳县	−21.036 3	39.498 5	18.614 8	10.020 2
魏县	−45.192 1	15.438 7	−12.974 9	12.139 3
成安县	−36.689 6	24.207 9	−2.280 6	9.168 9
大名县	−39.151	35.872 6	−0.487 5	12.059 6
峰峰矿区	−17.119	14.709 8	0.300 8	5.652 6
磁县	−40.397 8	51.732 5	−11.151 9	13.827 2
广平县	−12.611 1	18.444 8	3.598 8	4.929 6
市内三区	−26.752 9	17.748	−4.968 4	8.387 5
肥乡县	−18.071 6	33.372 3	7.550 1	10.685 4
邯郸县	−26.820 1	23.498 4	3.668 6	10.009 8
馆陶县	−38.406 9	32.960 1	0.015 3	13.882 4
涉县	−26.803 3	85.543 2	56.970 1	17.976
永年县	−42.009 4	45.493 1	7.977 1	15.313 3
曲周县	−7.600 9	45.601 8	19.704 7	9.971 4
丘县	−1.044 9	35.666 7	24.049 6	5.001 5
鸡泽县	−6.135 8	39.483 3	25.298 3	7.951 8
武安市	−13.839	54.508 1	16.165 6	10.471 3

13 年来，魏县和磁县的碱解氮含量有增有减，但总的趋势是减少。魏县位于漳河故道两岸，历史上形成了岳城水库的泄洪区，尽管人们也重视肥料的施用（氮肥施用量为 259 $kg \cdot hm^{-2}$，1995），由于灌水量大，再加上泄洪，大量的氮素随水流失，从而使得魏县土地利用系统中碱解氮含量 13 年来减少了 12.974 9 $mg \cdot kg^{-1}$（－45.192 1～15.438 7 $mg \cdot kg^{-1}$）；近年来，磁县工矿企业，尤其是乡镇企业发展迅速，其在国民生产总值中占的比例较高，1995 年全县工农业总产值达 35.3 亿元，而其工业产值就达 28 亿元，乡镇企业全县有 17 065 家，从业人员达 91 692 人，占全县劳动力的 33.82％，因而也就忽视了对农业的管理，土地利用系统中碱解氮含量净减少了 11.151 9 $mg \cdot kg^{-1}$（－40.397 8～51.732 5 $mg \cdot kg^{-1}$）。其他各县碱解氮含量有增有减，但变化幅度不大。

1993 年以来，邯郸市总人口由 781.77 万人，增加到 2002 年的 849.94 万人，增加了 8.72％；耕地面积由 76.8 万 hm^2，减少到 2002 年的 65.8 万 hm^2，减少了 14.3％；化肥用量由 125.19 万 t，增加到 2002 年的 168.24 万 t，增加了 34.38％；粮食总产量增加了 29.88％；农业总产值增加了 265.94％；人均农业总产值增加了 236.59％；单位面积产值增加了 326.99％。由此可见：作物从土地利用系统中带走的氮素要远远大于通过施肥增加到系统中的氮肥数量，因此，从 1993 年到 2003 年邯郸市各土地利用系统中碱解氮含量处于明显的下降趋势（表 13-13）。

表 13-13　1993—2003 年邯郸市各县碱解氮含量变化

县名	碱解氮含量/($mg \cdot kg^{-1}$)		
	最小值	最大值	平均值
邯郸县	8.53	－12.033	1.293
邱县	5.281 8	－9.267 1	－5.195 5
馆陶县	11.237 2	－21.670 5	5.791 2
成安县	23.283 9	－26.766 1	1.5
广平县	11.718 5	－4.682 1	2.302 5
肥乡县	9.631 5	－34.074 7	－6.287
永年县	4.397 8	－34.966 8	－14.335 9
鸡泽县	－0.559 9	－22.877 1	－14.433 3
大名县	11.045	－26.598 9	－3.205 1
魏县	5.752 3	－28.504 7	－12.210 9
临漳县	21.284 8	－21.603 2	－2.264 7
磁县	1.483 8	－72.645	－21.929 9
涉县	－29.806 8	－118.094 7	－77.949 1
武安市	－8.718 8	－81.020 8	－38.611 2
峰峰矿区	－8.149 4	－29.747	－15.544 5
曲周县	14.207 2	－24.708 3	0.575 5

第四节　市域土壤生态系统氮素变异性系统分析

土壤生态系统中氮素问题主要可分为两个方面，即氮素的含量及其保持和提高；氮素供应状况及其调节。前者与系统结构的优化密切相关，后者则为了充分发挥施肥等措施的作用，以夺取当季作物的高产。

在自然植被为主的土壤生态系统中，有机质和氮素含量的消长，主要决定于生物积累和分解作用的相对强弱，植被类型以及影响植物生长和微生物活动的诸因素，特别是水热条件对于有机质和氮素含量具有显著的影响。在人工作用为主的土地利用系统中，有机质和氮素的积累和分解与前者不同。收获物取走的大部分或一部分生物积累的有机质和氮素(因利用方式的不同，数量相差很大)，但施肥又予以补充，系统中的有机质和氮素含量是在这种条件下的一个平衡值。随着耕作制度的发展，其值也处于变化之中。

在邯郸市这样一个集约化程度较高的地区，人的因素直接影响到土壤生态系统中氮素的消长。人们对氮肥的认识经历了：从对氮素的不认识，到盲目施用氮肥，再到理智地、根据作物需肥规律来施用氮肥的过程。由表 13-14 可以看出：单位耕地供养人数与土地利用系统全氮含量之间存在着极显著相关性，三年的相关系数分别达到 $r=0.626^{**}$、$r=0.788^{**}$、$r=0.801^{**}$。而单位面积产值只有在 1980 年与全氮含量达到极显著的相关性；农田水利化程度和全氮含量的相关性在 1993 年和 2003 年达到了极显著相关性；其他指标与全氮含量都没有达到显著水平，不能作为影响全氮的影响因素来考虑。

表 13-14　1980—2003 年邯郸市全氮含量与主要经济指标的相关系数

全氮与各指标的相关系数	人口	耕地面积	单位耕地供养人数	化肥	粮食总产	水利化程度	农业总产值	单位面积产值
1980	0.259	−0.238	0.626**	0.414	−0.208	0.322	0.178	0.681**
1993	0.152	−0.242	0.788**	−0.210	−0.279	−0.657**	−0.088	0.075
2003	0.184	−0.281	0.801**	−0.261	−0.387	−0.682**	−0.439	−0.315

注："*"表示显著性水平达到 0.05；"**"表示显著性水平为 0.01。$n=16$

$$\text{农田水利化程度}=\frac{\text{有效灌溉面积}}{\text{耕地面积}}\times 100\%$$

表 13-15　1980—2003 年邯郸市碱解氮含量与主要经济指标的相关系数

土壤碱解氮与各指标的相关系数	人口	耕地面积	单位耕地供养人数	化肥	粮食总产	水利化程度	农业总产值	单位面积产值
1980	0.640**	0.129	0.565*	0.481	0.067	−0.172	0.535*	0.696**
1993	0.214	−0.190	0.406	−0.345	−0.220	−0.666**	−0.150	0.027
2003	0.182	−0.124	0.572*	0.108	−0.090	−0.333	−0.175	−0.186

注："*"表示显著性水平达到 0.05；"**"表示显著性水平为 0.01。$n=16$

由表 13-15 看出：在 1980 年、1993 年和 2003 年中，没有哪一个指标是在三年中对碱解氮含量产生明显影响的，有的因素是在两年中对碱解氮含量有明显相关性的，如单位面积供养人口在 1980 年和 2003 年对碱解氮有显著影响；有的因素在一年中对碱解氮产生显著影响的，如人口、水利化程度、农业总产值、单位面积产值等因素。由此可见：碱解氮含量与上述因素之间的关系没有达到显著性差异，进而可以认为，碱解氮含量作为肥力指标还缺少证据。

总之，从 1980 年到 2003 年，邯郸市土壤生态系统中全氮含量西高东低、逐步增加和级别的趋势很明显，其变化规律同于有机质的变化。邯郸市各县全氮平均含量从 1980 年的

0.527 1～0.988 6 g·kg^{-1}(变幅为 0.354 7～1.350 5 g·kg^{-1})增加到 2003 年的 0.772 4～1.177 6 g·kg^{-1}(0.731 1～1.222 7 g·kg^{-1})。土地利用系统内全氮含量的变化除与氮肥用量、粮食总产量、水利化程度有关外,更主要的是与单位耕地供养人口有极显著的相关性,三年的相关系数分别达到 $r=0.626^{**}$、$r=0.788^{**}$、$r=0.801^{**}$。

23 年来,碱解氮含量西部高东部低的趋势逐步淡化。碱解氮含量经历了一个从 1980 年(碱解氮含量平均值为 27.927 1～90.101 4 g·kg^{-1},变幅为 22.834～124.602 6 g·kg^{-1})到 1993 年(碱解氮含量平均值为 46.346 3～136.625 4 g·kg^{-1},变幅为 31.125 2～183.520 5 g·kg^{-1})逐步提高;而到 2003 年(碱解氮含量平均值为 46.632 9～62.083 4 g·kg^{-1},变幅为 42.963 4～65.425 8 g·kg^{-1})又逐步下降的趋势。随着作物产量的增加,作物从土壤生态系统中携出的氮素量增加,因而需要从环境给系统增加氮肥以弥补其不足,从而使系统得到平衡。碱解氮含量与单位耕地供养人口、氮肥用量、水利化程度、单位面积产值等都有一定的相关性,但都没有达到显著水平,因此碱解氮含量还不能作为肥力的主要指标,或作为肥力的主要指标还缺乏足够的证据。

参考文献

[1] 张文生.邯郸农业大全.石家庄:河北人民出版社,2002.
[2] 邯郸地区农业局.邯郸土壤.1986.
[3] 李承绪.河北土壤.石家庄:河北科学技术出版社,1990.
[4] 熊毅,李庆逵.中国土壤.2版.北京:科学出版社,1990.
[5] 邯郸市统计局.邯郸农村统计年鉴.北京:中国统计出版社,1996.
[6] 邯郸市统计局.邯郸统计年鉴.北京:中国统计出版社,2000.
[7] 邯郸市统计局.邯郸统计年鉴.北京:中国统计出版社,2002.
[8] 邯郸市统计局.邯郸统计年鉴.北京:中国统计出版社,2003.
[9] 贾文竹,赵振勋.河北省土壤耕层养分变化与调控.北京:中国科学技术出版社,1995.
[10] 叶荣.从系统论看区域经济发展.财会研究,1999,5:40-42.
[11] 米险峰.从系统论看我国区域经济布局和特区经济.系统辩证学学报,1994,1:23-27.
[12] 邬莉,许有鹏,彭补拙,等.基于 GIS 的洪泛平原土地利用规划.土壤,2002,2:104-108.
[13] 吕新,魏亦农,李少昆.基于 GIS 的土壤肥力信息管理及棉花施肥推荐支持决策系统研究.中国农业科学,2002,35(7):883-887.
[14] 孙艳玲,郭鹏,刘洪斌,等.基于 GIS 的土壤肥力综合评价.西南农业大学学报,2003,25(2):176-179.

第十四章　市域土壤生态系统中磷素时空变异性

据 1980 年第二次全国土壤普查数据，全国耕地中缺磷面积（有效磷含量<10 mg·kg^{-1}）约占 78%，土壤普遍缺磷。近些年来，随着对农业投入的不断加大，施肥量增加，土壤磷含量发生了明显变化。与 1980 年相比，2000 年全国耕地有效磷含量增加了 6～8 mg·kg^{-1}，年均增加 11%，缺磷面积降到 50%，并相继在一些地区出现了磷素盈余的报道。土壤磷素的不断积累，对生态环境构成了极大威胁。目前，农业面源磷污染已经成为水体富营养化的主要来源。因此，充分了解土壤有效磷的分布状况对合理管理土壤磷素及农业面源污染重点控制区的识别和治理具有重要意义。

地统计学已经被证明是分析土壤性质空间分布特征及其变异规律最有效的方法之一。土壤有效磷含量空间变异性的研究越来越受到国内外学者关注。大多数研究结果表明，土壤有效磷含量的变异系数比其他土壤养分大，属中等或强变异程度，具有较强的空间变异性，反映了人为耕作管理措施的差异是其空间变异的主要因素。土壤有效磷含量空间变异性与土地利用方式关系密切。

本研究采用地统计学方法，研究了河北省邯郸市区域内耕层土壤全磷和速效磷的空间分布特征及其环境风险评价，旨在为区域土壤养分科学管理及生态环境保护提供依据。

第一节　市域土壤全磷时空变异性

一、全磷含量的分级标准

第二次土壤普查期间，国家土壤普查办公室制定了全国的养分含量分级标准，其中全磷含量分级标准如表 14-1 所示：

表 14-1　全磷含量分级标准　　g·kg^{-1}

分级	一级	二级	三级	四级	五级	六级
含量范围	>1.00	0.81～1.00	0.61～0.80	0.41～0.60	0.20～0.40	<0.20
评价	丰	富	高	中	低	少

二、1980 年全磷含量的空间变异性特征

由图 14-1 可以看出，邯郸市各土地利用系统中全磷含量区域性分布规律不明显，主要表现在涉县东北部、武安市西南部、磁县西部、成安县大部、肥乡县西部、广平县西部、永年县东北部以

及曲周县、大名县、魏县的部分地区全磷含量较高。结合表 14-2，各县之间差异较大，成安县全磷含量最高，达 0.620 7 $g \cdot kg^{-1}$，且变幅较小；肥乡县全磷含量也较高，达 0.610 7 $g \cdot kg^{-1}$，而邱县、馆陶县、鸡泽县的全磷含量较低且基本上是一个级别。

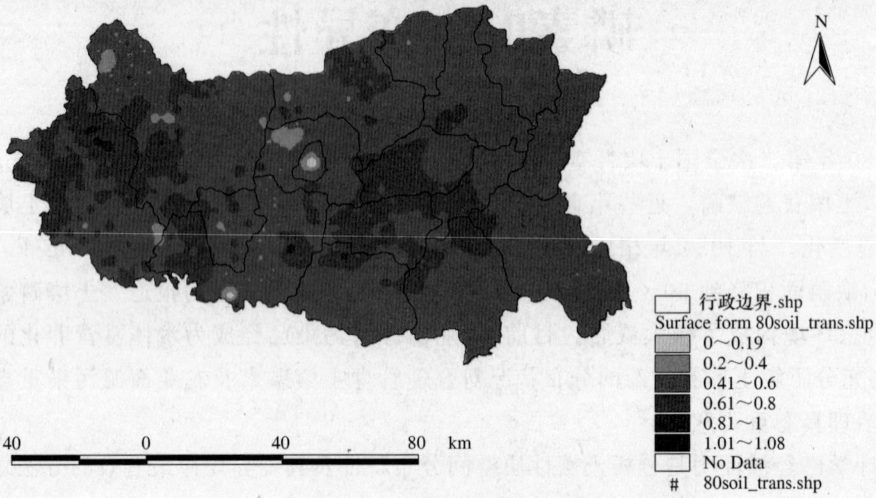

图 14-1　1980 年邯郸市土壤全磷含量分布图

表 14-2　1980 年邯郸市各县全磷含量及标准差

县名	全磷含量/($g \cdot kg^{-1}$)			标准差
	最小值	最大值	平均值	
临漳县	0.4	0.899 4	0.573 6	0.051 9
魏县	0.400 1	0.699 9	0.581 4	0.041 7
成安县	0.500 1	0.699 9	0.620 7	0.033 5
大名县	0.400 2	0.699 9	0.562	0.037 8
峰峰矿区	0.300 3	0.699 6	0.549 3	0.064 3
磁县	0.000 2	1.082 9	0.552 3	0.096 9
广平县	0.5	0.699 9	0.594	0.039 7
市内三区	0.000 8	0.630 3	0.428 5	0.125 9
肥乡县	0.500 1	0.699 9	0.610 7	0.052 3
邯郸县	0.300 2	0.699 9	0.527	0.076 1
馆陶县	0.400 7	0.6	0.584 9	0.027 3
涉县	0.201 7	0.899 7	0.606 1	0.074 4
永年县	0.300 6	0.798 5	0.572 1	0.050 9
曲周县	0.5	0.699 6	0.549 7	0.039
丘县	0.438 1	0.6	0.558 8	0.032 1
鸡泽县	0.301 6	0.697 4	0.558 7	0.034 9
武安市	0.200 6	0.897 8	0.540 9	0.079 2

表 14-3　邯郸市不同母质类型全磷含量及标准差(1980)

母质类型	样本数	全磷含量/($g\cdot kg^{-1}$)			标准差
		最小值	最大值	平均值	
砂壤洪冲积物	95	0.400 2	0.600 7	0.588 3	0.040 6
轻壤洪冲积物	198	0.400 1	1.082 9	0.599 2	0.042 2
砂质洪冲积物	32	0.301 8	0.600 3	0.454 2	0.074 8
洪冲积物	78	0.5	0.502 8	0.500 5	0.000 5
中壤洪冲积物	127	0.301 6	0.813 5	0.643	0.061
黏质洪冲积物	73	0.5	0.698 5	0.530 5	0.048 8
洪冲积物	36	0.399 2	0.6	0.489 5	0.069 3
黄土	96	0.4	0.502 3	0.482 6	0.038 1
砾质洪冲积物	21	0.4	0.599	0.409 9	0.042 3
中性硅铝质残坡积物	7	0.897 6	0.899 7	0.898 9	0.000 8
钙质残坡积物	134	0.200 6	0.700 2	0.640 6	0.102 6
泥硅铝质残坡积物	19	0.400 2	0.503 2	0.474 2	0.044 1
酸性硅铝质残坡积物	9	0.694 6	0.7	0.698 7	0.001 6
硅质残坡积物	26	0.300 2	0.599	0.381 7	0.062
红黄土	26	0.691 7	0.701 8	0.698 7	0.001 9

由表 14-3、图 14-1 结合邯郸市母质分布图(本文未列)可以看出:位于涉县与武安市接壤处的硅铝质残坡积母质(其他地区也有零星分布)的全磷含量最高,达 0.698 7～0.898 9 $g\cdot kg^{-1}$,其次是涉县境内成零星分布的红黄土母质(峰峰矿区有点状分布)的含量为 0.698 7 $g\cdot kg^{-1}$;位于武安市、涉县和磁县境内成片状分布的钙质残坡积物母质的全磷含量也达 0.640 6 $g\cdot kg^{-1}$;位于成安县大部、肥乡县大部、广平县大部、大名县部分、魏县部分、临漳县部分地区的漳河壤质洪冲积母质的全磷含量变化范围在 0.588 3～0.643 $g\cdot kg^{-1}$;而广泛分布于东部各县的漳河黏质冲积物、漳河沙质冲积物等全磷含量较低,为 0.454 2～0.530 5 $g\cdot kg^{-1}$。总之,全磷的含量与母质有密切的关系。

三、2003 年全磷含量的空间变异性特征

由图 14-2 可知:2003 年邯郸市土地利用系统中全磷含量趋同于二级(0.81～1.00 $g\cdot kg^{-1}$)和三级(0.61～0.80 $g\cdot kg^{-1}$)两个级别。全磷含量属于二级的地区主要分布在以黏质土或壤质土为主的永年县大部、邯郸县东部、肥乡县西部、成安县北部、丘县大部、馆陶县、曲周县东南部等地;其他县市的全磷含量以三级为主。进一步研究表明(表 14-4):馆陶县全磷含量最高,达到了 0.903 3 $g\cdot kg^{-1}$(0.865 8～0.937 $g\cdot kg^{-1}$),同属于二级水平的还有丘县(0.856 5 $g\cdot kg^{-1}$)、成安县(0.823 6 $g\cdot kg^{-1}$)、肥乡县(0.875 2 $g\cdot kg^{-1}$)和永年县(0.859 3 $g\cdot kg^{-1}$)。其他各县均属于三级水平。

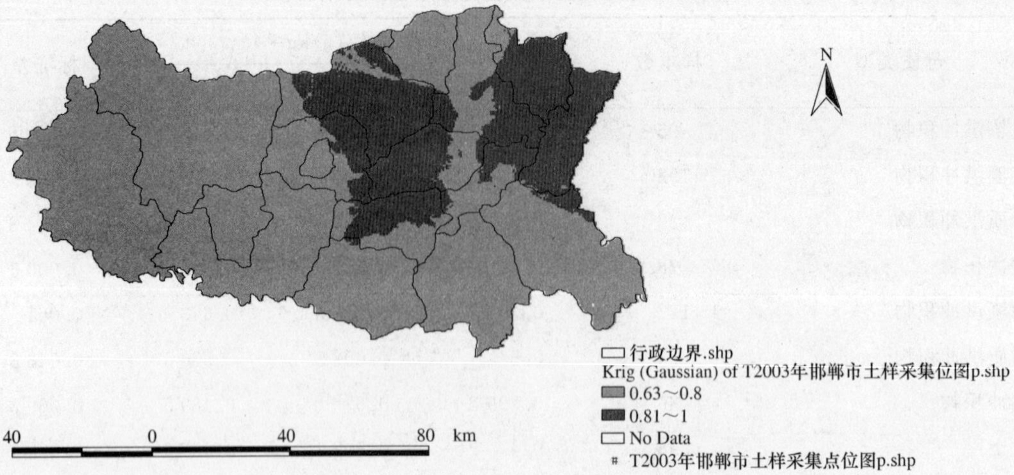

图 14-2　2003 年邯郸市土壤全磷含量分布图

表 14-4　2003 年邯郸市各县全磷含量及其标准差

县名	全磷含量/$(g·kg^{-1})$			标准差
	最小值	最大值	平均值	
邯郸县	0.665 3	0.889	0.803 9	0.074 4
邱县	0.842 7	0.870 3	0.856 5	0.009 8
馆陶县	0.865 8	0.937	0.903 3	0.024 5
成安县	0.786 7	0.837 9	0.823 6	0.018 8
广平县	0.764 3	0.835 8	0.801 7	0.024 6
肥乡县	0.791 4	0.906 3	0.875 2	0.040 4
永年县	0.819 5	0.872 6	0.859 3	0.015
鸡泽县	0.773 2	0.779 7	0.775 3	0.002
大名县	0.720 6	0.783 5	0.734 1	0.018 9
魏县	0.714 3	0.736	0.726 3	0.007 8
临漳县	0.732 1	0.798 5	0.756 9	0.025 5
磁县	0.673 3	0.732 3	0.702 4	0.021 9
涉县	0.703	0.799	0.779 5	0.025 6
武安市	0.71	0.783 8	0.752 3	0.022 1
峰峰矿区	0.636 3	0.700 8	0.668 7	0.026 3
曲周县	0.757 1	0.865 3	0.793 2	0.041 2

四、全磷含量的时间变异性分析

1980 年邯郸市各土地利用系统中全磷含量从六级到一级都有存在，而且其分布与母质类型有明显的相关性。20 多年来，随着人们对肥料，特别是对磷肥认识水平的提高及施肥量的增加，土地利用系统中磷素含量趋同于二级(0.81～1.00 g·kg^{-1})和三级(0.61～0.80 g·kg^{-1})两个级别(图 14-2)，说明系统中全磷含量有了明显的提高。邯郸市各县全磷平均含量都有明显的增加，其平均增加幅度为 0.119 4～0.318 4 g·kg^{-1}，增加幅度在 0.119 4～0.183 3 g·kg^{-1}之间的有峰峰矿区、魏县、磁县、大名县、涉县、临漳县等；增加幅度在 0.202 9～0.297 7 g·kg^{-1}之间的有成安县、广平县、武安市、鸡泽县、肥乡县、邯郸县、永年县、丘县；以馆陶县全磷含量增加幅度为最大，达 0.318 4 g·kg^{-1}，年平均增加值为 0.013 8 g·kg^{-1}(表 14-5)。

表 14-5　1980—2003 年邯郸市各县全磷含量变化

县名	全磷含量/(g·kg^{-1})		
	最小值	最大值	平均值
邯郸县	0.365 1	0.189 1	0.276 9
邱县	0.404 6	0.270 3	0.297 7
馆陶县	0.465 1	0.337	0.318 4
成安县	0.286 6	0.138	0.202 9
广平县	0.264 3	0.135 9	0.207 7
肥乡县	0.291 3	0.206 4	0.264 5
永年县	0.518 9	0.074 1	0.287 2
鸡泽县	0.471 6	0.082 3	0.216 6
大名县	0.320 4	0.083 6	0.172 1
魏县	0.314 2	0.036 1	0.144 9
临漳县	0.332 1	−0.100 9	0.183 3
磁县	0.673 1	−0.350 6	0.150 1
涉县	0.501 3	−0.100 7	0.173 4
武安市	0.509 4	−0.114	0.211 4
峰峰矿区	0.336	0.001 2	0.119 4
曲周县	0.257 1	0.165 7	0.243 5

第二节　市域土壤速效磷时空变异性

一、速效磷含量的分级标准

第二次土壤普查期间，国家土壤普查办公室制定了全国的养分含量分级标准，其中速效磷含量分级标准如表 14-6 所示：

表 14-6　速效磷含量分级标准　　mg·kg^{-1}

分级	一级	二级	三级	四级	五级	六级
含量范围	>40	≥20	≥10	≥5	≥3	<3
评价	丰	富	高	中	低	少

二、1980 年速效磷含量的空间变异性特征

由表 14-7 和图 14-3 可知：邯郸市各土地利用系统中速效磷含量没有明显的地域性分布规律，相反，则呈现出点、片状分布特点，且含量普遍偏低。各县速效磷含量平均值只有两个级

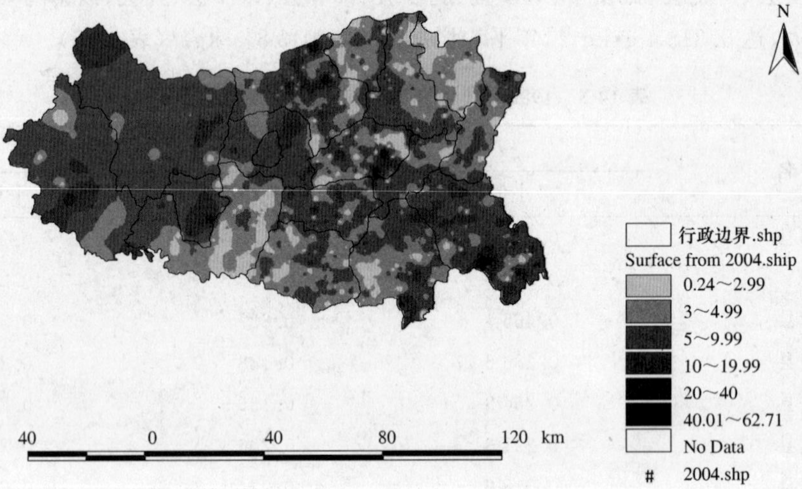

图 14-3　1980 年邯郸市速效磷含量分布图

表 14-7　1980 年邯郸市各县速效磷含量及标准差

县名	速效磷含量/(mg·kg⁻¹)			标准差
	最小值	最大值	平均值	
临漳县	0.529 9	12.992 1	4.663 2	1.433 3
魏县	0.585	23.508	5.755	2.912 9
成安县	1.973 8	18.925	6.491 7	2.141 3
大名县	1.002 9	62.598 1	8.425 5	4.268 9
峰峰矿区	2.003 3	28.732 6	9.728 3	3.919 2
磁县	0.242 2	21.897 9	4.388 5	1.861 3
广平县	1.245	19.891 2	5.813	2.174 7
市内三区	4.720 9	11.496 6	8.006 1	1.187 2
肥乡县	1.070 8	62.711 2	6.735 7	5.549
邯郸县	1.716 7	17.875 1	7.459 4	2.393 4
馆陶县	0.545 3	21.769	5.144	2.087 4
涉县	1.704 4	31.698 3	7.161 8	3.190 7
永年县	1.003 7	38.934 8	7.062 9	4.404 5
曲周县	1.020 5	14.174 4	5.114 8	1.834 4
丘县	1.001 6	7.832 3	3.113 5	1.062 1
鸡泽县	1.008 6	12.975 3	4.466 1	1.504 7
武安市	2.205 4	15.198 6	7.352 8	2.0695

别，即四级和五级，属于四级的有峰峰矿区（平均值为 9.728 3 mg·kg^{-1}，变幅为 2.003 3～28.732 6 mg·kg^{-1}）、大名县（平均值为 8.425 5 mg·kg^{-1}，变幅为 1.002 9～62.598 1 mg·kg^{-1}）、市内三区（平均值为 8.006 1 mg·kg^{-1}，变幅为 4.720 9～11.496 6 mg·kg^{-1}）；其平均值在 7～8 mg·kg^{-1} 的有邯郸县、武安市、涉县、永年县等；速效磷含量平均值在 5～7 mg·kg^{-1} 的有肥乡县、成安县、广平县、魏县、馆陶县和曲周县；速效磷含量属于五级的有临漳县、磁县、鸡泽县；以丘县的速效磷含量最低，只有 3.113 5 mg·kg^{-1}（变幅为 1.001 6～7.832 3 mg·kg^{-1}）。进一步研究表明：1980 年各地速效磷含量变化幅度很大，如大名县和肥乡县的速效磷含量从 1 mg·kg^{-1} 变化到 62 mg·kg^{-1}。

由表 14-8 可知：广泛分布于涉县漳河两岸、涉县偏城乡局部、武安市活水乡局部、矿山镇局部地区的硅质残坡积母质（本文未列，下同）上，速效磷含量最高，达 13.488 6 mg·kg^{-1}，变幅在 4.202 1～16.994 8 mg·kg^{-1}；而分布于漳河故道上的砂质洪冲积母质上速效磷含量最低，只有 3.477 5 mg·kg^{-1}，变幅在 1.002 3～5.152 4 mg·kg^{-1}；其他各类成土母质上发育的速效磷含量变化在 4.476 5～7.904 1 mg·kg^{-1}，而黏质洪冲积母质上发育的速效磷含量变幅较大，为 2.159 4～32.716 3 mg·kg^{-1}；黄土母质和红黄土母质上发育的速效磷含量变化幅度较小，仅为 1.276 mg·kg^{-1}和 0.211 6 mg·kg^{-1}。

表 14-8　邯郸市不同母质中速效磷的含量(1980)

母质类型	样本数	速效磷含量/(mg·kg^{-1})			标准差
		最小值	最大值	平均值	
砂壤洪冲积物	95	2.9	13.193 8	6.609	2.078 2
轻壤洪冲积物	198	4.499 3	10.540 2	6.139 5	1.877 6
砂质洪冲积物	32	1.002 3	5.152 4	3.477 5	1.096 4
洪冲积物	78	4.275 8	5.206 3	4.476 5	0.352 6
中壤洪冲积物	127	2.709 2	17.147	7.202 2	1.785 5
黏质洪冲积物	73	2.159 4	32.716 3	6.842 5	3.380 9
洪冲积物	36	2.305 7	21.375 2	7.355 4	5.712 2
黄土	96	6.386 4	7.653 4	7.307 5	0.418 6
砾质洪冲积物	21	2.148 3	4.829 5	4.681 4	0.566 5
中性硅铝质残坡积物	7	3.016 2	5.403 4	4.718 6	1.075 3
钙质残坡积物	134	2.601 6	8.35	5.667 4	1.992 5
泥硅铝质残坡积物	19	5.697 6	8.604 4	7.467	1.051 9
酸性硅铝质残坡积物	9	3.306 7	7.313	5.968 8	1.880 2
硅质残坡积物	26	4.202 1	16.994 8	13.488 6	5.277 3
红黄土	26	7.843 3	8.054 9	7.904 1	0.040 2

三、1993 年速效磷含量的空间变异性特征

由图 14-4 和表 14-9 可以看出：1993 年，邯郸市各土地利用系统中速效磷含量依然呈现斑块状分布。13 年来，各土地利用系统中速效磷含量有了明显的提高，主要分布在三级和

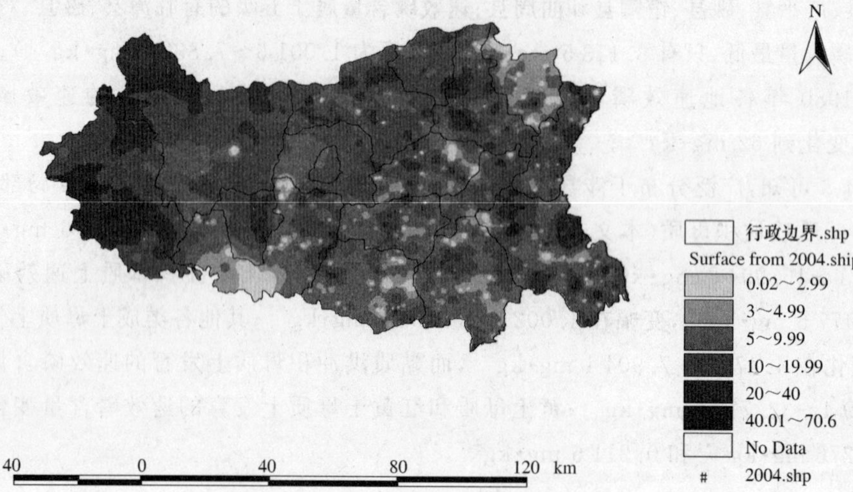

图 14-4　1993 年邯郸市速效磷含量分布图

表 14-9　1993 年邯郸市各县速效磷含量及标准差

县名	速效磷含量/(mg·kg^{-1})			标准差
	最小值	最大值	平均值	
临漳县	0.814 4	52.226 1	8.108 2	4.129 2
魏县	1.505 8	31.682 6	8.981 9	4.257 1
成安县	2.105 6	35.550 3	9.550 7	4.418 4
大名县	1.000 3	70.597 9	13.643 8	8.636 4
峰峰矿区	2.830 9	41.900 7	15.684 8	6.862
磁县	0.514 7	36.064 3	8.379	5.504 1
广平县	1.138 6	42.005 4	11.657 6	4.264 8
市内三区	8.652 7	16.999 9	12.112	1.832 7
肥乡县	0.822 2	44.035 6	10.574 6	6.177 9
邯郸县	3.395 6	36.309 8	12.185 4	3.678 3
馆陶县	1.143 5	39.028 8	13.066 5	6.675 1
涉县	4.466 6	60.152 3	19.720 3	6.095 9
永年县	1.384 3	67.613 4	15.273 9	6.393 2
曲周县	1.678 8	59.141 9	15.852 7	8.175 9
丘县	0.500 8	23.189	5.591 8	3.216 8
鸡泽县	2.133 9	37.406 5	14.985 5	4.844 7
武安市	0.023 6	30.998	16.544 2	5.645 2

四级上，同属于三级水平的有涉县（平均值为 19.720 3 mg•kg^{-1}，变幅为 4.466 6～60.152 3 mg•kg^{-1}）、武安市（平均值为 16.544 2 mg•kg^{-1}，变幅为 0.023 6～30.998 mg•kg^{-1}）、曲周县（平均值为15.852 7 mg•kg^{-1}，变幅为 1.678 8～59.141 9 mg•kg^{-1}）、峰峰矿区（平均值为 15.684 8 mg•kg^{-1}，变幅为 2.830 9～41.900 7 mg•kg^{-1}）、永年县（平均值为 15.273 9 mg•kg^{-1}，变幅为1.384 3～67.613 4 mg•kg^{-1}），此外还有鸡泽县、大名县、馆陶县、邯郸县、市内三区、广平县、肥乡县等；丘县仍然是速效磷含量最低的县，只有 5.591 8 mg•kg^{-1}，同属于四级的还有魏县、磁县和临漳县。

四、2003 年速效磷含量的空间变异性特征

由图 14-5 可知：2003 年邯郸市各土地利用系统中速效磷含量主要分布在五级（3.00～4.99 mg•kg^{-1}）、四级（5.00～9.99 mg•kg^{-1}）、三级（10.00～19.99 mg•kg^{-1}）、二级（20.00～40.00 mg•kg^{-1}）等 4 个等级上，最低级的六级（＜3.00 mg•kg^{-1}）和最高的一级（＞40.00 mg•kg^{-1}）已不复存在。永年县、邯郸县和肥乡县三县交界处的姚寨乡、代召乡和新安镇乡一带；馆陶县的南部和曲周县的北部地区速效磷含量达到了二级水平。武安市、峰峰矿区和磁县交界地区的磁山镇、贾壁乡和和村镇的速效磷含量只有五级水平。其他县市的大部分地区速效磷含量基本上在三、四级水平上。进一步研究表明（表 14-10）：馆陶县速效磷含量为最高，达到了 22.345 2 mg•kg^{-1}；曲周县、肥乡县、丘县、邯郸县、永年县、大名县、广平县、魏县、鸡泽县等达到 17.991 7～11.068 8 mg•kg^{-1}；临漳县、涉县、磁县、武安市、成安县、峰峰矿区的速效磷含量变化在 9.755 2～5.114 2 mg•kg^{-1}。

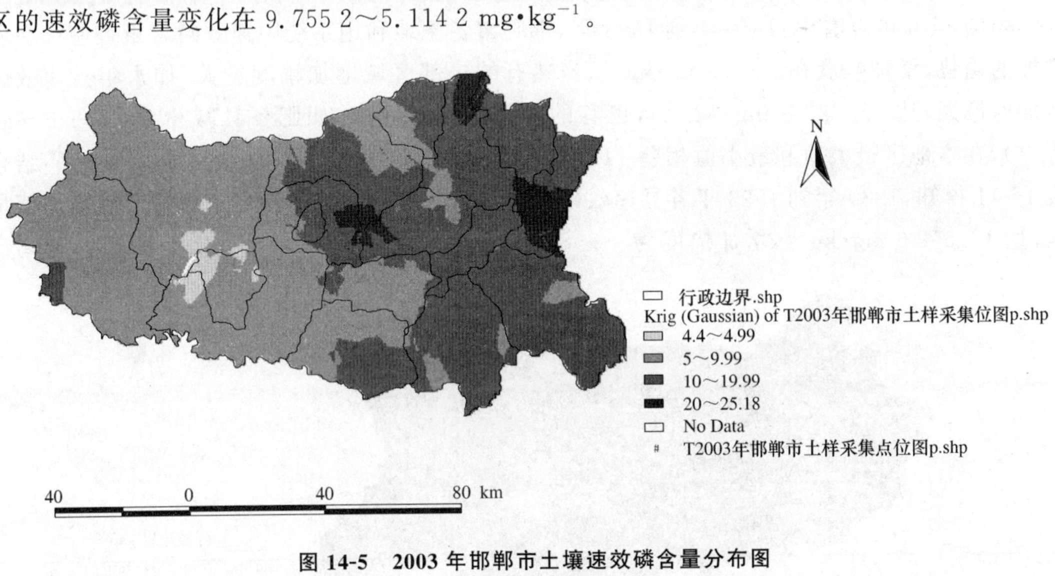

图 14-5　2003 年邯郸市土壤速效磷含量分布图

表 14-10　2003 年邯郸市各县速效磷含量及标准差

县名	速效磷含量/(mg•kg^{-1})			标准差
	最小值	最大值	平均值	
邯郸县	6.357 8	20.387 3	13.789 4	4.343 2
邱县	13.228 2	15.478 6	14.232	0.785 6
馆陶县	17.852 7	25.176 3	22.345 2	2.868 9

续表 14-10

县名	速效磷含量/(mg·kg⁻¹)			标准差
	最小值	最大值	平均值	
成安县	6.574 9	7.494	6.942 8	0.449 4
广平县	10.183	16.051 3	12.498 9	2.213 7
肥乡县	10.824 8	22.084 9	17.303 4	3.770 1
永年县	10.778 4	16.188 1	13.385 4	1.676 8
鸡泽县	9.392 5	15.857 1	11.068 8	2.045 9
大名县	10.442 6	15.264 4	12.772 3	1.568 1
魏县	10.873 7	12.790 4	11.703 2	0.575 7
临漳县	8.238 2	11.440 2	9.755 2	1.047 5
磁县	6.979 3	9.244 3	7.765 2	0.817 4
涉县	6.126 5	9.862 9	8.212 5	1.018 8
武安市	6.478 7	8.386	6.981	0.573 9
峰峰矿区	4.635	5.784 8	5.114 2	0.488 6
曲周县	9.751	22.378 7	17.991 7	3.507 7

五、土壤速效磷含量的时间变异性分析

由图 14-6 可以看出：1980 年到 1993 年，邯郸市各土地利用系统中速效磷含量普遍存在着增加的趋势，增加幅度在 0～20 $mg \cdot kg^{-1}$，当然有的局部区域增加幅度更大(如永年县速效磷增加值最大，达 62.622 8 $mg \cdot kg^{-1}$)，也有的局部区域则减少(如肥乡县减少 54.695 1 $mg \cdot kg^{-1}$)，在本地区最大值和最小值相差 117.317 9 $mg \cdot kg^{-1}$，可见变化幅度是非常大的。结合表 14-11 得知，1980 年到 1993 年各县速效磷的平均含量普遍增加。涉县速效磷含量增加值最大，达 12.558 6 $mg \cdot kg^{-1}$，增加幅度为 −7.898 3～55.151 6 $mg \cdot kg^{-1}$；其次是曲周县和鸡泽

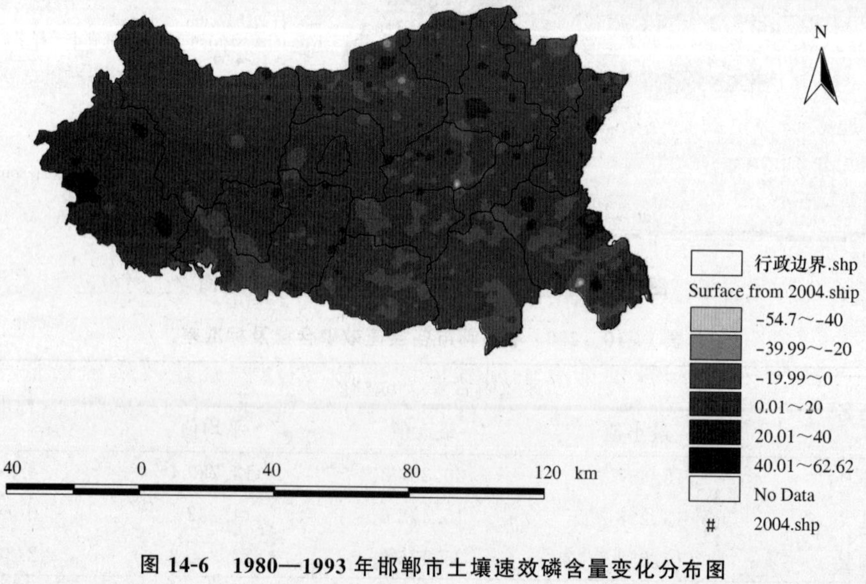

图 14-6　1980—1993 年邯郸市土壤速效磷含量变化分布图

县，分别达到 10.640 3 mg·kg^{-1}（－4.159 9～54.140 8 mg·kg^{-1}）和 10.097 9 mg·kg^{-1}（－3.568 5～31.847 5 mg·kg^{-1}）；武安市（9.191 4 mg·kg^{-1}）、永年县（8.212 mg·kg^{-1}）和馆陶县（7.934 1 mg·kg^{-1}）的速效磷含量增加幅度也较大；增加幅度最小的是丘县，其增加值只有 2.481 mg·kg^{-1}（－6.406 8～21.184 mg·kg^{-1}），其次是成安县、魏县、临漳县、磁县和市内三区，其增加值变化在 3.059～4.106 mg·kg^{-1}。

表 14-11　1980—1993 年邯郸市各县速效磷含量变化及其标准差统计结果

县名	速效磷含量/(mg·kg^{-1})			标准差
	最小值	最大值	平均值	
临漳县	－10.888 3	46.835 4	3.453 6	4.461 7
魏县	－14.902 1	27.333 3	3.288 3	4.883 2
成安县	－10.619 2	31.545 3	3.059	4.998
大名县	－54.190 8	62.586 5	5.308 4	9.583 2
峰峰矿区	－6.990 4	33.971 3	5.956 5	5.94
磁县	－8.145 1	33.362 1	3.990 5	5.457 4
广平县	－15.458 9	37.256 5	5.645	5.042 7
市内三区	1.222 4	9.464 6	4.106	1.692 1
肥乡县	－54.695 1	39.427 3	3.828 6	7.606
邯郸县	－8.268	34.593 1	4.726	4.062 2
馆陶县	－4.664 6	38.483 6	7.934 1	6.825 4
涉县	－7.898 3	55.151 6	12.558 6	6.610 8
永年县	－34.617 2	62.622 8	8.212	8.452 1
曲周县	－4.159 9	54.140 8	10.640 3	7.509 2
丘县	－6.406 8	21.184	2.481	3.151 6
鸡泽县	－3.568 5	31.847 5	10.097 9	3.947 6
武安市	－4.981	21.899 5	9.191 4	4.821 9

1980 年邯郸市各土地利用系统中速效磷含量的变化主要依赖于系统内的母质类型，而到了 1993 年速效磷含量的变化则主要取决于磷肥的施用量、农业产业结构的调整。

从 1993 年到 2003 年，邯郸市速效磷含量有增有减（表 14-12），10 年来，速效磷含量增加的有：馆陶县（9.278 7 mg·kg^{-1}）、丘县（806 402 mg·kg^{-1}）、肥乡县（6.728 8 mg·kg^{-1}）、魏县（2.721 3 mg·kg^{-1}）、曲周县（2.139 0 mg·kg^{-1}）、临漳县（1.647 0 mg·kg^{-1}）、邯郸县（1.604 0 mg·kg^{-1}）、广平县（0.841 3 mg·kg^{-1}）；其他各县均为减少，其中下降最多的是涉县（－11.507 8 mg·kg^{-1}）和峰峰矿区（－10.570 6 mg·kg^{-1}）。进一步研究表明：邯郸市各土地利用系统中速效磷的最低含量都有不同程度的提高，如馆陶县速效磷的最低含量提高 16.709 2 mg·kg^{-1}，涉县的速效磷最低含量仅提高 1.659 9 mg·kg^{-1}，其他各县的最低含量提高幅度为 12.727 4～1.804 1 mg·kg^{-1}；速效磷的最高含量则普遍下降，以大名县的速效磷含量下降最多，达到了 55.333 5 mg·kg^{-1}，其次是永年县（－51.425 3 mg·kg^{-1}）、涉县（－50.289 4 mg·kg^{-1}）；以丘县速效磷最大含量下降最少，为 7.710 4 mg·kg^{-1}，其他各县的减少幅度为：40.785 9～13.852 5 mg·kg^{-1}。

表 14-12　1993—2003 年邯郸市各县速效磷含量变化

县名	速效磷含量/($mg \cdot kg^{-1}$)		
	最小值	最大值	平均值
邯郸县	2.962 2	−15.922 5	1.604
邱县	12.727 4	−7.710 4	8.640 2
馆陶县	16.709 2	−13.852 5	9.278 7
成安县	4.469 3	−28.056 3	−2.607 9
广平县	9.044 4	−25.954 1	0.841 3
肥乡县	10.002 6	−21.950 7	6.728 8
永年县	9.394 1	−51.425 3	−1.888 5
鸡泽县	7.258 6	−21.549 4	−3.916 7
大名县	9.442 3	−55.333 5	−0.871 5
魏县	9.367 9	−18.892 2	2.721 3
临漳县	7.423 8	−40.785 9	1.647
磁县	6.464 6	−26.82	−0.613 8
涉县	1.659 9	−50.289 4	−11.507 8
武安市	6.455 1	−22.612	−9.563 2
峰峰矿区	1.804 1	−36.115 9	−10.570 6
曲周县	8.072 2	−36.763 2	2.139

第三节　市域土壤生态系统磷素变异性系统分析

邯郸市属于华北平原的一部分，其成土母质在不同程度上受黄土的影响，全磷含量变化较大。磷素在土地利用系统中的移动性是很缓慢的，但是在长期的成土和利用过程中，磷素不仅有大的地带性差异，而且在一个局部的范围内，也可以通过淋溶、淀积和人为活动而重新分布。不同的地形部位、不同的利用方式、不同的耕作施肥措施都会对土地利用系统中磷素含量造成明显的影响。磷素含量不但可以在空间上有所差异(图 14-1 至图 14-5)，而且在不长的时间内也可以有明显的变化(表 14-11、表 14-12)。从空间上看，全磷含量发生了明显的区域性差异(图 14-2)，究其原因，主要是因为长期以来耕作制度的变化、新品种的引进、磷肥的大量施用等，从而使绝大多数低磷土地系统的全磷含量普遍提高(表 14-5)，由 1980 年的全市全磷含量的六个等级(图 14-1)提高到 2003 年(图 14-2)的二、三级，从而表现出了明显的趋同性。全磷含量的变化与农田的水利化程度呈显著相关($r=0.550^{*}$)，说明高的水分含量有利于系统内全磷的积累。速效磷含量也表现出了明显的区域性(图 14 5)，即东部平原区普遍偏高，而西部丘陵山区则普遍偏低，这在一定程度上与农业生产条件，如耕作制度、灌溉条件、母质类型、质地类别等有关系。东部平原区母质多为河流冲积物、质地细腻，土地利用系统中含有丰富的磷素并接收了来自上游环境淋洗下来的磷素，加上充足的磷肥施用量和良好的灌溉条件，从而使速效磷含量普遍较高；而中西部地区，母质多为残坡积物或黄土母质，本来含磷量就少，加上磷的地球化学移动和作物的吸收，使得土地利用系统中速效磷含量处于较低水平。

从时间上看：土地利用系统中磷素含量也有明显的变化。从 1980 年到 1993 年的 13 年间，速效磷平均含量普遍增加，具体表现在速效磷的最小值普遍减少，而其最大值则普遍增加。在 80 年初期，磷肥的施用还极不普遍，作物从土地利用系统中吸收的磷素主要来自母质；80 年代中后期到 90 年代初，部分人认识到了磷肥的作用，而有些地区仍然信息闭塞，磷肥的施用出现了较大的差异，因此出现了部分地区不施用磷肥，磷素处于耗竭状态，含磷量急剧下降；而部分地区则盲目施用磷肥和不合理使用磷肥，土地利用系统中的磷素富积。从 1993 年到 2003 年，邯郸市各县农田普遍施用磷肥，而且注重了氮磷肥的配合、磷肥与有机肥的配合及肥料的合理施用，磷肥施用量由 1993 年的 76 678 t 增加到 2002 年的 107 278 t，增加了 39.91%；耕地面积净减少 19 142 hm^2，粮食产量增加了 957 987 t，因而土地利用系统中速效磷含量基本持平，表现在最低含量普遍增加，而最高含量则普遍减少，平均值有高有低，表明目前的磷肥施用趋于合理。

总之，20 世纪 80 年代初期，全磷含量取决于母质类型，如硅铝质残坡积母质的全磷含量最高，达 0.698 7～0.898 9 $g \cdot kg^{-1}$；而漳河冲积物的较低，为 0.454 2～0.530 5 $g \cdot kg^{-1}$，地域性分布规律不明显。23 年的农业利用使邯郸市土地利用系统的自组织能力发生了很大变化，尤其是全磷含量从无序到有序即从 6 个等级并存逐步趋向于二、三级两个等级；全磷含量由取决于母质到取决于农业综合措施，但仍与质地分布关系密切，黏质土的全磷含量较高。全磷含量的变化与农田的水利化程度呈显著相关($r=0.550^*$)，说明土地利用系统中高的水分含量有利于全磷的积累。

在空间上，速效磷含量从不规则的点状分布，逐步过渡到区域分布；从主要依赖于母质类型过渡到依赖于农业综合措施，但仍以黏质土含量最高。在时间上，速效磷含量经历了逐步提高并表现出趋同性：1980 年的平均含量为 3.113 5～9.728 3 $mg \cdot kg^{-1}$(变幅为 0.242 2～62.711 2 $mg \cdot kg^{-1}$)；1993 年的为 5.591 8～19.720 3 $mg \cdot kg^{-1}$(变幅为 0.023 6～70.597 9 $mg \cdot kg^{-1}$)；2003 年的为 5.114 2～22.345 2 $mg \cdot kg^{-1}$(变幅为 4.635～25.176 3 $mg \cdot kg^{-1}$)，由此看见：目前的磷肥用量基本合理。

参考文献

[1] 张文生. 邯郸农业大全. 石家庄：河北人民出版社，2002.
[2] 邯郸地区农业局. 邯郸土壤. 1986.
[3] 李承绪. 河北土壤. 石家庄：河北科学技术出版社，1990.
[4] 熊毅，李庆逵. 中国土壤. 2 版. 北京：科学出版社，1990.
[5] 邯郸市统计局. 邯郸农村统计年鉴. 北京：中国统计出版社，1996.
[6] 邯郸市统计局. 邯郸统计年鉴. 北京：中国统计出版社，2000.
[7] 邯郸市统计局. 邯郸统计年鉴. 北京：中国统计出版社，2002.
[8] 邯郸市统计局. 邯郸统计年鉴. 北京：中国统计出版社，2003.
[9] 贾文竹，赵振勋. 河北省土壤耕层养分变化与调控. 北京：中国科学技术出版社，1995.
[10] 叶荣. 从系统论看区域经济发展. 财会研究，1999，5：40-42.

[11] 米险峰.从系统论看我国区域经济布局和特区经济.系统辩证学学报,1994,1:23-27.
[12] 邬莉,许有鹏,彭补拙,等.基于 GIS 的洪泛平原土地利用规划.土壤,2002,2:104-108.
[13] 吕新,魏亦农,李少昆.基于 GIS 的土壤肥力信息管理及棉花施肥推荐支持决策系统研究.中国农业科学,2002,35(7):883-887.
[14] 孙艳玲,郭鹏,刘洪斌,等.基于 GIS 的土壤肥力综合评价.西南农业大学学报,2003,25(2):176-179.

第十五章　市域土壤生态系统中钾素时空变异性

农田土壤中的速效钾是当季作物可以获取的主要养分资源，它标志着目前乃至近期内可供植物吸收利用的钾的数量，是衡量土壤钾素养分供应能力的现实指标，且随着土壤管理、作物产量等因素的变化而呈动态的变化。随着作物产量的提高、复种指数增加和化肥工业的发展，我国农田化肥施用量日益增加，但相对氮磷肥而言，由于目前国内钾素资源供应仍然不足，钾肥的施用量和施用范围具有局限性。在较大尺度上进行土壤速效钾含量的时空演变特征研究，不但能从宏观上发现农业生产管理和土壤养分重建过程中可能存在的问题，也是掌握该区域土壤质量动态演化特征的重要内容。

自 20 世纪 70 年代地统计学方法引入土壤学研究领域以来，土壤养分的空间变异规律研究从定性描述转向定量研究阶段。到 90 年代，随着发达国家精确农业、精确施肥技术的提出和开展，土壤养分的空间变异和空间插值技术研究得到众多农学家的关注，近年来国内利用地统计学的方法对土壤性质时空变异性的研究也逐渐增多。这些研究在地统计学的方法论做了大量深入的工作，研究对象则在较小比例尺大区域尺度上的研究较多，抑或多是田间尺度的小范围研究。研究的时段大多为近年来的结果与第二次土壤普查的结果相对比。本文以黄淮海平原地区河北省邯郸市土壤生态系统为研究范围，利用地统计学与 GIS 相结合的方法，对比 1980 年、1993 年和 2003 年 3 个不同时段农田土壤生态系统中速效钾含量，以期更详细地了解其时空演变动态趋势及空间分布格局，并对其驱动因素进行分析，为优化现有农业生产管理措施、实现资源的合理配置和可持续利用提供理论依据。

第一节　市域土壤全钾时空变异性

一、全钾含量的分级标准

第二次土壤普查期间，国家土壤普查办公室制定了全国的养分含量分级标准，其中全钾含量分级标准如表 15-1 所示：

表 15-1　全钾含量分级标准　　$g \cdot kg^{-1}$

分级	一级	二级	三级	四级	五级	六级
含量范围	＞25	20.1～25	15.1～20	10～15	5～10	＜5
评价	丰	富	高	中	低	少

二、1980 年全钾含量的空间变异性特征

由图 15-1 可以看出：20 世纪 80 年代，邯郸市土地利用系统中全钾含量的分布呈现出片状分布规律，并且全钾含量处于中等以上水平，即全钾含量大于 10 g·kg^{-1}，在邯郸各土地利用系统中全钾含量没有分级标准中的五级和六级。结合表 15-2 可知：涉县大部、武安市西北部、永年县西北部、邯郸县西北部、磁县东部、肥乡县西部、成安县大部、广平县西部全钾含量较高。从母质类型来看，泥硅铝质残坡积物、硅质残坡积物、砾质洪冲积物、钙质残坡积物、红黄土、酸性硅铝质残坡积物、黄土等母质上全钾含量都超过了 20 g·kg^{-1}；分布于馆陶县、大名县、邱县、曲周县大部、魏县大部、临漳县大部、鸡泽县大部地区的全钾含量较低；砂壤洪冲积物、黏质洪冲积物、轻壤洪冲积物全钾含量较低。

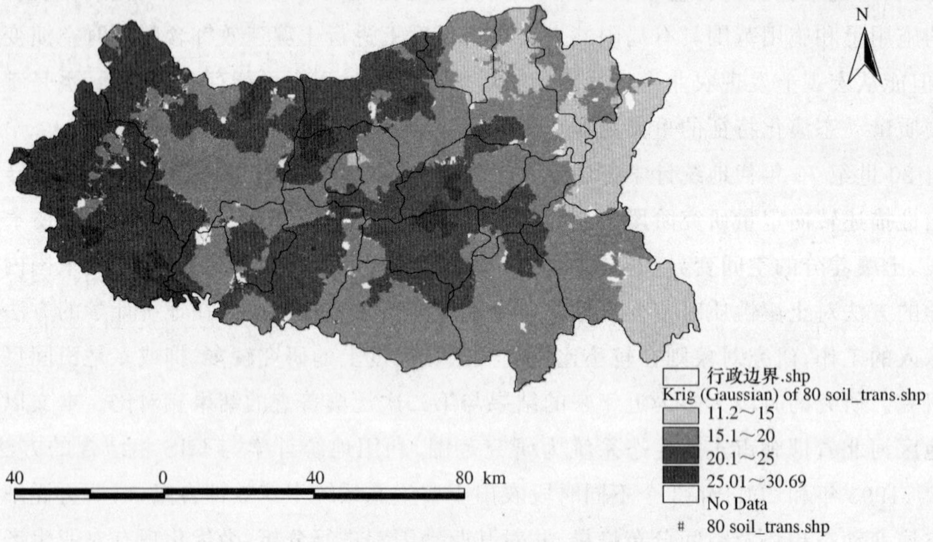

图 15-1　1980 年邯郸市土壤全钾含量分布图

表 15-2　邯郸市不同母质类型全钾含量(1980)

母质类型	样本数	全钾含量/(g·kg^{-1})			标准差
		最小值	最大值	平均值	
砂壤洪冲积物	95	11.433	26.145 2	17.482 4	3.856 5
轻壤洪冲积物	198	11.933 7	26.679 4	18.227 3	3.257 7
砂质洪冲积物	32	13.667 7	24.147 7	19.062 9	3.125 5
中壤洪冲积物	127	14.285 3	25.856 4	19.453 6	3.159 2
黏质洪冲积物	73	13.684 1	24.267 9	17.870 2	2.707
黄土	96	16.732 9	26.795 4	20.364 1	1.911
砾质洪冲积物	21	16.960 7	25.598 4	21.975 4	2.498 1
中性硅铝质残坡积物	7	17.412 9	20.517 1	19.623 2	0.976 2
钙质残坡积物	134	16.732 9	28.485 7	21.538 9	2.050 2

续表 15-2

母质类型	样本数	全钾含量/(g·kg⁻¹)			标准差
		最小值	最大值	平均值	
泥硅铝质残坡积物	19	17.751 5	27.789 4	22.970 5	2.582 1
酸性硅铝质残坡积物	9	16.096 2	25.663 2	20.951 7	3.410 5
硅质残坡积物	26	19.834 1	25.427 8	22.910 7	1.736 9
红黄土	26	19.817 8	29.083 5	21.873 3	1.972 5

由表 15-3 可知：邯郸市各土地利用系统中全钾含量主要分布在二级、三级和四级上。涉县的全钾含量最高，达 22.530 1 $g \cdot kg^{-1}$，且变化幅度也最大，达 19.225 8～30.688 3 $g \cdot kg^{-1}$；同属于二级的有成安县，其平均值为 22.470 2 $g \cdot kg^{-1}$，变化幅度为 15.817 2～27.905 6 $g \cdot kg^{-1}$；此外，峰峰矿区、磁县、永年县、肥乡县、武安市的全钾含量变化在 20.376 7～20.904 9 $g \cdot kg^{-1}$。馆陶县全钾含量最低，只有 14.153 6 $g \cdot kg^{-1}$，变幅也小（11.799 4～16.133 1 $g \cdot kg^{-1}$），属于四级；属于四级的还有丘县，全钾含量为 14.965 5 $g \cdot kg^{-1}$。其他各县的全钾平均含量变化在 15.187 2～18.804 5 $g \cdot kg^{-1}$，属于三级。由此可见，邯郸市各土地利用系统中全钾的储备量是非常丰富的，可以在相当长的时间内满足作物对钾素的需要。

表 15-3　1980 年邯郸市各县全钾含量及标准差

县名	全钾含量/(g·kg⁻¹)			标准差
	最小值	最大值	平均值	
临漳县	14.808 2	23.409 6	17.783 6	1.952 3
魏县	15.043 8	24.174	17.379 5	2.159 9
成安县	15.817 2	27.905 6	22.470 2	2.418 6
大名县	11.199 6	23.477 6	15.187 2	2.075 3
峰峰矿区	18.366 5	22.835 9	20.457 7	1.089 7
磁县	14.811 1	30.672	20.274 6	2.121
广平县	13.011 8	24.151 1	18.804 5	2.841 6
市内三区	14.712	24.056 3	17.585 1	2.091 9
肥乡县	15.057 3	27.153 6	20.904 9	3.198 5
邯郸县	13.661 4	28.519	20.719 5	2.902 2
馆陶县	11.799 4	16.133 1	14.153 6	0.788 5
涉县	19.225 8	30.688 3	22.530 1	1.800 5
永年县	12.987 3	28.138	20.797 4	2.852 6
曲周县	11.667 5	24.899 9	16.231 1	2.621
丘县	12.531 5	17.500 7	14.965 5	0.962
鸡泽县	11.901 3	27.038 1	16.316 5	2.983 7
武安市	15.543 9	27.478 5	20.376 7	1.828 8

第二节　市域土壤速效钾时空变异性

一、速效钾含量的分级标准

第二次土壤普查期间，国家土壤普查办公室制定了全国的养分含量分级标准，其中速效钾含量分级标准如表 15-4 所示：

表 15-4　速效钾含量分级标准　　mg·kg^{-1}

分级	一级	二级	三级	四级	五级	六级
含量范围	＞200	≥150	≥100	＞50*	≥30	＜30
评价	丰	富	高	中	低	少

注：* 缺素临界值

二、1980 年速效钾含量的空间变异性特征

由图 15-2 和表 15-5 可以看出：邯郸市各土地利用系统中速效钾含量普遍较高，其平均值都在二、三级，变幅为 122.508 2～198.138 9 mg·kg^{-1}，而且呈现斑块状分布，区域性特征不明显。进一步研究表明：鸡泽县土地利用系统中的速效钾含量最高，为 198.138 9 mg·kg^{-1}，且变幅大(100.081 1～399.314 3 mg·kg^{-1})，同属于二级有肥乡县(184.148 6 mg·kg^{-1}，变幅为18.041 3～285.771 5 mg·kg^{-1})、广平县(180.465 3 mg·kg^{-1}，变幅为 14.231～316.690 6 mg·kg^{-1})、成安县(168.777 mg·kg^{-1}，变幅为 41.070 7～308.965 8 mg·kg^{-1})。除此之外，还有永年县、武安市、曲周县、涉县、市内三区、邯郸县等，其速效钾含量变化在 165.275 4～152.045 9 mg·kg^{-1}；磁县的速效钾含量最低，只有 122.508 2 mg·kg^{-1}，属于三级，同属于三级的还有峰峰矿区

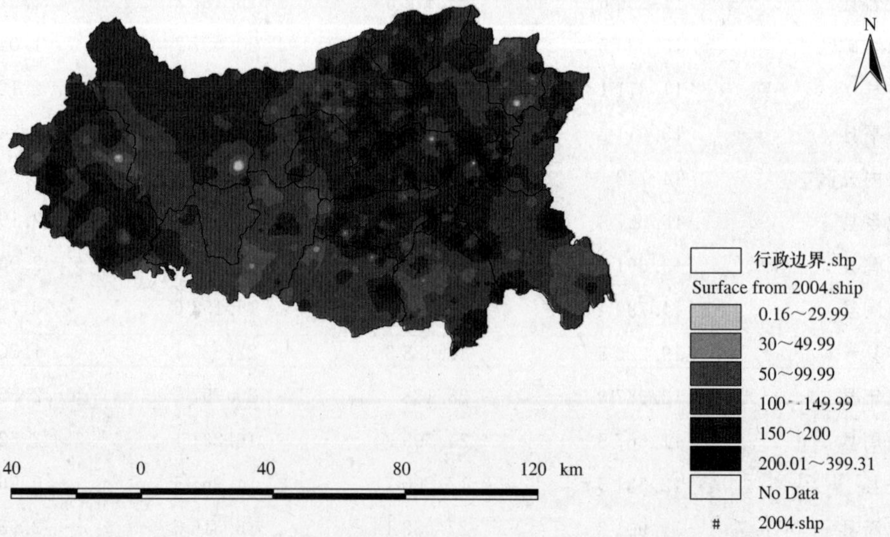

图 15-2　1980 年邯郸市土壤速效钾含量分布图

(123.030 8 $mg \cdot kg^{-1}$，变幅为 90.773～153.135 7 $mg \cdot kg^{-1}$)、丘县(126.382 4 $mg \cdot kg^{-1}$，变幅为 11.179 7～257.793 4 $mg \cdot kg^{-1}$)等。速效钾含量在各地的差异很大，高的可达近 400 $mg \cdot kg^{-1}$，如鸡泽县的局部，低的不足 30 $mg \cdot kg^{-1}$，如广平县、肥乡县、涉县、武安市的局部，相差 10 多倍。

表 15-5　1980 年邯郸市各县速效钾含量及标准差

县名	速效钾含量/($mg \cdot kg^{-1}$)			标准差
	最小值	最大值	平均值	
临漳县	30.942	284.778 7	135.771	33.884 5
魏县	47.824 1	346.846 2	136.589 2	41.142 3
成安县	41.070 7	308.965 8	168.777	35.330 7
大名县	55.000 7	275.986 7	131.040 5	38.089 3
峰峰矿区	90.773	153.135 7	123.030 8	9.520 4
磁县	43.013	229.016 1	122.508 2	25.679 4
广平县	14.231	316.690 6	180.465 3	36.035 7
市内三区	136.151 4	183.767 3	153.045 7	8.192 5
肥乡县	18.041 3	285.771 5	184.148 6	32.274 8
邯郸县	85.164 4	221.918 2	152.045 9	20.928 4
馆陶县	95.206 7	234.539	147.113 9	18.245 4
涉县	24.052 6	322.481 1	156.490 1	36.263 7
永年县	46.941 1	346.265 6	165.275 4	36.661 6
曲周县	99.612	291.980 9	159.812 9	27.306 7
丘县	11.179 7	257.793 4	126.382 4	32.952
鸡泽县	100.081 1	399.314 3	198.138 9	37.963 6
武安市	0.159 8	215.069 1	152.222	21.920 1

三、1993 年速效钾含量的空间变异性特征

由图 15-3 和表 15-6 可以看出：1993 年邯郸市各土地利用系统中速效钾含量以三级居多，其次是四级，以二级较少。涉县土地利用系统中的速效钾含量最高(149.231 3 $mg \cdot kg^{-1}$，变幅为 95.017 3～274.948 3 $mg \cdot kg^{-1}$)，且速效钾含量高的区域在涉县成带状分布；广平县速效钾含量为 129.069 8 $mg \cdot kg^{-1}$；肥乡县速效钾含量为 120.824 3 $mg \cdot kg^{-1}$。速效钾含量同属于三级的还有市内三区(118.934 1 $mg \cdot kg^{-1}$)、峰峰矿区(114.922 9 $mg \cdot kg^{-1}$)、成安县(108.986 6 $mg \cdot kg^{-1}$)、曲周县(107.898 6 $mg \cdot kg^{-1}$)、邯郸县(107.022 3 $mg \cdot kg^{-1}$)、武安市(103.121 1 $mg \cdot kg^{-1}$)、磁县(101.797 5 $mg \cdot kg^{-1}$)。鸡泽县(96.997 6 $mg \cdot kg^{-1}$)、永年县(89.819 9 $mg \cdot kg^{-1}$)、馆陶县(88.439 4 $mg \cdot kg^{-1}$)、魏县(84.788 6 $mg \cdot kg^{-1}$)、大名县(84.696 7 $mg \cdot kg^{-1}$)、丘县(83.401 4 $mg \cdot kg^{-1}$)属于四级，其中以临漳县土地利用系统中的速效钾含量为最低，只有 81.673 7 $mg \cdot kg^{-1}$。速效钾含量低于 30 $mg \cdot kg^{-1}$的局部地区有扩大的趋势，如大名县东南部。总之，经过了 13 年，邯郸市各县土地系统中普遍表现出速效钾含量下降的趋势。

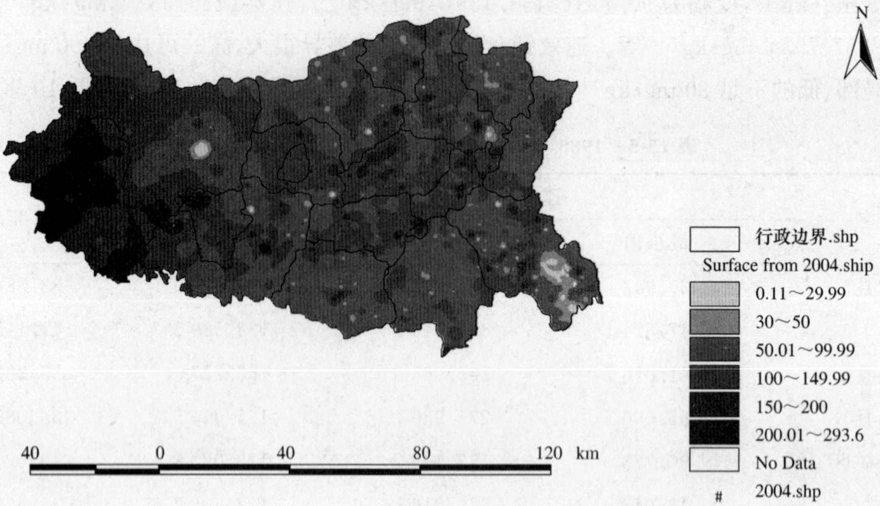

图 15-3　1993 年邯郸市土壤速效钾含量分布图

表 15-6　1993 年邯郸市各县速效钾含量及标准差

县名	速效钾含量/(mg·kg^{-1})			标准差
	最小值	最大值	平均值	
临漳县	35.076 4	179.609 7	81.673 7	20.945 2
魏县	35.297 4	189.823 7	84.788 6	20.343 2
成安县	55.168 7	208.89	108.986 6	21.744
大名县	8.763 5	244.329	84.696 7	32.242 9
峰峰矿区	54.673 7	238.209 8	114.922 9	30.183 1
磁县	10.729 3	249.571 9	101.797 5	24.886 3
广平县	51.446 8	293.604 8	129.069 8	26.522
市内三区	107.614 2	145.958 9	118.934 1	5.975 4
肥乡县	45.178	214.681 1	120.824 3	27.588 1
邯郸县	11.928 1	178.833 6	107.022 3	22.150 8
馆陶县	45.205 8	189.857 1	88.439 4	19.974 8
涉县	95.017 3	274.948 3	149.231 3	21.701 4
曲周县	10.187 2	244.562	107.898 6	27.087 3
丘县	35.495 7	149.090 7	83.401 4	18.048 4
鸡泽县	30.296	204.218 4	96.997 6	27.272 7
武安市	0.105 9	172.813 7	103.121 1	21.342 6

四、2003年速效钾含量的空间变异性特征

2003年，邯郸市各土地利用系统中速效钾含量主要分布在二级(150.00～200.00 mg·kg^{-1})、三级(100.00～149.99 mg·kg^{-1})和四级(50.00～99.99 mg·kg^{-1})上(图15-4)。从区域上看，邯郸市各县速效钾含量以三级为主，占邯郸市的绝大部分地区；速效钾含量在二级上的只有零星的点状分布，如曲周县和邱县交界的北半部、大名县和馆陶县的交界地带、邯郸县和磁县及临漳县的三角地带等；速效钾含量在四级的区域主要分布在永年县东部、肥乡县中西部、鸡泽县大部和曲周县西南部。

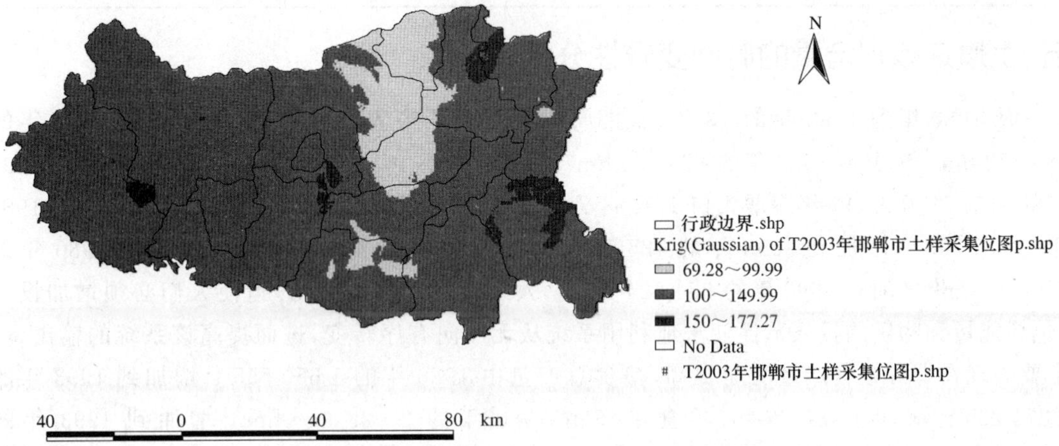

图15-4 2003年邯郸市土壤速效钾含量分布图

由表15-7可以看出：大名县土地利用系统中速效钾含量最高，达141.713 6 mg·kg^{-1}(119.713 6～158.838 8 mg·kg^{-1})；以肥乡县的速效钾含量为最低，只有87.277 9 mg·kg^{-1}(75.692 4～117.862 8 mg·kg^{-1})，同处于四级的还有鸡泽县(92.624 mg·kg^{-1})和永年县(99.161 6 mg·kg^{-1})；其他各县处于三级水平上(136.066 9～104.744 7 mg·kg^{-1})。

表15-7 2003年邯郸市各县速效钾含量及标准差

县名	速效钾含量/(mg·kg^{-1})			标准差
	最小值	最大值	平均值	
邯郸县	112.546 2	139.661 6	125.607 7	7.946 3
邱县	108.984 1	162.258 5	119.582 6	16.379 8
馆陶县	103.126 2	124.332 6	115.530 6	8.303 3
成安县	110.348	119.762 4	115.989 3	4.606
广平县	109.870 5	141.934	129.477 4	9.915 5
肥乡县	75.692 4	117.862 8	87.277 9	15.662 2
永年县	86.390 5	119.219 5	99.161 6	11.494 9
鸡泽县	76.488 6	120.710 5	92.624	13.911 5
大名县	119.713 6	158.838 8	141.713 6	11.973 6
魏县	108.667 5	143.930 3	125.314 9	9.723 4

续表 15-7

县名	速效钾含量/(mg·kg⁻¹)			标准差
	最小值	最大值	平均值	
临漳县	89.322 1	115.796 8	104.744 7	9.132 6
磁县	119.171 3	147.204 7	128.802 3	9.019 1
涉县	122.320 8	148.881 1	135.357 1	10.282 2
武安市	111.716 6	146.929 7	136.066 9	10.971
峰峰矿区	110.043 8	135.771 4	119.844 9	11.361 3
曲周县	119.210 7	151.388	131.464 4	8.770 1

五、土壤速效钾含量的时间变异性分析

从 1980 年到 1993 年的 13 年来，邯郸农业发生了很大的变化，耕地面积由 1980 年的 683 673 hm^2，减少到 1993 年的 676 935 hm^2，而人口则由 1980 年的 610.23 万人，增加到 1993 年的 781.77 万人，13 年净增人口 171.54 万人。化肥施用量(按实物量计算，氮磷肥)由 1980 年的 381 193 t，增加到 1993 年的 125 1924 t，增加了 2.28 倍；旱涝保收面积由 1980 年的 220 160 hm^2 增加到 1993 年的 334 524 hm^2。人地矛盾的日益突出，迫使人们必须增加投入(包括能量和物质的投入)，促使土地利用系统从无序向有序转变，进而提高该系统的输出量，主要表现在邯郸粮食产量明显提高，粮食总产量由 1980 年的 1 650 555 t，增加到 1993 年的 2 875 235 t，增加了 74.20%；粮食单产由 1980 年的 2 028 $kg \cdot hm^{-2}$ 增加到 1993 年的 3 665 $kg \cdot hm^{-2}$。近年来，由于华北地区钾素含量普遍偏高的事实，使人们忽略了作物的复种指数和产量也在提高、作物从土地利用系统中带走了大量钾素的事实，进而使得土地利用系统中速效钾含量急剧下降，系统的稳定性受到了威胁。13 年来，速效钾含量下降了 6.816 9～101.443 $mg \cdot kg^{-1}$，下降幅度最大的县是鸡泽县，其变化幅度为－399.269～14.431 6 $mg \cdot kg^{-1}$，平均下降了 101.443 $mg \cdot kg^{-1}$；下降幅度最小的是涉县，其幅度为－164.53～119.923 8 $mg \cdot kg^{-1}$，平均减少了 6.816 9 $mg \cdot kg^{-1}$(图 15-5、表 15-8)。

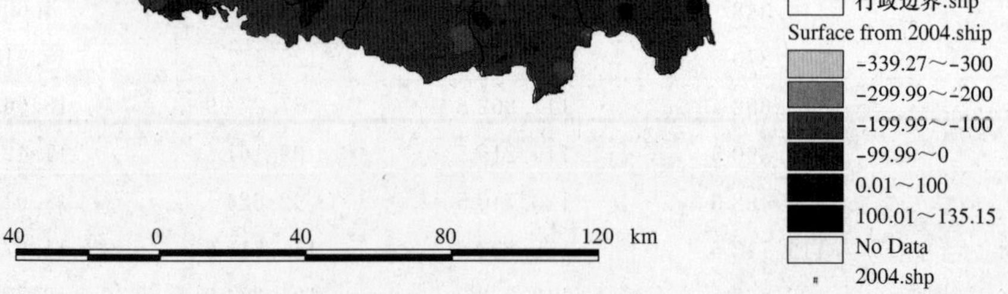

图 15-5　1980—1993 年邯郸市土壤速效钾含量变化

表 15-8　1980～1993 年邯郸市各县速效钾含量变化及标准差

县名	速效钾含量/(mg·kg⁻¹)			标准差
	最小值	最大值	平均值	
临漳县	−186.798	86.570 5	−56.794 4	28.239 4
魏县	−206.945	78.342 4	−51.989 4	37.283 7
成安县	−204.559	54.162 9	−59.706 8	34.465 3
大名县	−155.989	56.993	−47.989 6	29.073
峰峰矿区	−55.173 5	125.737	−8.107 9	28.765
磁县	−143.431	135.149 2	−20.567 5	27.694 1
广平县	−226.489	85.160 9	−50.327 4	30.829 4
邯郸市	−51.839 9	−24.139 8	−34.111 6	6.129 8
肥乡县	−220.612	31.966 8	−63.347 6	27.85
邯郸县	−164.017	5.351 6	−45.023 6	21.918 5
馆陶县	−119.678	19.906 2	−58.972 7	18.142 2
涉县	−164.53	119.923 8	−6.816 9	38.639 2
永年县	−283.48	49.312 6	−74.862 8	39.801 4
曲周县	−227.001	78.014 6	−57.657	27.994 8
丘县	−189.448	68.795 5	−42.724 9	30.732 9
鸡泽县	−339.269	14.431 6	−101.443	40.743 6
武安市	−159.883	98.638 8	−47.126	34.772 5

从 1993 年到 2003 年的 10 年间，秸秆还田、钾素化肥在邯郸部分地区逐步推广和施用，从而使邯郸市土地利用系统中的速效钾含量在总体上遏制了其减少的趋势。10 年来，邯郸市土地利用系统中速效钾含量平均增加了 16.435 1 $mg \cdot kg^{-1}$，有些县、市、区速效钾含量表现出增加的趋势，如大名县速效钾含量增加了 57.016 9 $mg \cdot kg^{-1}$、魏县的增加了 40.526 3 $mg \cdot kg^{-1}$，丘县、武安市、馆陶县、磁县、曲周县、临漳县、邯郸县等县的增加幅度为 36.181 2～18.585 4 $mg \cdot kg^{-1}$；成安县、峰峰矿区和广平县的速效钾含量略有增加，其幅度为 7.002 7～0.407 6 $mg \cdot kg^{-1}$。而另一些县、市、区则继续下降，如肥乡县，其速效钾含量下降了 33.546 4 $mg \cdot kg^{-1}$，年平均下降 3.35 $mg \cdot kg^{-1}$；涉县的速效钾含量也下降了 13.874 2 $mg \cdot kg^{-1}$，鸡泽县下降了 4.373 6 $mg \cdot kg^{-1}$（表 15-9）。进一步研究表明：邯郸市各土地利用系统中速效钾的最低含量普遍增加，以武安市为最大，达到了 111.610 7 $mg \cdot kg^{-1}$，其增加值超过 100.00 $mg \cdot kg^{-1}$ 的县有大名县（110.950 1 $mg \cdot kg^{-1}$）、曲周县（109.023 5 $mg \cdot kg^{-1}$）、磁县（108.442 $mg \cdot kg^{-1}$）、邯郸县（100.618 1 $mg \cdot kg^{-1}$）；邯郸市各土地利用系统中速效钾含量的最大值则普遍下降，以广平县速效钾含量的下降值为最大，达 151.671 $mg \cdot kg^{-1}$，其次是涉县、峰峰矿区、磁县等（−126.067 $mg \cdot kg^{-1}$、−102.438 $mg \cdot kg^{-1}$、−102.367 $mg \cdot kg^{-1}$）。丘县的速效钾含量的最大值表现出增加，其增加值为 13.167 8 $mg \cdot kg^{-1}$。其他各县的速效钾含量的最大值都有不同程度的减少。

表 15-9　1993—2003 年邯郸市各县速效钾含量变化

县名	速效钾含量/(mg·kg^{-1})		
	最小值	最大值	平均值
邯郸县	100.618 1	−39.172	18.585 4
邱县	73.488 4	13.167 8	36.181 2
馆陶县	57.920 4	−65.524 5	27.091 2
成安县	55.179 3	−89.127 6	7.002 7
广平县	58.423 7	−151.671	0.407 6
肥乡县	30.514 4	−96.818 3	−33.546 4
鸡泽县	46.192 6	−83.507 9	−4.373 6
大名县	110.950 1	−85.490 2	57.016 9
魏县	73.370 1	−45.893 4	40.526 3
临漳县	54.245 7	−63.812 9	23.071
磁县	108.442	−102.367	27.004 8
涉县	27.303 5	−126.067	−13.874 2
武安市	111.610 7	−25.884	32.945 8
峰峰矿区	55.370 1	−102.438	4.922
曲周县	109.023 5	−93.174	23.565 8

第三节　市域土壤生态系统钾素变异性系统分析

速效钾含量随时间和空间的变化在很大程度上取决于多种因素的作用，如作物产量的变化、不同土地利用系统中缓效钾补充速效钾的速率和数量、钾素随季节性动态变化、不同作物对钾素的利用能力和需求量的不同、作物吸钾量受到环境因素的影响等。因此，影响速效钾变化的因素不是单个的某一个因素(表 15-10)。速效钾含量与上述各指标的相关性都不显著，因此将速效钾作为肥力指标还缺乏充分的证据，或往往不能得出令人满意的结论。

表 15-10　1980—2003 年邯郸市各县速效钾含量与主要经济指标的相关系数

速效钾与各指标的相关系数	人口	耕地面积	单位耕地供养人数	化肥	粮食总产	水利化程度	农业总产值	单位面积产值
1980	−0.439	−0.158	−0.409	−0.317	−0.002	0.184	−0.381	−0.410
1993	−0.017	−0.054	0.076	−0.373	−0.116	0.040	0.191	0.215
2003	0.227	0.164	0.118	−0.135	−0.093	−0.555*	−0.242	−0.490

注："*"表示显著性水平达到 0.05；"**"表示显著性水平为 0.01。$n=16$

邯郸市位于华北地区，土地利用系统中全钾含量很丰富，在相当长的时间内系统中的全钾可以通过转化、释放并转变成缓效性钾、交换性钾和水溶性钾，是可以满足作物需要的。但是土地利用系统是一个动态的、复杂的、开放的系统，系统内钾素的输出量远远大于其输入量，从而使得土地利用系统内的钾素处于耗竭状态，秸秆还田可以缓解系统内钾素的耗竭，但不能从根本上解决其钾素下降。我国钾矿资源短缺，相当数量的钾肥需要靠进口来解决，因此秸秆还田配合施用化学钾肥可以从根本上解决土地利用系统内钾素的减少。

总之，20 世纪 80 年代，邯郸市土地利用系统中全钾含量的分布呈现出片状分布规律，并且全钾含量主要分布在二级、三级和四级上，属于含量丰富的区域。母质类型不同，全钾含量不同，以残坡积物为主的系统含钾量高，而以洪冲积物为主的系统含钾量低。邯郸市各县土地利用系统中全钾的储备量是非常丰富的，可以在相当长的时间内满足作物对钾素的需要。

速效钾在空间上的分布：从 1980 年的斑块状分布，区域性不明显的状况，逐步过渡到 2003 年的区域性分布很明显的状况，符合区位论的思想。在时间上的分布，从 1980 年到 1993 年速效钾含量急剧下降了 6.816 9～101.443 $mg \cdot kg^{-1}$；而从 1993 年到 2003 年，各县速效钾含量有增（0.407 6～57.016 9 $mg \cdot kg^{-1}$）有减（$-4.373\ 6$～$-33.546\ 4$ $mg \cdot kg^{-1}$）。速效钾含量的变化是多种因素共同作用的结果，秸秆还田配合施用化学钾肥可以从根本上解决钾素的减少。

参考文献

[1] 张文生. 邯郸农业大全. 石家庄：河北人民出版社，2002.
[2] 邯郸地区农业局. 邯郸土壤. 1986.
[3] 李承绪. 河北土壤. 石家庄：河北科学技术出版社，1990.
[4] 熊毅，李庆逵. 中国土壤. 2 版. 北京：科学出版社，1990.
[5] 邯郸市统计局. 邯郸农村统计年鉴. 北京：中国统计出版社，1996.
[6] 邯郸市统计局. 邯郸统计年鉴. 北京：中国统计出版社，2000.
[7] 邯郸市统计局. 邯郸统计年鉴. 北京：中国统计出版社，2002.
[8] 邯郸市统计局. 邯郸统计年鉴. 北京：中国统计出版社，2003.
[9] 贾文竹，赵振勋. 河北省土壤耕层养分变化与调控. 北京：中国科学技术出版社，1995.
[10] 叶荣. 从系统论看区域经济发展. 财会研究，1999，5：40-42.
[11] 米险峰. 从系统论看我国区域经济布局和特区经济. 系统辩证学学报，1994，1：23-27.
[12] 邬莉，许有鹏，彭补拙，等. 基于 GIS 的洪泛平原土地利用规划. 土壤，2002，2：104-108.
[13] 吕新，魏亦农，李少昆. 基于 GIS 的土壤肥力信息管理及棉花施肥推荐支持决策系统研究. 中国农业科学，2002，35(7)：883-887.
[14] 孙艳玲，郭鹏，刘洪斌，等. 基于 GIS 的土壤肥力综合评价. 西南农业大学学报，2003，25(2)：176-179.

第十六章 市域土壤生态系统的预测分析

第一节 环境资源输入对土壤生态系统的影响

一、年平均降雨量对土壤生态系统内各元素的影响

土壤生态系统与外界环境之间不断进行着物质转移、能量转换和信息传递。水是生命之源。水是人类和一切生物赖以生存和发展的物质基础,是一切生命新陈代谢活动的介质。生命活动的整个联系和协调、营养物质的运输、代谢物的运送、废物的排泄、激素的传递都与水密切相关。水是地球生物圈和生态圈的组成部分,并与各种有生命的生物体和无生命的光、热、气、土壤等一起,分别作为生物要素和环境要素共存于生态系统之中。

一个地区的年平均降雨量是该地区水资源总量的主要来源。年平均降雨量的多少直接影响到区域农业生产、土壤生态系统中元素的变化和多寡。邯郸市气象资料(大多起始于 1961 年,部分起始于 1972 年)表明:年平均降雨量 558.8 mm,主要表现为西高东低,西部的涉县和武安市的部分地区年平均降雨量高达 580 mm,有的区域甚至大于 580 mm;而东部,尤其是东南部不到 500 mm,有的甚至低于 490 mm(表 16-1),这样就大大地影响到本地各土壤生态系统中主要元素的变化。

表 16-1 2003 年邯郸市水资源总量与土壤生态系统中各元素的含量

县名	年平均降雨量/mm	有机质含量/(g·kg⁻¹)	全氮含量/(g·kg⁻¹)	碱解氮含量/(mg·kg⁻¹)	全磷含量/(g·kg⁻¹)	速效磷含量/(mg·kg⁻¹)	速效钾含量/(mg·kg⁻¹)
临漳县	551.8	15.517	0.908 1	57.676 5	0.756 9	9.755 2	104.744 7
魏县	529.0	11.950 4	0.822 4	50.49	0.726 3	11.703 2	125.314 9
成安县	516.9	13.394 5	0.850 4	54.627 6	0.823 6	6.942 8	115.989 3
大名县	546.3	12.054 9	0.845 5	54.743 8	0.734 1	12.772 3	141.713 6
峰峰矿区	548.3	24.116	1.177 6	62.083 4	0.668 7	5.114 2	119.844 9
磁县	528.3	21.285 9	1.005 8	56.924 9	0.702 4	7.765 2	128.802 3
广平县	516.0	11.584 4	0.812 3	51.027	0.801 7	12.498 9	129.477 4
肥乡县	526.8	11.750 4	0.781 1	55.477 8	0.875 2	17.303 4	87.277 9
邯郸县	541.9	16.567 6	0.926 3	59.302 4	0.803 9	13.789 4	125.607 7
馆陶县	515.2	12.225 3	0.842	52.137 5	0.903 3	22.345 2	115.530 6
涉县	557.7	19.609 7	0.979 8	58.676 3	0.779 5	8.212 5	135.357 1
永年县	503.5	12.839 1	0.795 5	53.969	0.859 3	13.385 4	99.161 6
曲周县	515.8	11.553 8	0.938 7	58.908	0.793 2	17.991 7	131.464 4

续表 16-1

县名	年平均降雨量/mm	有机质含量/(g·kg⁻¹)	全氮含量/(g·kg⁻¹)	碱解氮含量/(mg·kg⁻¹)	全磷含量/(g·kg⁻¹)	速效磷含量/(mg·kg⁻¹)	速效钾含量/(mg·kg⁻¹)
丘县	534.6	11.1014	0.7895	46.6329	0.8565	14.232	119.5826
鸡泽县	505.5	11.3694	0.7724	49.839	0.7753	11.0688	92.624
武安市	549.0	20.3105	0.9526	53.5626	0.7523	6.981	136.0669

1.年平均降雨量对系统中有机质含量的影响

土壤生态系统中水分的多寡直接影响到其微生物的活动。一般情况下,土壤生态系统中水分含量高会抑制其微生物的活动,而有利于有机质的积累。因此在半干旱地区,同一有机物质的腐殖化系数以含水量高的土壤生态系统为大。经相关性分析,土壤生态系统中的有机质含量与年平均降雨量呈显著相关($r=0.609^{*}$),即在降雨量高的地区,如涉县和武安市的部分区域有机质含量较高(表 16-1)。

2.年平均降雨量对全氮含量的影响

各土壤生态系统中全氮与有机质含量有明显的相关性,有机质含量高的土壤生态系统,其全氮含量也比较高。水分状况和黏粒含量是影响有机质和氮素含量的两个重要因素。水分过多,导致嫌气过程,有机质分解缓慢,而黏粒对有机质的分解具有保护作用。因此,低湿和黏重的土壤生态系统,有机质和氮素含量常较同一系统内排水良好或质地较轻的地块为高,华北地区的情况尤其如此。邯郸市各县土壤生态系统中全氮含量与其年平均降雨量有明显的相关性($r=0.569^{*}$)(表 16-1)。

上述结果表明:在华北地区,尤其是在邯郸市各县年平均降雨量的多少,直接影响到土壤生态系统有机质和全氮含量的高低,表现为降雨量多的地区有机质和全氮含量就高,否则就低。因此可以从查阅地方的降雨量来初步判断其有机质和全氮的含量。

3.年平均降雨量对碱解氮含量的影响

碱解氮是土壤生态系统中的速效态氮,它在系统中的移动性很大,其分布主要表现在:一方面被作物带出系统;一方面随水流失而移出系统;另一方面则固定在土壤生态系统内部的晶格体内,因此在土壤生态系统中的碱解氮含量与降雨量之间有一定的相关性($r=0.446$),但相关性没有达到显著水平(表 16-1)。

4.年平均降雨量对磷素含量的影响

磷素在土壤生态系统中的移动性很小,这是人所共知的。然而在长期的成土过程和土地利用过程中,磷素不仅有大的地带性差异,而且在一个局部范围内,也可以通过淋溶、淀积和人为活动而重新分布,尤其是在含水量较少的情况下,更有利于磷素的积累,因此磷素含量与降雨量之间有一定的负相关(全磷与降雨量的相关系数为:$r=-0.490$;速效磷与降雨量的相关系数为:$r=-0.447$),但相关性不大。含水量越大,越有利于磷素的释放和被作物吸收(表 16-1)。

5.年平均降雨量对速效钾含量的影响

土壤生态系统中黏土矿物晶格的层间具有吸附 K^{+} 的能力,存在于溶液中的 K^{+} 可以被吸附到这些层间的吸附点位,从而使其移动性大大减低,造成钾的固定;而层间的 K^{+} 又可以释放到溶液中，使其能成为有效态。K^{+}的固定与释放在很大程度上取决于土壤生态系统中水分干湿交替的变化。在邯郸市范围内，含水量高的土壤生态系统有利于钾素的释放，而含水量低的系统则促使钾素的固定。降雨量又是本地主要的水分来源，因此年平均降雨量与速效钾含量之间存在着相关性($r=0.471$)，但没有达到显著水平。由此可知，保持一定的水分状况，有利于作物对速效钾的吸收(表 16-1)。

二、化肥施用量对土壤生态系统内各元素的影响

1. 化肥施用量对土壤生态系统中有机质含量的影响

化肥(氮肥、磷肥和钾肥)的施用促进了作物的生长，进而提高了作物从土壤生态系统中吸收各种营养元素的能力，使系统中的营养元素输出量明显增加，导致系统中元素亏缺，因此有机质含量与化肥施用量之间存在着负相关，其相关系数为：$r=-0.426$(图 16-1)。

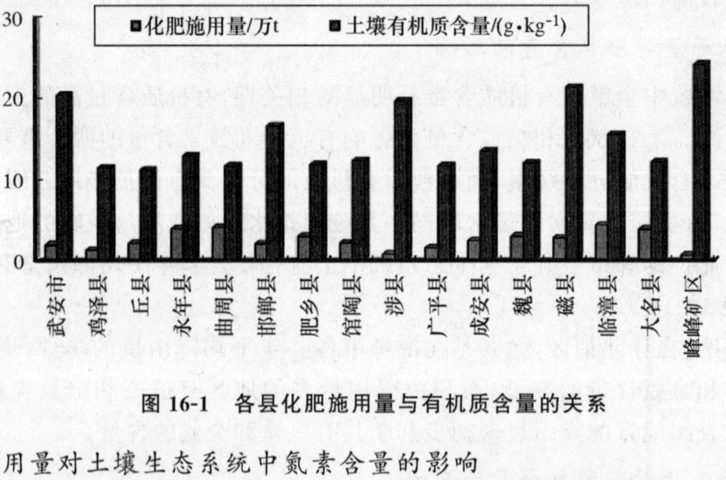

图 16-1　各县化肥施用量与有机质含量的关系

2. 氮肥施用量对土壤生态系统中氮素含量的影响

进入土壤生态系统的氮素主要用于作物的吸收、随水流失和汽化损失，固定在土壤生态系统中的氮素是非常少的，因此全氮含量、碱解氮含量与氮肥施用量之间的相关性较差(其相关系数分别为：$r=-0.308$ 和 $r=-0.041$)(图 16-2)。

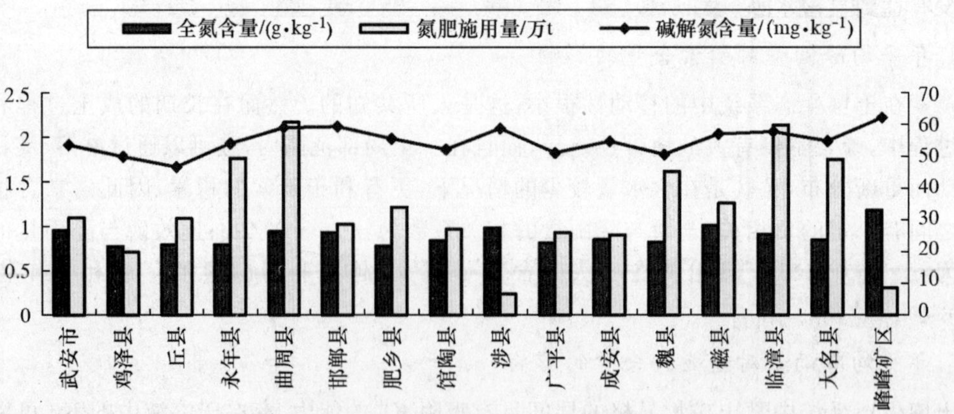

图 16-2　各县氮肥施用量与氮素含量的关系

3.磷肥施用量对土壤生态系统中磷素含量的影响

由图16-3可知，土地系统中全磷含量和速效磷含量与磷肥施用量之间没有显著的相关性，全磷含量与磷肥施用量之间的相关系数为：$r=-0.018$，而速效磷含量与磷肥施用量之间的相关系数则为：$r=0.286$。近年来，磷肥的质量普遍不高，P_2O_5的含量一般在10%左右，有的甚至低于10%，这样即使磷肥的施用量不低，但由于其质量较差，相对于作物的需磷量来讲，磷素的补给量不足，因此施入土地系统中的磷肥基本上被作物吸收了。

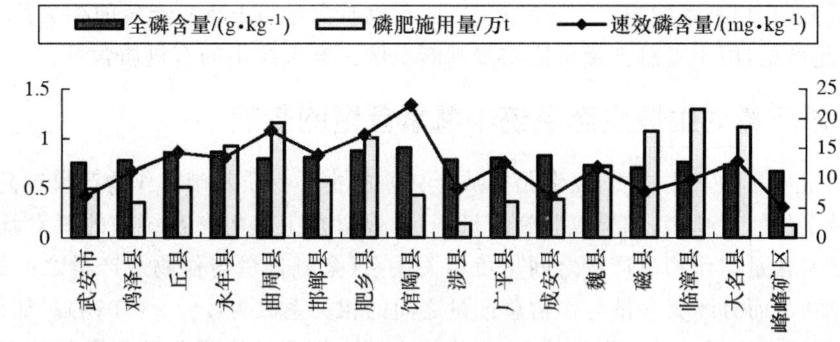

图16-3　各县磷肥施用量与磷素含量的关系

4.钾肥施用量对土壤生态系统中速效钾含量的影响

在华北地区富含钾素的土地系统中，钾素含量可以满足作物对钾的需求，因此钾素含量的高低与钾肥的施用量关系不大，其$r=-0.259$(图16-4)。说明目前的钾肥施用量不大，钾肥的施用仅能满足作物的需求，对补充土地系统中的钾素意义不大。

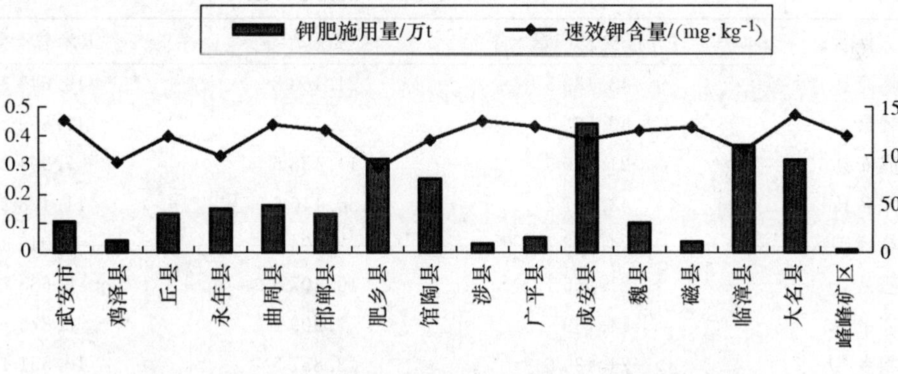

图16-4　各县钾肥施用量与土壤生态系统中的钾素之间的关系

第二节　粮食总产量对土壤生态系统中元素的影响

土壤生态系统中物质的输出主要包括作物的生物产量、经济产量、营养元素的随水流失、部分养分的气化损失等。本文主要研究了作物的经济产量对土壤生态系统中元素变化的影响问题。以2003年邯郸市各县粮食总产量为例(表16-2)。

一、粮食总产量对土壤生态系统中有机质含量的影响

在特定地区的土壤生态系统中有机质含量主要取决于肥料(包括有机肥料和化肥)的投入和作物根茬在土壤生态系统中的残留量,而有机质的消耗则源于作物产量的提高。因此,作物产量越高,土壤生态系统中的有机质含量就越低,从而使有机质含量与粮食总产量之间表现出了负相关,其相关系数为:$r=-0.433$(表 16-3)。进一步研究表明:小麦在漫长的生育过程中,每时每刻都在吸收着来自土壤生态系统中的营养物质,进而使得有机质含量与小麦总产量的负相关性更大(其相关系数为:$r=-0.497$),而有机质含量与玉米总产量的相关性则较小($r=-358$),由此可见,用小麦总产量可以初步判断土壤生态系统中的有机质含量。

二、粮食总产量对土壤生态系统中氮素含量的影响

蛋白质是生命的重要物质,氮素是构成蛋白质的主要物质基础。作物产量越高,从土壤生态系统中带走的氮素越多,如果氮肥施用量不足,残留在土壤生态系统中的氮素就越少,因此系统中的氮素含量与作物总产量之间呈负相关关系(全氮含量与作物总产量之间的相关系数为:$r=-0.387$;而碱解氮含量与作物总产量之间的相关系数为:$r=-0.090$)。如果氮肥施用量不足,或氮肥在施用过程中损失较多,作物从土壤生态系统中吸收的氮素就越多,残留在系统中的氮素就更少。进一步研究表明:土壤生态系统中的氮素含量与小麦总产量之间的负相关系数更大(全氮含量与小麦总产量之间的相关系数为:$r=-0.415$;而碱解氮含量与小麦总产量之间的相关系数为:$r=-0.115$);与玉米总产量的负相关系数则较小(其相关系数分别为:$r=-0.331$,$r=-0.042$)。因此用小麦的总产量来初步判断土壤生态系统中的氮素含量或变化是可行的。

表 16-2　2003 年邯郸市各县粮食总产量　　万 t

县名	粮食总产量	小麦总产量	玉米总产量
临漳县	43.133 5	21.163 8	19.643 7
魏县	40.565 4	20.551 8	17.839 2
成安县	21.870 9	11.188 6	7.994 3
大名县	43.587 2	30.140 6	11.428 2
峰峰矿区	4.372 7	2.004 3	1.949 3
磁县	21.956 1	10.407 8	8.685 7
广平县	14.759	7.909 2	5.875
肥乡县	24.439 6	12.857 5	10.551 4
邯郸县	15.329 3	7.253 4	6.397 2
馆陶县	21.639 4	10.918 6	9.837 1
涉县	8.574 8	3.842 5	2.284 8
永年县	40.222 6	20.282 0	17.980 4
曲周县	28.687 2	15.627 4	11.432 2
丘县	13.357 5	7.385 3	4.006 8
鸡泽县	13.658 6	8.909	3.731 1
武安市	16.859 2	6.15	6.729

表 16-3　2003 年邯郸市各县粮食总产量与土壤生态系统中元素的相关系数

	有机质含量	全氮含量	碱解氮含量	全磷含量	速效磷含量	速效钾含量
粮食总产量	−0.433	−0.387	−0.090	0.020	0.242	−0.093
小麦总产量	−0.497	−0.415	−0.115	−0.009	0.269	−0.033
玉米总产量	−0.358	−0.331	−0.042	0.091	0.259	−0.234

三、粮食总产量对土壤生态系统中磷素含量的影响

磷素是构成生命的重要元素，大量的磷素以作物产量的形式移出土壤生态系统。每年以施肥的形式给土壤生态系统增加的磷基本可以满足作物对磷素的要求，从而使得系统中的全磷含量和速效磷含量与作物总产量的相关性不明显，分别为：$r=0.020$ 和 $r=0.242$。由此可见，邯郸市各县磷肥的施用量基本满足了作物对磷素的需要，不存在土壤生态系统中磷素耗竭的问题，当然磷素富积可能性也较小，因此磷肥施用量是基本合理的。

四、粮食总产量对土壤生态系统中钾素含量的影响

钾素是作物体内酶的催化剂。土壤生态系统中钾素含量的高低直接影响到作物体内酶的活性，进而影响到作物的产量。在华北地区，土壤生态系统内的钾素含量普遍较高，基本可以满足作物对钾素的需求。然而随着氮、磷肥施用量的增加和作物产量的不断提高，系统内的钾素含量有逐步降低的趋势，因此邯郸各县注重了钾肥的施用，加上随着产量提高而增加的根茬量也促进了系统内钾素的补充，使得土壤生态系统中的钾素含量与作物总产量之间的相关性不显著（$r=-0.093$）。目前钾肥施用量和政府号召的秸秆还田基本可以满足作物生长对钾素的需求。

第三节　灰预测模型及其对土壤生态系统物质输入和输出的预测

一、灰预测模型

系统论、信息论、控制论是现代人类文明三大重要支柱，从某种意义上讲，灰色系统处于这“三论”的交叉点上，是一门典型的新兴边缘科学。

所谓灰色系统，是指信息部分明确、部分不明确的系统（相应地，我们称信息完全明确的系统为白色系统、信息完全不明确的系统为黑色系统）。在社会、经济、农业、生态等系统中经常会出现信息完全不清楚，但是对系统的最后结果、最终外在表征总能得到一些资料和信息，例如，一个生产系统，它的投入和产出等信息总是可以收集到的；一个经济系统在单位时间的经济效益一般也是可以知道的。

对灰色系统的未来进行的预测称为灰预测，灰色预测的特点是单数列预测。在形式上，只运用预测对象自身的时间序列建立模型，与其相关联的因素没有参与运算和建模。这是否说，那些因素对预测对象没有影响和作用呢？模型是否不够全面或完善呢？并不是，灰色系统的

“灰”，正体现在这里。任何一个客观系统，究竟含有多少因素，是难以说清楚的，如人口系统，影响其增长的因素既有社会经济的，也有自然环境的，还有科学技术方面的，这些众多的因素不是用几个指标所能表达清楚的，而且这些因素之间的结构关系难以准确描述，它们的作用更是无法精确计算的。多数因素都在动态变化之中，其运行机制和变化规律难以完全明白，这反映了很多系统具有明显的灰色性，是一个既含有许多已知信息，又存在许多未知或未确知信息的灰色系统。灰色系统理论把这样受众多因素影响，而又无法确定其复杂关系的量，称为灰色量。对灰色量进行预测，不必拼凑数据不准、关系不清、变化不明的参数，而是从自身的时间序列中寻找有用信息建立模型，发现和认识内在规律，并进行预测。但不是说，像人口这样的灰色量不受任何因素的影响，而是说，它们时间序列数据的动态变化，正是那些主要的、次要的；直接的、间接的；已知的、未知的；明显的、隐含的众多因素相互联系、相互制约协同作用的结果。实际上它们的影响，已或多或少地反映在起伏波动的数据里。灰色预测的另一特点是不追求大样本量。灰色系统分析有个重要原则就是现实信息优先的原则，即在处理历史信息和现实信息的关系时，重视现实信息。这是由于在信息不完全系统中，表征或反映它的状态特征和行为的主要是现实信息，直接影响系统未来发展趋势、起着主导作用的也是现实信息；同时在历史信息中，能反映客观事物发展规律的那部分信息，都会以这样或那样的方式被现实信息所载有。灰色预测不追求大量历史数据，也不渴求它的典型分布，而是对已掌握的部分信息进行合理的技术处理，通过建立模型，在更高的层次上，对系统动态过程进行科学的描述。

灰色模型(Grey Model)，简称GM模型适用于广义的能量系统，有较大的应用范围，GM模型是微分方程模型，可对所描述的对象做长期、连续、动态的反映。对于社会经济系统预测具有重要意义。

1. 灰预测模型

(1)GM(1,1)定义型　灰色预测模型，一般均指GM(1,1)模型，其定义型的形式为：

令 $x^{(0)}$ 为GM(1,1)建模序列，$x^{(0)}=(x^{(0)}(1),x^{(0)}(2),\cdots,x^{(0)}(n),)$，

令 $x^{(1)}$ 为 $x^{(0)}$ 的AGO序列，$x^{(1)}=(x^{(1)}(1),x^{(1)}(2),\cdots,x^{(1)}(n),)$，

$$x^{(1)}(1)=x^{(0)}(1);$$

$$x^{(1)}(k)=\sum_{m=1}^{k}x^{(0)}(m),$$

令 $z^{(0)}$ 为 $x^{(1)}$ 的均值(MEAN)的序列 $z^{(0)}(k)=0.5x^{(1)}(k)+0.5x^{(1)}(k-1)$，

$$z^{(1)}=z^{(1)}(2),z^{(1)}(3),\cdots,z^{(1)}(n),$$

则GM(1,1)的定义型，即GM(1,1)的灰微分方程模型为

$$x^{(0)}(k)+az^{(1)}(k)=b$$

(2)GM(1,1)白化型　GM(1,1)灰微分方程 $x^{(0)}(k)+az^{(1)}(k)=b$ 的内涵是

$x^{(0)}(k)$ 为灰导数，对应于 $\frac{dx^{(1)}}{dt}$，

$z^{(1)}(k)$ 为背景值，对应于 $x^{(1)}(t)$，

a 为发展系数，b 为灰作用量，是微分方程的参数

这表明GM(1,1)灰微分方程对应于下述(白)微分方程

$$\frac{dx^{(1)}}{dt}+a\,x^{(1)}=b$$

上式被称为GM(1,1)的白化型。其白化响应式(解)为

$$\hat{x}^{(1)}(k+1)=(x^{(0)}(1)-\frac{b}{a})e^{-ak}+\frac{b}{a},$$

$$\hat{x}^{(0)}(k+1)=\hat{x}^{(1)}(k+1)-\hat{x}^{(1)}(k)。$$

2.数列灰预测方法

GM(1,1)建模序列 只要是级比$\sigma(k)$满足覆盖

$$\sigma(k)\in(e^{-\frac{2}{n+1}},e^{\frac{2}{n+1}})$$

的序列,无论是原始的或是变换后的,都是可作GM(1,1)建模的序列,故称为GM(1,1)建模序列。对GM(1,1)建模序列建立GM(1,1)模型,通过所建立模型对未来进行预测。

3.数列灰预测步骤

步骤一　级比检验、建模可行性判断

对给定序列$x=(x(1),x(2),\cdots,x(n))$,

计算级比

$$\sigma(k)=\frac{x(k-1)}{x(k)},$$

进而获得级比序列

$$\sigma=\sigma(2),\sigma(3),\cdots,\sigma(n),$$

然后检验级比$\sigma(k)$是否落于可容覆盖中,比如

$$n=4,\sigma(k)\in(0.67,1.49)$$

$$n=5,\sigma(k)\in(0.71,1.39)$$

$$n=6,\sigma(k)\in(0.75,1.33)$$

当$k=2,3,\cdots,n$,$\sigma(k)$均落于可容覆盖,则该序列可作GM(1,1)建模和进行数列灰预测。

步骤二　数据变换处理

对于级比检验不合格的序列,必须作数据变换处理,使其变换后的序列,其级比落于可容覆盖中,通常变换处理途径有:平移变换、对数变换和方根变换。

步骤三　GM(1,1)建模

GM(1,1)建模的内容主要是:参数a(发展系数)与b(灰作用量)的辨识;GM(1,1)模型的选取。通常选用的模型是白化型:

$$\hat{x}^{(1)}(k+1)=(x^{(0)}(1)-\frac{b}{a})e^{-ak}+\frac{b}{a},$$

$$\hat{x}^{(0)}(k+1)=\hat{x}^{(1)}(k+1)-\hat{x}^{(1)}(k)。$$

步骤四　检验

(1)事中检验

①残差检验

令$\varepsilon(k)$为残差

$$\varepsilon(x)=\frac{实际值-模型值}{实际值}\times100\%=\frac{x^{(0)}(k)-\hat{x}^{(0)}(k)}{x^{(0)}(k)}\times100\%$$

一般要求$\varepsilon(k)<20\%$,最好是$\varepsilon(k)<10\%$。

令p°为精度

$$p^{\circ}=[1-\varepsilon(\mathrm{avg})]\times 100\%,$$

$$\varepsilon(\mathrm{avg})=\frac{1}{n-1}\sum_{k=2}^{n}|\varepsilon(k)|$$

一般要求 $p^{\circ}>80\%$，最好 $p^{\circ}>90\%$。

②级比偏差值检验

令 $x^{(0)}(k-1)$，$x^{(0)}(k)$ 为实际数据，a 为发展系数，$\rho(k)$ 为级比偏差

$$\rho(k)=\left[1-\left(\frac{1-0.5a}{1+0.5a}\right)\frac{x^{(0)}(k-1)}{x^{(0)}(k)}\right]\times 100\%$$

$$\rho(k)=[1-\upsilon\sigma^{(0)}(k)]\times 100\%$$

一般 $\rho(k)<20\%$，最好 $\rho(k)<10\%$。

(2)事后检验

事后检验主要指滚动检验。

$x^{(0)}$ 为原始序列，$x_i^{(0)}$ 为子列

$$x_i^{(0)}=(x^{(0)}(i-s),\cdots,x^{(0)}(i-1),x^{(0)}(i)),$$

$x_i^{(0)}$ 为 4 数据新陈代谢子列时：$i=3$，$x_i^{(0)}$ 为拓扑子列时：$i=0$；

下式为 GM(1,1)建模

$$IAGO^{\circ}G\hat{M}^{\circ}AGO:x^{(0)}\rightarrow x^{(0)}(i+1)$$

$i+1$ 点滚动残差

$$\varepsilon_{(run)}(i+1)=\frac{x^{(0)}(i+1)-\hat{x}^{(0)}(i+1)}{x^{(0)}(i+1)}\times 100\%,$$

平均滚动残差

$$\varepsilon_{run}(avg)=\frac{1}{n-4}\sum_{i=4}^{n-1}|\varepsilon(i+1)|,$$

平均滚动精度

$$\rho_{run}^{\circ}=[1-\varepsilon_{run}(avg)]\times 100\%$$

一般 $\rho_{run}^{\circ}>80\%$，最好 $\rho_{run}^{\circ}>90\%$。

步骤五　预测

通过 GM(1,1)模型获取制定时区的预测值，比如 n 点以后（v 时轴右移）ξ 点的预测值 $\hat{x}^{(0)}(n+\xi)$ 的预测过程可记为

$$IAGO^{\circ}G\hat{M}^{\circ}AGO:x^{(0)}\rightarrow \hat{x}^{(0)}(n+\xi)$$

$$\xi=1,2,\cdots。$$

步骤六　预报

预报即预测值的报告方式（表达方式）。

二、灰预测模型对人口的预测及预测人口对粮食的需求

以邯郸市 1999—2003 年人口统计数据为依据，采用 GM(1,1)模型对邯郸市未来人口进行预测(表 16-4)。

经检验，$\varepsilon(\text{avg})=0.038\,3\%$，$p^{\circ}=(1-\varepsilon(\text{avg}))100\%=99.961\,7\%\Rightarrow p^{\circ}>90\%$(合格)，由此得出邯郸市人口预测的白化型 GM(1,1)模型为：

$$\hat{x}^{(1)}(k+1)=115\,170.99e^{0.007\,25k}-114\,350$$

$$\hat{x}^{(0)}(k+1)=\hat{x}^{(1)}(k+1)-\hat{x}^{(1)}(k)。$$

用上述模型可以对邯郸市人口进行预测。经预测，邯郸市 2010 年人口将突破 900 万人大关(表 16-4)。按照国际惯例，人均年粮食消费量在 400～600 kg 才进入粮食消费的小康水平，那么，2010 年邯郸市共需要 360 万～540 万 t。

表 16-4　邯郸市人口预测数据及残差检验计算值　　万人

年份	统计数据($x^{(0)}(k)$)	预测值($\hat{x}^{(0)}(k)$)	$\Delta(k)$	$\varepsilon(k)/\%$
1999	820.99	820.99	0	0
2000	838.48	838.02	0.46	0.054 9
2001	844.33	844.13	0.2	0.023 7
2002	849.94	850.26	−0.32	−0.038
2003	857.09	856.45	0.64	0.074 7
2004		862.68		
2005		868.96		
2006		875.28		
2007		881.66		
2008		888.06		
2009		894.53		
2010		901.04		

三、灰预测模型对粮食总产量的预测

以邯郸市 1996—2003 年粮食总产量统计数据为依据，采用 GM(1,1)模型对邯郸市未来粮食总产量进行预测(表 16-5)。

经检验，$\varepsilon(\text{avg})=12.85\%$，$p^{\circ}=(1-\varepsilon(\text{avg}))100\%=87.15\%\Rightarrow p^{\circ}>80\%$(合格)，由此得出邯郸市粮食总产量预测的白化型 GM(1,1)模型为：

$$\hat{x}^{(1)}(k+1)=5\,381.824e^{0.054\,02k}-4\,996.104,$$

$$\hat{x}^{(0)}(k+1)=\hat{x}^{(1)}(k+1)-\hat{x}^{(1)}(k)。$$

结合表 16-5 可以看出：从 1996 年到 2003 年，邯郸市粮食总产量的统计数据和预测数据之间有较大的差距，平均残差相对值为 12.85%，最大残差相对值为 24.77%(1997 年)，1998 年和 1999 年的残差相对值也分别达到了 24.34%和 20.88%。受 1994 年粮食涨价的影响及国家对粮食市场的管理和对粮食政策的调整，1995 年之后各地播种面积明显增加，如邯郸市

粮食总播种面积从 1995 年的 75.63 万 hm^2 逐步增加到 1999 年的 83.61 万 hm^2，因此粮食总产量也由 1996 年的 385.72 万 t，增加到 1999 年的 420.66 万 t。2000 年以后，国家提出调整农业产业结构，加大经济作物播种面积，提高经济效益，邯郸市粮食总产量又出现了明显的下降趋势，一度由 2000 年的 391.89 万 t 降到 2003 年的 362.95 万 t，可见一个地区粮食总产量的变化在很大程度上受国家宏观调控的影响(表 16-5)。

在不考虑国家政策有较大调整和耕地面积不减少的前提下，对邯郸市未来粮食总产量进行了预测，其预测结果见表 16-5，2010 年邯郸市粮食预测结果为 600 多万 t，完全可以满足邯郸市人口对粮食的需求(360 万～540 万 t)，并且可以有部分粮食外运以调剂缺粮地区的粮食需求。

表 16-5　邯郸市粮食总产量预测数据及残差检验计算值　　万 t

年份	统计数据($x^{(0)}(k)$)	预测值($\hat{x}^{(0)}(k)$)	$\Delta(k)$	$\varepsilon(k)/\%$
1996	385.72	385.72	0	0
1997	397.05	298.72	98.33	24.77
1998	416.73	315.30	101.43	24.34
1999	420.66	332.81	87.85	20.88
2000	391.89	351.27	40.62	10.37
2001	385.62	370.78	14.84	3.85
2002	373.43	391.35	－17.92	－4.80
2003	362.95	413.08	－50.13	－13.81
2004		436.00		
2005		460.21		
2006		485.75		
2007		512.71		
2008		541.17		
2009		571.21		
2010		602.91		

四、灰预测模型对化肥施用量的预测

以邯郸市 1997—2003 年化肥施用量统计数据为依据，采用 GM(1,1)模型对邯郸市未来化肥施用量进行预测(表 16-6)。

经检验，$\varepsilon(\mathrm{avg})=1.69\%$，$p^{\circ}=(1-\varepsilon(\mathrm{avg}))100\%=98.31\% \Rightarrow p^{\circ}>90\%$(合格)，由此得出邯郸市化肥施用量预测的白化型 GM(1,1)模型为：

$$\hat{x}^{(1)}(k+1)=2\,369.943e^{0.014\,89k}-2\,331.733\ ,$$

$$\hat{x}^{(0)}(k+1)=\hat{x}^{(1)}(k+1)-\hat{x}^{(1)}(k)\ 。$$

由表 16-6 可知：从 1997 年到 2003 年，邯郸市化肥施用量(折纯)的预测值与统计数据之间拟合度较高，平均残差相对值只有 1.69%，说明该模型完全可以用于化肥施用量的预测。经预测邯郸市 2010 年化肥施用量为 42.51 万 t。

表 16-6　邯郸市化肥施用量预测数据及残差检验计算值　　万 t,折纯

年份	统计数据($x^{(0)}(k)$)	预测值($\hat{x}^{(0)}(k)$)	$\Delta(k)$	$\varepsilon(k)/\%$
1997	38.21	38.21	0	0
1998	36.16	35.55	0.61	1.69
1999	35.83	36.09	−0.26	−0.73
2000	36.29	36.63	−0.34	−0.94
2001	36.53	37.17	−0.64	−1.75
2002	37.95	35.74	2.21	5.82
2003	38.65	38.30	0.35	0.91
2004		38.87		
2005		39.46		
2006		40.05		
2007		40.65		
2008		41.26		
2009		41.88		
2010		42.51		

五、土壤生态系统中物质输入与输出量预测值的相关性分析

黄淮海平原是我国的粮食基地,邯郸市是黄淮海平原的一部分,其粮食生产在国民经济中占有重要地位,发展粮食生产是邯郸市的一项重要工作。耕地面积是发展粮食的基本保证,因此切实保护耕地是邯郸市农业生产的重中之重。按照邯郸市土地利用规划,到 2010 年邯郸市耕地面积保持在 67.74 万 hm^2,这是各级政府必须确保做到的。然而,随着产业结构的调整,尤其是大型企业和交通运输业的发展,邯郸市的耕地面积还有可能减少,这将给邯郸农业的发展造成更大的压力。

图 16-5 是用 GM(1,1)模型对邯郸市 2010 年粮食总产量和化肥施用量的预测值,经统计分析可知二者达到了极显著相关($r=0.918^{**}$),说明该模型能很好地反映粮食总产量和化肥施用量的关系,也说明粮食的产出与化肥的施用量关系密切。施入土壤生态系统的化肥绝大多数以经济产量的形式从系统中移出了,未来粮食总产量和化肥施用量对系统中元素的状态不会产生较大的影响,土壤生态系统将是持续的,在一定程度上可以把土壤生态系统看作是一个粮食的生产车间。

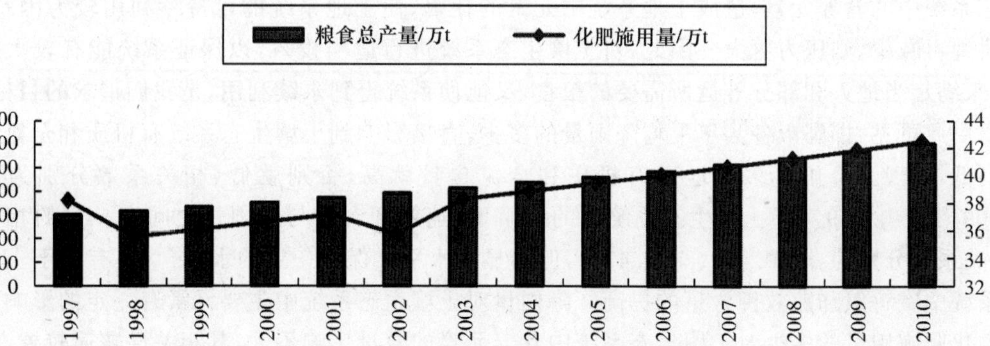

图 16-5　粮食总产量与化肥施用量的预测值

六、土壤生态系统平衡分析

关于我国的人口容量，一个流传甚广的说法是“16亿”，此说出于1986—1989年原全国农业区划委员会委托中科院自然资源综合考察委员会组织14个单位共70多位科技人员协力完成的“中国土地资源生产能力及人口研究”。该项研究的远景展望是：中国粮食最大可能生产能力为8.3亿t，以人均500～550 kg计，最大人口承载量为16.6亿和15.1亿。

在理论上，一般认为：衡量“最大人口”的消费标准应低于“适应人口”。也就是说，实际上，我们应该是以维持经济水平或温饱的生活水平标准来衡量最大人口的，因而是一种生存标准而非发展标准、是一种养活标准而不是养好标准。

所谓养活标准，大致是说：每人每天粮食的基本需要量为2 400千卡热量、75 g蛋白质和65 g脂肪。食物结构(一年)是：口粮213 kg，肉类25 kg，蛋类10 kg，奶类6 kg，水产品9 kg，蔬菜120 kg，植物油和食糖各8 kg，大致折粮390～400 kg。

根据预测，2010年邯郸市人口将达到900万人。如果按人均400 kg粮食计算，到2010年邯郸市需要粮食360万t；如果按人均500 kg粮食计算，到2010年邯郸市需要粮食450万t；如果按人均600 kg粮食计算，到2010年邯郸市需要粮食540万t。经预测，2010年邯郸市粮食总产量将达600多万t，完全可以满足邯郸市人口对粮食的需求。

作为河北省的农业大市，邯郸市以占全省10.37%的耕地，生产了占全省15.48%的粮食，养活着占全省12.60%的人口。即使到2010年邯郸市仍然有60多万t的粮食可以外销，可以为国家提供养活100万～150万人的粮食。

从环保和系统的平衡来考虑，如果国家不用邯郸市向其他地市提供粮食的话，邯郸市又以人均400 kg粮食为标准，那么到2010年生产360万t粮食就够用了，那时全市的化肥用量维持在37万t就可以了；如果以人均500 kg粮食为标准，那么到2010年就得生产450万t粮食，那时全市的化肥用量维持在38万t就可以满足作物对养分的需要了；如果以人均600 kg粮食为标准，那么到2010年就得生产540万t粮食，那时全市的化肥用量维持在41万t就可以满足作物对养分的需要了。

化肥用量的增加，必然导致其对环境污染可能性的增加。按照可持续发展理论，如果邯郸市仅生产够本地人食用的粮食，就可少施用化肥，以减少其对环境的污染，并保持土壤生态系统的永续利用。如果国家需要邯郸市生产较多的粮食，在满足本地人需要的基础上，有多余的粮食外运，那么就必须施用较多的化肥，这样就不可避免地要对环境产生污染，或者消耗土壤生态系统中的营养元素，造成土地系统中元素的耗竭，使土地系统的可持续利用较为困难；如果耕地再减少，则压力更大。因此，对土壤生态系统进行适当投入，以保证系统能有较大的产出，来满足当地人和部分外运所需要的粮食，又能使系统得到永续利用，是我们追求的目标。

由此可见：邯郸市各县年平均降雨量的多少，直接影响到土壤生态系统有机质和全氮含量的高低，表现为降雨量多的地区有机质和全氮含量就高，否则就低(相关系数分别为：$r=0.609^*$、$r=0.569^*$)。土壤生态系统中的碱解氮、速效钾含量与降雨量之间有一定的相关性(相关系数分别为：$r=0.446$、$r=0.471$)，但不显著水平。保持一定的水分含量，有利于土壤生态系统中碱解氮和速效钾含量的提高。降雨量对土壤生态系统中主要元素有一定的影响。

化肥施用量的多少对土壤生态系统中营养元素的含量影响不大，其相关性普遍较差，其相关系数变化在$r=0.286$到$r=-0.426$不等，施用化肥基本上能满足于作物生长的需要，对补充土地系统中的营养元素意义不大。

粮食总产量与土壤生态系统中主要元素的含量之间的相关性不显著，说明目前的施肥量基本可以满足作物的需要，施肥是合理的，作物所需要的养分基本上是由肥料提供的，不会对土地系统产生耗竭影响。

运用灰预测模型对邯郸市人口、粮食产量、化肥施用量进行了预测。预测结果表明：2010年邯郸市人口突破了900万人大关，粮食产量达到了600万t，届时化肥施用量将达到42.5万t，这些粮食完全可以满足邯郸市人口的需要，并有一定量的外运余额。对土地系统进行适当地投入，以保证系统能有较大的产出，来满足当地人和部分外运所需要的粮食，又能使土地系统得到永续利用，是我们追求的目标。

参考文献

[1] 邓聚龙. 灰预测与灰决策. 武昌：华中科技大学出版社，2002.

[2] 李春生. 湖北省粮食生产灰色系统预测与控制. 中国农学通报，1998，14(1)：34-37.

[3] 谢承华. 灰色系统预测模型的建立及其改进. 兰州商学院学报，1996，37(2)：47-51.

[4] 毕守东. 我国粮食产量的系统预测与控制分析. 数量经济技术经济研究，2000，6：20-22.

[5] 贺福利，胡勇，陈淳. 用灰色马尔柯夫链预测模型对我国粮食产量的预测. 数学的实践与认识，2003，133(12)：45-47.

[6] 陈锡康，杨翠红. 农业复杂巨系统的特点与全国粮食产量预测研究. 系统工程理论与实践，2002，6：108-112.

[7] 王建林，王宪彬，太华杰. 中国粮食总产量预测方法研究. 气象学报，2000，55(6)：738-744.

[8] 门可佩，曾卫. 中国未来50年人口发展预测研究. 数量经济技术经济研究，2004，3：12-17.

展望篇

土壤培肥是一个永恒的话题。从挖掘、发现的 4 200 多年前，即新石器时代的木制千䦆，说明当时已经有施肥和灌溉措施，到现代人们认识到土壤质量是土壤肥力质量、环境质量和动植物健康质量的综合量度。对土壤培肥有了清楚的认识，土壤质量的理论体系和内涵都有了很大提高。对土壤质量及其指标变化的研究手段有了巨大突破。关于长期施肥与土壤质量关系的研究将由单一因素分析过渡到多因素及其相互作用的研究。现代统计分析技术和模拟模型如整合分析、R 分析可揭示不同区域多因素对土壤质量的作用及其贡献大小，逐渐成为新的研究方向。起源于英国洛桑试验站的 Roth C 模型可较好地模拟耕层土壤有机碳的动态变化。Century 模型将应用于农田生态系统下土壤有机碳原始积累和人为因素影响下土壤有机碳的演变过程研究。

区域大面积均衡增产对于区域发展也将是长期坚持的研究任务。在生产力水平较低的情况下，我国开始实行的人民公社制很快表现出了其弊端，表现出了对生产力的阻碍。为了尽快破除人民公社的不足，于 1978 年开始的家庭联产承包责任制应运而生，该制度的实行在一定程度上提高农民的生产积极性，人们的温饱问题开始得到了一定程度的解决。然而，该制度的执行也在一定程度上阻碍了农业机械化的实现和农民收入的进一步提高。为此，土地的适度规模经营和大面积均衡增产技术的集成，以及区域农业集成技术研究、示范、推广以及三位一体耕地质量统一质量观理论将成为新时代农业发展的主要理论基础。

第十七章　土壤系统培肥的历史演替与展望

第一节　古代有关土壤培肥的历史回顾

一、古代有关土壤培肥的主要做法

我国是世界上最早施用肥料的少数几个国家之一，其历史可追溯到新石器时代。在浙江吴兴钱山漾遗址下层，就发现了木制的千篰，这是一种罱河泥和戽水用的工具，这说明当时已有施肥和人工灌溉了，据测定千蔀的年代已有 4 200 多年了。

战国时期，随着封建制度的确立和铁农具及耕畜的较广泛使用，生产力有了很大发展。与此相适应，在施肥方面也受到普遍的重视，这在很多著作中都有所反映。如《孟子》的“百亩之粪”、《荀子》的“多粪肥田是农夫众庶之事也”、《韩非子》的“积力于田畴必且粪灌”。据《史记·李斯列传》记载商鞅变法后的秦国，有“弃灰于道者刑”的规定，特别是《吕氏春秋·任地篇》中还指出“子能藏其恶而揖之以阴乎?”这些都说明战国时期施肥已受到普遍重视，故而连年种植而不休闲的耕地迅速增加。

到前汉更有发展，《氾胜之书》在介绍区田法时就提出“区田以粪气为美，非必须良田也”。该书还把“务粪泽”，即把讲求保持土壤的肥沃和水分作为“耕之本”的重要内容之一。该书也记载了基肥、追肥和种肥的不同施用方法。可见前汉时施肥技术已相当精细，这是我国农业史上划时代的重大成果。

我国古代为了培肥土壤和提高产量，很注意广开肥源，凡是能用来利用的东西，差不多都用来做肥料了。如人畜粪尿、蚕粪、豆萁、杂草、河泥、草木灰等。

二、施肥技术的不断发展

在前汉以前，施肥主要是施基肥，还没有施追肥的记载。据《氾胜之书》记载，前汉时已有追肥的施用了，该书在谈到种麻时就提出“树高一尺以蚕矢粪之，树三升；无蚕矢，以溷中熟粪粪之也善，树一升”。说明当时在使用追肥时，已经注意要用速效性的腐熟人畜粪尿。同时种肥也出现了，一种用蚕沙和种子同播；一种是溲种法，就是在种子外包上一层肥料。

在魏晋南北朝时期，已经有人工种植绿肥，《齐民要术》曾指出“凡美田之法，绿豆为上”。并提出了“粪大水勤”的原则。

隋唐宋元时期，也有发展。已经认识到施用发酵过的饼肥的效果。陈旉《农书》提出在秧田里“用麻枯尤善”，其他古书也记载不少作物都施用麻饼、豆饼，并认为能使作物长得更壮，因为腐熟后的饼肥是高效的速效性肥料。

三、"地力常新"论的产生

我国古代的"地力常新"论是农业史和农业科学技术史中的重要理论之一。曾经起过深远的历史影响,至今还有它一定的现实意义。

春秋时期的《国语·周语》上有"阳气俱蒸,土膏其动"的说法。所谓"膏"是指肥美的养料,而"土膏"不言而喻指的是土壤肥力,这说明我国至少在公元前五世纪,就知道土壤具有肥力这一特性,而且把"土膏"看作是"动"态而不是静止的,这种认识是正确的,在当时也是很先进的。

汉代,郑玄指出"万物自生焉则曰土,以人所耕而树艺则曰壤",就是说,凡是有自然植被生长的土地,就是"土",即自然土壤,有它的自然肥力存在;凡是经过人的垦殖的土,熟化之后使其成为"壤",即耕作土壤,它不仅具有自然肥力,而且有它的人工肥力,这种肥力主要是通过人的耕作活动形成的。这种"土"和"壤"的观点含义很深,是符合土壤发展客观实际的,是符合辩证唯物论的逻辑的,是世界上最早提出来的有关土壤的科学概念,也是古代世界上独一无二的。这种进步和科学的观点在理论上和实践上都有重大作用,实质上已指出土壤肥力不是停滞不前和永恒不变的,是可以发展和提高的,关键在于人的活动,突出了人的因素。

总之,在我国古代人们认识到土、水、气是构成土壤肥力的重要因素,而调节土壤水、肥状况可以达到培肥地力的目的。

四、古代希腊和罗马人对土壤肥力的认识

公元前 4 世纪,古希腊学派的奠基人色诺芬(Xenophon,公元前 434—355 年)提出了万物来自土壤并最后归还土壤的观点。其后,亚里士多德(公元前 384—287 年)指出,应该把土壤比作女性和母亲,即未耕作的土壤像处女,耕作后的像少妇,而失去了热量和水分的则变成了老妪。柏拉图(Platon,公元前 427—347 年)还指出,在孕育和繁衍的能力方面,不是土壤像女性,而是女性像土壤。对于土壤及其肥力的所述理解,在某些方面与我国古代的极为相似。

狄奥菲拉图(公元前 3 世纪)认为,土壤是植物养分的来源,也是水分的来源。他曾建议在贫瘠的土壤上施用肥料,并按肥效的大小将肥料排序。他也指出,下雨后,织物能繁茂地生长是因为植物需要水,也因为雨后的土壤处在良好的状况。他很注重土壤的物理性质,认为这对耕作和栽培都十分重要。

至于古罗马人对于土壤及其肥力的认识,主要有:

加图(Cato,公元前 234—149 年)认为,土壤是植物生长的场所,而农业的重要问题是如何为植物的生长建立良好的土壤条件。因此他提出,要有良好的耕作、因土种植、施厩肥。

法农(Vanon,公元前 1 世纪)指出,农业生产的中心问题是土壤和产量,而土壤决定着作物种植的种类及其产量的高低。许多土壤是需要改良和施肥的,他支持往土里施入厩肥,并第一个提出在农业与畜牧业间建立"伟大的联盟"。

第二节　近代有关土壤培肥的做法

一、近代中国科学家对土壤培肥的认识

(一)传统治碱改土技术的继承与发展

晚清时期,我国人民继承和发展了传统的治碱改土经验。在深耕深翻方面,道光二十年(1840年)山东扶沟县志总结了"挑深数尺"或"多牛深耕,可翻好土"的经验;在刮盐起碱方面,《济阳县志》提出了"刮除碱皮"和"开沟泄水"的方法;在铺垫客土方面,提出了"深沟躲盐种植法";在修筑台田方面,总结出了改良滨海盐碱地的经验;在压沙铺草方面,提出了沙田法和盖草法,以抑制蒸发和控制返碱。

(二)土壤肥料科技的发展

民国初年至抗战前夕,土壤肥料科技的新发展主要表现为:

1.有机肥料与化肥的结合

施用有机肥料是我国数千年来的优良传统,而施用化肥则是近代农业化学的新发展。化学肥料是一种人造肥料,由人们用近代科学技术方法综合而成。它是一种无机肥料,是由西欧一些国家首先制造与施用,而后传入我国的。

随着农业的发达与进步,对肥料的需要与日俱增,于是人们便发明了一种新肥料。人造肥料的发轫,大概是在1862年以后,农艺化学鼻祖李比希施用过磷酸钙与硫酸铵配合的时候。我国施用化学肥料(硫酸铵)始于1904年,当时尚处在传统试用阶段,施用量很少,发展缓慢。直至1925年,我国每年的化肥消费量仅有2万t。此后,逐年增加,至1929年已达10万t,1937年达30万t。

孙中山先生在演讲农业生产问题时说:中国人民施用各种有机肥料由来已久,然不应以此为满足,普通有机肥料之外,还须应用化学肥料。由于孙中山先生的倡导和农业新知识的传播,故民国以后,舶来品——化学肥料,如硫酸铵、硫酸钾、氯化钾、过磷酸钙等陆续输入我国。由于缺乏经验,推广不得法,施用未能普及。

这一时期,初步形成了以有机肥料为主,以化肥为辅,有机肥料和化肥相结合的局面。这是我国在肥料科技方面的重大进步。

2.肥料积制技术的发展

我国是世界上施肥历史最悠久的国家之一。肥料资源极为丰富,绝大部分是有机肥料。至明清时期,我国的有机肥料已达一百余种。我们的祖先把一切能充当肥料的废弃物都放在了土壤里,使其"变废为宝""化无用为有用"。明清时期,人们对积制肥料有了更加丰富而系统的经验,创造了窖粪法,提高了有机肥料的利用率,在积肥、造肥方面做出了新贡献。

清代《耕心农话》(1852年)中记载有窖粪法。这是在总结施用人粪的经验之后,创造的处理人粪的方法。《耕心农话》指出:"人粪虽肥,而性热,多用害稼,暴粪尤酷,故于秋冬农隙时,深掘大坑,投入树叶、乱草、糠秕等物,用火煨过,乘热倒下粪秽、垃圾,以泥封面,谓之窖粪"。

(1)水稻施肥技术的继承与发展

从1840年前后的《地方志》和《农书》中可以看出，晚晴时期，在水稻施肥方面有了很大进步。

①继承和发扬了利用绿肥的优良传统　江西《鄱阳县志》总结了利用水生绿肥的经验：近水者，七八月间，扁舟入湖取草以肥田。

②总结了"三通"施肥的新经验　清末吴淞地区的水稻每季都要施用三次肥料，即所谓"膏壅上农用三通""头通红花草(紫云英)也，于稻将成熟之时，寒露前后田水未放，将草籽撒于稻肋之内，到斫稻时草籽已青，冬生春长，三月而花，曼衍满田，垦田时翻压于土下，不日即烂肥不可言"。这是基肥和追肥结合、迟效肥和速效肥结合的一套比较完整的水稻施肥体系。但是，"三通膏壅(红花草、猪践、豆饼)，唯富农有之"。

③因土施肥新进展　晚晴，在因土施肥方面也有很大的进展。清代《耕心农话》(1852年)强调："盖种田全凭粪力，然用法则各处不同。如会稽山阴之田，灌以盐卤，或用盐草灰，否则不茂。宁波、台州近海处，田禾犯碱潮则死，故砌堰以拒之。严州壅田多用石灰"。上述施肥经验是古代因土施肥经验的继承和发展。

④继承和发展了冷水田施用石灰的经验　冷水田施用石灰是元代《王祯农书》首先提出的。明代《开工天物》指出："土性带冷浆者，宜骨灰蘸秧根，石灰掩苗足，向阳暖土不宜也"。清代《齐民要术》(1849年)则进一步指出："其水源发自石山者，性寒，又清冽无膏，宜肥以石灰，资浊流溉者不用。灰性能板田，尤其勤耕"。

(2)麦类施肥技术的继承和发展

①"三宜"施肥经验的继承和发展　晚晴时期，在麦类作物的施肥方面，继承和发展"三宜"施肥经验。清代的《农言著实》在总结陕西关中地区麦地施用追肥的经验时指出："地中上浮粪，以地冻为主，随即粪撒开，地内不许堆堆子。一则怕地冻撒不开；二则也怕日火不撒，粪堆底下的麦苗，沾粪气发生。向后撒开，粪底麦苗受症，又要看天气，地冻后再上粪可也。"。这是因时施肥和因土施肥的经验总结，说明麦类的施肥，要根据气候条件和土壤条件灵活掌握。

②麦类施肥与灌溉相结合的经验　光绪四年(1878年)，四川《彭县志》在总结冬季麦田管理经验时强调："碾麦田，饮麦，不碾则根弗固，始碾则根难生，饮以人情"，又说"既饮，时其燥湿而水之，则不忧旱也"。这是在麦田管理方面使碾麦和灌溉结合，施肥与灌溉结合的经验总结。

(3)豆类施肥技术的继承与发展

清末，陈启谦的《农话》指出："与黄豆相宜之粪，为草灰、木灰、半寸骨等物，若种豆之先，壅肥料已多，则不必壅矣"。这是因为豆科植物有根瘤菌，能固定空气中的氮素，因而不宜施用过多的肥料。

20世纪30年代，我国在积极推广化学肥料时，并没有忽视充分发挥有机肥料的肥效，而是积极改进有机肥料的积制技术，以便充分发挥有机肥料的肥效。当时，浙江大学农学院的刘和教授和其助手宫熙光，经过多年的苦心研究，发明了一种活化有机肥料的新方法，1934年获得实业部的专利。1936年，中山大学农学院彭家元教授和其助手陈禹平，曾分离出一种细菌，足以分解纤维质，促进堆肥的腐熟，因而取法名人的名字而命名为"元平菌"，通过几年的试验，效果颇佳。

3.化学肥料的试验研究

1931年以前，我国科学家多侧重于化验肥料的成分及其有效性，以及各种作物吸收氮磷钾三要素的情形。1931年以后,开展了田间肥料试验,研究技术有很大进步,并在各地取得了显著成绩。

中央农业试验所于1931年成立后,进行了地力测验,测验面覆盖全国14个省,选择了68个点位,开展布点试验。结果表明:各地的土壤中氮素缺乏、磷素次之、钾素基本不缺。

抗战期间,继续贯彻以有机肥为主,化学肥料为辅的方针。这一时期,农民已经通过实践了解了化学肥料的肥效。但是,如何使用化肥?氮磷钾三要素如何搭配?各种化肥的性质和用途如何?仍然认识不清。因此,土壤肥料工作者在施用化肥的重点区域,进行了化肥的示范和推广,取得了良好的效果。

4. 土壤研究的进展

我国用近代科学方法研究土壤起步较晚。1929年以前用近代科学方法进行土壤调查,主要做了两方面的工作:其一是为各农林机关开展试验的需要,而检讨试验区之土性,以供参考;其二是调查地质而论及成因及其经过。1930年,金陵大学农业经济系的卜凯教授发起中国土壤概略调查,邀请美国加利福尼亚大学土壤学教授肖氏(C. T. Show)来华,调查长江与黄河下游各省的土壤。将调查区域的土壤划分为九大区域,题名为《中国土壤》,于1931年出版。

1937年,梭颇主编了《中国之土壤》一书。1942年,李庆逵、朱莲青、马溶之、熊毅、侯光炯等,就原著加以补充,另著《中国之土壤概述》一文,至此,我国的土壤分布情形大白于世。

20世纪50年代,在前人研究的基础上,我国科学家提出了水、肥、气、热四种因素都是作物生长所必需的,不仅要数量充足,而且要协调供应。土壤肥力的概念随着生产实践和基础理论发展而日益完善。虽然各种说明的详简有所不同,但中心内容大体上是从土壤中营养物质包括水的储存及其供养能力,发展为土壤中水肥气热,还包括适量空隙,满足作物生长需要的能力。

不仅如此,我国农民在长期的生产实践中,早就总结出土壤抗逆性的强弱和宜种、宜肥、宜耕范围的大小,用来衡量土壤肥力水平的高低。

二、近代国外科学家对土壤培肥的认识

17世纪以来,欧美学者对土壤肥力的研究做出了许多卓越的贡献。首先要提到的戴维(H. Davy,1819),他是泰伊尔(A. V. Thear,1813)的土壤腐殖质营养学说的积极支持者。与泰伊尔不同的是,他还认为"灰分"即土壤的矿质组分,也为植物生长所必需。他研究过英国土壤的团粒组成和化学组成,并首次提出了土壤有机矿质化合物的概念。

别尔采里乌斯(1839)、斯普林盖尔(1837)、穆列捷尔(1861)也是土壤腐殖质学说的积极支持者。他们的功绩在于对土壤腐殖质的结构和性质有了初步的了解,为往后的腐殖质作用机理的研究打下了一定的基础。

特别要提出的是李比希(J. V. Liebig,1840)。他对腐殖质营养学说的讥讽虽然有失偏颇,但是其提出的矿质营养学说则对往后的土壤植物营养的研究和化肥工业的发展起了很大的推动作用。他指出:"大田作物的产量随肥料进入土壤的矿物质数量的减少或增加而相应地降低或提高";农业的根本在于从土壤中取出多少物质,便归还多少物质。这是自然界的不变法则。可以认为,季米里亚捷夫将李比希的"归还律"称为"科学上伟大的成果"和"农业上的伟大革命"是有一定的道理的。

法鲁是李比希同时代的农业地质学派的创始人。他指出:"土壤与下垫母质的三大区别是

其性质与地形有很大的联系;厚度较小;较少坚固性和凝聚性,有较大的空隙率和可渗透性"。正是由于土壤的多孔性和疏松性,植物才能得以生长,而土壤的较少坚固性和凝聚性使风化过程较易进行,从而可为植物生长提供较多的矿质营养。李比希和法鲁的学术思想为后来的欧美土壤学者带来了很大的影响。例如,美国土壤学会把土壤肥力定义为土壤供应植物所必需的养分的能力;一些欧美学者把土壤肥力分为化学费力和物理肥力。在他们看来,植物生长的受阻,系由土壤矿物质养分的匮缺或不平衡和土壤物理性质的不良所致。为此,提高土壤肥力的关键是为植物建立良好的土壤化学环境和物理环境。

第三节　现代有关土壤培肥的新成就

一、现代中国对土壤肥力的认识

我国农民在长期的生产实践中,形成了对于土壤肥力的独特看法:肥沃的土壤不仅能高产,而且能稳产;多施肥时,作物不疯长,少施肥时不脱肥;抗逆性强,宜耕期长,宜种性广。我国现近的土壤肥力研究,正是在这种看法的启发下,吸取了国外悬着的肥力观念中的有益部分,不断地走向深入。

比较一致的看法是:肥力是土壤的本质属性,表现为对植物生长所需要的水、肥、气、热的供应和协调能力。

是什么决定了土壤的这一本质属性呢?

熊毅认为,是土壤有机胶体和无机胶体的融合程度。它影响着土壤保肥、保水和供肥、供水及自动调节能力的强弱,也影响着土壤结构的形成及其稳定程度,因此,"土肥相融"的程度是评价土壤肥力水平的重要指标。

侯光炯认为,肥力是土壤的生理机能的表现,它取决于两方面的因素:一是土壤固有的,来自土壤有机-无机-微生物-酶复合体;一是外源的,来自太阳的热能,后者通过调节前者的活性而起作用。土壤肥力水平的高低,决定于"内、外三稳"的程度。"内三稳"是指土层内部腐殖质含量和品质的稳定、表土中有益微生物区系组成和数量的稳定以及土壤微结构的数量和品质的稳定。"外三稳"是指大气层、植被层和土壤内部的水平——垂直方向范围内水、热周期性动态变化的稳定。

二、土壤肥力的概念

1987 年,美国土壤学会出版的《土壤学名词词汇》(Glossary of Soil Science Terms)对土壤肥力一词的定义为:土壤供应植物所必需的养分的能力(1978 年版本中这一释文之后还缀有"以及与养分供给能力有关的各种土壤性质与状态"字样)。这一概念长期以来,广泛地被国际土壤界所接受,因此也可以认为是传统的土壤肥力概念。熊毅(1982)曾对肥力两字解释如下:"肥力这两个字是由 fertility 翻译过来的,原意只局限于营养物质的储量,……";朱祖祥(1983)对土壤肥力概念的评价如下:"一般西方土壤学家传统地把土壤供应养料的能力看作是肥力"。这里把关于土壤肥力的传统概念看作是土壤肥力的狭义概念,并不包含任何褒贬之分。

狭义的土壤肥力概念对词义和内涵的诠释明确而简洁：肥便是营养或养分，力则是指养分的储量或供应能力，因此也可以简单地说：土壤肥力就是土壤供应养分的能力。

关于土壤肥力的广义概念，陈恩凤(1990)在其专著《土壤肥力物质基础及其调控》一书中对国内外学界有关土壤肥力的集中主要学说分别有概要评述，读者也可参考其他著作如侯光炯(1982)、熊毅(1982)、周鸣铮(1985)等以了解这些学说的全貌和有关评论。

广义的土壤肥力概念通常把土壤的水、肥、气、热等诸多因素一并考虑在内并注意到土壤物理的、化学的、生物学的诸多属性对土壤肥力的作用和影响，因而是综合观点基础上认识土壤肥力的一种学说。由此引申出有关土壤肥力研究的内涵自然广泛得多，几乎涉及土壤科学的各个分支领域。

三、我国土壤肥力与养分循环研究进展

20 世纪 70～80 年代进行的全国第二次土壤普查工作是我国土壤肥力研究历史上最大规模的一次行动，全面揭示了我国土壤肥力的现状。

20 世纪 70 年代以来，我国各地相继建立了一批长期定位试验。在非常困难的条件下，部分试验一直持续到今。这些试验尽管年限不长，但对揭示我国近 30 年来人为措施的改变对土壤肥力的影响等发挥了重要的作用。本课题组从 1983 年和 1985 年开始的两个长期定位试验，就是在极其艰难的条件下，维持下来的。没有固定的经费支持，课题组东拼西凑，以试验养试验，近年来发表了一系列高水平的论文。

新中国成立以来，对氮素的研究工作表明，在我国土壤条件下，作物吸收的氮素有 50%～70%来源于土壤。因使用不当，各类氮肥品种的氮素利用率不高，变化在 24%～42.7%。在部分高产地区的氮肥利用率往往低于 20%，而造成氮肥损失的机制主要是氨挥发、淋洗和反硝化等。本课题开展了不同施肥水平对土壤全氮含量的研究，结果表明：当不施用氮肥和氮肥施用量较少时，土壤全氮含量没有太大的变化。

20 世纪 70 年代中期是我国磷肥由匮缺到盈余的转折点，磷肥的当季利用率只有 10%～25%。80 年代，土壤磷素的分级方法在我国得到应用以来，关于土壤磷素转化的研究大量开展，结果表明：pH 较低、高岭石和氧化物含量的酸性土壤对磷的固定作用较强，石灰性土壤虽然对磷素也有较强的固定作用，但这两类土壤的固磷机制却不同。本课题组开展了长期施肥对土壤磷素的移动以及不同分级磷素的演变进行了多年的研究和评价。

自 20 世纪 70 年代初，我国部分土壤缺钾问题开始显现。近 30 年来，我国对土壤钾素方面的研究基本掌握了不同土壤类型钾素含量状况和分布规律以及钾素的释放与固定机制，研究了钾肥对作物产量、品质和抗逆性的影响，钾肥的施用条件和钾肥配方施肥技术等。此外，对缓效钾的释放、原生矿物钾的释放以及土壤黏土矿物对钾的固定和影响条件也开展了研究。本课题组提出，当不施用钾肥时，土壤速效钾含量的降低速度大约为 5 $mg \cdot kg^{-1} \cdot a^{-1}$，同时也对土壤钾素的分级进行了研究。

第四节　土壤质量研究的展望

土壤在陆地生态系统中起着许多十分重要的作用，并且是动态变化着的有生命的资源。

人口的增加、资源的减少、社会的不稳定以及环境的退化已经对维持全球生态系统和地球上的生命构成严重的威胁。第二次世界大战后，农业获得了巨大的成功，并导致了作物产量的急剧增加，同时忽视了采用适当的措施来保护土壤资源。没有认识到长期的人类活动和不适当作物管理措施对土壤生产力和环境质量的长期影响，如河流和湖泊的沉积物、原生动物居住环境的失去、农药的沉积、水体中N、P浓度的增加以及城市和工业副产品的污染。

作为世界上人口最多的发展中国家，中国如何利用其有限的土壤资源生产足够的食物，一直是世界关注的热点问题之一。国际社会非常关注我国土地资源，尤其是其核心组分土壤资源的状况及其与粮食保障和环境质量间的关系与前景。事实上，有关土壤退化与质量演变的研究已成为当前我国学者和国际土壤学、农学及环境科学界共同关注的热点课题之一。

我国现有耕地20亿亩，人均占有量不足世界平均水平的1/3，而贫瘠化、盐渍化、酸化和污染等原因导致的中低产田又占总耕地面积的2/3以上，且土壤质量有继续下降的趋势，已对21世纪我国16亿人口粮食安全、生活质量和社会可持续发展构成严重威胁。我国增加耕地的潜力十分有限，提高土壤质量进而提高单产、改善品质是保障我国粮食安全的重要途径，也是土壤科学面临的严峻挑战。因此，面向21世纪的现代土壤科学，亟须建立既能实现作物高产，又能实现土壤可持续利用和最小环境负面效应的土壤质量控制理论。

一、土壤质量的内涵

土壤质量是土壤肥力质量、环境质量和动植物健康质量的综合量度，是土壤维持生产力、环境净化能力以及保障动植物健康能力的集中体现，也是现代土壤学的发展前沿和研究核心。

土壤肥力质量是土壤提供植物养分和生产生物物质的能力，是保障粮食生产的根本；土壤环境质量是土壤容纳、吸收和降解各种环境污染物的能力；土壤健康质量是土壤影响或促进人类和动植物健康的能力。因此，土壤质量是保障土壤生态安全和资源可持续利用的能力指标，是现代土壤学的研究核心。土壤质量的内涵综合表征了土壤维持生产力、环境净化能力以及保障动植物健康能力的量度。而更广的土壤质量可定义为：特定类型土壤在自然或农业生态系统内保持动植物生产力，保持或改善大气和水的质量以及支持人类健康和居住的能力。

土壤质量是一个非常综合的概念，不仅涉及土壤学、土地利用、农业种植措施和管理等众多方面，而且也与某些方针政策有关。所以，需要研究的领域很多，而土壤质量演变规律、调控机理和评价理论是土壤质量基础研究的核心。鉴于当前国际土壤质量研究的最新进展，结合我国的实际情形，我国今后一段时间内的土壤质量研究工作应该集中在土壤质量指标与评价方法、土壤质量演变过程与机理、土壤质量动态监测与预测预警及对策的研究。具体体现在以下几个方面：

(1)土壤质量指标与评价方法。主要包括用于评估监测、评价土壤质量的指标、分级标准、阈值、定量化和动态的评价方法与评价模型等；

(2)土壤质量变化的发生条件、过程、影响因素及其作用机理与时空变化规律性；

(3)土壤质量与水、大气环境质量以及动植物和人类健康间关系的研究；

(4)土壤和土地质量动态数字数据库及其管理信息系统的研究；

(5)土壤质量保持与提高的途径及其关键技术。

二、土壤质量退化的主要形式

作为一个发展中国家，我国农业投入和农由基础设施相对薄弱，许多地区的土壤存在着养分贫瘠化、盐渍化、酸化和侵蚀流失等严重影响粮食产量和品质的土壤质量退化问题。同时，随着工业化进程的加快，土壤污染的问题也日渐突出，不仅导致部分地区作物产量和品质的严重下降(甚至颗粒无收)，而且污染的土壤本身及其产出的食物还威胁到人畜健康。

1. 土壤盐渍化

从客观上看，干旱、半干旱地区存在着引起土壤盐渍化的自然条件。但是由于人为管理的不当，特别是大水漫灌、施肥过量、轮作复种不合理等已造成一定数量土壤的次生盐渍化。可以预见，随着土壤和水资源的进一步开发利用以及灌溉面积的扩大，若不采取相应的科学措施，由于盐渍化而造成的土壤质量下降、生产力的破坏问题将在一部分地区愈演愈烈。根据我们对河北省曲周县全县范围地下水位的定点、定时检测，以及对土壤剖面的观测，发现曲周县地下水位有上升的趋势，且土壤剖面中地下 60～70 cm 土层出现了盐结晶现象，说明土壤潜在盐渍化问题不容小视。

2. 养分贫瘠化

由于近 20 年来有机肥施用和秸秆还田数量的大幅度减少，耕地土壤的养分再循环率下降，加上大面积推广高产品种及复种指数的提高和耕作与施肥的不合理，虽然化肥的使用量在逐年增加，但由于不平衡施肥及施肥不当，我国土壤养分特别是钾素和中、微量元素的贫瘠化和养分比例不协调仍呈现扩大化和严重化的趋势。即使是工农业生产都发达的长江三角洲地区，土壤肥力也呈现下降的趋势：土壤钾素(K_2O)亏缺达到 2.3 $mg \cdot kg^{-1} \cdot a^{-1}$；曲周县土壤速效钾含量的下降速度为 5 $mg \cdot kg^{-1} \cdot a^{-1}$左右。土壤锌、硼的缺乏正在迅速扩大；同时，多数开发区和城镇化所占用的都是土壤质量好肥力高的近村、近郊土壤，使中低产田面积相对扩大；而大面积的中低产土壤因投入不足、管理粗放，土壤肥力长期得不到恢复。因此，养分贫瘠化已对土壤的永续利用和粮食的稳产高产带来严重影响。

3. 土壤污染、土壤酸化以及土壤结构退化

随着城乡工业化进程的加快和农业现代化水平的不断提高，我国不少地区的土壤污染正在加剧，主要表现在有机废弃物(城市垃圾及农业废弃物)和污水、残留农药、塑料薄膜和重金属及其他意外事件(如原油和化工原料的泄漏等)对土壤的污染，全国受各种污染的土壤总面积达 270 万 hm^2。此外过量施用化肥和农药对部分地区地下水水质及饮用水的安全也形成威胁。因此，阐明污染物进入土壤后的形态、转化及循环机理，进而采取科学的防治措施显得十分必要和迫切。

4. 土壤侵蚀

在我国，因土壤侵蚀而造成的土壤质量退化类型多，分布广，它对粮食生产、环境保护以及水利设施直接有很大的危害。据统计，目前全国直接受水土流失影响的耕地面积为 400 万 hm^2。每年流失的土壤达 50 多亿 t，被带走的氮磷钾等营养物质相当于我国年生产的万吨化肥所含的营养量。土壤侵蚀过程在侵蚀区表现为水土流失，特别是表层沃土的流失，使土层变薄，土壤结构变坏，土壤有效养分严重下降，导致土壤的生产能力大大下降；产生的泥沙会导致水库使用寿命缩短，一些大型水利工程功能削弱，河床抬高，洪涝灾害频度增加，威胁着城乡人民的生活、生产和生命财产安全。

三、研究土壤质量演变机理，确保土壤永续有效利用

解决好我国这样一个人口众多国家的土壤质量科学问题，不仅可以为解决 21 世纪我国 16 亿人口的吃饭问题做贡献，也将是对国际土壤科学理论的重要贡献。令人欣喜的是，今天国家有关主管部门又开始认识到提高土壤质量在实现我国 21 世纪粮食安全保障中的重要作用。

因此，开展土壤质量演变及调控机理研究，既是符合国民经济的重大需求，同时也是发展土壤科学的重大的科学需求，以建立中国的土壤质量调控理论。首先为土壤质量的多指标量化表达，质量数据库及咨询评估系统；其次，土壤养分贫瘠化的机理及土壤中难利用养分的生物活化机制，摸清土壤与肥料的交互作用，认识肥料高效利用的规律；第三，揭示土壤根际微生态系统养分消长、迁移和被作物吸收利用的动态平衡规律，为调控管理土壤生产力提供理论依据；第四，认识土壤水盐运移与积聚规律、土壤酸化与有毒元素的土壤化学行为以及土壤侵蚀的机理，为改造障碍土壤和扩大优质土壤提供理论和技术；第五，摸清污染物质在土壤—植物—水体系中的循环与平衡原理，为污染土壤的修复技术提供理论依据；第六，加强土壤圈中碳、氮、磷、硫等物质循环对生态环境和粮食生产影响机理的研究，认识土壤利用方式对生态环境的冲击和全球变化的影响。

土壤质量及其指标的变化是复杂的地球生物化学过程，受气候、植物生长、土壤性质以及人类活动等众多因素的影响。目前关于长期施肥与土壤质量关系多采用单一因素分析，对多因素及其相互作用研究较少。现代统计分析技术和模拟模型如整合分析、R 分析可揭示不同区域多因素对土壤质量的作用及其贡献大小，逐渐成为新的研究方向。基于长期试验的系列数据，采用模型模拟分析土壤质量的演变趋势受到青睐。在土壤有机碳演变趋势预测方面，Century、Roth C、DNDC 等模型应用较为广泛。起源于英国洛桑试验站的 Roth C 模型结构简单，参数容易获得，可较好地模拟耕层土壤有机碳的动态变化。Century 模型基于土壤结构，兼顾模拟环境因子、农业管理措施等多重影响因素，常应用于农田生态系统下土壤有机碳原始积累和人为因素影响下土壤有机碳的演变过程研究。开发和构建适用于我国复杂气候类型和多样化种植条件下的土壤有机碳预测模型，通过参数调整促进模型在生产实践中的作用，是今后的重要研究方向之一。

参考文献

[1] 中国古代农业科学技术史简编. 中国农业科学院、南京农业大学中国农业遗产研究室编著. 江苏科学技术出版社，1980.3.

[2] 郭文韬，曹隆恭. 中国近代农业科技史. 中国农业科技出版社.

[3] 沈善敏. 中国土壤肥力. 中国农业出版社.

[4] 严昶升. 土壤肥力研究方法. 农业出版社.

[5] 陈恩凤. 土壤肥力物质基础及其调控. 科学出版社，1993.

[6] 中国土壤科学的现状与展望. 中国土壤学会. 河海大学出版社，2007.

[7] 曹志洪. 土壤质量演变规律与持续利用. 中国科学院院刊，2002(1)：45-46.

[8] 吕晓男，孟赐福，麻万诸，等. 土壤质量及其演变 浙江农业学报，2004，16(2)：105-109

第十八章　区域大面积均衡增产展望

第一节　家庭联产承包责任制的历史回顾

一、人民公社的历史局限性

1958年8月，中央政治局在北戴河举行扩大会议，做出《中共中央关于在农村建立人民公社问题的决议》。1959年2月的郑州会议起草的《关于人民公社管理体制的若干规定（草案）》，具体划分了公社、生产大队和生产队的职权范围，规定了"统一领导，队为基础；分级管理，权力下放；三级核算，各计盈亏；分配计划，由社决定；适当积累，合理调剂；物资劳动，等价交换；按劳分配，承认差别十四句话作为调整和建设人民公社的方针。到了1960年11月3日中共中央颁布了《关于农村人民公社当前政策问题的紧急指示信》，进一步指出"以生产队为基础的三级所有制，是现阶段人民公社的基本制度，从1961年算起，至少7年不变"。人民公社既是一种经济组织，也是一级政权机构。它不但负责全社的农业生产，而且还对工、商、学、兵等进行统一管理。在人民公社内部，将公社划分为若干个生产大队，生产大队又划分为若干个生产小队，实行三级管理。公社统管全社的生产安排、劳动调配、物资调拨和产品分配，生产大队负责生产管理和部分经济核算，生产小队则只是一个具体组织生产的基本单位。

人民公社实行的这样一种管理体制，有着很大的弊病。政社合一，统一领导，使公社领导往往运用行政手段直接管理经济，很容易产生命令主义和生产上的瞎指挥。人民公社以党代政，以政代社，指挥和计划生产的人不是生产者，而真正的生产者却失去了生产和经营的自主权，这只能带来计划与生产相脱节，从而造成不现实、不符合生产的计划出台，其后果只能破坏生产，破坏生产力。致使1959年粮食实际产量只有3 400亿斤（1斤＝500 g），仅完成计划的62％，比上年减产600亿斤，下降15％；棉花的实际产量只有3 418万担，比上年减产520万担，下降13.2％；农业总产值下降13.6％。1960年粮食、棉花产量等以及农业总产值继续下降，粮食产量只有2 870亿斤，比1959年减产530亿斤，下降15.6％；棉花产量2 126万担，减产1 292万担，下降37.8％；农业总产值只完成412亿元，下降了12.6％。

在分配制度方面，公社化初期在社员收入分配中实行工资制、供给制相结合的分配制度，后期恢复了按劳动工分分配的报酬制度。评工计酬在人民公社时期有这样几种形式，一种是固定工分，即按劳动的强弱确定"底分"。许多地方实际上只分男、女、整、半劳力。实行工分制，社员干活只知得分多少，不知道工分值多少。年终决算时，干部多吃多占，都要从工分值中扣除。农民每年拿到手的钱、粮很少。有的工分值只有一角多甚至几分钱，分值越低，农民积极性越低，生产上不去，东西少，就越要搞平均主义，按人头分配粮食所占比重越大。

"大呼隆""大锅饭"，加上国家向农民收农业税和低价征购农产品，县、社、队向农民的多种平调、摊派，以及管理上的浪费和干部多吃多占，农民的劳动成果扣除甚多，严重地挫伤了农民的积极性。

二、联产承包责任制的实行

1978 年 11 月 24 日，在安徽省凤阳县凤梨公社小岗村西头严立华家残破的茅屋里，18 位农民召开了一次秘密会议，诞生了一个伟大壮举——包干保证书即包产到户。家庭联产承包责任制在中国大地开始燎原。1980 年 5 月 31 日，邓小平公开肯定了小岗村“大包干”的做法。1982 年 1 月 1 日，中国共产党历史上第一个关于农村工作的一号文件正式出台，明确指出包产到户，包干到户都是社会主义集体经济的生产责任制，家庭联产承包责任制从法律上得到确认。家庭联产承包责任制是我国农民的伟大创造，从此开始了中国的改革开放。开创了我国农业发展史上的第二个黄金时代。

随着人民公社体制的解体，中国农业生产的经营体制代之而起的是以平均土地使用权为核心，以家庭取代人民公社成为最基本的生产单位为主要特点，以赋予家庭剩余索取权为激励机制的家庭联产承包责任制。这一制度安排具有两个不同层次的内涵，它既是一种农地制度，也是一种农业生产的经营方式。首先，从农地制度的角度出发，家庭联产承包责任制是一种集体所有的农地制度，虽然农地属于集体所有，但农地的使用权或经营权属于私人所有；其次，从农业生产经营方式的这一层次入手，家庭联产承包责任制又是一种小农性质的农业生产的组织形式，是以家庭作为最基本的生产单位。

家庭联产责任制为改革开放以来，尤其是 20 世纪 80 年代初我国农业经济的发展和农民的收入提高提供了坚实的制度保障。统计数据显示，从 1978 年到 1984 年，粮食产量增长了 1 亿吨。由 1978 年的 3.05 亿吨增长到 1984 年的 4.07 亿吨，农民的收入水平同期也增长了 2.69 倍。计量研究的结果也同样表明，从 20 世纪 70 年代末到 80 年代中期的这一时期，农业生产实现高速增长的主要原因是因为家庭联产承包责任制的实施。在这一时期的农业总增长中，家庭联产承包责任制所做的贡献为 46.89%，远远高于农产品收购价格的提高，农业生产要素价格的降低等其他因素所做的贡献。

尽管理论界针对家庭联产承包责任制的讨论从来没有停止过，对它的怀疑至今也尚未消除，但是家庭联产承包责任制依然是我国农村最主要的生产经营体制。不可否认，在特定的历史背景下诞生的家庭联产承包责任制对我国农民生活水平的提高、对农村经济发展的推动以及对我国经济改革的贡献是毋庸置疑的。

但是，从 20 世纪 80 年代开始，农业生产出现了停滞，最为瞩目的是农民收入的增长缓慢，甚至陷入停滞的状态；城乡收入的差距虽然在 80 年代中期前已经有所缩小的趋势，但随即反其道而行之，越拉越大，已经超过了改革开放之前的水平了。同时，农村社会中出现了一系列的瓶颈问题，迄今未能解决，比如家庭联产承包责任制作为一种小农生产的经营方式，其缺陷越来越明显，以家庭作为基本的生产单位，户均只有 8 亩左右的耕地，规模小、抗风险能力低。当农业生产歉收时，收入随之下降；当农业生产丰收时，却出现“卖粮难”，收入并不一定得到提高。家庭联产承包责任制作为一种农地制度，其弊端时显而易见的，比如，由于农地是按人分配的，而不是按劳分配的，公平优于效率，因而就出现了农地破碎化的现象，者必然产生规模不经济、不利于农业机械化的普及、农地管理随意性增加、肥力差异因农户管理而变大；同时，为了保证农地的平均分配，要随着每户人口的增减而进行调整，从而产生了产权的不确定性，因此，这对农民长期投资的积极性必然产生一定的负面影响。

三、家庭联产承包责任制的特点

(1)按劳分配的特点　家庭联产承包责任制的第一个特点就是国家从农村基层的制度建设领域逐步退出。同时，由于村集体对农地具有所有权，因此农地的制度建设转移到村集体手中。由于农地对于农民而言是一种生存要素，并没有被当成发展的经济要素，当时农民追求的不是货币收入的扩大，而是视频的自给，农民既靠土地吃饭，也靠土地养老，因此，土地也是农民的一种社会保障，所以，绝大多数地区实施的结果却是平均程度超过当年改革的“按人分配”。既然农民是以满足温饱为目标，中央只能承认这一现实，因此，中国绝大部分地区的农地是“按人分配”，而不是更有效率的“按劳分配”。

(2)组合形式　由于中国幅员辽阔，各地区的资源禀赋及地理条件千差万别。对于农地制度而言，适应各地具体情况的自发性制度创新代替了原先强制性的制度安排。这样，由于以分权为导向的激励机制被采用后，势必尊重该地区基于其实际情况而进行的不同选择，于是，各地区的比较优势也就被发挥出来了。因而，各地区的“家庭联产承包责任制”的实际操作形式千差万别，可以概括为六种：①大稳定，小调整；②生不增，死不减；③两田制，及口粮田和承包田；④温州模式，即政府干预很少，农地集中度很高的模式；⑤以机械化集体耕作为特点的苏南模式；⑥以广东南海县为代表的土地股份制。

(3)与中国经济转型的背景相吻合的是，在现实的应用中，无论是国家制定的法律制度，还是集体所自发形成的有关家庭联产承包责任制的具体安排形式，都具有相当的模糊性、不确定性和弹性。

(4)无论哪一种农地制度的安排形式都能够确切地保障农民获得一定面积的农地进行生产性的活动，在土地进行分配时，对公平的考虑优先于效率。这是由于现实中的宏观经济环境的因素，使得农地对于农民保障性的功能远远高于其生产性的功能。

四、家庭联产承包责任制的局限性

现如今，因改革开放的深入、社会的变迁、农业生产的发展方向已经向企业化、规模化、机械化、集约化和科技化的方向发展。家庭联产承包责任制的包产到户，承包到人的土地经营方式已经对当前的农业生产向前发展产生了极大的制约，主要表现为：

(1)家庭联产承包责任制土地基本上按人员平均分配，把整块地分割成许多小块，分户经营生产效益底下，这既不利于生产规模的扩大，也不利于分工的发展，更不利于农业技术的进步。

(2)小规模的家庭经营，使中国的经济带有浓厚的小农色彩，使我国农业生产长期滞留在半自给自足的自然经济阶段，导致农产品成本过高，缺乏市场竞争力，经济效益低下。

(3)三是家庭联产承包责任制对土地使用权的划分使农民对承包的土地产生了恋土情怀，许多农民即使从事了非农业产业也不愿放弃土地，宁愿把土地粗放经营甚至抛荒，不愿放弃土地的使用权。家庭生产承包责任制中，“户”是土地的基本承包经营单位，在现有农村土地使用情况下，土地就算是荒在那里，农户也能得到国家的补贴。所以农户就抓住土地不放，给土地集约经营带来阻力和困难。而我国人均农用地资源高度缺乏，种田能手希望得到更多的土地却得不能得到。对农业生产的企业化和规模化造成了阻碍。

(4)农民对土地的占有和使用不稳定,导致农民对土地缺乏进行长期投资的热情,土地经营短期化行为不可避免。土地资源处于掠夺经营中,这种缺乏投资的土地必然导致农业产业化经营的生产条件无法改善,科技含量低,农业生产力低下,无法提高。

(5)家庭联产承包责任制不能适应市场经济发展的需要,市场化是农业产业化经营的基本特征之一,但现有的土地经营分散化,难以克服农户在商品生产上的盲目性,经常会出现跟风种植的现象,造成产出的农产品供大于求,使农业生产经营处于一种不稳定的震荡之中。

(6)给土地基础设施建设带来阻力。例如,土地田园化改造,土地平整后,短期内(1～3年)会给地力造成影响和生产操作造成困难,农民都是短视的,他们根本就不愿意配合。假如想在农田里修条机耕道,就会占用农田,而在机耕道尽头的农户就觉得自己用不着那条道路而不配合。

(7)对农业新技术,新品种的推广和使用带来阻力,如无人机喷施农药。

第二节　土地适度规模经营的趋势分析

一、土地破碎化的现状分析

家庭联产承包责任制的实施,实现了“耕者有其田”的愿望。在农村,将村集体土地按照每个家庭人口多少均分给农民;在分配过程中,由于地块存在差异性,为了公平,每户分得多个地块;造成中国耕地呈现细碎化。据农业部农村固定观察点办公室的数据显示,在2003年我国农户家庭平均土地经营规模为7.517亩,户均土地块数5.722块,平均每块大小为1.314亩。

2013年,课题组对河北省曲周县农地破碎化进行了抽样调查。本调查在全县10个乡镇开展,在每个乡镇选择3个村,每个村选择15个农户,这15个农户住宅在村内呈离散型均衡分布。调查结果如下:

1.农户拥有的耕地面积

耕地面积在5～10亩的农户最多,占49.8%;耕地面积在0～5亩、10～15亩、15～20亩的农户比例分别为18.7%、26.7%、4.8%。户均耕地面积8.75亩,是日本2002年农场平均规模(23.55亩)的37.2%,是韩国2002年农场平均规模(21.90亩)的40.0%,户均规模较小。

2.被调查农户的地块数量

被调查农户地块数量在1～13块之间,户均4块地。农户拥有1～2块、3～4块、5～6块、7块以上的比例分别为25.3%、39.2%、22.7%、12.8%。

3.地块面积

农户地块面积在0.1～20亩,地块面积以0～1亩、1～2亩、2～3亩居多,比例分别为28.2%、33.9%、19.1%。平均地块面积仅2.16亩,是农民经验得出的利于机械化耕作要求的最小地块(8亩)的27.0%,地块的狭小影响了机械耕作的效率。

4.农户耕地细碎化程度

地块细碎化程度评价采用S指数法。其中n指被调查农户拥有的总地块数量,a_i指每一地块的面积。S 值介于 0～1，S 值越大，则土地细碎化程度越高。

$$S = 1 - \frac{\sum_{i=1}^{n} a_i^2}{\left(\sum_{i=1}^{n} a_i\right)^2}$$

按照上述公式计算，被调查农户的 S 值为 0.75，处于高度细碎化的状态。

二、土地适度规模经营的必要性

家庭联产承包制将土地分到每位农民的手里，发挥了中国农民的精耕细作的优势，但如果要想使农业进一步发展，就必须要发挥另一种优势——规模化经营。

(一)规模化经营适应了生产力的发展。

发达国家的农业发展历程证明了，只有把土地集中起来使用和管理，实行土地规模化的经营，才能提高土地的利用率，才能促进农业的发展。市场经济强调效率和效益优先，一家一户分散的小规模经营模式在组织、管理、科技、资源运用等方面同社会化大生产不适应，使农业生产投入大、产出小、效益低下。我国农村社会化服务体系和市场中介组织不健全，以单个农户为单位的经济主体难以承受市场风险，无力掌握市场动态和信息，竞争能力弱，容易出现增产不增收的局面。而农业的规模化经营能够使资金、科技、劳动力等生产要素实现优化组合，降低生产成本，增强农产品的市场竞争力，提高农业整体效益，增加农民收入。因此在当前这种社会化大生产的条件下，规模化经营无疑比低效率的家庭联产承包责任制更能适应生产力的发展。

(二)规模化经营更适应农业机械化和现代化的发展

土地集中和规模化经营后就可以克服原来耕地规模小、田块分散、品种布局不一致等制约农业机械化发展的问题。在同一片土地种植同一种作物，就不出现成熟期早晚的问题，由于地块面积扩大，农机可以不需要转场，从而实现连续作业，且经过改良的土地更有利于机械化耕种，克服了大型农机在小面积田地使用时所造成的机械浪费，最大限度地发挥了农机的作业效率，提高了农业种植经营效益，使得农民的增收也有了可能。

(三)规模化经营能更好地对农业进行治理

农业的生产过程是一种人与自然相互影响的过程。为了克服自然界不确定因素对农业的影响，使得农业产量得到稳定，就需要建立一些基本的农业水利设施如修建一些水渠，水坝等。这些基础设施的建设是需要一定的投资，如果光靠政府的农业投资去兴修全国农田的小水利设施，显然是不太现实的。因此就需要农民自己进行投资，但是如果一家农户只种几亩田地，这样就影响了其投资兴修水利的积极性。如果实行土地规模化经营，一家人去耕种几百亩土地，在追求自身利益的最大化的目标下，就可以也愿意修建一些农业基础设施，从而能提高农业的抗灾能力。

(四)规模化经营可以解放人力资源，降低农产品成本

土地规模化经营把土地承包给那些想种田而且善于种田的人，使得其他的人可以从事其他的行业，如去从事农产品的加工工作，或者去发展一些乡村服务业等，从而更好进行新农村的建设。其次，由于规模效应的存在，几个人就可以干原来几十个农民的活，这样土地规模化经营可以有效降低农产品的价格，对普通居民来说，有可能用较少的钱买到较多的食品，能有效抑制经济发展中的通货膨胀问题。从国际竞争来说，由于农产品价格降低了，使得中国的农产品与国外竞争时处于更加有利的地位，从而能提高中国农业的国际上的竞争力。

三、土地适度规模经营模式

(一)统一耕种，分户管理

这种模式是在家庭联产承包责任制的基础上发展起来的。由集体通过采用现代农艺、现代机械装备等先进手段，对土地经营实行“统一种植”，由农户实行“分户管理”。具体做法是通过加强农村社会化服务的手段，把分散的农户组织起来，使土地连片，为实行农业机械化生产创造条件，从而在不同程度上解决农户分散经营和农机化大规模生产之间的矛盾。农业机械化服务通常山乡、村的农机服务站或农机专业户承担，完成的作业项目也因具体情况而异。比较典型的有曲周县第四疃镇王庄村，该村自从中国农业大学师生在曲周改土治碱以来，将其分散在农户的土地，进行统一耕种、统一管理、统一收获、统一结算，较早地实行了农业机械化，较早地实现了“吨粮田”，解放大部分劳动力，从而使有一定技能的青壮年在外务工无后顾之忧。

(二)土地集中专业化经营

在大城市郊区或经济发达地区，在乡、村集体经济基础雄厚的地方，采取以工补农的方式向农业投资，在专业化分工的基础上，实行土地集中，有一部分劳力专门从事土地种植。在这种情况下，有可能采用先进的农业机械化技术，进行全过程农业机械化生产，具有较高的劳动生产率、土地产出率和商品率这是规模经营中层次较高的一种模式，必须在经济基础、农业机械化水平和组织管理水平等方面条件较好的情况下，才能取得良好的效果。这种模式代表了发展方向。曲周县城关镇东刘庄村就是其中的典型村，该村以村委会的名义将全村的土地承包过来，进行集中管理，统一开拓市场，解除了农民的小农户经营丰年不丰收、歉年更歉收的状况。种植一些高附加值的树苗、蔬菜大棚等，聘请专业能手统一管理，农民可以通过返聘成为农业劳动力，挣取工资，租用的土地可以分红，农民可以得到稳定的收入，村集体又可以积累一些，用于村集体改善村容村貌，为农村配备一些基础设施，如每个过道都制作了很具特色的名牌。

第三节　区域农业发展展望

区域农业是地学和农学的交叉学科，是自然科学和社会科学的结合、宏观研究和微观技术应用的结合，其特点是地域性、综合性、实用性。

一、当前农村区域发展现状

(一)基础设施不完善

农村一般都远离城区，地理位置相对偏僻，道路条件较差，不利于使用大型农机具，部分偏远农村地区居住环境较差，人、畜饮水困难，采购农业生产所需要的种子、化肥、农药以及农产品运输等成本较高，部分水利设施都是20世纪60—70年代建成的，老化严重且缺乏维护，很多设施处于废弃状态，不利于农业灌溉。

(二)农民文化程度偏低

农村居民接受教育的程度普遍较低，相当一部分年轻人都是高中以下文化程度，缺乏掌握现代农业技术的从业人员，自我发展的技能较差。多数农业人口家庭经济收入主要依靠种植大田作物，缺少技术和资金，生活比较困难。部分思想开明的农民积极种植经济作物、发展养殖业等，但是第一产业主要依靠有效的劳动力。相比农业生产带来的微薄经济效益，大部分农村青壮年劳动力都选择外出务工，留在农村从事农业生产的很多是妇女和老人，缺乏劳动力资源。

(三)农业推广的相关制度有待完善

农业发展离不开农业科技的推广，现行的农业技术推广体制、相关的配套政策不够完善。现阶段我国虽然有很多农业服务机构，但存在结构零散、综合业务水平不高、推广效率较低，甚至出现了"网破、线断、人散"等弊端。很多机构都是承担公共管理的职能，真正对接农业生产、专门从事农技推广的人员普遍不足，且面临较大的工作压力。

二、区域农业研究取得的成就

区域农业研究为国家建设发展曾做出多方面的贡献，其中最突出的是农业区划和农业综合开发。

农业区划是从20世纪50年代后期起，地理学家和农学家应用本学科和相关学科的知识，按地域分异规律和农业区划原理、原则和方法，依据农业分布空间的异同性，划分为若干区域，为领导者和生产者因地制宜组织农业生产，提供一套科学的系统的区划报告。

农业区域开发最早从20世纪60年代初中期开始，通过建立小面积试验区，投入一定的技术力量，实施工程、生物、农艺等综合措施，改造治理自然灾害和低产田，如中国农业大学开始的曲周县盐碱地治理工作，提高区内土地生产力，为大面积治理开发提供示范经验。20世纪70年代后期至80年代，农业区划工作纳入政府系列，从全国到地方形成农业区划的热潮。这一时期的工作摸清了全国农业资源的家底及其区域分布，研究积累的县以上的全国农业区划基础资料，为80年代中期到90年代中后期我国农业的快速发展，做出了重大贡献。1988年，李鹏总理带领18位部级领导，到河北省曲周县实地考察了由中国农业大学完成的盐碱地里工程后，激动地说"我就是要看看旧貌换新颜的！"随后，国务院成立了农业综合开发领导小组，开发工作在增产潜力较大的农业区域陆续展开。包括五大区片，即黄淮海平原、红壤区、三江平原等中低产田的治理工作。黄淮海平原、三江平原和其他重点区域，由于得到项目支持，粮棉油肉蛋奶和农产品加工得到跨越式发展，特别是项目区粮食增产占区域内增产总量的40%以上，这些区域已成为重要的农业商品基地。农业综合开发以项目区域为建设单元，是60年代以来区域治理开发试区经验模式的大面积推广和应用，这是区域农业研究走在生产建设前面，将科技行为转变为政府行为的成功范例。

三、区域农业研究的展望

区域农业发展是不断向前推进的动态变化过程，随着生产力的发展，政府重大政策的出台和学术研究新思维的出现，新的热点问题和前沿问题不断涌现，要以敏锐的洞察力，捕捉和把握这些重大问题，开展深入的研究，使区域农业保持旺盛的创新活力，使之在诸多学科的竞争中立于不败之地。

(一)县域经济研究

党的十六大提出全面建设小康社会的宏伟目标，其重点和难点在农村，而县域经济的基础是第一产业，在这个时代背景下，县域经济的研究就具有更加重要的特殊的意义，在今后很长时间内都将是一个热点问题。要运用区域经济的理论方法和已有研究积累，开展县域经济研究，在研究中丰富、深化和发展区域农业研究领域。

县域经济总体发展方向是：按照科学发展观，依据国家宏观经济发展战略目标，遵循社会化大分工与协作原理和商品经济发展规律，合理配置城乡生产要素，优化产业结构，广泛开展产供销、贸工农一体化经营，建立城乡统筹共荣的、开放的良性循环系统。在县域内实现城乡二元化社会经济结构向城乡一体化结构的转变，实现工业与农业，城市与乡村的协调发展，实现农业现代化、农村工业化、乡村城镇化和国民经济的现代化。

县域经济研究内容广泛，如县域经济在不同区域的发展经验、存在问题及案例研究；县域经济发展的产业支撑、科技支撑、政策支撑和金融财政支撑的研究；县域经济城乡协调发展机制研究，以及县域经济发展对“三农”问题的促进作用研究等。

(二)区域农业集成创新研究

“集成创新”是适应科学技术的快速发展和市场变化，形成的一种新的创新模式。由于“集成创新”比单项创新更加复杂，需要从理论与实际的结合上进行摸索，并应用“集成创新”原理，观察、分析和解决经济发展中的创新问题。在全面建设小康社会的关键时期，农业科技工作者要针对“三农”问题，探索区域农业技术创新的各种路径，应用“区域集成”创新模式，会有助于解决区域农业发展和技术推广应用中的新问题。“集成创新”在农业发展的不同阶段都有广泛的应用。如20世纪各类样板区、试验区、农业开发项目区、农业技术推广重点区、高产高效农业示范区等，当时提出的“综合技术”和“配套技术”，实际上就是区域集成创新技术。为了现代农业发展的需要，近年来出现的农业技术开发区和科技园区、现代农业发展示范区、生态农业、有机农业、特色农业、农业标准和优势农产品生产基地等。虽然类型不同，名称各异，区域尺度不同，小到几公顷，几十公顷，大到十几万公顷，几十万公顷，甚至西部大开发，东北老工业基地振兴等，都是为了将资金、技术、人才和政策等资源集中投入到某一特定区域，形成局部优化的环境，促其加速发展，取得经验，进一步推广。

四、三位一体耕地统一质量观

区域经济的发展离不开耕地质量的提升与保护。我国的耕地保护经历了由“重数量”到“数量质量并重”再到“数量、质量、生态三位一体”的保护变化过程。当前耕地数量—质量—生态“三位一体”保护是新时期耕地保护的关注热点，深入探讨区域耕地保护具体保护什么、如何保护、衡量的标准，是当前耕地保护研究的重点。

耕地具有多功能性，有生产功能、生态功能、社会功能等多种功能。耕地质量是功能的强弱，但是当前对耕地的功能、质量缺少较好的正确合理的判断。耕地的主导功能是生产功能，而生态功能可以作为辅助功能，此外也有一些伴随功能。而价值是功能强弱的货币表现。我们要正确处理好资源、资产和资本的问题，资源是生产要素成本，资产是财富积累，资本是剩余价值，但是需要注意的是价值是质量的衡量，但并不等同于质量，当质量功能无法实现时，也无价值可言。

（一）耕地（农用地）功能与质量

耕地具有多功能性，不同地域耕地所发挥的功能、功能组合存在差异，耕地不同功能的重要性也有所不同，所以耕地的价值、多功能的价值并不能简单地加和。在城市空间里有耕地和农用地，但这部分农用地在城市空间里可能只是作为一种伴随功能，而在生态空间里也存在耕地。在不同的空间里，都会存在耕地或者农用地，但是其发挥的功能却有所差异。因此在进行资产核算或者进行质量评价时，应该首先考虑它的主导功能，其次考虑其辅助功能和伴随功能。其总体功能是一个不同权重的功能组合，具体其权重分配则需要进一步研究。

（二）耕地质量的空间性

耕地的质量不仅是指传统意义上的产量高、单产高，而与耕地数量规模、耕地分布、空间区位、地块形状、农业空间中的空间结构、空间关系等密切相关。对区域而言，耕地的数量规模同时反映了区域的耕地质量，在传统的耕作方式下，10 亩的地块就比较大，但现在农业现代化、机械化水平上升，地块规模也逐渐增加，所以耕地规模本身就是质量的一个组成部分。对于耕地的分布状况，连片或者破碎同样也是质量的一个部分。此外耕地的区位空间也是质量组成部分，因为耕地要考虑投入要产出，而所有的进入和所有的实现都与区位有关。当然，地块的形状以及农业空间中的空间结构、空间关系同时也是耕地质量的一部分。耕地质量的空间尺度有地块水平、农田水平和区域水平。地块水平主要考虑生产要素的转化与效率，如水、肥、气、热等物质能量的转换；农田水平主要影响耕地质量的稳定性、抗逆性、缓冲性等；而区域水平则影响环境质量、投入能力、服务能力、价值实现等。

（三）耕地资产核算

耕地资产核算的基础是耕地的功能、质量与价值实现，耕地多功能不可简单加和，价值是质量货币表示，同样价值实现也受多种因素的影响。价值实现受到多种因素的影响，包括种植制度、生产规模、空间关系、产品质量、供需关系等。不同的种植制度会影响价值实现，因此需要研究探讨标准种植制度。生产规模、空间关系、产品质量和供需关系都会影响价值实现，当需求增加，质量就会提高，但是现在我国大量进口造成国内对农产品需求量减少，耕地的价值可能会因此下降。现在社会对农业的要求、农产品的要求逐渐复杂。在产品方面，要保障粮食安全，包括数量、质量、食品安全、美观、多样、供应等多个方面；在经济方面，则是在高产、高效的同时减少成本、增加农民收入；在社会方面，要综合考虑粮食安全、社会稳定、保障供给、农民就业；在生态方面，重视生态环保、景观美丽；在文化方面，将传统文化、现代文化、多元文化结合发展。

参考文献

[1] Lin, Justin, 1992, Rural Reform and Agricultural Growth in China. American Economic Review, Vol. 82, No. 1.

[2] 国家统计局. 中国统计年鉴，中国统计出版社，2006.

[3] 许庆. 家庭联产承包责任制的变迁、特点及改革方向. 世界经济文汇，2008，1：93-100.

[4] 王洁洋. 现阶段家庭联产承包责任制存在的问题及对策. 南方农业,2016,10(27):96-97.
[5] 王启善,邱立春,王志刚,等. 试论土地适度规模经营的前提及模式. 沈阳农业大学学报,1998,29(1):87-90.
[6] 洪亮. 现阶段农村区域发展现状及农业推广对策. 现代农业科技,2015,331-333.
[7] 许越先. 区域农业研究思考. 中国农业资源与区划, 2005,26(6):12-16.